全国电力职业教育系列教材
职业教育电力技术类专业培训用书

装表接电与内线安装

主　编　王富勇
编　写　徐友筠　郑上慈
主　审　卢　群

中国电力出版社
CHINA ELECTRIC POWER PRESS

内 容 提 要

本书内容明了、结构合理、理论紧密联系实际，实用性强，充分体现了职业教育的特点和规律。全书共两篇十一章。第一篇为装表接电部分，主要内容包括装表接电基础，电能计量装置及配置，电能计量装置接线及检查，常见窃电手法和窃电防范措施，高低压客户电气装置，装表接电。第二篇为内线安装部分，主要内容包括电气技术与安全，配线设计，电气照明，内线安装工程，内线安装工程的验收等。

本书可作为高职高专供用电技术及农村电气化技术专业的教材，也可作为职工培训的辅导教材，还可供电力企业工人和技术人员阅读参考。

图书在版编目（CIP）数据

装表接电与内线安装/王富勇主编．—北京：中国电力出版社，2010.10（2025.7 重印）

全国电力职业教育规划教材

ISBN 978-7-5123-0709-4

Ⅰ．①装…　Ⅱ．①王…　Ⅲ．①电工-安装-职业教育-教材
Ⅳ．①TM05

中国版本图书馆 CIP 数据核字（2010）第 149046 号

中国电力出版社出版、发行

（北京市东城区北京站西街 19 号　100005　http：//www.cepp.sgcc.com.cn）

北京天泽润科贸有限公司印刷

各地新华书店经售

*

2010 年 10 月第一版　2025 年 7 月北京第八次印刷

787 毫米×1092 毫米　16 开本　21.75 印张　531 千字

定价 35.00 元

前 言

本书体现了职业教育的性质、任务和培养目标；符合职业教育的课程教学基本要求和有关岗位资格和技术等级要求；具有思想性、科学性、适合国情的先进性和教学适应性；符合职业教育的特点和规律，具有明显的职业教育特色；符合国家有关部门颁发的技术质量标准。本书既可作为学历教育教学用书，也可作为职业资格和岗位技能培训教材。

装表接电与内线安装是供用电技术及农村电气化技术专业的主要课程，具有实践性强、应用性广的特点。通过本课程的学习，可使学生明确装表接电与内线安装的概念及规程制度，掌握电工基本操作技能，掌握高低压客户的接户、进户、电能计量、内线及安装等环节的操作规范和工艺要求，掌握防窃电技术，掌握装表接电、内线安装与智能电网密切相关的新技术。

本书的内容编排遵循“少而新，新而精”“理论联系实际”的原则。具有如下主要特点：

(1) 针对职业教育的特点，从培养学生基本技能、拓展创新能力、增强就业能力入手，遵循学生的认知规律，调整知识结构，体现实用够用。

(2) 重视学科的合理性和实践性，教材内容突出现场应用、实践需求，合理取舍章节。

(3) 注重内容的可操作性和规范性，涉及实际操作，明确讲清具体选择及步骤，做到内容明了、步骤清晰、重点突出、便于记忆。

(4) 突出与智能电网相关环节，体现教材的新知识、新技术、新工艺、新方法，引入新标准、新符号。

(5) 引入现场案例的分析，做到专业教材生动化、形象化。

本书共两篇十一章，第一、五、六、七、八章由福建电力职业技术学院王富勇编写，第二、三、四章由福建省泉州电业局徐友�编写，第九、十、十一章由福建省电力培训中心郑上慈编写。全书由王富勇任主编，并负责统稿。

本书由福建省电力有限公司高级工程师卢群主审，并提出了很多宝贵意见，还提供了许多最新的技术资料。本书编写过程中还得到福建省电力培训中心高级讲师郑心勤的帮助，在此一并表示感谢。

由于编者水平有限，教材中难免错误及不妥之处，恳请读者批评指正。

编　者

2010 年 8 月

前言

目 录

第二篇　内　线　安　装

第一篇 装 表 接 电

第一章 装表接电基础

装表接电是供电企业的基本工种之一，也是电力营销工作的主要内容。正确地装表、接线是安全供用电及准确、公正计收电费的根本保障，直接体现了供电企业优质服务水平。

第一节 装表接电工作概述

一、装表接电工作的意义

装表接电工作是电力营销部门工作的重要环节，各用电单位电气设备的新建、改（扩）建等竣工后，都必须经过装表接电人员安装电能计量装置及其附属设备后才能接电。

在业扩报装中，装表接电工作质量、服务质量的好坏直接关系到供用电双方的经济效益；它是业扩报装全过程的终结，是客户实际取得用电权的标志，也是电力销售计量的开始。

二、装表接电工作基本内容及工作质量

装表接电的主要任务是电能计量装置的安装验收、电能表周期轮换及电能计量装置现场维护、故障处理等。凡属于用电户装设的所有计费计量装置，包括单相和三相、高压和低压，从一次引进线到计量装置的所有二次回路，均属于装表接电工作范围。

装表接电的基本工作内容大致如下：

（1）负责新装、增容、故障、销户等电能计量装置的装、拆、移、换工作，做到安装接线正确，确保电能计量装置准确、可靠运行。

（2）负责接户线和进户线的装、拆、移、换工作，维护、检修、更新改造工作，确保正常供电和安全运行。

（3）负责电能计量装置周期轮换工作。

（4）负责互感器和电能表的故障更换及现场检查。

（5）负责低压配电线路因接户线布置不均而造成三相负载电流不平衡的调整工作。

（6）妥善保管工作传票、印封，不得更改和丢失，电能计量表的底数填写应准确无误，经各自签名后及时传递工作传票。

（7）认真作好各种原始记录、数据、资料的汇总统计和分析工作，及时填报各种报表。

另外，各地区还可根据本地区的实际情况，统筹考虑电能计量装置设计及图纸审核、计量装置的接线及倍率等运行情况的定期核查、电能表及互感器的需用计划和分管月报等工作，制定相应的装表接电工作内容范围。

装表接电的工作质量，是以装表接电工能否严格依照国家和行业的相关标准规定，熟练应用各种专业工具，将计量用电能表、互感器及其他相关部件快速、准确安装到位，确保电能计量装置接线正确、可靠及整体布局合理、布线整齐、美观等方面来评判。

三、装表接电岗位主要职责

装表接电人员必须树立全心全意为客户服务的思想，要掌握技术、精通业务，熟悉《电力法》、《安全法》、《计量法》、DL 408—1991《电业安全工作规程》（发电厂和变电所电气部分）等法律法规，应对所辖范围内的电能计量装置的准确性、可靠性和合理性负责，保证计量装置的接线正确、整齐美观、准确无误地计收电费，为客户提供更优质的服务。

（1）严格执行上级颁发的有关规章制度及现场作业、管理安全规程制度。发现违章、窃电行为，必须当场向客户指出，做好保护现场工作后报告有关部门处理，不得隐瞒和私了。

（2）严格执行接户与进户装置的技术规范和安装要求，确保安装质量符合技术规范和安全要求。

（3）贯彻"人民电业为人民"的方针，遵守国家电网公司供电服务"十项承诺"、国家电网公司"三公"调度"十项措施"、国家电网公司员工服务"十个不准"、供电职工服务守则和供电企业职工文明服务行为规范，做好优质服务，解答客户提出的有关用电问题，提供相应的技术指导或服务。

（4）服从工作分配，完成领导交办的其他工作。

四、装表接电工作人员基本要求

作为一名合格的装表接电人员，要为电力客户提供优质、规范、方便、快捷的服务，除了必须掌握相关的电气基础理论知识和一定的计算机水平外，还必须掌握电能计量装置的结构、原理、接线及错误接线的判断分析方法，掌握常用材料、工具、仪表的使用方法，具备登杆作业和电能计量装置安装等娴熟的操作技能，能独立进行计量装置的装、拆、移、换等工作，有一定的分析、解决问题的能力。

五、装表接电前客户应具备的条件

（1）客户内部工程和与其配合的外线工程都必须竣工并验收合格。

（2）业务费用等均已交齐。

（3）供电协议已签订。

（4）计量室已配好电能表和互感器。

（5）有装表接电的工作单。

第二节 装表接电常用工器具

一、低压测电笔

低压测电笔亦称验电笔或电笔，是电工常用的一种辅助安全用具，可用来检查500V以下电路的导线、用电器具及电气装置是否带电，以确保维护检修工作的安全，并可用于检查接线正误和帮助判断电气故障。传统的低压验电笔有钢笔式和旋凿式，其结构主要由氖管、电阻、弹簧和笔身组成，如图1-1所示。其中：氖管是有电无电的指示器；电阻主要起限流作用；弹簧的作用是使测试触头、电阻和笔尾保持紧密接触。

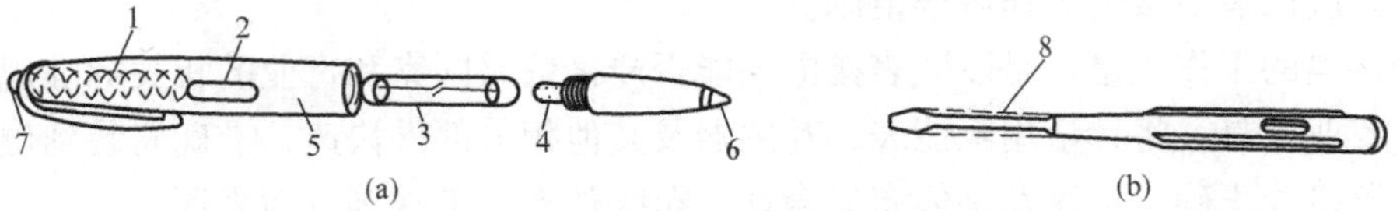

图1-1 低压验电器结构示意图

（a）笔式；（b）旋凿式

1—弹簧；2—小窗；3—氖管；4—电阻；5—笔身；6—笔尖金属体；7—笔尾金属体；8—绝缘套管（塑料或橡皮管）

其工作原理是：当试电笔的笔尖接触到带电体时，电流通过带电体，经电阻降压，再通过人体与大地形成回路，试电笔中的氖管中流过很小的电流，氖管内的气体就会发亮。使用时，以手指触及笔尾金属体，使氖管窗口朝向自己便于观看，然后用测头去接触被测点。如氖管发光，表示被测点有电；如不发光，表示被测点不带电。其主要功能有：

(1) 判断相线和中性线。判断时，氖管发亮的是相线，不亮的是中性线。

(2) 判断交、直流电。测交流电时，氖管两端同时发亮；测直流电时，氖管里只有一端发亮。

(3) 判断直流电正、负极。用试电笔判断正、负极，观察氖管要心细。前端明亮是负极，后端明亮为正极。注意：氖管的前端是指试电笔尖一端，氖管后端指手握的一端。

但应注意：

(1) 严格执行验电“三步骤”，即每次验电前，电笔应先在带电的插座或带电体上预测以检验电笔是否完好，测试中电笔应逐渐接近被测体，验电完毕应再次确认电笔的完好性。

(2) 测试中皮肤不能触及笔尖的金属体，以免发生触电。

(3) 旋凿式电笔的金属部分应套上绝缘管（塑料管或橡皮管），以防止触电或造成短路。

(4) 严禁用低压测电笔去验高压。

电笔应定期校验，用绝缘电阻表来测试其绝缘电阻（内电阻），若小于 1MΩ 则严禁使用，因为电笔内部串联的电阻降低会有发生人身触电的危险。

感应式测电笔具有一笔多用、携带和使用方便等特点，且能够直接、间接和进行断点等检测，因此得到越来越多的使用。例如：新型数显测电笔，可测试 12、24、36、110V 及 220V 电压，一般按测试笔上方按钮点是测电压，以最高显示为当时测试电压值；按下方按钮点是感应测试，可以检测绝缘体线路断路情况。

二、电工刀

电工刀为切削工具，常用来切削绝缘线的绝缘层和削制木楔等，如图 1-2 所示。

使用时刀口应朝外切削，用毕后立即把刀折进刀柄，以利安全。剥削导线绝缘层时，应将刀面与导线成较小的锐角，以免割伤导线，如图 1-3 所示。

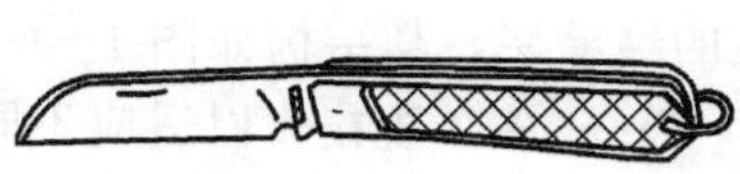

图 1-2 电工刀

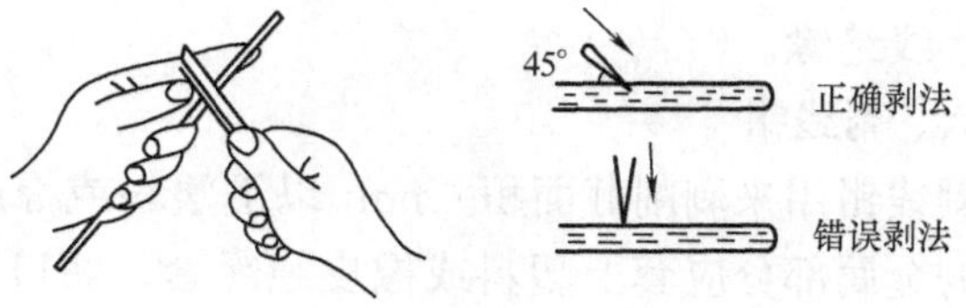

图 1-3 用电工刀剥切线头

由于电工刀刀柄是不绝缘的，所以不能在带电导线或器材上切削，以防触电。

三、钢丝钳

钢丝钳是电工常用工具，由钳头和钳柄组成，常用规格有 150、175、200mm。电工用钢丝钢的钳柄应套有可耐压 500V 以上的绝缘套管。

如图 1-4 所示，钢丝钳一般可用来紧固螺钉、弯绞导线、剪切导线和侧铡导线。钳口用来弯绞或钳夹导线线头；齿口用来紧固或起松螺母；刀口用来剪切导线和剥削软导线绝缘层或拔起铁钉；铡口用来铡切钢丝、铅丝或导线线芯等较硬金属。

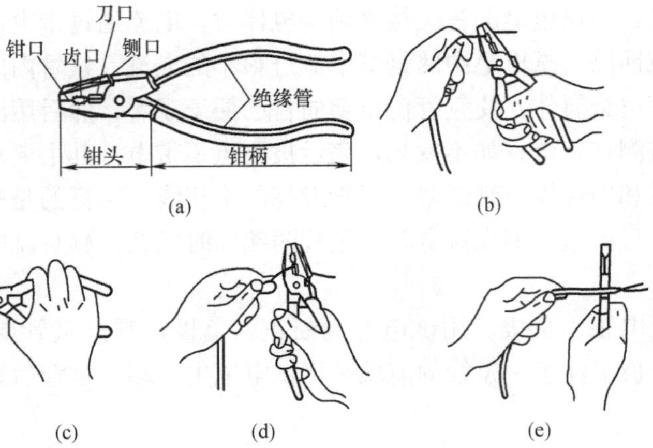

图1-4　电工钢丝钳的构造及用途
(a) 构造；(b) 弯绞导线；(c) 紧固螺母；(d) 剪切导线；(e) 侧铡钢丝

应注意：钢丝钳不能当锤子使用，以免损坏。在进行低压带电作业时，要先检查钳柄所套绝缘套管是否完好，如已损坏就不能再用，否则会造成人身触电；在剪切带电导体时，不得将相、中性线或两根相线同时剪切，以免发生短路。

四、尖嘴钳

尖嘴钳由钳头和钳柄两部分组成，如图1-5所示。钳头带钳口和切口，钳口有棱纹，钳头部分狭长，呈圆锥形。电工应使用绝缘柄尖嘴钳。

尖嘴钳主要用于二次小线工作，其钳口用来弯折线头或把线弯成圈，以便将线与螺钉连接旋紧，也可用来夹持小零件。尖嘴钳不适宜用来剥除绝缘导线端部绝缘层。

五、斜口钳

斜口钳由钳子和钳柄组成，钳头部分为较锋利的切口，并有斜角。主要用于工作部位小的空间场所。

斜口钳手柄长、钳口短，在剪切时可产生较大切力，加上切口的结构，因此切断导线非常快捷，切口也很光滑，所以在电工作业中常用以切断二次回路小线和封印铅丝之类，也可剥割小线绝缘。

六、剥线钳

剥线钳用来剥削截面积6mm^{2}以下塑料或橡胶电线的绝缘层，其结构如图1-6所示。钳柄的金属部分应套上塑料或橡皮绝缘套；切口有0.5～3mm多个规格，以适应不同截面的芯线。

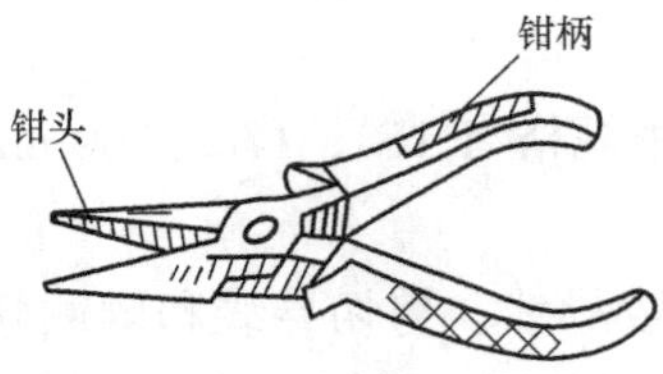

图1-5　尖嘴钳示意图

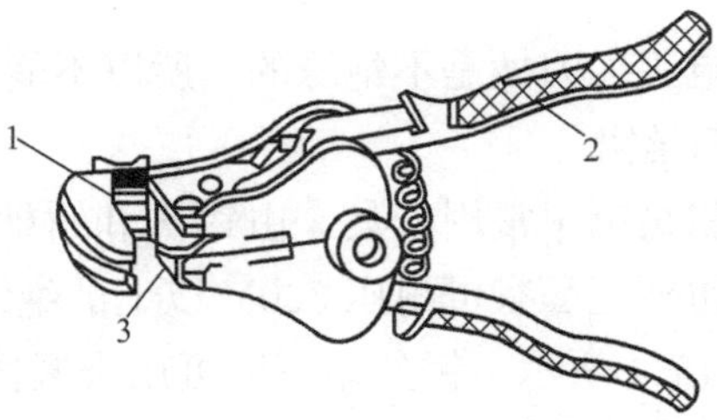

图1-6　剥线钳的结构
1—刃口；2—钳柄；3—压线口

剥线钳操作时，先将剥割的导线置于适当的切口内，然后紧握手柄，切口闭合并切断绝缘层，再用力向外（线头方向）拉，绝缘外皮就剥离了，松手时剥削钳弹簧使切口张开，便于连续作业。使用时注意：导线必须放在大于其芯线直径的切口中剥削，否则会损伤芯线。

七、活络扳手

活络扳手是用来旋紧或起松有角螺母的工具。它由扳口、呆扳唇、活络扳唇、蜗轮、轴销、手柄等组成，如图1-7所示。活络扳手的规格表示为：长度×最大开口宽度。例如：6″表示150mm×19mm；8″表示200mm×24mm；10″表示250mm×30mm；12″表示300mm×36mm。

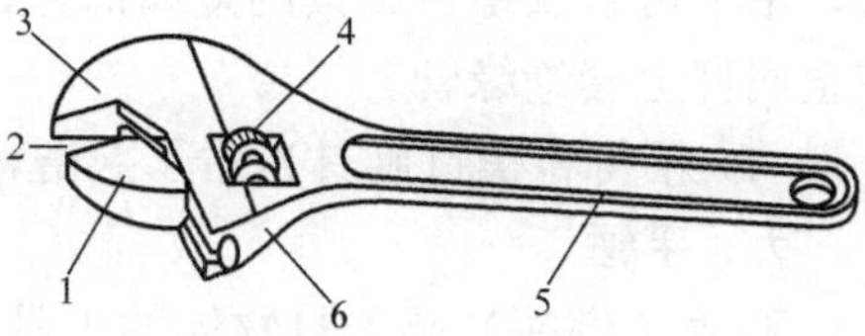

图1-7 活络扳手

1—活络扳唇；2—扳口；3—呆扳唇；4—蜗轮；5—手柄；6—轴销

活络扳手使用时应注意：

(1) 应按螺母大小选用适当的扳手。活络扳手太大会损伤螺母，而螺母过大会损伤活络扳唇；扳口调节应使扳唇正好夹住螺母，否则扳口打滑，不仅损伤螺母，还可能碰伤手指。

(2) 扳动较大螺母时，手应握在手柄尾部，这样扳动起来较为省力；扳动较小螺母时，由于螺母较小，易打滑，手应握在靠近头部的地方，并用大拇指控制好蜗轮，以便随时调节扳口、收紧扳唇，防止打滑。

(3) 活络扳手不可反过来使用，以免损坏活络扳唇。因为活络扳唇不能作为重力点，同样道理，也不可用钢管接长手柄以增加扳动力矩。

(4) 活络扳手不得当撬棒和锤子使用。

八、螺钉旋具

旋钉旋具又称螺丝刀，也称旋凿或起子，它是用来紧固或起松螺钉的工具，由柄和带旋凿头的铁杆构成。手柄有木柄和塑料柄两种。电工用螺钉旋具常用塑料柄的，且螺钉旋具的铁杆部分还应套以绝缘管，同时铁杆不直通柄顶。

按头部形状，螺钉旋具分为平口（也叫一字头）和十字口（也叫十字头）两种，以配合不同槽型的螺钉使用，如图1-8所示。十字口螺钉旋具常用规格有四种，适用的螺钉直径Ⅰ号为2～2.5mm，Ⅱ号为3～5mm，Ⅲ号为6～8mm，Ⅳ号为10～12mm。平口螺钉旋具常用的规格有50、100 、150、200mm。

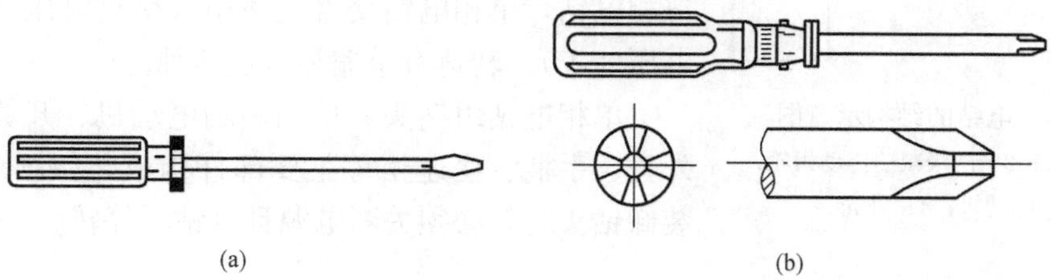

图1-8 螺钉旋具

(a) 一字头；(b) 十字头

使用方法：

(1) 大螺钉旋具用来捻旋电气装置上较大的螺钉。使用时，用大拇指、食指和中指夹住手柄，手掌要顶住柄末端。较长的螺钉旋具可用右手压紧并转动手柄，左手握紧螺钉旋具的中间。

(2) 小螺钉旋具用来捻旋电气装置上的小螺钉。使用时，可大拇指和中指夹住手柄，用食指顶住柄的末端捻旋。

(3) 电工不能选用金属杆直通柄顶的螺钉旋具，否则容易引起触电事故。带电拆卸螺钉时，手不可触及螺钉旋具的金属部分；为避免螺钉旋具的金属杆触及皮肤或邻近带电体，应在金属杆上套绝缘管。

(4) 不得将螺钉旋具当凿子敲击，也不可用于凿开木板、墙面及打洞。

九、手锤

手锤（锄头）是敲打物体的工具，由锤头和锤柄构成，锤柄用整根硬木制成。按重量区分，手锤的规格很多，装表工常用的为 0.5kg 和 0.75kg。

使用前，应检查手锤锤柄是否紧固。使用时应注意：

(1) 右手应握在木柄的下部。

(2) 不准戴手套，以防用力时滑出。

(3) 锤柄上不可有油污。

(4) 旁边不要站人，以防脱头伤人。

十、凿子

凿子用来凿孔，主要有小钢凿和麻线凿两种。

小钢凿用来在砖墙上打木楔孔，常用规格 12 号（凿口宽 12mm），凿孔时要用左手握住小钢凿。麻线凿用来在水泥墙上打木枕孔，常用规格为 16、18 号（凿 16、18mm 的孔），凿孔时，要用左手握住凿柄，并要不断地转动，使凿下的灰砂碎石能及时排出。

当需要打凿穿墙头的孔时，可使用长凿。长凿的长度通常有 300、400、500mm，分别可凿直径 19、25、30mm 的墙孔。无缝钢管制成的长凿，可凿砖墙孔；中碳钢制成的长凿，可凿水泥墙孔。凿孔时，左手握凿柄，并要不断转动，方能排出灰砂碎石。

使用应注意：凿水泥墙时需戴防护眼镜，并应防止碎片伤人。

十一、电钻

电钻是用来钻孔的电动工具，常用的有台钻、手提式电钻和手枪式电钻。按接用的电源分，有单相电钻和三相电钻，单相电钻交直流两用（交流电压 220V，直流电压 36V）；转速有单速和双速两种。

单相电钻由钻头、单相串励电动机、开关、电源线、外壳、手柄、变速箱等主要部件构成，如图 1－9 所示。装卸钻头时，必须关断电源且令钻头停转。

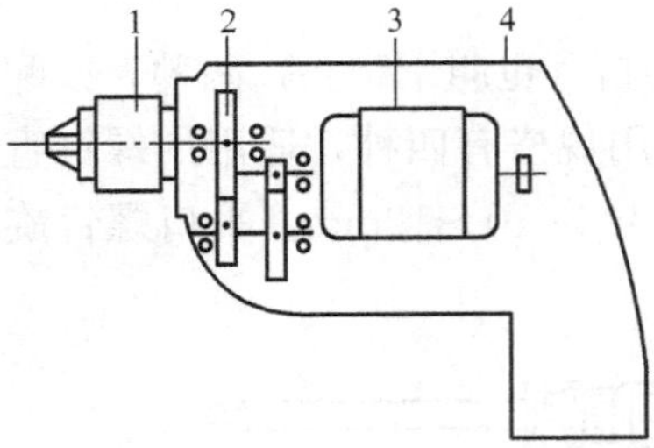

图 1－9 电钻的结构示意图
1—钻夹头；2—两级减速传动齿轮；3—电动机；4—外壳

第三节 装表接电常用测试表计

一、万用表

（一）概述

万用表是一种多用途、多量程的仪表，可用来测量直流电压和电流、交流电压、电阻，有的万用表还可测量交流电流、电容器的电容量、晶体管的主要参数等，被广泛应用于安装、维修和检测工作中。万用表的型号很多、盘面的形式也较多，常用万用表的种类见表 1-1。

表 1-1　　常用万用表的分类及特征

序号	类　别	特点及功能	主要产品系列
1	袖珍式万用表	体积小、结构简单、价格便宜；一般只能测量 500V 以下的交、直流电压；500mA 以下的直流电流；1MΩ 以下的电阻	MF15，MF16，MF27，MF30，MF72 等
2	中型便携式万用表	体积、价格适中，用来测量 2500V 以下交、直流电压；10A 以下直流电流；20MΩ 以下电阻等	MF4，MF10，MF14，MF25，MF50，MF64 等
3	高精度万用表	具有放大电路，测量精度高，价格贵；用来测量交、直流电压和直流电流等	MF18，MF20，MF24，MF35 等
4	电子电路测量用万用表	灵敏度高，频率响应好，功能齐全，价格较贵；可用来测量高频电路参数	MF45，MF60，MF63 等
5	数字式万用表	将被测模拟量转换成数字量，液晶显示，精度高，读数方便，功能齐全	PF3，PF5，2215，2010 等

（二）典型万用表说明

1. 指针式万用表

图 1-10 所示为一种常见的指针式万用表的盘面及外形图。

使用方法如下：

（1）测量前检查指针是否在零位，如不在零位，则用螺钉旋具旋表头调零器调整至零位。

（2）将转换开关转至被测量种类和量程的位置上。例如，测交流 380V 电压时将开关旋至“V”范围“500”的位置上。

（3）将红表笔插入“＋”插孔内，黑表笔插入“－”（或“＊”）插孔内（测电流时另用接线连接）。测电压时，将表笔并接在被测电路两端；测电流时，用导线将万用表串接在被测电路中。测量直流时，红表笔接电路的正极，黑表笔接电路的负极。如不知被测电路的正负极，可以把万用电表的量程放在最大，在被测电路上点测探试一下，按表针偏转方向即可判断出其正、负极性。如表针顺时针方向偏转，则红表笔接的是电路的正极，反之则是负极。

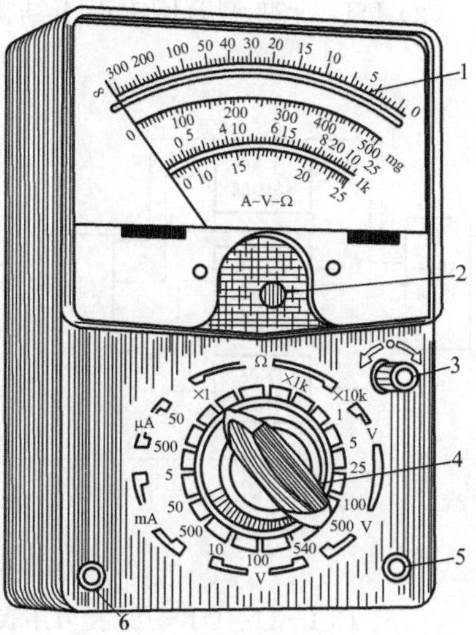

图 1-10　指针式万用表的盘面及外形图
1—刻度盘；2—指针调零钮；3—电阻调零钮；4—选择与量程开关；5—测试笔插孔（＋）；6—测试笔插孔（－）

（4）测电阻时，先估计一下被测电阻值，然后将转换开关拨至“Ω”范围的相应量程挡，将表笔短接，转动“Ω零位调节旋钮”调整零位，然后将表笔接到被测电阻两端测量。

（5）要用万用表的欧姆挡 Ω×10、Ω×100 检查电容器时，用红表笔接电容器的正极，黑表笔接负极。如果表针先指向 0 位，然后慢慢回升到最大刻度附近，说明电容器是好的；如指针在很小欧姆值左右并不回升，说明电容器漏电不能使用。用万用表的欧姆挡检查二极管时，用红表笔接二极管的正极，黑表笔接二极管的负极，这时测得电阻应很小；然后对换一下电表笔，则测得电阻应很大。二极管的正向电阻与反向电阻差别越大越好。

2. 数字万用表 DMM（Dital Multi Meter）

数字万用表采用大规模集成电路和数字显示技术，将被测模拟量转换成数字量，测量值由液晶显示屏显示，读取方便，有些还带有语音提示功能。其突出优点有：①结构轻巧，便于携带，操作简便；②数字显示清晰直观，读数迅速准确；③测量精度高（误差可达 1/100 000 以内）；④分辨率高；⑤输入阻抗高；⑥测量的种类多，功能齐全，具有自动调零和自动转换、信息传输及极性判断显示功能；⑦过负荷能力强；⑧抗干扰能力强。下面以 DT－181 型数字万用表为例进行说明。

(1) 工作原理。DT－181 型数字万用表的原理框图如图 1－11 所示。该表采用 7106 型单片 CMOS 的 A/D 转换器，由 9V 电池供电。测量直流电压时，被测电压经分压器衰减成 200mV 以下电压，然后送到 7106 输入端；测量交流电压时，被测电压先经分压器衰减成 200mV 以下电压，再经 AC/DC 转换器变成直流电压；测量交、直流电流时，都经分流器把电流信号转换成电压信号，所不同的是交流电流还需经 AC/DC 转换器转换；电阻测量通常采用比例法。

(2) DT－181 型万用表面板结构及功能。万用表的面板如图 1－12 所示。

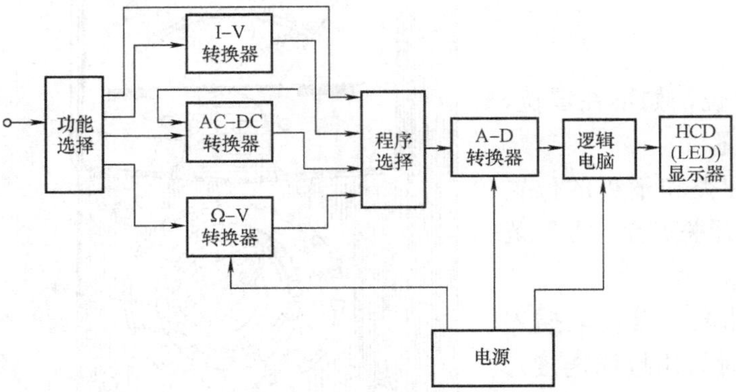

图 1－11 DT－181 型万用表的原理框图

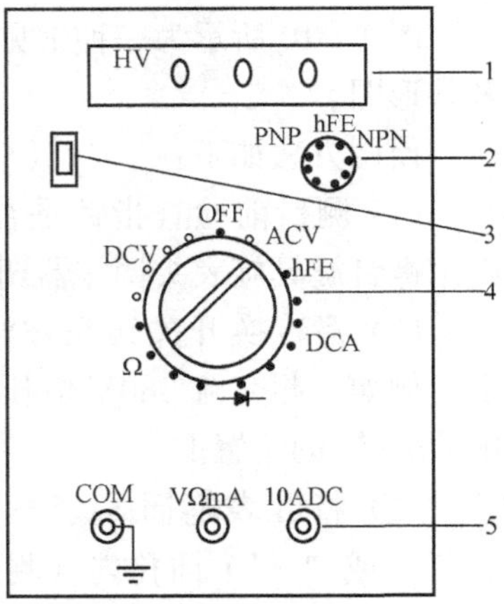

图 1－12 DT－181 型万用表面板图
1—显示器；2—hFE 插孔；3—电源开关；4—转换开关；5—输入端插孔

1) 显示器：三位半数字液晶显示。

2) hFE 插孔：将被测小功率三极管的集电极、基极、发射极分别插入万用表的“C、B、E”内，测试放大倍数。

3) 电源开关：置“ON”位置时电源接通；置“OFF”位置时电源断开。

4) 转换开关：选择测量的参数及量程。

5) 输入端插孔：黑表笔总是插“COM”公共端（地）；红表笔根据被测量的性质、大小选择插孔。

(3) 使用方法。

1) 检查电路通路。将黑表笔插入 COM 插孔，红表笔插入 VΩmA 插孔（红表笔为

“+”极)，按下电源开关，用音响挡检测。将两表笔短接，听到声音，则万用表正常；再将两表笔接于被测电路两端，听到声音，则表明电路接通。

2) 电阻的测量。将开关置于所需 Ω 量程上，并将表笔跨接在被测电阻两端。如果被测电阻超过所选量程，则会指示“1”，表示超量程，应更换量程挡位；当被测电阻阻值在 1MΩ 以上时，一般需数秒方能达稳定读数。

3) 直流电压测量。将开关置于 DCV 量程范围，并将表笔跨接在被测负载或信号源上。显示器显示出被测电压读数，同时指出红表笔的极性。

4) 交流电压测量。将开关置于 ACV 量程范围并将表笔跨接在被测负载或信号源上。此时，显示器显示出被测电压读数。

5) 直流电流的测量：①将转换开关置于 DCA 量程范围，当被测电流不大于 200mA 时，黑表笔插入 COM 插孔，将红表笔插入 VΩmA 插孔，当被测电流大于 200mA 时，红表笔应插入 10A 的 DC 插孔；②将被测电路断开，断开的两端与两表笔相接；③将试电笔接触被测电路，测量数字与红表笔的极性同时显示。

6) 电容器的检查。用电阻挡测量，将两表笔与电容器两端相接，读数逐渐减少到 0，然后读数慢慢升高偏转至一定值，则表明电容器正常；若读数到 0 后不动，则表明电容器已短路损坏；若读数一开始就显示高电阻，表明电容器已断线损坏。

3. 万用表的使用注意事项

(1) 使用过程中，不能用手去接触表笔的金属部分，以保证测量的准确，并且有利于保证人身安全。

(2) 在测量前一定要先检查转换开关的位置，因为电流挡和电阻挡的内电阻小，如此时误测就会将表烧坏。

(3) 应根据被测设备的要求，选择合适的功能和量程挡。对未知量进行测量时，应把量程调到最大，然后从大到小地逐步调，直到合适为止。测量过程中，不得带电转换量程，以防损坏仪表。对于数字表，若出现“1”，表示过载，应加大量程。在测试过程中，不得随意转动变动开关。

(4) 测量直流电压、电流时，应注意极性。反接后，指针式万用表的指针易损坏。如果不知极性，宜放在大量程挡。万用表不能用来测量高频信号。

(5) 测量电阻时，必须将被测回路的电源切断。如表笔短接，而“调零旋钮”无法调整到零位，则要更换表内电池。

(6) 指针式万用表在使用时，必须水平放置，以免造成误差。同时，还要注意避免外界磁场对万用表的影响。

(7) 测晶体管正、反向电阻时，应将开关转到 Ω×100 的位置上；用电阻挡测电路通、断时，宜把开关放在 Ω×1 的位置上。

(8) 读数时要正确选择刻度，正视表盘，以减少视差。

(9) 万用表使用完毕，应将转换开关置于“OFF”或交流电压的最大挡。如果长期不使用，还应将万用表内部的电池取出来，以免电池腐蚀表内其他器件。

二、绝缘电阻表

1. 概述

绝缘电阻表（又称兆欧表，俗称摇表）是测量绝缘电阻用的仪表。常用的绝缘电阻表主要由一个供作测量电源的手摇直流发电机、一个磁电式流比计和外壳组成，常用的有 ZC－7、ZC－11、ZC－25 等型号。绝缘电阻表一般有 500、1000、2500、5000V 等几种电压规格，测量范围有 500、1000、2000MΩ 等几种，以满足对各种电压等级电气设备绝缘电阻的测试要求。10kV 高压设备、农用地埋线的绝缘电阻用 2500V 绝缘电阻表测量；500V 绝缘导线、绝缘子的绝缘电阻用 1000V 绝缘电阻表测量；380/220V 低压设备的绝缘电阻用 500V 绝缘电阻表测量。

目前现场已广泛采用数字式绝缘电阻表，其采用整流电源，测试人员可根据需要选择电压量程，当在被测试设备绝缘上施加电压时，取被测试设备电压、电流信号经 A/D 转换，简单数值计算，用液晶数显方式给出结果。

2. 使用方法

绝缘电阻表上有 L、E、G 三个接线端钮：“L”接被测对象；“E”接地；“G”为屏蔽接线端子（或称保护环）。如在天气潮湿情况下测电缆的绝缘电阻，应使用 G 端钮，其作用是消除表壳表面接线柱“L”与“E”间的漏电及电缆绝缘层表面泄漏电流对绝缘电阻值的影响。由于在绝缘电阻表中与 L 端相串联的部件都有良好的屏蔽，如果端子 L、E 接反，则流过绝缘电阻表测量机构的电流，除了被测物品的泄漏电流外，还有绝缘电阻表本身的漏电流，会使测量值偏低，准确度下降，故测量时 L、E 不能接反。

（1）测量前的检查。

1）放电检查。要检查被测设备的电源确已断开，被测设备确已放电（特别是具有电容性质的设备，如电缆线路），已无残余电荷。

2）绝缘电阻表作开路试验和短路试验，以检查仪表及测量用接线是否正常。将绝缘电阻表放平，接线端钮“线（L）”和“地”（E）开路，摇动手柄至额定转速，此时指针应指在“∞”处；再轻摇手柄，将两端钮相碰一下，指针应指在“0”处。满足上述两点说明绝缘电阻表是好的，否则应做检查并将故障排除。

（2）测量方法。将仪表放平，被测设备接在绝缘电阻表端钮“L”和“E”间，如图 1－13 所示，为去除表面泄漏的影响，应将产生泄漏的绝缘体表面接到“G”端子。按顺时针方向由慢到快摇动手柄，待调速器发生滑动后，便可保持 120r/min 均衡转速使表针稳定下来，并读数。应注意：由于被测设备有电容等充电现象，因此要摇测 1min 后再读数。如果摇动手柄后指针即甩到零值，则表示绝缘已损坏或被测设备短路，不能再继续摇动手柄，否则将使表内线圈过流烧毁。

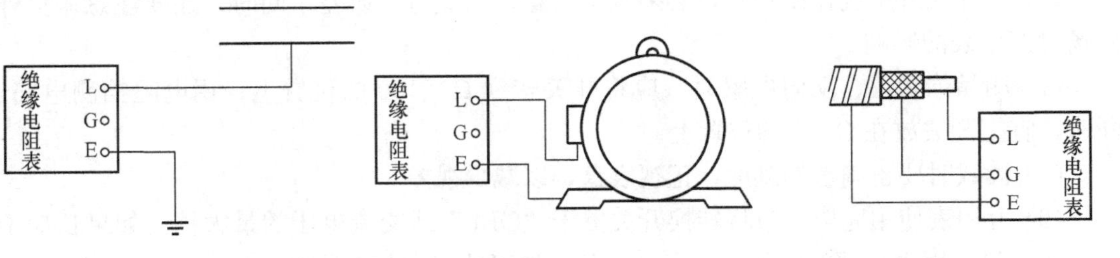

(a) (b) (c)

图 1－13 绝缘电阻表测量绝缘电阻示意图

（a）测量架空线路对地绝缘电阻；（b）测量电动机绕组的对地绝缘电阻；（c）测量电缆芯线对外皮绝缘电阻

3. 使用注意事项

(1) 被测物必须与其他电源断开，其表面应擦拭干净，不得有污物，以免漏电。测试完毕后，被测物应充分放电，以防造成触电事故。

(2) 绝缘电阻表的电压等级应与被测物的耐压水平相适应，以避免把被测物的绝缘击穿。

(3) 绝缘电阻表用接线应用单根绝缘良好的多股软线，并尽可能短些。L、E 两根连接线不要绞在一起，以免引起测量误差。

(4) 绝缘电阻表的发电机在转动时，不得将端钮短路。

(5) 摇测过程中不得用手触及被试设备，还要防止外人触及。

(6) 禁止在雷电时或有其他感应电可能产生时摇测绝缘。

(7) 在测电容器、电缆等大电容设备时，读数后一定要先断开接线后方能停止摇动，否则电容电流将通过表的线圈放电而烧损表计。

(8) 在没有停止转动和被测设备未放电前，手不能触及设备测量部分或拆除导线，以防触电。

三、钳形电流表

1. 概述

钳形电流表主要由单匝贯穿式电流互感器和磁电式仪表组成，它是一种能够在不断开电源的情况下测量电路的电流、电压及功率的携带式仪表。有的钳形电流表还能测量电阻和电网的泄漏电流，已成了一个“万用”的钳形电流表。其测量原理是电流互感器原理，被测电流的导线相当于电流互感器的一次绕组，钳口闭合相当于电流互感器的二次绕组。二次绕组与电流表串联。将钳形电流表的钳口卡住导线，被测导线的电流就在钳形电流表的铁芯中产生交变磁力线，表头上感应出电流，表针发生偏转而产生读数。

通常电流表都是多量程的，在钳形电流表壳面上装有量程选择开关。钳形电流表的铁芯、握柄和外壳都是用塑料包封和由塑料制成，可安全地带电测量低压线路电流。

钳形电流表有指针式和数字式两种，其外形结构如图 1-14 所示。常用钳形电流表的种类见表 1-2。

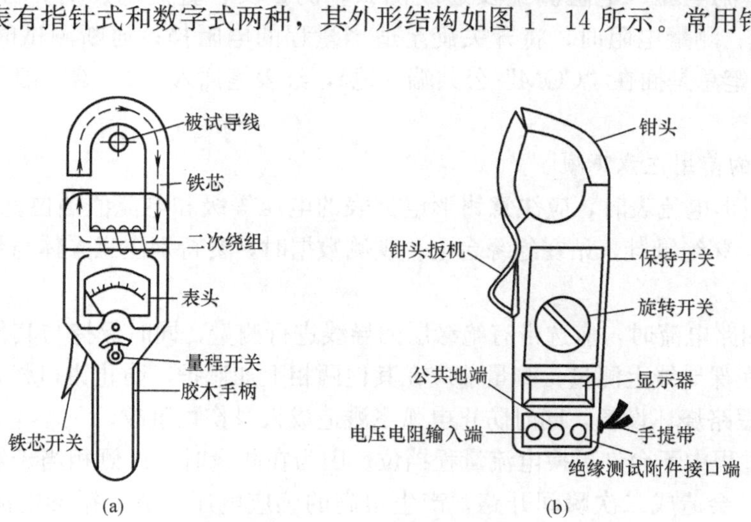

图 1-14 钳形电流表的外形结构图
(a) 指针式钳形表；(b) 数字式钳形表

表 1-2　**常用钳形电流表的分类**

型　号	测量范围（A）	准确度等级
MG20	0～200，0～300，0～400，0～500，0～600	3.0
MG21	0～750，0～1000，0～1500	
MG24	电流（A）：0～5～25～50～250	2.5
	电压（V）：0～300～600	
MG4	电流（A）：0～10～30～300～1000	2.5
	电压（V）：0～150～300～600	
T-301	0～10～25～50～100～250	2.5
	0～10～25～100～300～600	
	0～10～30～100～300～1000	
T-302	电流（A）：0～10～50～250～1000	2.5
	电压（V）：0～300～600	

2. 数字式钳形表的使用

目前广泛使用的 DT266 型钳形表是一种由标准 9V 电池驱动，LCD 显示的 $3\frac{1}{2}$ 位数字万用表。采用全功能过载保护电路，可测量交流电流、交流电压、直流电压、电阻及通断测试。数字式钳形表的外形结构如图 1-14（b）所示。

（1）一般测量步骤。将量程开关置于与被测电流相适应的量程；用手用力握手柄使铁芯张开；将被测导线穿入铁芯中央后将手放松，使铁芯由弹簧力闭合压紧；读数；测量完毕后张开铁芯，将钳形电流表由导线上取下。

（2）交流电流的测量。将开关旋至 ACA1000A 挡，保持开关处于放松状态；按下扳机，打开钳口；钳住一根被测导线，读取数值。如果读数小于 200A，开关旋至 ACA200A 挡，以提高准确度。如果因环境条件限制无法直接读数，可按下保持键，拿到亮处读数。

（3）交、直流电压、电阻测量及通断测试。测量交、直流电压时，分别将开关旋至 ACV、DCV 挡；测量电阻时，将开关旋至适当量程的电阻挡；通断测试时，将开关旋至 200Ω 挡。黑表笔总是插在“COM”公共端（地），红表笔插入“V-Ω”端孔。测量方法与万用表相同。

3. 钳形表的使用注意事项

（1）使用钳形电流表时，应注意钳形电流表的电压等级和电流值挡位。测量大电流时，应戴绝缘手套，穿绝缘鞋，站在绝缘台上。观测数据时，要特别注意人体与带电部分保持足够的安全距离。

（2）测量回路电流时，应选带有绝缘层的导线进行测量，同时保持与其他带电部分的安全距离。如果在裸导线上测量，测量前应在其他两相上加遮护，防止钳口张开时蹭到两根裸导线引起相间短路烧坏设备，同时防止电弧飞溅造成人身伤亡事故。

（3）测量过程中不允许更换电流量程挡位。因为在测量时二次侧相当于短路状态，在测量中切换挡位，会造成二次瞬间开路，产生很高的感应电压，造成钳形电流表内部绝缘击穿。当被测电流大小难以估计时，可将量程开关放在最大位置上进行粗测，然后再根据粗测值将量程开关放在合适的量程。转换量程时要将被测导线移出铁芯，严禁带电切换挡位，否则将使仪表损坏或有触电危险。

(4) 测量时钳口要紧密结合，如有振动噪声，可重新开闭一次；如仍然存在杂音，可检查接合面上有无污垢存在。如有污垢，可用汽油擦干净。杂音消除后，方可进行测量。

(5) 为减小误差，测量时被测导线应尽量放置在钳口的中央位置。测量时应一相一相地测，如铁芯中穿入二相或三相导线，则其读数不是算术和而是相量和。例如在对称电路中，铁芯中穿入两相的读数等于一相电流的值，穿入三相的读数为零。

(6) 测量低压熔断器或水平排列的低压母线电流时，应将熔断器或母线用绝缘材料加以相间隔离，以免引起短路，同时注意不得触及其他带电部分。

(7) 测量结束后，应将转换开关置于最大电流量程挡，以防止下次使用时未经选择量程而损坏仪表。同时将钳形表保存在干燥的室内。

(8) 测量较小电流时（一般5A以下），为了得到较准确的读数，若条件允许，可把导线多绕几圈放进钳口进行测量。但实际电流值应为读数除以放进钳口内的导线圈数。

四、接地电阻测试仪

1. 概述

接地电阻测试仪俗称接地摇表，是一种携带式仪表，主要用于直接测量各种接地装置的接地电阻，也可用来测量低电阻导体的电阻值。按工作原理，可分为电桥型、流比计型、电位计型和晶体管型等。

接地电阻测试仪由手摇发电机、电流互感器、滑线电阻及检流计等组成，全部置于一个铝合金铸成的外壳内。接地电阻测量仪的表面有3个端钮“E”、“P”、“C”，也有的有4个端钮，即“C1”、“P1”、“P2”、“C2”。4个端钮的仪表还可以用来测量土壤的电阻率。常用接地电阻测量仪的特性参数见表1-3。

表1-3　　常用接地电阻测量仪的特性参数

名　称	测量范围（Ω）	准确度	外形尺寸（mm×mm×mm）	质量（kg）
ZC-8型接地电阻测量仪	1/10/100 10/100/1000	在额定值的30%以下为额定值的±1.5% 在额定值的30%以上为指示值的±2.5%	170×110×164	3
ZC29-1型接地电阻测量仪	10/100/1000		172×116×135	2.3
ZC34-1型晶体管接地电阻测量仪	10/100/100	±2.5%	210×110×130	1

2. 使用方法

(1) 将仪器平放在适当位置，把被测接地装置的接地引下线解扣并与仪表的“E”端钮相连；在距接地极E′为20m处插入电位探针P′，在距P′为20m处插入电流探针C′，并使E′、P′、C′在一条直线上，用绝缘导线将电位探针P′与P接线柱相连，电流探针C′与C接线柱相连，如图1-15所示。

(2) 使用前检查检流计的指针是否指于中心线上；如不在中心线上，可用零位调整器调整。

(3) 将“倍率标度”置于最大倍数，慢慢转动发电机的摇把，同时旋动“测量标度盘”，使检流计的指针指于中心线。

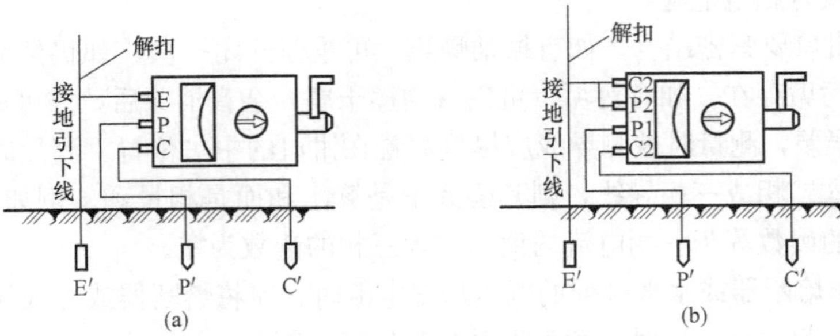

图 1-15 接地电阻测试仪测量接线
(a) 三端钮接地电阻测试仪接线；(b) 四端钮接地电阻测试仪接线

(4) 当检流计的指针接近平衡（即指针停在中心红线外）时，加快摇动转速使其达到 120r/min，并同时调整“测量标度盘”，使指针稳定地指于中心线上。

(5) 如果“测量标度盘”的读数小于 1，应将“倍率标度”置于较小的倍数，再重新调整“测量标度盘”，以便得到正确的读数。

(6) 用“测量标度盘”的读数乘以“倍率标度”的倍数，即为所测的接地电阻值。

3. 使用注意事项

(1) 当检流计的灵敏度过高时，可将电位探针 P′插入土中浅一些；当灵敏度不够时，可沿电位探针 P′和电流探针 C′周围注水湿润。

(2) 当接地极 E′和电流探针 C′之间的距离大于 20m 时，或电位探针 P′的位置插在偏离 E′、C′之间的直线 12m 以外时，测量的误差可不计；但 E′、C′间的距离小于 20m 时，应将电位探针 P′正确地插于 E′和 C′的直线中间。

(3) 测量接地电阻时，应将被测接地体同其他接地体分开，以保证测量的正确性。

接地电阻测量仪的优点包括：①有自备电源；②携带方便、使用方法简单，测量时不必计算，可直接从仪器上读出被测接地体的接地电阻值；③配有接地线和接地棒，可简化测量工作；④许多测量仪能消除接地棒、辅助接地体的接地电阻以及外界的杂散电流对测量结果所产生的影响，使测量更准确。因此，工矿企业多采用接地电阻测量仪测量接地电阻。

五、相序指示仪

1. 概述

相序是指三相电压或电流到达最大值时的先后次序。当 U 相超前 V 相、V 相超前 W 相、W 相超前 U 相 1/3 周期时为正相序（也称顺相序，即相序为 UVW 或 VWU 或 WUV)，否则为负相序（也称逆相序，即相序为 UWV 或 WVU 或 VUW)。在接功率表、电能表、功率因数表时一定要按规定相序接线，所以要用相序指示仪测量接线是否正确。

相序指示仪简称为相序表，广泛用于 50Hz 三相正弦交流电的相序测定及断相检查。相序表使用简单、操作方便，可用于计量装置的相序检测。

相序指示仪一般有光示式和旋转式两种。

(1) 光示式相序指示器。它可用电阻、电容、电感、指示灯组合而成，以指示灯的明暗变化来测量判断正、负相序。常用的光示式相序指示器是中性点位移式，也可用正序或负序滤波器组成。

（2）旋转式相序指示器。它按同步电动机原理或异步电动机原理制成，并刻有旋转箭头以表示相序是正相序。

应注意，相序指示只能确定相序，不能确定配电网相位。相位要靠核相试验或线路相位标示牌确定。

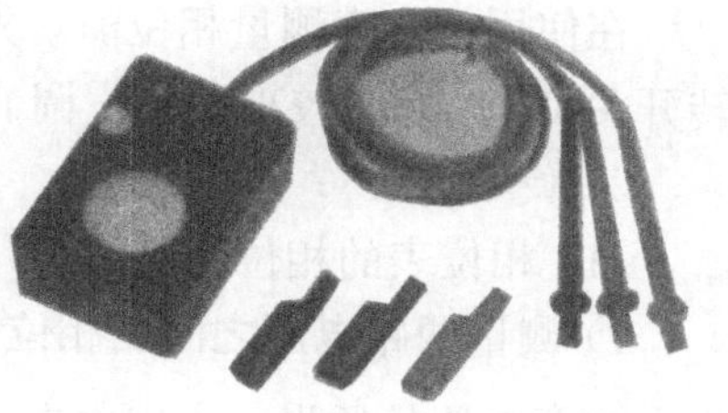

图 1-16 TG3 型相序表外形

2. 使用方法

以 TG3 型相序表为例，其外形如图 1-16 所示。

TG3 型相序表的主要技术指标如下：

电压量程：100～500V；

频率：40～60Hz；

测试时间：110V 以下为 10min，220V 以下为 5min，380V 以下为 10s，500V 以下为 5s。

（1）将三根测试线分别接入被测三相电路。

（2）按下电源开关，指示灯亮，转盘转动。三盏指示灯全亮，说明三相完好；如有一盏灯不亮，则说明该相断路。

（3）根据转盘旋转方向，判断相序。如转盘按箭头所示方向顺时针转动，说明三相电源电压相序为正序；如转盘按逆时针转动，说明被测三相电源电压相序为负序。

（4）检查结束后，关闭开关。

（5）操作时，应按照技术指标规定的时间执行，否则会因过热而损坏仪表。

六、数字双钳相位表

1. 概述

SMG2000E 型数字双钳相位表是手持式多功能相位表，不仅可以测量交流电压，还能在不断开被测电路的情况下测量交流电流，及测量两电压之间、两电流之间及电压、电流之间的相位。可以测量三相电压的相序，通过相位测量确定有功电能表接线正确与否，使有功电能表正确投入运转。因此，这种相位表是进行二次回路检查的理想相位表。其外形如图 1-17 所示，面板说明如图 1-18 所示。

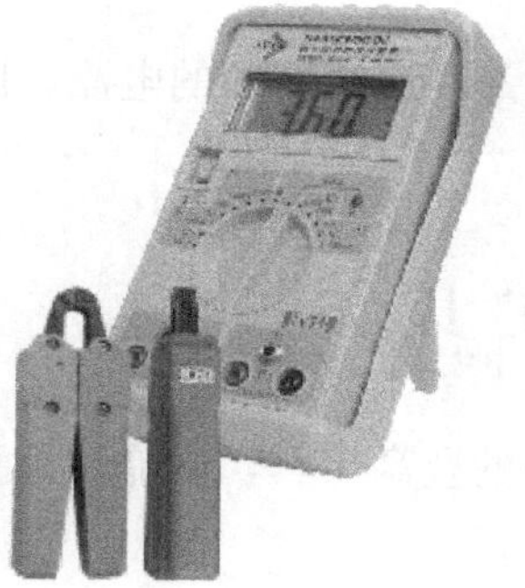

图 1-17 SMG2000E 数字双钳相位伏安表外形

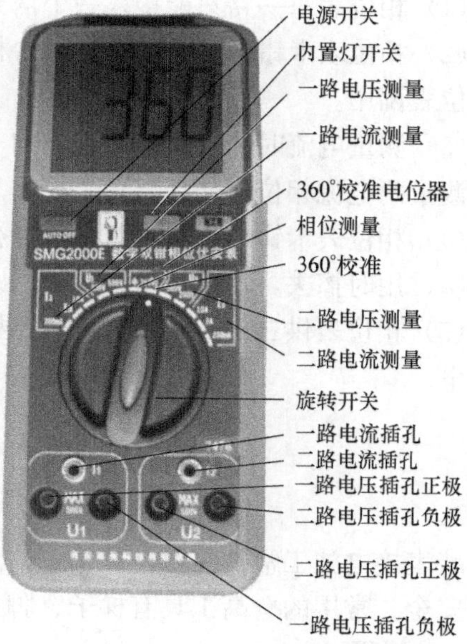

图 1-18 SMG2000E 数字双钳相位伏安表面板说明

在使用相位表测量相位前，先进行相位的满度校准。方法如下：按下"电源"键，将旋转开关旋至"360°校准"挡，调节相位校准电位器W，使显示屏显示360°。

2. 使用方法

(1) 相位表的相位测量。

1) 测量两路电压之间的相位。旋转开关旋至"ϕ"挡，将两路电压分别从U_1和U_2端输入，注意电压的假设正方向由左端到右端。示值即为$\dot{U}_1$超前$\dot{U}_2$的相位角。

2) 测量两路电流之间的相位。将旋转开关旋至"ϕ"挡，将两路电流信号通过卡钳钳口，从I_1和I_2插孔输入。此时注意假设电流正方向是从卡钳"*"（红点）端流入，则示值为$\dot{I}_1$超前$\dot{I}_2$的相位角。

3) 测量电压与电流之间的相位。将旋转开关拨至"ϕ"挡，将电压从U_1端输入，电流从I_2插孔输入或将电压从U_2端输入，而电流从I_1插孔输入。注意电压假设正方向由左端到右端，电流假设正方向从卡钳"*"（红点）端流入，则示值为Ⅰ路超前Ⅱ路的相位角。

(2) 相位表测量电压。将旋转开关旋至U_1（或U_2）500V（或200V）量程挡，电压信号从电压端U_1（或U_2）输入，示值即为所测电压值。注意：如果不知测量电压范围，应将旋转开关先拨至500V挡。

(3) 相位表测量电流。将旋转开关旋至I_1（或I_2）10A（或2A、200mA）挡，电流信号通过卡钳互感器从电流插孔I_1（或I_2）输入，被测电流线置于卡钳窗口中心位置，示值即为所测电流值。

机内具有电池电压自动检测功能，当显示器左下角出现电池符号"＋－"时，提示应更换电池（此时电压已低于8.3V）。

更换电池时应在OPEN处下压前推以打开电池盖，更换电池。

3. 使用注意事项

(1) 相位表每一路只能接入一个信号；如果接入电压，应将电流插头拔去。

(2) 相位表卡钳具有专用性，每台相位表的两把卡钳只对本台相位表配用，不可与另一台相位表调用。

(3) 测量电流时请使用带有表号的一把钳子，它可保证说明书给出的精度，另一把钳子专为测量两电流相位时使用。

(4) 相位表卡钳的保养。钳口锈蚀会直接影响测量的精度，因此相位表卡钳的钳口涂以仪表脂，用时擦去，用后再涂上仪表脂。

(5) 相位表供二次回路和低压回路检测，不能用于测量高压线路中的电流，以防通过卡钳触电。

第四节 登高作业工具

装表接电施工常常需要登高作业，因此必须使用合格的登高工具，方能保证登高作业人员的安全。常用的登高工具有梯子、脚扣、踏板和腰带等。

一、梯子

梯子是用来登高作业的工具，常用的有木梯和竹梯。户外登高作业常用直梯，户内登高作业常用人字梯。在光滑坚硬的地面上使用时，梯脚应加橡胶套；在泥土地面上使用时，梯脚应加铁尖，以防滑跌。人字梯两脚中间应加装拉绳或拉链，以限制其张开角度，防止自动滑开。在梯子上作业时，梯与地面的斜角应为60°左右，工作人员应站在离梯顶不少于1m处将一只脚钩住梯档，以扩大人体作业活动范围和不致因用力过度而站立不稳发生危险。登在人字梯上作业时，不准采用骑马式站立，因这样会导致人体作业时极不灵活，同时也会因两脚自动滑开而造成跌落危险。

二、脚扣和踏板

1. 脚扣

脚扣也叫铁脚，是用来攀登电杆的工具。如图1-19所示，脚扣由铁或铝制的近似半圆形带皮带扣环和脚登板构成。分为铁脚扣和带胶皮的脚扣两种，前者在扣环上制有铁齿，供登木杆用，铁齿是在登杆时刺入木杆而防滑；后者在扣环上包有胶皮，供登水泥杆用。

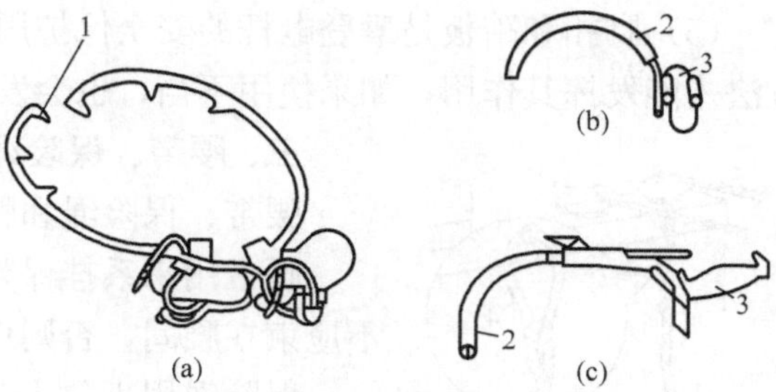

图1-19　脚扣示意图

(a) 木杆用；(b) 水泥杆用固定大小式；(c) 水泥杆用可变大小式

1—铁齿；2—胶皮；3—脚登板

登杆前，选择合适的脚扣，应能牢靠地抓住电杆，防止高空摔下；然后检查脚扣焊缝有无裂纹，防止登杆时发生折断。

2. 踏板

踏板也称为升降板、登高板、站脚板、踩板等，由于用它进行登高作业较灵活又舒适，因此成为一种常用的攀登电杆的工具。它是由板和绳两部分组成的，板采用质地坚韧的木板制成，规格如图1-20（a）所示；绳应采用3/4″白棕绳或1/2″锦纶绳，长度应适应使用者的身材，一般保持一人一手长，如图1-20（b）所示。

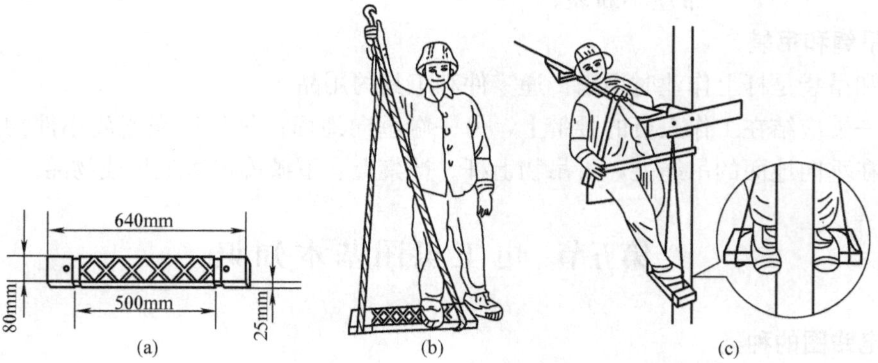

图1-20　踏板示意图

(a) 规格；(b) 绳子；(c) 站立姿势

3. 使用脚扣和踏板时的注意事项

(1) 脚扣和踏板在使用前应作外观检查，看各部分是否有裂纹、腐蚀、断裂现象。若有，应禁止使用。

(2) 登杆前，应对脚扣和踏板作人体冲击试验，以检验其强度。应按电杆的规格选择脚扣，并且不得用绳子或电线代替脚扣系脚皮带。人体冲击试验的具体方法如下：

1）脚扣冲击试验：将脚扣扣在电杆距地面30cm左右部位，用脚踏上后系好脚扣皮带，向下猛力蹬踩，脚扣应不变形、不开焊。

2）踏板冲击试验：将踏板绳系在电杆上，踏板离地面30cm左右，双脚站在踏板上用力向下猛踩，踏板及其绳索不应出现断裂现象。

（3）使用踏板时，应保持人体平稳不摇晃，其站立姿势如图1－20（c）所示。

（4）脚扣和踏板不能随意从杆上往下摔扔，作业前后应轻拿轻放，并妥善保管，存放在工具柜里，并放置整齐。

（5）脚扣和踏板是攀登电杆的安全保护用具，但应经过较长时间的练习，熟练掌握使用方法才能发挥其作用，如果使用不当，也会发生事故。

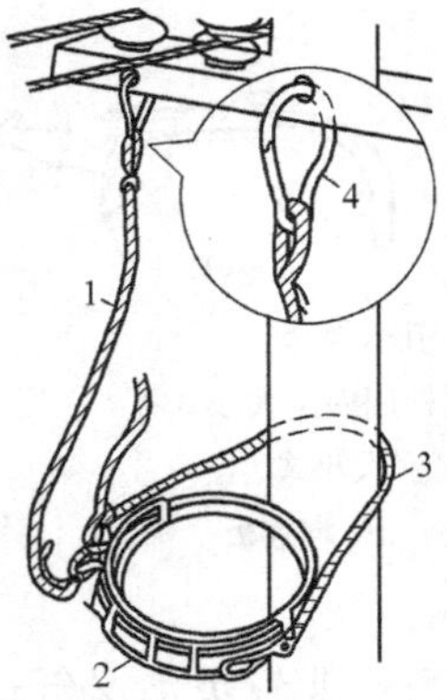

图1－21 腰带、保险绳和腰绳的使用方法
1—保险绳；2—腰带；3—腰绳；4—保险钩

三、腰带、保险绳和腰绳

腰带、保险绳和腰绳是电杆上登高作业必备的用品。

腰带用来系挂保险绳、腰绳和吊带绳，使用时应束在臀部上方，不应束在腰间，否则作业时不灵活，且易扭伤腰部。

保险绳用来防止人体失足下落时坠地摔伤，其一端应可靠地结在腰带上，另一端应用保险钩挂在牢固的横担或抱箍上。

腰绳用来固定人体下部，以扩大人体上身活动范围，它应结在电杆的横担或包箍下方，防止腰绳窜出杆顶，发生危险，如图1－21所示。

在电杆上作业，必须使用安全带，戴好安全帽，不论时间长短都必须严格执行，以防意外事故发生。

安全带在使用前应做人体冲击试验，方法是：试验者束好安全带，并将安全带系在电杆上，人站在地面上，猛烈向后用力，安全带应不断裂。

四、吊绳和吊袋

吊绳和吊袋是杆上作业时用来传递零件和工具的用品。

吊绳一端应结在工作人员的腰带上，另一端垂向地面；吊袋用来盛放小件物品或工具，使用时结在垂向地面的吊绳上，可吊物上杆。严禁上、下抛掷传送工具或物品。

第五节 电工识图基本知识

一、电路图的种类

电路图可分为电气原理图和电气安装图两种。

1. 电气原理图

电气原理图是表明电气系统的组成、各元件间的连接方式、电气系统的工作原理及其作用的电路图，其不涉及电气设备和电气元件的结构和安装情况，但可以用来指导电气设备和器件的安装、接线、调试、使用与维修。

电气系统原理图包括一次回路和二次回路，一次回路又称为主回路，二次回路为辅助回路，包括控制、保护、测量、信号等四个部分。为便于分析研究，并充分说明回路动作原理，电气原理图都画成展开图形式。

对于较复杂的辅助电路，利用展开接线图的形式更为清楚、简洁。所谓展开接线图，就是将每个元件的线圈、辅助触头及其他控制、保护、监测、信号等有关元件，按照它们所完成的动作回路绘制，同一动作回路画在一条线上，但同一元件的线圈和辅助触头按照其不同功能及不同动作顺序往往是分离的。回路的排列，按上述原则通常是从上到下、从左到右，为了区别各元件的类型、性质和作用，每个元件上都标有规定的文字符号，并在其两边标有相关数字。

2. 安装接线图

安装接线图又称安装配线图，是制造厂加工屏（屏台）和电气现场施工安装必不可少的图纸，也是试验、查验的主要参考图纸。它是根据电气设备或元件的实际结构和安装情况绘制的，用以表示电气设备、电器元件和线路的安装位置、配线方法、接线方法、配线场所特征等，包括屏面布置图、屏后接线图和端子排图。安装接线图只考虑元件的安装配线，而不明显地表示电气系统的动作原理和电气元器件之间的控制关系。

二、电路图中的常用电气符号

电工识图首先应明确电路图中所用的电气符号所代表的意义，这是看懂电路图的基础。电气技术常用文字符号和电气电路图形符号见附录A和附录B。

电气文字符号在电气工程图中，标注在电气设备、装置和元器件上或其近旁，用以标明电气设备、装置和元器件的名称、功能、状态和特征。文字符号可以作为限定符号与一般图形符号组合使用，派生新的电气图形符号。文字符号还可以作为项目代号，提供电气设备、装置或元器件的种类字母代码和功能字母代码。

文字符号一般由基本文字符号、辅助文字符号和数字符号组成。

1. 基本文字符号

基本文字符号有单字母符号和双字母符号。

单字母符号是按拉丁字母将电气设备、装置和元器件划分为23个大类（其中I、O、J不用），每一大类用一个专用单字母符号表示，如M表示电动机，K表示接触器、继电器大类，T表示变压器。详见附录A中表A-1。

双字母符号是由一个表示种类的单字母符号与一个表示功能的字母组成。其组合形式应以表示种类的单字母符号在前，表示功能的字母在后的次序列出。例如：TA表示电流互感器，其中T表示变压器类，A表示电流；KT表示时间继电器，其中K表示继电器类，T表示时间；MS表示同步电动机，其中M表示电动机类，S表示同步。

一般应优先采用单字母符号，只有当单字母符号不能满足要求，需要将大类进一步划分时，才采用双字母符号，以便更详细、更具体地表示电气设备、装置和元器件。详见附录A中表A-1。

2. 辅助文字符号

辅助文字符号用以表示电气设备、装置和元器件以及线路的功能、状态和特征。如N表示绿色，ASY表示异步。详见附录A中表A-2。

辅助文字符号一般是放在基本文字符号后边，合成新的文字符号。若辅助文字符号由两个以上字母组成时，一般只允许用其第一个字母与单字母符号进行组合。如RD为红色，H表示信号灯，则红色信号灯用HRD表示。

辅助文字符号也可以单独使用，如“ON”表示闭合。

3. 补充文字符号的原则

使用中应优先采用规定的单字母符号、双字母符号和辅助文字符号，如果辅助文字符号不够使用，可以补充标准中未列出的文字符号，但不能违反文字符号编制原则。文字符号应按有关电气设备的英文术语缩写而成，若同一设备有几种名称，应选其中一个名称。当设备的名称、功能、状态或特征为一个英文单词时，选用第一位字母为文字符号，也可用前两位字母。当设备名称、功能、状态或特征为两个或三个英文单词，一般采用每个单词的第一位字母构成文字符号。一般基本文字符号不得超过两个字母，辅助文字符号不能超过三个字母，其中I、O、J不用，因为容易和1、0混淆。

例如：保护接地与中性线共用英文为Protective Earthing Neutral，文字符号取每个单词的第一个字母，即PEN。

三、主要电气图分析

1. 一次接线图

变、配电所的一次接线图也称电气主接线图，是根据设计对电气设备满足总体要求，按照连接功能和顺序，用统一标准图形符号绘制的图纸。它不反映设备的安装位置、安装方法，但反映了导线、设备的型号、规格、技术参数。主接线图是进行施工安装、竣工验收、运行维护、设备检修及事故分析的重要依据。

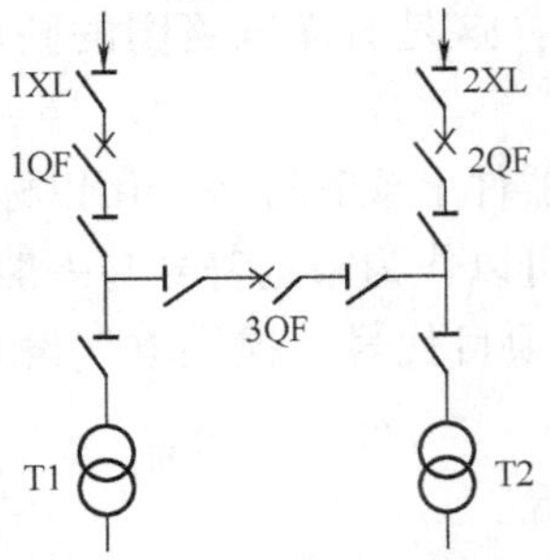

图1-22　高压双回路内桥式供电主接线示意图

1XL、2XL—线路；1QF、2QF、3QF—断路器；T1、T2—变压器

主接线图是从电气整体上描述变、配电工程的主要资料，也是用电检查人员审查工厂供电、客户电气工程设计的重要窗口，用电检查人员应不仅能够从母线安排、回路分布上审查设计对于总体用电功能的满足程度，而且还应在主变压器、成套开关电器的选型、主要技术参数方面了解设计更深层的客户要求。图1-22所示为高压双回路内桥式供电主接线图。

2. 二次设备安装图

二次设备安装图主要用于对二次设备及线路的安装、接线、调试、查线、维护和故障处理等。它主要包括屏面布置图、端子排图、屏背面接线图、二次电缆敷设图等。

(1) 屏面布置图。屏面布置图主要表现二次设备在屏面及屏内具体布置的图纸。

常见的二次设备屏主要有两种类型：①纯二次设备屏，如各种控制操作屏、继电器屏；②屏内装一次设备，屏面装二次设备及开关操作手柄，如高压开关柜等。

屏面布置图上应成比例地画出屏上各设备的安装位置，标注基本外形尺寸和中心线尺寸，并与原理图及其他图相对应地标注文字符号或数字符号，但设备的具体结构不予表示。

屏内设备布置的基本格式是：屏顶装控制、信号电源小母线；屏后两侧装端子排、熔断器；屏背面上方钢架上安装电铃、警铃、蜂鸣器等；屏面上布置各种二次设备，一般从上到下依次布置指示仪表、继电器、信号灯、指示牌、按钮、控制开关等。

(2) 端子排图。表示端子排内各端子与内外设备之间导线连接关系的图纸，称为端子排接线图，简称端子排图。

端子按用途可分为普通型端子、连接型端子、试验型端子、终端端子、特殊端子等。各类端子在端子排图上的表示方法如图 1－23 所示。端子排的文字符号为 XT。

端子上的编号方法是：左侧一般与屏内设备相连，写设备编号，有的还写上设备符号；右侧一般与屏外设备或小母线相连，写上二次展开图上该设备的符号和编号。端子中间编有 1，2，3 等顺序号。在最后编 2～5 个备用端子号。向外引出的电缆，按其去向分别编号，并用一根线条表示。

图 1－24 所示为电能信息采集屏端子排图。

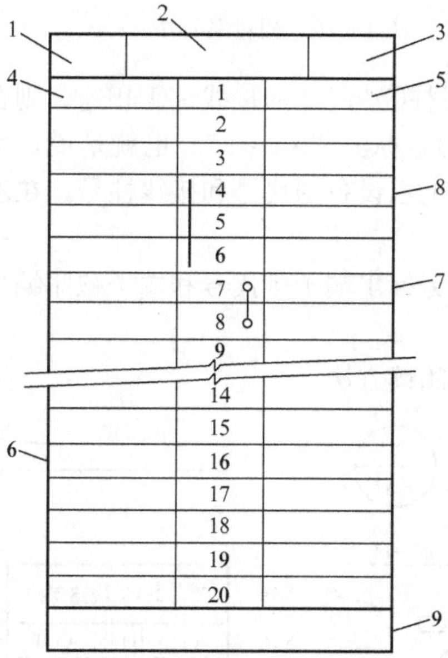

图 1－23 端子排标志

1—端子排代号；2—安装项目（设备）名称；
3—安装项目（设备）代号；4—左连设备端子编号；
5—右连设备端子编号；6—普通型端子；
7—连接端子；8—试验端子；9—终端端子

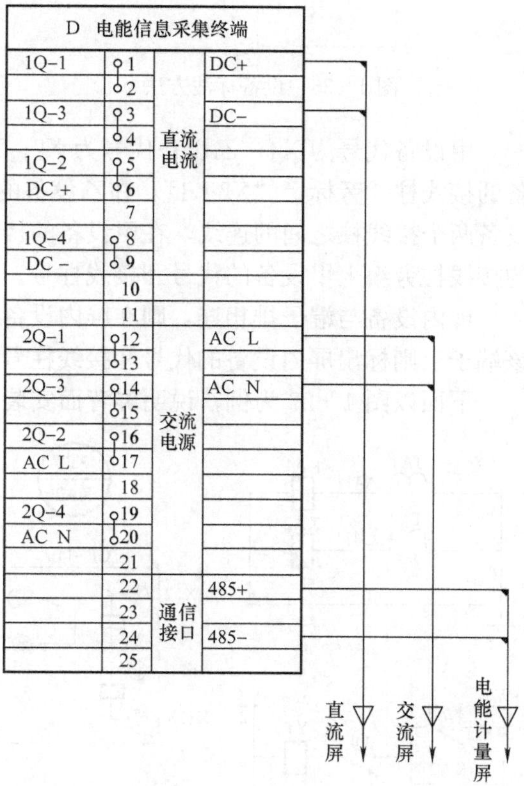

图 1－24 电能信息采集屏端子排图

（3）屏背面接线图。屏背面接线图是屏内配线、接线和查线的重要图纸。在屏背面接线图上，设备的排列是与屏面布置相对应的，但屏背面接线图为背视图，设备左右布置正好与屏面布置相反。

设备的安装位置与实际安装位置应严格相符合，设备的轮廓与实际尺寸应尽量相似，但不严格，有的用图例表示。外形尺寸可不按比例画；设备的引出端是按实际排列画出，设备的内部接线可不画出。

屏背面接线图中的电气设备，要用一定的符号和数字对电气设备进行编号。并标注与原理接线图一致的该电气设备的文字符号，与设备明细表一致的该设备的型号。如图 1－25 所示，该电气设备的代号为 X5，文字符号为 KT，设备型号为 JS7－4A，是时间继电器。

屏背面安装接线图设备之间的连线一般不直接画出每一根导线，而多采用相对编号法表示，如图 1－26 所示。

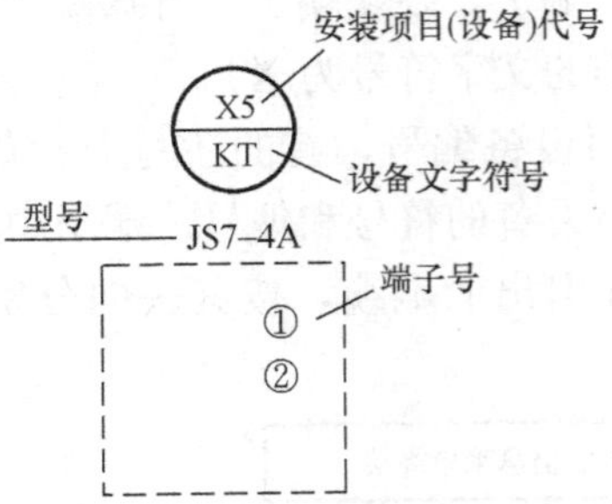

图 1-25 设备标注方法

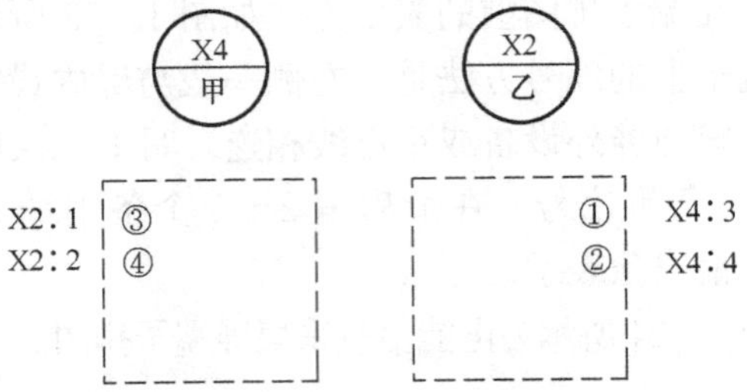

图 1-26 相对编号法

甲设备代号为 X4，乙设备代号为 X2；X4 的接线柱③与 X2 的接线柱①相连，则在甲设备的接线柱③旁标上"X2∶1"，在乙设备的接线柱①旁标上"X4∶3"。也就是说，甲乙两设备两个接线柱之间的连线，在甲设备的接线柱旁编上乙设备的代号和接线柱号，在乙设备的接线柱旁编上甲设备的代号和接线柱号。

屏内设备与端子排相连，则在屏内设备的接线柱旁标出端子排代号和端子顺序编号；在该端子上则标出屏内设备的代号和接线柱号。

下面以图 1-27 为例，说明屏背面安装接线图的阅读方法。

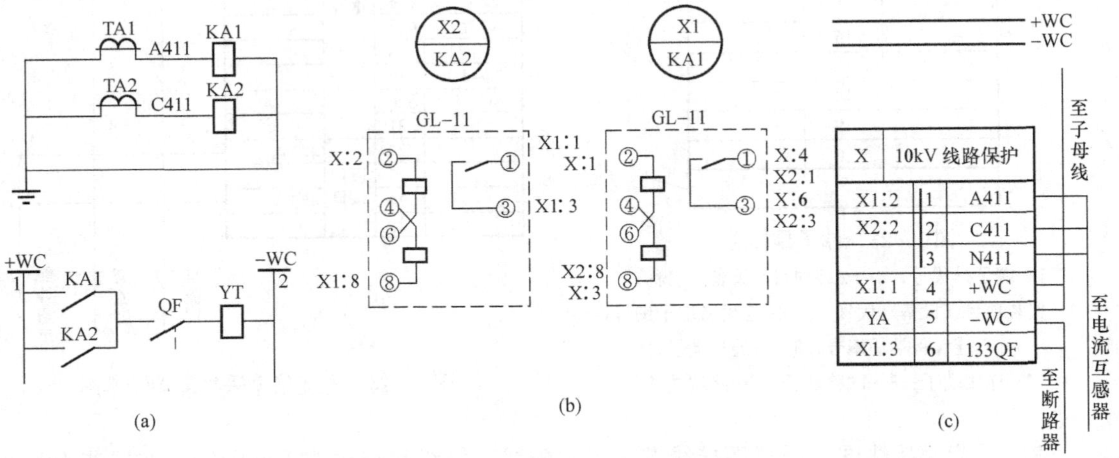

图 1-27 屏背面接线图示例

(a) 原理图；(b) 屏背面接线图；(c) 端子排图

图 1-27（a）所示为原理图，图上有电流互感器 TA1、TA2，电流继电器 KA1、KA2；断路器的辅助触点 QF 和跳闸线圈 YT 是以展开形式绘制的。原理图中只有电流继电器 KA1、KA2 是布置在屏面上的。图 1-27（b）给出了电流继电器 KA1、KA2 的屏背面接线图，它们的设备编号分别为 X1、X2，继电器型号为 GL-11，并画出了继电器内部的接线和接线柱编号，采用相对编号法表示连接导线的去向。电气设备与外部连接要通过端子排，图 1-27（c）给出了该屏的部分端子排图。端子排代号为 X，名称是 10kV 线路保护。1～3 号端子为试验端子，因为这三个端子是电流互感器和电流继电器的联系桥梁，安装完后和日后维护都需要用这几个端子进行试验，故选用试验端子。右面的引出线采用单线法绘制，走向一致时，并成一根线画出。

在屏背面接线图上，某些引线少且又布置在一起的设备，如熔断器、电阻、光字牌、信号灯等，其相互间的连线采用直接连接法，并简单地标注文字符号；而不采用相对编号法。同一设备不同接线柱的连线也采用直接相连。直接连接法在二次接线中应用比较多。

3. 电气工程平、剖面图

平、剖面图是表明电气设备、装置与线路平面和纵向布置的图纸，是进行电气安装的重要依据。平、剖面图中应标注出设备的定位尺寸以确定安装位置；标出各种通道及安全间距；标出电缆、导线等走线路径和敷设方式；标出设备的安装组合方式。

4. 设备安装图

设备安装图是电气施工的重要图纸，表示设备的安装方法，例如变压器、配电柜与基础的安装方法，出线端子和线路如何连接，配电构架如何组装等。

5. 建筑电气工程图

建筑电气工程图分为动力工程图和照明工程图，通常包括线路系统图和平面图，两者相互配合，标出线路的接线、分支线、导线规格等。其应满足以下要求：

（1）根据图纸可编制施工方案，进行施工和安装。

（2）根据图纸可编制工程预算。

（3）根据图纸可安排设备、材料详细规格和订货的数量。

（4）根据图纸可制作非标准设备。

图 1－28 所示为某建筑电气平面图，图 1－29（a）为某照明配电箱系统图，图 1－29（b）为某动力配电箱系统图。

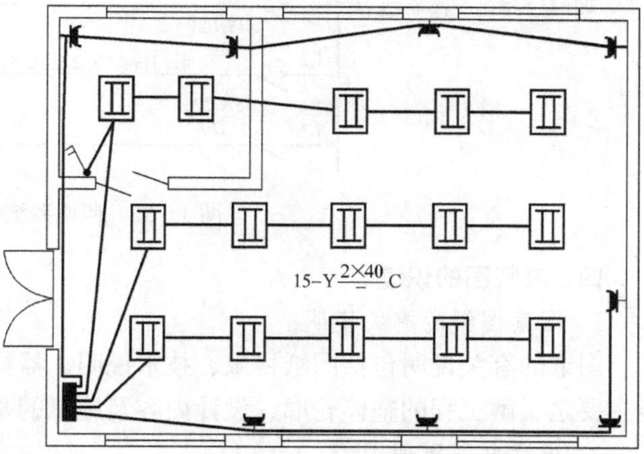

图 1－28 电气平面图

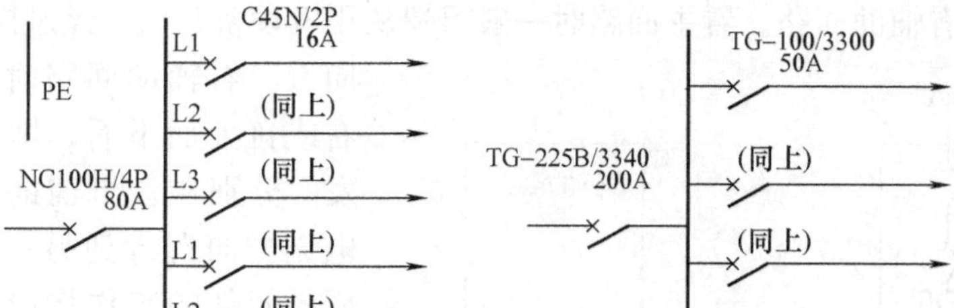

(a) (b)

图 1－29 配电箱系统图

（a）照明配电箱系统图；（b）动力配电箱系统图

照明配电系统有 380/220V 三相五线制（TT 系统、TN－S 系统）和 220V 单相两线制。照明供电系统可采用单线图绘制，也可采用多线图绘制。在照明分支线中，一般采用单相供电，在照明总干线中，要采用三相五线制供电，并且要尽量地把负荷均匀地分配到各相线路上，使供电系统三相平衡。常用的照明系统图如图 1－30 所示。从图中可以看出，电源引自低压配电室，进线为BV塑料铜芯线4根$10mm^2$，1根$10mm^2$保护线（绿黄色），总开关为C45N/4P，整定电流为40A，计算负荷P_c=6.52kW，照明配电箱分6个回路，分支开关为C45N/2P，脱扣器额定电流为16、20A，4个回路为照明灯，一个回路为插座，还有一个回路备用。敷设方式为PVC塑料管，在平顶内暗敷。

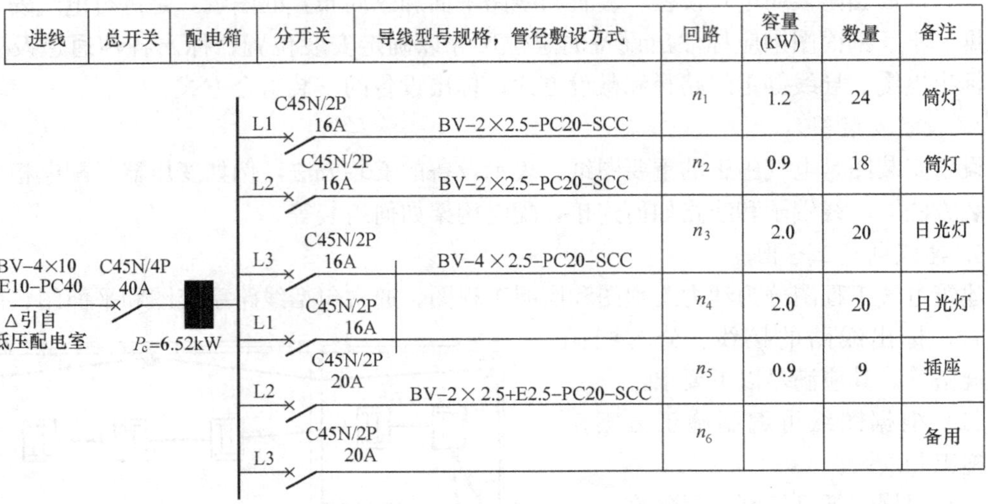

图1-30 照明系统示例图

四、电气图的识读

1. 阅读图纸的有关说明

图纸的有关说明包括图纸目录、技术说明、器材（元件）明细表及施工说明书等，这一步主要是了解工程的整体轮廓、设计内容及施工的基本要求。

2. 识读电气原理图

根据电工基本原理，在图纸上首先分出主回路和辅助回路、交流回路和直流回路。然后先看主回路，再看辅助回路。看主回路时一般习惯从用电设备开始，经过控制元件往电源方向看。看辅助回路时，通常是从左至右或自上而下看，即先从一相电源出发，分别在各个辅助回路中沿着假定电流方向巡行到另一相电源，依次分析各元件的工作情况及其与回路间的控制关系。

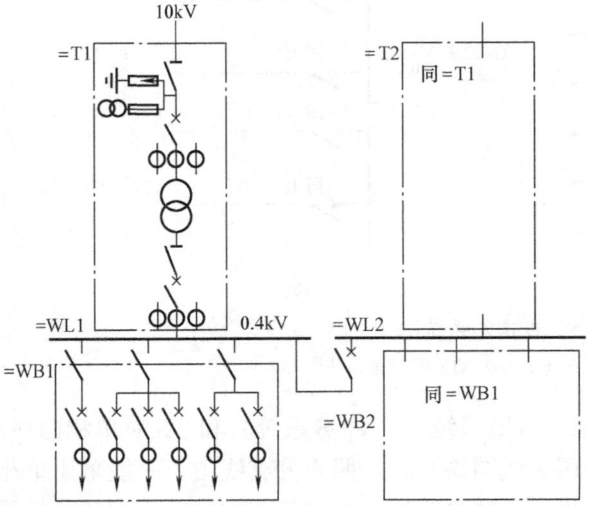

图1-31 两路进线（10kV）的电气系统图

图1-31所示为一个两路10kV进线的变配电系统图，广泛应用于中小型工厂、宾馆、商住楼。自10kV电网的电能经变电装置将电压降至0.4kV，供各分系统用电。（=T1、=T2）为变电装置，（=W1、=W2）为0.4kV汇流排，（=WB1、=WB2）为配电装置。

目前变电工程中广泛采用三相干式变压器，10kV 电源经隔离开关、断路器引至变压器；高压侧有一组用于电压测量的电压互感器，高压熔断器用作电压互感器的短路保护，避雷器为变压器高压侧的防雷保护；一组电流互感器用于电流的测量。变压器低压侧有一组三相电流互感器，用于三相负荷电流的测量，通过低压隔离开关和断路器与低压母线相连，两组母线之间用一断路器作为联络开关，在变压器发生故障时，能自动切换。

低压配电装置中用低压闸刀开关起隔离作用，具有明显的断开点，空气断路器可带负荷分、合电路，并在短路或过载时起保护作用。电流互感器为每一分路的电流测量。

图 1－32 所示为 380V/220V 供电用配电系统图。低压电源经带熔断器刀开关送至低压母线，住户配电由空气断路器作为带负荷分合电路和供电线路的短路及过载保护，不装电能表，电能表装在每单元住宅进户点。

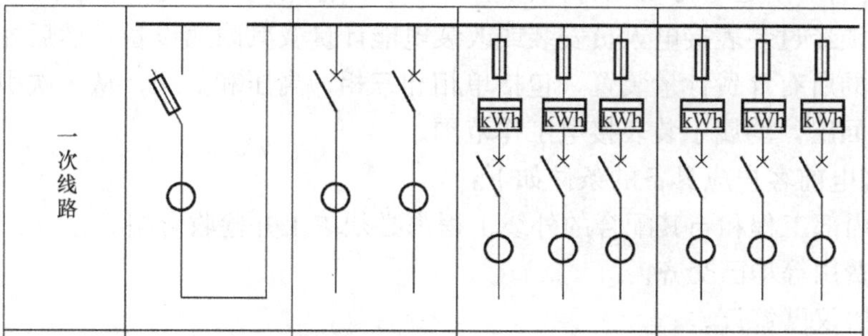

编号	D1	D2	D3			D4		
型号	GGD	GGD	GGD			GGD		
用途	进线	住户	电梯	生活水泵	消防水泵	公用灯	风机	备用

图 1－32 低压配电系统图

D3、D4 配电柜为公用电源柜，需装三相电能表，用于计量。采用空气断路器控制，对住宅电梯、生活水泵、消防水泵、公用灯、正压风机供电。

3. 识读安装接线图

识读安装接线图，仍然应先看主回路，后看辅助回路。分析主回路时，可以从电源引入处开始，根据电流流向，依次经控制元件和线路到用电设备。看辅助回路时，仍从一相电源出发，根据假定电流方向经控制元件巡行到另一相电源。

4. 识读展开接线图

展开接线图通常属于电气原理图中的控制电路部分，一般按动作顺序从上到下水平布置，并在线路旁注明功能、作用。识读时必须参照整个电路原理图对展开接线图从左向右或自上而下巡行分析。但要注意：在这种图中同一个元件的不同部分不一定在一个地方，它们的有些触头可能接在其他回路中，看图时不得遗漏。

图 1－33 所示为某定时限过电流保护展开图。

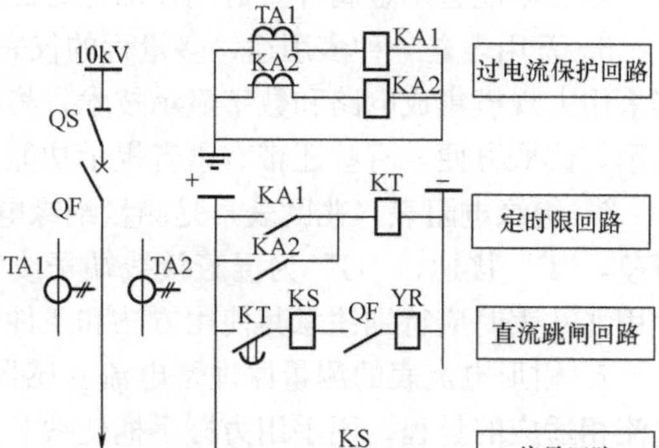

图 1－33 定时限过电流保护展开图

（1）过电流保护回路。由电流互感器 TA1、TA2 和电流继电器 KA1、KA2 的线圈构成。

（2）定时限回路。由电流继电器 KA1 和 KA2 的动合触点和时间继电器 KT 的线圈组成。

（3）直流跳闸回路。由时间继电器的动合延时闭合触点、信号继电器 KS 的线圈、断路器 QF 的辅助触头、跳闸线圈 YT 串联而成。

（4）信号回路信号继电器 KS 动合触点闭合，输出报警信号。

小 结

1. 装表接电工作是电力营销部门的重要环节，各用电单位电气设备的新装、改（扩）竣工后，都必须经过装表接电人员安装或改装电能计量及其附属设备，然后才能接电。凡属于用电户装设的所有计费计量装置，包括单相和三相、高压和低压，从一次引进线到计量装置的所有二次回路，均属于装表接电工作范围。

2. 装表接电前客户应具备的条件如下：

（1）客户内部工程和与其配合的外线工程都必须竣工并验收合格。

（2）业务费用等均已交齐。

（3）供电协议已签订。

（4）计量室已配好电能表和互感器。

（5）有装表接电的工作单。

3. 低压测电笔的主要功能有：判断相线和中性线，判断交、直流电，判断直流电正、负极。使用时应严格执行验电“三步骤”。电笔应定期校验，用绝缘电阻表测试其绝缘电阻（内电阻），若小于 1MΩ，则严禁使用。

4. 电工刀常用来切削绝缘线的绝缘层和削制木楔等，但不能在带电导线或器材上切削，以防触电。使用钢丝钳在进行低压带电作业时，要先检查钳柄所套绝缘是否完好，在剪切带电导体时，不得将相、地线或两根相线同时剪切，以免发生短路。尖嘴钳不适宜用来剥除绝缘导线端部绝缘层。斜口钳在电工作业中常用以切断二次回路小线和封印铅丝之类，也可剥割小线绝缘。使用剥线钳时，导线必须放在大于其芯线直径的切口中剥削，否则会损伤芯线。电工不能选用金属杆直通柄顶的螺钉旋具，否则容易引起触电事故。

5. 万用表是一种多用途、多量程的仪表，而数字万用表是近年来出现的先进测试仪器，其采用大规模集成电路和数字显示技术，将被测模拟量转换成数字量，测量值由液晶显示屏显示，读取方便，有些还带有语音提示功能。

6. 绝缘电阻表（兆欧表）是测量绝缘电阻用的仪表，它有三个接线端钮：“L”接被测对象，“E”接地，“G”为屏蔽接线端子或叫保护环，目前现场已广泛采用数字式兆欧表。使用兆欧表时应特别注意其使用方法和条件，以防发生设备损坏和人身伤亡事故。

7. 钳形电流表的测量原理是电流互感器，其正确使用方法是：将量程开关置于与被测电流相适应的量程，用手用力握手柄使铁芯张开，将被测导线穿入铁芯中央后将手放松，使铁芯由弹簧力闭合压紧，读数，测量完毕后张开铁芯将钳形电流表由导线上取下。

8. 接地电阻测试仪主要用于直接测量各种接地装置的接地电阻；相序指示仪（相序表）

只能确定相序，不能确定配网相位；数字双钳相位表是手持式多功能相位表，不仅可以测量交流电压，还能在不断开被测电路的情况下，测量交流电流，测量两电压之间、两电流之间及电压、电流之间的相位。

9. 装表接电常用的登高工具有梯子、脚扣、踏板和腰带等。必须使用合格的登高工具，方能保证登高作业人员的安全。

10. 电路图可分为电气原理图和电气安装图两种。电工识图首先应明确电路图中所用的电气符号所代表的意义。识读电气原理图首先分出主回路和辅助回路、交流回路和直流回路，然后先看主回路，再看辅助回路；识读安装接线图，仍然应先看主回路，后看辅助回路；识读展开接线图必须参照整个电路原理图对展开接线图从左向右或自上而下巡行分析。

习 题

1-1 装表接电工作有何意义？其基本内容有哪些？

1-2 装表接电前客户应具备哪些条件？

1-3 低压试电笔的功能有哪些？使用时应注意什么？

1-4 从钢丝钳的构造方面分析其作用。

1-5 活络扳手使用时应注意什么？

1-6 数字式万用表有何优点？举例说明数字式万用表的使用。

1-7 常用的兆欧表有几种规格？测量范围如何？

1-8 如何正确使用兆欧表？使用时的注意事项有哪些？

1-9 在用钳形电流表测量三相三线电能表的电流时，假定三相平衡，若将两根相线同时放入钳口中测量的读数为20A，则实际电流为多少？对相同负载情况，若将三根相线同时放入钳口，则读数为多少？

1-10 简述接地电阻测试仪的使用方法。

1-11 举例说明相序表的正确使用。

1-12 如何用数字双钳相位表测量电压、电流及相位角？

1-13 使用数字双钳相位表有哪些注意事项？

1-14 常用的登高工具有哪些？

1-15 在使用脚扣和踏板时应注意什么问题？

1-16 什么叫电气主接线图？有何作用？

1-17 什么叫电气系统的展开接线图？如何识读？

1-18 电气文字符号由几种组成？它们有何作用？

1-19 在二次设备安装图中的端子有哪几种常用类型？分析相对编号法的应用。

1-20 举例说明屏背面安装接线图的阅读方法。

第二章

电能计量装置及配置

电能是一种无形、不能储存的特殊商品，电能的输送和使用必须依靠符合要求的技术设备来完成，电能计量装置就是记录电力客户电能使用数量的技术设备，供电企业依据电能计量装置的记录和国家规定的电价依法向客户收取电费，使无形电能以有形的货币形式体现。

电能计量装置是计量电能所必需的计量器具和辅助设备的总体，包括电能表、计量用电压、电流互感器及其二次回路、电能计量柜（箱）等。电力系统中的电能计量装置根据计量作用不同，分为贸易结算用电能计量装置与企业内部经济指标考核用电能计量装置，贸易结算用电能计量装置是用电客户与电力企业结算用电量的依据，企业内部经济指标考核用电能计量装置是考核企业经济效益的依据。

第一节 电能表基础知识

一、电能表的分类

电能表可进行如下分类：

(1) 按相线与接线方式，可分为单相电能表、三相三线电能表和三相四线电能表。其中：单相电能表一般用于单相供电的低供低量客户的用电，如居民照明用电；三相三线电能表主要用于高供高量客户用电；三相四线电能表主要用于高供低量、低供低量客户的用电。

(2) 按工作原理，可分为感应式（含长寿命、亚长寿命）、电子式、机电一体化三大类型，其中机电一体化式电能表是逐渐淘汰型产品。

(3) 按用途与功能，可分为有功电能表、无功电能表、最大需量表、标准电能表、复费率电能表、预付费电能表、载波电能表、多功能电能表和智能电能表等。

有功电能表用于计量有功电能，常用的有三相三线有功电能表、三相四线有功电能表和单相电能表；无功电能表用于计量无功电能，常用的有三相三线无功电能表和三相四线无功电能表。

(4) 按准确度等级，可分为普通安装式电能表（0.2S、0.5S、1.0、2.0 级），作为现场工作计量器具；携带式精密级电能表（0.01、0.02、0.05、0.1、0.2 级），作为实验室标准计量器具。

S级电能表是指在 $1\%I_b$（I_b 为基本电流）即有误差要求，而普通电能表在 $5\%I_b$ 以下没有误差要求。应用S级电能表提高了电能表轻负载的计量性能。电流互感器中准确度带S级的含义亦如此。

(5) 按电压等级，可分为高压电能表（3×100、3×57.7/100V）、低压电能表（3×220/380、3×380、220V）。

(6) 按电流测量范围，可分为直接接入式（也称为直通式）电能表、经互感器接入式电能表。其中直接接入式电能表常用的基本电流有 1.5，2.5，5，10，15，20A；经互感器接入式电能表常用的基本电流有 1，1.5A。

二、国产电能表的常用型号规格

1. 电能表的型号

国产电能表型号是用字母和数字的排列来表示的，由类别代号＋组别代号＋结构及功能代码＋设计序号＋派生号组成，每个字母代表一定的含义。国产电能表的型号基本说明了电能表的相线、结构功能与用途等。

国产电能表型号组成见表2-1。

表2-1　国产电能表型号组成

类别代号	组别代号	结构及功能代码	设计序号	派生号
D—电能表	表示相线： D—单相； T—三相四线； S—三相三线	表示用途分类： S—全电子式；Y—预付费； F—复费率；M—脉冲； D—多功能；X—无功； Z—最大需量；B—标准表； I—载波抄表；J—直流	阿拉伯数字	T—湿热、干燥两用； TH—湿热带； TA—干热带用； H—船用； F—化工防腐用； G—高原用

注　表中“需量”指规定时间内的平均功率；“最大需量”指在规定的时间段内记录的需量的最大值。

国产电能表常用型号含义举例：

DD——单相电能表，如DD862-4型（感应式单相电能表）、DD201型（亚长寿命型感应式单相电能表）、DD202型（长寿命型感应式单相电能表）等；

DDSI——单相电子式载波电能表，如DDSI132型等；

DTS（X）——三相四线电子式有功无功电能表（组合式电能表），如DTS（X）132型等；

DX——无功电能表，如DX862型、DX863型等；

DTF——三相四线复费率有功电能表，如DTF32型等；

DTZF——三相四线最大需量复费率有功电能表，如DTZF9型等；

DSF——三相三线复费率有功电能表，如DSF32型等；

DTSD——三相四线全电子式多功能电能表，如DTSD132型等；

DSSD——三相三线全电子式多功能电能表，如DSSD132型等。

2. 常用国产电能表的规格

常用电能表的规格见表2-2。

表2-2　常用国产电能表的规格

类　别		基本电流（额定最大电流）（A）	额定电压（V）
单相电能表	直接接入式	1.5（6），2.5（10），5（20），10（40），15（60）	220
	经电流互感器接入式	1.5（6）	220
三相电能表	直接接入式	3×5（20），3×10（40），3×15（60）	3×220/380
	经电流互感器接入式	3×1.5（6）	3×220/380
	经电流、电压互感器接入式	3×1.5（6）	3×100，3×57.7/100

3. 铭牌标志

根据国家标准，每只电能表上都应有下列标志：

(1) 电能表的名称及型号，如单相电能表 DD862-4。

(2) 商标。

(3) 制造计量许可证标志（CMC）。依据《中华人民共和国计量法》规定，取得《制造计量器具许可证》者生产的产品，应按规定在产品上注明标志符号，标志符号为“CMC”。

(4) 显示单元。分为字轮式计度器窗口（机械计度器）与显示屏。机械计度器整数位和小数位用不同颜色区分，中间有小数点；显示屏分为数码显示与液晶显示。

(5) 计量单位名称或符号。如有功功率表为“千瓦·时”或“kW·h”；无功功率表为“千乏·时”或“kvar·h”。

(6) 准确度等级。以记录圆圈中的等级数字表示，表明电能表按规程检定其误差时，其相对误差的绝对值不允许超过圆圈中的等级数字。无标志时，电能表视为 2.0 级。

(7) 制造标准。如 GB/T×××××—1994。

(8) 出厂编号。

(9) 生产厂家。

(10) 电能表常数。指电能表记录的电能和相应的转数或脉冲数之间关系的常数。如：型号 DD862-4，规格 220V/5（20）A 单相感应式表的电能表常数为 720r/kWh；型号 DDS232，规格 220V/5（20）A 单相电子式电能表的脉冲常数为 3200imp/kWh。

(11) 参比频率。指确定电能表有关特性的频率值，以赫兹（Hz）作为单位。

(12) 额定电压。指确定电能表有关特性的电压值。额定电压有不同的表示方法：三相三线电能表以相数乘以线电压表示，如 3×100V；三相四线电能表以相数乘以相电压/线电压表示，如 3×220/380V；单相电能表以电压线路接线端上的电压表示，如 220V。

(13) 基本电流和额定最大电流。基本电流是确定电能表有关特性的电流值，以 I_b 表示；额定最大电流是电能表能满足其制造标准规定的准确度的最大电流值，以 I_{max} 表示。I_{max}/I_b 一般称为“过载倍率”，该比值越大，表示电能表计量的负荷范围越宽。为提高低负荷计量的准确性，目前使用的电能表基本是过载倍率为 4 倍以上的宽负载电能表，如铭牌上标注的 5（20）A，表示电能表基本电流为 5A，额定最大电流为 20A，过载倍率为 4。对于三相表，还应在前面乘以相数，如 3×1.5（6）A。

(14) 特殊标志。带止逆装置的电能表在铭牌上标明“止逆”，带双向计度器的感应式电能表在铭牌上标明“双向”。

根据管理需要，目前电力系统中应用的电能表普遍采用条形码，通过订货时将电能表的条形码预支给制造厂家，由制造厂家直接在电能表铭牌上用激光喷码。通过对电能表资产实行条形码管理，电力企业在电能计量的全过程管理中大大提高了工作效率及管理水平。图 2-1 所示为单相电能表的铭牌。

三、常见的电能表及用途

(1) 感应式电能表。它是利用电磁感应原理制成的电工测量仪表。常用的有单相感应式电能表、三相感应式有功电能表、三相感应式无功电能表。

(2) 电子式电能表。电压、电流作用于固态（电子）器件而产生与功率成比例的输出量的仪表，它没有转动元件（转盘），也称为静止式电能表。常用的有单相电子式电能表、三

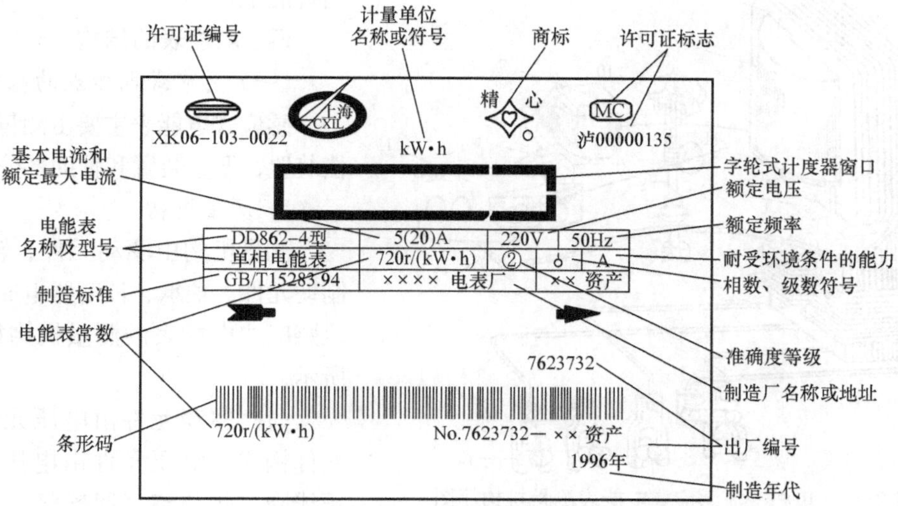

图 2-1　单相电能表铭牌

相电子式有功电能表、三相电子式无功电能表、全电子式多功能电能表。

(3) 长寿命电能表。指平均不修理的有效使用时间在 20 年及以上的电能表。目前有一种亚长寿命电能表，其使用时间在普通感应式电能表与长寿命电能表之间，其价格合理，质量优于 DD862 型普通感应式电能表，因而在电力系统中广泛使用。

(4) 预付费电能表。指实现电能计量、数据处理和预付费功能的电能表。目前应用最为广泛的是 IC 卡预付费电能表，用电客户使用 IC 卡预先到电力系统售电点购电后才能用电。

(5) 载波电能表。是用于通过电力线载波通信技术自动抄表系统中的电能表，其除了电能计量功能，还具有双向电力线载波通信功能；可储存当前电量、日末冻结电量；中继传输功能，即对需中继的其他系统单元的数据实施中继传送等基本功能。同时还可远程控制拉合闸功能。

(6) 复费率电能表。指能在规定的不同费率时段内记录有功、无功的电能表。可通过记录客户在高峰、低谷的电量，执行不同时段的电价，达到削峰填谷、合理用电的目的。

(7) 最大需量电能表。指在计量有功电能的同时还可以指示在规定时间内的平均电功率最大值的仪表，使用于实行两部制电价的客户。目前单一的最大需量电能表较少使用，机电一体式或全电子式多功能电能表一般都有需量功能。

(8) 多功能电能表。凡是由测量单元和数据处理单元等组成，除计量有功（无功）电能外，还具有分时、测量需量等两种以上功能，并能显示、储存和输出数据的电能表，都可称为多功能电能表。随着电子技术的不断发展，多功能电能表以其功能强大、准确度高等特点广泛在电力系统中应用。

(9) GPRS 多功能三相电能表。将普通三相多功能电表和智能终端集成在一起，作为无线通信及电能计量一体设备。它具有多功能表计与 GPRS 通信功能模块的热插拔功能，能计量正、反向有功无功电量和需量，并具有 RS485 接口、远红外通信、手动及红外停电唤醒、GPRS 通信、终端负荷控制、全方位事件管理等功能。

(10) 智能电能表。由测量单元、数据处理单元、通信单元等组成，具有电能量计量、信息存储及处理、实时监测、自动控制、信息交互等功能的电能表。智能电能表将广泛应用

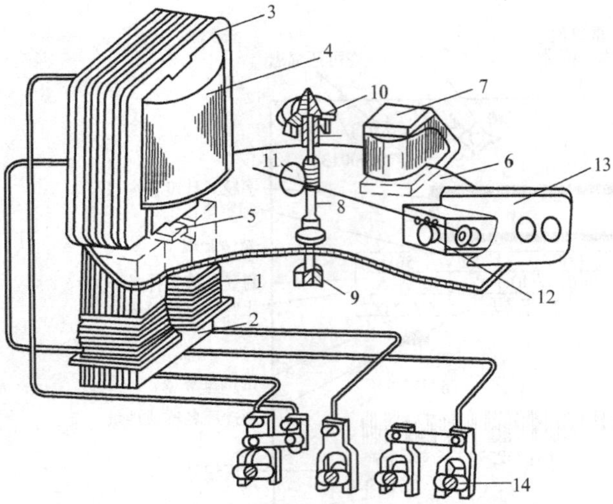

图 2-2 单相交流感应式电能表测量机构简图
1—电流线圈；2—电流铁芯；3—电压铁芯；4—电压线圈；5—回磁极；6—转盘；7—制动元件；8—转轴；9—下轴承；10—上轴承；11—蜗轮；12—计度器；13—铭牌；14—接线端子

到智能电网中。

四、电能表的结构

（一）感应式电能表的基本结构

感应式电能表主要由测量机构、补偿装置、调整装置和辅助部分组成。

1. 测量机构

测量机构由驱动元件、转动元件、制动元件、轴承、计度器组成。单相交流感应式电能表的测量机构如图 2-2 所示。

（1）驱动元件由电压元件和电流元件构成。电压元件由电压铁芯、电压线圈、磁分路（回磁极）及调整机构组成，电流元件由电流铁芯和电流线圈组成。一组电压元件和一组电流元件构成一组驱动元件（简称一元件）。如果电能表有两组或三组驱动元件，则称为二元件表或三元件表。

电能表接入被测电路后，电压线圈与负载并联，而且不论是否有负荷电流，它总是带电的，因而要尽量减少电压元件的功耗。故电压线圈匝数很多（约 10 000 匝），线径细，阻抗很大，流过电压线圈的电流很小。电能表接入被测电路后，电流线圈与负载串联，为减少电流抑制力引起的误差，改善电能表的负载特性，电流线圈匝数少（一般在 60～150 安匝数范围，由生产厂家控制），电流线圈线径粗，其线径的大小由电能表的基本电流而定。

驱动元件的作用是：当被测电路的电压和电流作用于电压元件和电流元件，产生移进磁场与其在圆盘内产生的感应电流相互作用，从而产生驱动力矩，推动圆盘转动。

（2）转动元件由铝质的圆盘和转轴组成。圆盘边缘上有一供计转数的黑色标志，转轴由上面有蜗杆的铜或铝合金材料制成。同时根据电能表功能需求，可以在圆盘上面装设防潜钩、止逆器等。

转动元件的作用是：在驱动元件建立的移进磁场的作用下，在圆盘上产生驱动力矩使圆盘转动，并把转动的转数传递给计度器，累计成被测电量值。

（3）制动元件由永久磁铁及其调整装置组成。电能表的制动力矩主要是由永久磁铁产生，所以永久磁铁的材料性质、质量对电能表的电气性能是否稳定有着很重要的意义。国产电能表的永久磁铁多采用高剩磁感应强度的磁材料，如铝镍合金、铝镍钴合金等。由于磁性材料随温度的变化而有一定的变化，因此会引起制动力矩的变化，从而影响电能表的误差稳定性。所以一般在制动元件上必须加温度补偿材料，以抵消温度的变化。

永久磁铁的作用是：产生与驱动力矩方向相反的制动力矩，以使电能表在一定功率下其转盘能做匀速转动，保证驱动力矩随功率成正比例变化。制动力矩的方向恒与转盘方向相反，而与永久磁铁的极性放置位置无关；制动力矩与转盘转速成正比，可阻止转盘做加速运动，是保证电能表正确计量的重要条件。

（4）轴承。它是感应式电能表的主要元件，通常可分为钢珠宝石轴承和磁力轴承两种。

钢珠宝石轴承中，分单宝石结构和双宝石结构两种。上轴承主要对转动元件起定位和导向作用；下轴承主要用来支撑转动元件。下轴承的质量好坏，直接影响电能表的准确度和使用寿命，要求下轴承既要摩擦力小，又要耐磨损。DD862 型电能表采用双宝石结构。

磁力轴承分为磁推和磁悬两种形式。磁力轴承利用两个环型的永久磁铁的磁力使电能表的转动元件处于悬浮状态的轴承，它通过轴销定位。由于消除了钢珠与宝石间的机械摩擦力矩，因而减少了电能表的摩擦误差，大大提高了使用寿命。

（5）计度器。它用来显示电能表记录电量的多少。常用感应式电能表所使用的是机械计度器，由数字鼓轮、进位轮、传动齿轮、轴、支架组成；电子式电能表可采用机械计度器，也可采用显示屏，常用的为液晶显示屏。

2. 补偿、调整装置

包括轻载、满载、相位、防潜、平衡调整、过载和温度补偿装置。

3. 辅助部分

辅助部分由基架、铭牌、端钮盒、表壳等组成。

（1）基架。电能表的驱动元件、制动元件、上下轴承、计度器等主要元件都要固定在基架上，所以要求基架有足够的机械强度和精密的加工工艺。基架一般用钢板冲压或用铝合金压铸成型。

（2）铭牌。我国生产的电能表铭牌统一都装在计度器上，有螺钉固定和压卡式两种结构。标志应清晰，能防紫外线照射，不褪色。

（3）表壳。电能表应有能铅封的表壳，只有破坏铅封后才能触及表内部部件。要求表壳具有强度高、抗变形、耐腐蚀、耐辐射能力，结构上具有良好防尘、防水效果，罩壳和底壳之间密封性能良好。为提高防窃电能力，许多大型电能表生产厂家开发出一次性防撬型罩壳，破坏铅封后罩壳也随之被破坏，无法恢复，从而防止了私拆铅封进行窃电。

（4）底壳、端钮盒。应使用绝缘、阻燃、防紫外线的材料制成。端钮盖上印有电能表的接线原理图。端钮盖上的螺钉留有封表用的孔洞，可以防止客户私自开启端钮盒影响电能表的正确计量和危及人身安全，底壳设计应考虑安装方便。

（二）电子式电能表的基本结构

电子式电能表的基本结构由电源单元、显示单元、电测量单元、中央处理单元（单片机）、输出及通信单元等五部分组成。

（1）电源单元。电子式电能表交流供电通常有工频电源（即变压器降压）、阻容电源（电阻和电容降压）、开关电源三种方式。其作用是将 220V、50Hz 交流高电压变换成电子电路所需的直流低电压（±5V）。

（2）显示单元。电子式电能表可采用机械计度器、LED 数码管和 LCD 液晶显示器来显示电能表的电能量。机械计度器一般用于单相电子式电能表，但采用步进电动机带动的字轮式计度器相当于引入一个故障点，由机械计度器故障引起的故障率较高，且对于抗外界磁场要求较高，需防止通过交变磁场干扰电能表计度器正常转动。而 LCD 由于其独特的汉字显示、功耗低等优点，目前被广泛应用。

（3）电能测量单元。乘法器是电子式电能表的电能测量单元中核心组成部分。乘法器可分为模拟乘法器和数字乘法器两类。目前的电子式电能表多采用以微处理器为核心的高精度

A/D 型为代表的数字乘法器。电能测量单元的作用是将输入电压与电流变换成与功率成一定比例关系的脉冲信号，送至分频和计数。它是电子式电能表的关键，其测量精度直接决定电能表的精度和准确度。

（4）单片机（中央处理单元）。多功能电子式电能表，其计量、时段切换、费率控制、通信集成都是由内部智能控制单元，即通常所指的单片机来完成的。它具有算术运算、逻辑运算、数字信号的输入和输出、模拟信号处理接口、频率（或时间间隔）测量、频率信号输出、实时时钟发生器、脉冲调宽、发光二极管驱动、液晶显示器驱动、数据存储等功能。

目前许多大型电能表制造厂家生产的三相电子式多功能电能表采用了具有 DSP 速度的高速单片 CPU，使得数据传输的链条减短，从而减少了数据错误的可能；有足够的时间来精确测量电能数据，极大提高了电量及瞬时量的实时性，从而使电能表的计量准确度有了保障。CPU 还用于分时计费和处理各种输入输出数据，并根据预先设定的时段完成分时有功、无功电能计量和最大需量计量功能；根据需要显示各项数据、通过红外或双 485 接口进行通信传输；并完成运行参数的监测，记录存储各种数据。

（5）输出及通信单元。电子式电能表的输出及通信单元，包括脉冲输出、远红外口、RS485 接口、RS232 接口等。其中电能脉冲输出形式有两种：①有源输出，电压幅值 5V±0.5V，脉宽 40～80ms，与电能计数器有电气公共节点，适合实验室校表；②无源输出的开关信号，与外界没有电气连接，是通过光电耦合隔离的，适合长距离传送。目前电力系统现场安装使用的电子式电能表普遍采用无源脉冲、RS485 接口输出。

五、电能表的工作原理

1. 感应式电能表基本工作原理

以单相电能表为例，如图 2-3 所示。当电能表接入交流电路后，电压线圈的两端加上线路电压 $\dot{U}$，电流线圈通过负载电流 $\dot{I}$。这时电压线圈中通过电流 $\dot{I}_U$，$\dot{I}_U$ 在电压铁芯中产生了电压工作磁通中 $\dot{\Phi}_U$；电流 $\dot{I}$ 通过电流线圈时在电流铁芯中产生了电流工作磁通 $\dot{\Phi}_I$。$\dot{\Phi}_U$、$\dot{\Phi}_I$ 穿过圆盘时，分别在圆盘上感应出滞后于它们 90°的感应的电动势 $\dot{E}_U$ 和 $\dot{E}_I$，$\dot{E}_U$ 和 $\dot{E}_I$ 又分别在圆盘上产生了涡流 $\dot{I}_U$ 和 $\dot{I}_I$。

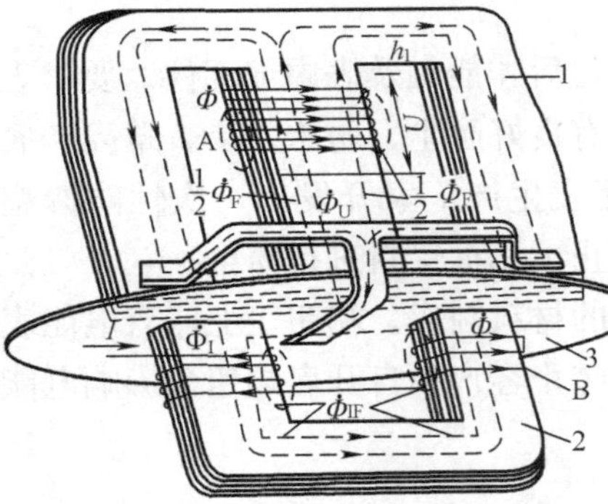

图 2-3 电能表内各磁通分布情况

A—电压线圈；B—电流线圈；

1—电压铁芯；2—电流铁芯；3—圆盘

由于电压工作磁通 $\dot{\Phi}_U$ 和电流工作磁通产生的涡流 $\dot{I}_I$、电流工作磁通 $\dot{\Phi}_I$ 和电压工作磁通产生的涡流 $\dot{I}_U$ 在空间上不相重合，而且在时间上存在着相位差，根据电磁学原理，它们分别为一对在时间上有相位差，且在空间相对位置不同的电流和磁通，因此都会产生力的作用。这个力在圆盘上产生转动力矩，使电能表的圆盘按一个方向不停地转动，且越转越快。为了在一定转矩下使圆盘匀速转动，需要安装永久磁铁，使之在圆盘上产生一个与转动力矩大小相等、方向相反的反作用力矩（制动力矩），以保证圆盘转动速度始终与负载功率成正比。

感应式电能表正确测量电能的条件是：

（1）应满足电压工作磁通 $\dot{\Phi}_U$ 正比于外加电压 $\dot{U}$；

(2) 应满足电流工作磁通 $\dot{\Phi}_I$ 正比于外加电流 $\dot{I}$；

(3) 应满足 $\psi=90°-\varphi$（感性时），当负荷为容性时应满足 $\psi=90°+\varphi$。其中：φ 为 U 超前 I 的相位角，ψ 为 Φ_U 超前 Φ_I 的相位角。在电能表中，$\psi=90°\pm\varphi$ 这一条件称为 90°相位角条件。

当不需要了解电能表内各参数之间的关系时，特别是分析三相电能表各工作磁通间的相位时，即在忽略电流工作磁通和电压工作磁通通过路径中产生的铁芯磁滞损耗、涡流损耗及转盘中感应电流损耗影响时，往往采用图 2－4 所示的理想相量图表示单相电能表正确测量的条件关系。

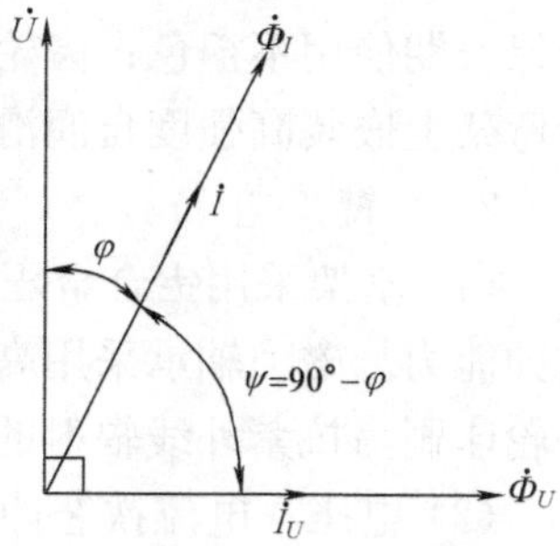

图 2－4　单相电能表正确测量条件相量图

2. 电子式电能表基本工作原理

按工作原理的不同，电子式电能表可分为模拟乘法器型和数字乘法器型两种。模拟乘法器型电子式电能表工作原理如图 2－5 所示。

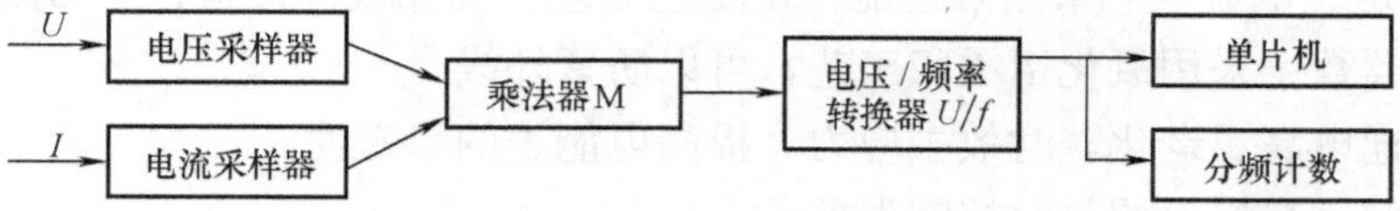

图 2－5　模拟乘法器型电子式电能表工作原理

被测电压 U、电流 I 经电压和电流采样转换后送至乘法器 M，完成电压和电流瞬时值相乘，输出一个与一段时间内的平均功率成正比的直流电压 U_0；然后利用 U/f 转换器将 U_0 转换成相对应的脉冲信号 f_0，一路送单片微机处理计数，显示相应的电能，另一路再由分频器分频输出供检定用。

数字乘法器型电子式电能表工作原理如图 2－6 所示。其工作原理与模拟乘法器不同的是，采样电压、采样电流经数字乘法器 M 输出的是一个与功率成正比的数字量，这个数字量经 D/f 转换器转换成相应的脉冲频率信号。

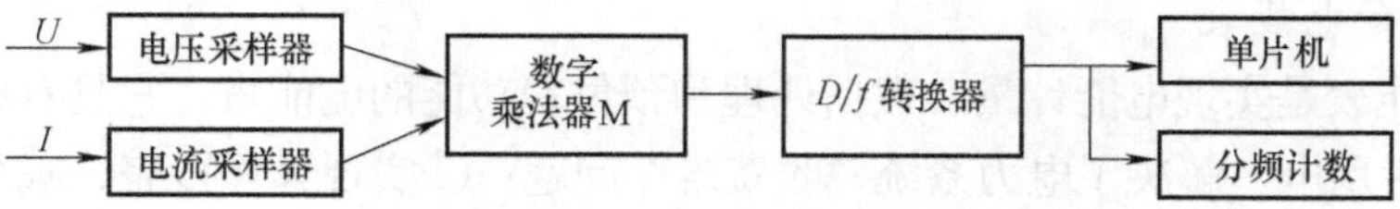

图 2－6　数字乘法器型电子式电能表工作原理

电压采样器和电流采样器构成了电能表的输入级，电子式表计的电压采样可采用电压互感器或分压电阻，电流采样可采用电流互感器或分流器，它们与乘法器、U/f 转换器共同构成了电子式电能表的核心部分——电能测量单元。

六、典型电能表介绍

（一）长寿命电能表

长寿命电能表在功耗、准确度、寿命等方面比传统的感应式电能表有明显的进步，主要通过设计、选材、工艺等方面来保证。

1. 结构

(1) 长寿命电能表的基架采用高强度不易变形的结构和材料，磁钢直接压铸在基架内，消除了因磁钢位移而造成表计失准的隐患。

(2) 长寿命电能表的轴承采用高矫顽力铝镍钴材料制作磁推轴承，工作磁场不均匀度小于5%，上、下轴针用高强度不锈钢制造，上、下轴针的轴承使用合成石墨材料，具有特别好的自润滑和耐磨性能，能确保电能表在长期运行中保持计量正确。

(3) 长寿命电能表的弯架采用硬质合金铝板，字轮印刷为抗紫外线辐射的氧化铝烫印，确保长期使用不褪色；齿轮采用小模数钟表齿形，用自润滑、高耐磨性塑料注射成型；计度器弯架上嵌装高强度自润滑塑料轴承，使之摩擦力矩减少，耐磨性大幅度提高。

2. 关键工艺

(1) 基架采用铝合金压铸成型并经稳定性处理，结构强度和稳定性好；同时具有较强抗腐蚀能力。磁力轴承采用高、低温处理，有助于磁力轴承的稳定。弯架采用硬质合金铝板，字轮印刷为抗紫外线辐射的氧化铝烫印。

(2) 电压、电流铁芯冲片选用初始磁导率高的高硅钢片，采用高速冲床冲裁成型，有序叠片，自动铆合，冲片阴极电泳，可以长时间耐腐蚀。

(3) 电流过载补偿片采用真空退火处理，电流冲片及补偿片按电磁特性分选、配选使曲线平坦、更稳定。电流铁芯采用磁性能稳定工艺处理，确保表计计量在寿命期内精确性。

(4) 计度器数字采用氧化铝烫印工艺，可以防紫外线。

(5) 整机通电高温老化，时效去应力，提高电能表的稳定性。

(6) 精度储备严格，调整时控制误差。

目前单相长寿命电能表已逐步取代传统的感应式电能表，在电力系统中广泛应用。

(二) 载波电能表

载波电能表是运用于通过电力线载波通信技术自动抄表系统中的电能表。其基本功能如下：

(1) 电能计量功能。

(2) 双向电力线载波通信。

(3) 可储存当前电量、日末冻结电量。

(4) 具有中继传输功能，对需中继的其他系统单元的数据实施中继传送。

(5) 远程控制拉合闸（可选）。

(三) 预付费电能表

预付费电能表是实现电能计量、数据处理和预付费功能的电能表，它具有以下优点：①用电客户先购电后用电，解决了电力系统“收费难”问题；②实现远程抄表，减少抄表人员工作强度，提高抄表正确率；③具有一定的防窃电能力；④能实现报警、远程控制等功能；⑤增强用电客户电也是商品的意识；⑥同时采用双向管理，提高优质服务，有利于电力部门提高现代化管理水平。但采用预付费电能表缺点是投资较大，且与其他同类型电能表相比功耗较大，同时需增加系统管理及营业网点等。

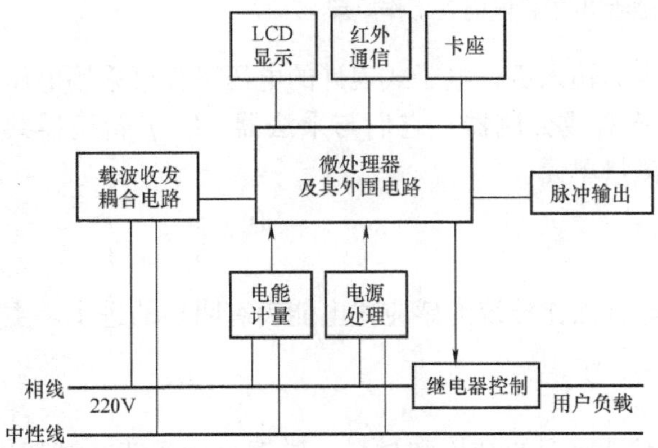

图2-7　单相预付费电能表工作原理

1. 工作原理

单相预付费电能表工作原理如图2-7所示。

（1）电能计量模块。直接由专用计量电子集成电路完成数据的采集、计量并转换为电脉冲信号。

（2）LCD 显示模块。用来显示 IC 卡表的计量数据和工作状态。

（3）卡接口。用于 IC 卡表与 IC 卡片进行数据交换。

（4）微控制器。用于电能计量信号的采集、计算、控制和 IC 卡数据的安全认证。

（5）负荷控制开关（继电器）。用于控制客户的电源供应开关，可由 IC 卡表输出控制信号对其进行闭合或断开操作。分为内控式和外控式两种。

（6）电源模块。用于向 IC 卡表提供电源供应。

（7）载波收发模块。PLC 专用通信芯片利用低压电力线作为通信信道，以软件解扩技术为核心，采用模式识别和模糊处理技术，将数据以电力线载波方式上传提供给集中器，实现集中抄表功能。

2. 表计结构

（1）具有接触式 IC 卡座接口，可对 IC 卡进行操作。

（2）预留有红外通信口和载波通信口。

（3）采用背光 LCD 显示，在正常使用条件下，LCD 寿命大于 10 年。

（4）具有定脉宽输出信号的光隔离无源脉冲输出端子。

（5）磁保持继电器开关，可进行断电控制。

（6）表壳采用密封防尘、有一定强度、抗变形、抗腐蚀、抗老化的阻燃材料制成，能够铅封，只有破坏铅封才能触及仪表内部部件。

（7）表内所有元器件能防锈蚀、防氧化，紧固点牢靠，端钮盒电流接线采用嵌入式双螺钉旋紧。

（8）采用隔离变压器提供表内部的工作电源。

（9）采用长寿命 LED 做工作状态指示。

3. 主要功能

（1）智能控制功能。IC 卡电表采用 ADE7755 电能测量芯片自动计量客户电量，当客户购电量用完时，自动切断客户用电。

（2）预报警功能。当客户 IC 卡电能表中所剩电量小于报警电量时，能够给予客户报警提示，以便客户尽快购电。

（3）透支功能。当客户电能表预购电量到零后，电能表跳闸，此时，客户将原指定介质插入电能表后，电能表应能允许客户透支一次预置电量，再次缴费购电插卡后，表内自动冲减透支电量。

（4）电量返读功能。客户每次将电卡插入 IC 卡电能表后，IC 卡电能表将自动把剩余电量等信息回写到电卡中，以供售电管理系统查询。

（5）安全保护功能。采用 IC 逻辑加密卡作为购电卡，在 IC 卡电能表内做密钥认证，具有高度安全性，严格保证一户一表一卡，每次购电卡只一次输入有效。

（6）补卡功能。当客户购电卡丢失时，可以通过售电网络为客户补发电卡。

（7）检查功能。售电网络可以发行检查卡，定期对客户 IC 卡电能表运行情况进行检查。

（8）通信功能。具有载波通信（或 RS485 通信）和红外通信功能，售电部门可以通过该方式对 IC 卡电能表中的数据及时进行抄收。红外通信和载波通信（或 RS485 通信）在物理层上相互独立，一个通信信道的损坏不会影响另一信道的正常工作。

(9) 显示功能。采用LCD中文显示屏显示客户当前剩余电量和总用电量。

(10) 计量脉冲输出功能。IC卡电能表能将其电量的计量脉冲输出到外部，方便了IC卡电能表的精度调校工作。

(11) 防止电量囤积功能。只有当表中的剩余电量小于囤积限量时，才允许将新的购电量输入到IC卡电能表中。

(12) 可设置二级报警功能。当剩余电量小于报警电量1时，LED点亮处于常显状态；当剩余电量小于报警电量2时，继电器断开切断客户用电，此时客户可通过插入客户卡恢复用电；能够给予客户报警提示，督促客户尽快购电。

(13) 掉电数据保存功能。当供电系统突然断电时，IC卡电能表能自动将累计用电量的非整数部分保存到EEPROM中，保证了计量精度。

(14) 继电器控制输出功能。可以通过用继电器控制交流接触器断开客户负载的方式，保证IC卡电能表断电功能的安全实现。

(15) 防外界攻击功能。IC卡电能表在卡口电路中增加了防攻击设计，可防止多种外界攻击和干扰。

(16) 超容断电功能。每个客户分别设定其最大不超过电能表额定最大功率的负荷。当用电负荷超过设定的最大允许负荷时，电能表会开始报警，如果持续1min以上，电能表会自动拉闸；3min后电能表会自动合闸，恢复用电，同时重新监测当前负荷值；如果依旧处于超负荷状态，持续1min后，电能表会再次拉闸，如此反复。

(17) 电量预置功能。预置电量是用来在装表之前，对客户的电表预置的一部分电量。它能让客户在装表之后到购电之前的这段时间内正常用电。当客户来供电部门开户插入购电卡后，会清除已经预置的电量，并且自动扣除客户已经使用的电量。

(四) 全电子式多功能电能表

1. 工作原理

三相电子式多功能电能表由测量单元和数据处理单元等组成，其工作原理如图2-8所示。电能表工作时，电压、电流经采样电路分别采样后，送至放大电路缓冲放大，再由A/D转换

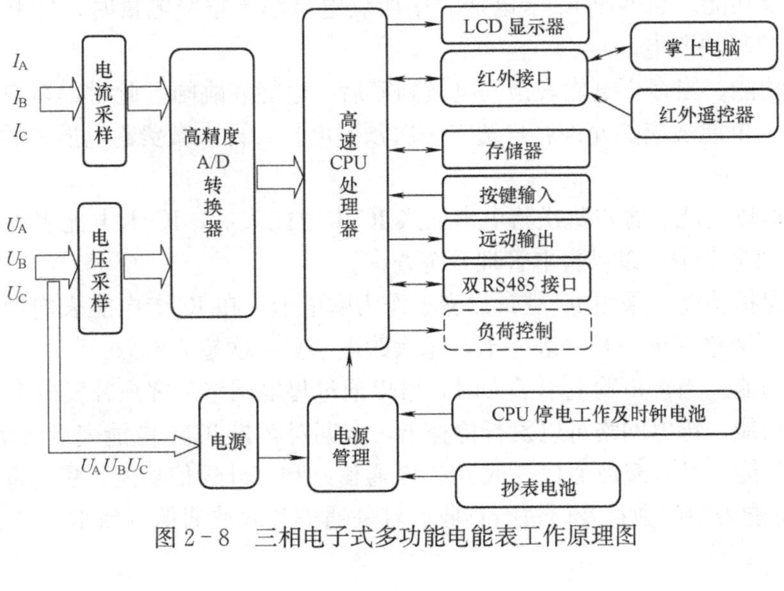

图2-8 三相电子式多功能电能表工作原理图

器变成数字信号，送到 CPU 内进行运算处理：用于分时计费和处理各种输入输出数据；并根据预先设定的时段完成分时有功、无功电能计量和最大需量计量功能；根据需要显示各项数据、通过红外或双 485 接口进行通信传输；并完成运行参数的监测，记录存储各种数据。

2. 基本功能

(1) 电能计量功能。1 只多功能表等于 4 只传统意义的感应式电能表，能同时计量正向有功、反向有功及四象限无功电量。

(2) 功率计量功能。多功能电能表功率计量功能包括需量、最大需量、1min 功率及当前功率计量；可以计算电网的电压、电流、有功功率、无功功率、视在功率、功率因数和频率；可记录电表前 1min 有功平均功率和前 1min 无功平均功率。该功能可以使电力部门实现多表一起的需量计算。

(3) 即时电网参数。电子式多功能电能表可以提供总电压、电流和分相电压、电流值，也可提供零序电流。

(4) 时段控制功能和多费率功能。绝大多数电子式多功能表不但对正、反向有功电量进行分时计量，也对感性、容性无功（或四象限无功）、最大需量分别进行分时计量。同时还可灵活地进行费率、时区、时段、节假日等参数的组合设置，为实行峰谷、丰枯、节假日电价政策提供了充裕的计量技术储备。

(5) 电量冻结和即时冻结功能。为了记录多表同一时刻的电量，可以采用零点冻结的方式记录各表在零点时的电量，将一个特定时间的电量存起来，此特定时间称为电量冻结时间。电量冻结时间可选择每月 1～28 日任何一天的零点，电量冻结的日期和时间都是可设置的。如果想要任意同一时刻的电量，可使用即时冻结功能。

(6) 负荷曲线记录功能。电能表能存储超过 1 个月的负荷曲线，存储间隔可设置。

(7) 参数设置功能。电能表检定合格后应进行编程，即进行参数设定。可通过红外抄表口、RS485 接口等对电能表的时区、时段、冻结日、代表日，还有清需量日、清需量方式、滑差步进时间、时段功率限额、时段费率、报警限额、跳闸延时、客户级别、循环显示方式、表号等参数进行预置。

(8) 监控功能。电子式多功能电能表对自身运行状态有很强的监视、控制和自检功能。断相、过压、失压、失流、电流不平衡、逆向序、超功率、电池欠压、有无功电能方向等都可以通过故障码、错误码及相关图案提示。如表内电池欠压时，将出现低电池图案。

(9) 显示功能。常见的显示方式分为循环显示、按键显示和固定画面显示。循环显示内容及循环显示时间间隔可设置，未参与循环显示的内容随时可用按钮切换的方法显示出来。

(10) 数据传输。可通过三种方式和外界进行数据交换：①红外抄表口，如使用掌上电脑通过红外口和多功能电能表进行数据交换；②通过 RS232 口或 RS485 口在一定的通信规约下进行本地或远程通信，实现本地或远方抄表和参数预置；③通过专用介质，如电钥匙或 IC 卡与外界进行数据交换。

(11) 脉冲输出。通过辅助端子输出电量脉冲，输出方式可采用光学电子线路输出、继电器触点输出、电子开关元件输出等。

(12) 存储功能。能存储上月或前几月的用电数据、结算日冻结时间。便于抄表、电费结算，提高线损计算的准确度。

(13) 事件记录功能。所谓事件记录，就是多功能电能表某些参数出现异常时，记录下发生异常情况的时间、异常状态等。事件记录可在LCD上显示，也可通过按键显示或服务软件读出，可监视多功能电表是否出现故障；使用条件是否正常；有没有窃电行为等。为电力部门分析异常原因、追补电量提供依据。常见的事件记录有：

1）表状态记录。记录电能表前盖打开、过压、欠压、断电、错误相序、反相电能、带电流失压、电流不平衡、失流、中性线过流、相电流过流、需量监测越限事件、错误密码访问等多种事件，全面监测和记录异常状况。

2）操作记录。编程设置、底度清零、需量复位、电池状态、时间调整等操作情况会以标准事件按时序记录下来，记录内容包括操作时间、当时电能表的状态、操作项及当时的表底值。

3）故障记录。电能表具备自检功能，当检测到内部程序出错、时钟晶振频率错误、存储器故障、看门狗故障等硬件故障时，锁屏显示错误码；当检测到逆相序、缺相（含失压）、时钟电池低电压时应有告警显示并记录。报警方式有LCD报警符号、错误代码、LED灯和蜂鸣器报警。

4）失压记录。电流大于额定电流的0.5%，电压小于参比电压的78%±2V时称为失压。电子式多功能表可记录一相或二相失压时间及一相或二相失压期间的有功电量，以及三相失压时间。三相全失压时，失压期间由停电抄表电池提供工作电源。多功能电能表失压电量记录功能为追补失压电量提供了更多、更有效的技术手段。

5）失流记录。失流有两种情况：①当电流小于基本电流2%时；②当三相电流不平衡超过某个限定值时。客户没用电、TA开路都被记录为第一种失流；当电能表的最大相电流大于0.1A，并且（最大相电流—某相电流）/最大相电流＞30%，电能表判断某相为电流不平衡。

（14）停电抄表。电子式多功能电能表本身需要电源，一旦断电，多功能表内CPU不工作，液晶屏无显示。解决停电抄表方法有两种：①外加电池法，抄表时外加电池使CPU工作，使液晶显示读表；②在电子式多功能表内部安装高能电池，在停电时由高能电池供电使CPU工作。由于CPU耗电较高，不宜长时间由高能电池供电，一般把CPU设计成在停电时处于低功耗的睡眠状态。抄表时，抄表人员用一红外遥控器唤醒CPU使液晶显示，实现读表。

（15）预付费功能。某些电子式多功能电能表能通过专用介质（电钥匙或IC卡）预购电量或预购电费，欠费提供报警信号和跳闸信号。

（16）电压合格率。电子式多功能电能表能够给出在线实时记录电压合格率数据。

3. 安全防护

电子式多功能电能表的编程采用硬件编程开关及软件密码形式进行限制。当编程开关处于“允许状态”且软件密码正确时，方可进行编程设置。目前新型的电子式多功能电能表对安全防护提供更高保证，如：软件方面采取编程软件密码与电能表通信密码；硬件编程方面采取编程铅封保护措施，只有开启编程铅封后，才能进行硬件编程开关的操作。电能表必须具备硬件编程开关，只有触发硬件编程开关后才能对电能表进行编程设置和修改密码。此外，还有编程限制。如硬件编程开关设置触发时间，一定时间内累计出现设定次数错误密码尝试编程后，电能表硬件编程开关按照设定的闭锁时间自动闭锁，或硬件编程开关可设置为与密码配合使用，如密码不对，将不能对电表进行编程操作等限制条件。防止通过编程改变电表内部参数，为防止窃电提供有效的技术手段。

七、常用电能表的性能比较

1. 电子式电能表与感应式电能表比较

电子式电能表与感应式电能表的结构及性能比较见表 2-3。

表 2-3　感应式电能表与电子式电能表的性能比较

类　别	感应式电能表	电子式电能表
准确度（级）	0.5～2.0	0.01～2.0
启动电流	$0.003I_b$	$0.001I_b$
功耗	大	小
误差	误差曲线变化较大	误差曲线平整
TV 二次压降	小（相同计量点）	较大（相同计量点）
频率范围（Hz）	45～55	40～2000
外磁场影响	大	小
安装要求	严格（特别长寿命表）	无
过载能力（倍）	4	6～10
电磁兼容性	好	差
寿命（年）	普通表 5～10，长寿命表 15～20	8～10
日常维护	简单	较复杂
功能	单一、难扩展	完善、可扩展

（1）内部结构不同。感应式与电子式电能表从计量方式及测量结果来讲并没有什么区别，但在内部结构上有着根本性区别。感应式表是利用电磁感应原理制造而成，其结构是铁芯、铁圈加机械传动装置；电子式多功能电能表是根据电能测量原理使用大规模集成电路芯片来实现计量的，无传统感应式电能表的转盘、机械计度器等器件。

（2）准确度。电子式电能表由于采用了高精度的 A/D 转换器和乘法器，准确度较高；感应式电能表受其结构和原理上的制约，准确度等级相对较低，一般安装式感应电能表的准确度都在 0.5～2 级之间，不能满足重要关口及客户电能计量装置配置要求。例如，对Ⅰ类用电客户，按配置要求应安装 0.2S 级高精度电子式多功能电能表，则感应式电能表不能满足要求。

（3）灵敏度。电子式电能表的灵敏度比感应式电能表要高，根据 JJG 307—2006《机电式交流电能表》检定规程，常用单相机械电能表的启动电流为 $0.005I_b$，而根据 JJG 596—1999《电子式电能表检定规程》，常用单相电子表的启动电流为 $0.004I_b$。例如：额定参数为 220V/5（20）A 的单相式电能表，电子式电能表的启动电流为 20mA，而感应式电能表的启动电流为 25mA，即单相电子式电能表在额定电压下消耗功率 4.4W 就可启动，而单相感应式电能表在额定电压下要消耗功率 5.5W 才可启动。启动电流比较见表 2-4。

表 2-4　常见单相电能表启动电流及正常情况下功率比较（直接接入式）

机械表	启动电流（$0.005I_b$）/功率	电子表	启动电流（$0.004I_b$）/功率
2.5（10）A	12.5mA/2.75W	2.5（10）A	10mA/2.2W
5（20）A	25mA/5.5W	5（20）A	20mA/4.4W
10（40）A	50mA/11W	10（40）	40mA/8.8W

(4) 潜动。电子式电能表一般无潜动现象；感应式电能表由于其结构和原理的原因，当安装或误差调整不当，可能发生潜动现象，影响计量的准确性。

(5) 功耗。由工作原理可知，感应式电能表工作电路不论是否有负载电流，电压线圈始终带电，功耗较大。例如：整机测试，单相电子式电能表的功耗小于 0.6W；而感应式电能表虽经工艺处理，但功耗一般在 1～1.5W 之间。

(6) 误差。电子式电能表在全负荷范围内误差几乎为一条直线；而感应式表的误差曲线变化较大，尤其在低负荷时误差较大。

(7) TV 二次压降。电子式电能表电压回路的输入阻抗大，因此电压互感器二次回路的电流几乎为零，TV 二次回路上的压降较小。

(8) 外磁场影响。感应式电能表是依靠磁场的原理进行计量的，因此外界磁场对其计量性能影响很大；而电子式电能表主要通过乘法器进行运算，外磁场对其影响较小。

(9) 安装要求。感应式电能表的垂直位置为 1°；而电子式电能表采用的是静止式的计量方式，无机械旋转部件。

(10) 过载能力。感应电能表是利用线圈进行工作的，为保证其计量准确度，一般只能过载 4 倍；而全电子式多功能表可过载 6～10 倍。

(11) 寿命。普通 862 型感应式电能表由于元件（特别是下轴承）磨损，灰尘增多，电磁性能变差等因素影响，使用寿命一般为 5～10 年。电子式电能表的寿命取决于电子元器件的质量，基于目前国内电子元器件制造工艺等因素影响，电子式电能表的使用寿命在 8～10 年。长寿命电能表通过采用磁推轴承、磁悬轴承等技术，使用寿命大大延长，可达 20 年，即使存在制造工艺及现场运行环境差等因素，使用寿命也可达 15 年左右，仍然比一般的电子式电能表寿命长。

(12) 功能。电子式电能表可实现正反向有功、四象限无功、复费率、预付费、远程集中抄表等功能。其功能的拓展更是简单、方便、快捷。一块功能齐全的电子式电能表可相当于几块感应式电能表，并能实现分时计量、数据自动抄读等功能。而普通感应式电能表受其结构和原理上的制约，功能单一，要进一步拓展其功能已很困难。

2. 普通感应式电能表与长寿命电能表比较

普通感应式电能表与长寿命电能表的结构及性能比较见表 2-5。

表 2-5　感应式电能表与长寿命电能表的性能比较表

类　别	普通感应式电能表	长寿命电能表
准确度裕度	一般	大（误差储备为 2 倍以上）
功耗	大（接近 1.8W）	较小（4 倍表不应大于 1.2W）
误差	误差曲线变化较大	误差曲线较平整
轻载稳定性	误差较大（尤其在低负荷时）	好：轻负载时（$0.05I_b$、$\cos\varphi=1.0$ 及 $0.1I_b$、$\cos\varphi=0.5$）测量重复性的标准偏差估计值≤±0.3%
机械负载影响	大	小（小于 0.3%）
过载能力	4 倍	4 倍及以上，且 $1.2I_{max}$ 时运行不损坏
寿命（年）	5～10	15～20

第二节　智能电能表

根据国家电网公司电网智能化建设规划，智能电网用电环节包含了“用电信息采集系统”与“双向互动营销技术”等项目，智能电网的“信息化、自动化、互动化”功能，促进了公司系统经营管理水平和优质服务水平的不断提高。其中，智能电能表是开展这些智能化建设项目的关键技术基础之一。

Q/GDW 354—2009《智能电能表功能规范》对智能电能表的基本功能作了如下规范：

（1）电能计量。

1）具有正向、反向有功电能量和四象限无功电能量计量功能，并可以据此设置组合有功和无功电能量。

2）具有分时计量功能：有功、无功电能量应对尖、峰、平、谷等各时段电能量及总电能量分别进行累计、存储；不应采用各费率或各时段电能量算术加的方式计算总电能量。

3）具有计量分相有功电能量功能：不应采用各分相电能量算术加的方式计算总电能量。

（2）需量测量。

1）在约定的时间间隔内（一般为1个月），测量单向或双向最大需量、分时段最大需量及其出现的日期和时间。

2）需量周期可在5、10、15、30、60min中选择；滑差式需量周期的滑差时间可以在1、2、3、5min中选择；需量周期应为滑差时间的5的整倍数。

3）总的最大需量测量应连续进行；各费率时段最大需量的测量应在相应的费率时段内完整的测量周期内进行。

4）当发生电压线路上电、清零、时钟调整、时段转换、需量周期变更、功率潮流方向转换等情况时，电能表应从当前时刻开始，按照需量周期进行需量测量。当第一个需量周期完成后，按滑差间隔开始最大需量记录；在不完整的需量周期内，不应做最大需量的记录。

（3）时钟。

1）应采用具有温度补偿功能的内置硬件时钟电路；在－25～＋60℃的温度范围内：时钟准确度应≤±1s/天；在参比温度（23℃）下，时钟准确度≤±0.5s/天。

2）时钟应具有日历、计时、闰年自动转换功能。

3）应使用环保型的锂电池作为时钟备用电源；时钟备用电源在电能表寿命周期内无需更换，断电后应维持内部时钟正确工作时间累计不少于5年；电池电压不足时，电能表应给予报警提示。

4）日期和时间的设置必须有防止非授权人操作的安全措施。

5）广播校时不受密码和硬件编程开关限制；电能表只接受不大于5min的时钟误差校时；每日只允许校时1次，且应尽量避免在电能表执行冻结或结算数据转存操作前后5min内进行。

（4）费率和时段。

1）至少应支持尖、峰、平、谷4个费率。

2）全年至少可设置2个时区；24h内至少可以设置8个时段；时段最小间隔为15min，且应大于电能表内设定的需量周期；时段可以跨越零点设置。

3）应支持节假日和公休日特殊费率时段的设置。

4）应具有两套可以任意编程的费率和时段，并可在设定的时间点启用另一套费率和时段。

（5）清零。

1）电能表清零：①清除电能表内存储的电能量、最大需量、冻结量、事件记录、负荷记录等数据；②清零操作应作为事件永久记录，应有防止非授权人操作的安全措施，如：设置硬件编程开关、操作密码或封印管理以及保留清零前数据等；③电能表底度值只能清零，禁止设定。

2）需量清零：①清空电能表内当前的最大需量及发生的日期、时间等数据；②需量清零应有防止非授权人操作的措施。

（6）数据存储。

1）至少应能存储上12个结算日的单向或双向总电能和各费率电能数据；数据转存分界时刻为月末的24时（月初零时），或在每月的1～28号内的整点时刻。

2）至少应能存储上12个结算日的单向或双向最大需量、各费率最大需量及其出现的日期和时间数据；数据转存分界时刻为月末的24时（月初零时），或在每月的1～28号内的整点时刻；月末转存的同时，当月的最大需量值应自动复零。

3）在电能表电源断电的情况下，所有与结算有关的数据应至少保存10年，其他数据至少保存3年。

（7）冻结。

1）定时冻结。按照约定的时刻及时间间隔冻结电能量数据；每个冻结量至少应保存12次。

2）瞬时冻结。在非正常情况下，冻结当前的日历、时间、所有电能量和重要测量量的数据；瞬时冻结量应保存最后3次的数据。

3）日冻结。存储每天零点的电能量，应可存储2个月的数据量。

4）约定冻结。在新老两套费率/时段转换、阶梯电价转换或电力公司认为有特殊需要时，冻结转换时刻的电能量以及其他重要数据。

5）整点冻结。存储整点时刻或半点时刻的有功总电能，应可存储96个数据。

（8）事件记录。

1）应记录各相失压的总次数，最近10次失压发生时刻、结束时刻及对应的电能量数据等信息；失压功能应满足DL/T 566—1995《电压失压计时器技术条件》的技术要求。

2）应记录各相断相的总次数，最近10次断相发生时刻、结束时刻及对应的电能量数据等信息。

3）应记录各相失流的总次数，最近10次失流发生时刻、结束时刻及对应的电能量数据等信息。

4）应记录最近10次全失压发生时刻、结束时刻及对应的电流值；全失压后程序不应紊乱，所有数据都不应丢失，且保存时间应不小于180天；电压恢复后，电能表应正常工作。

5）应记录电压（流）逆相序总次数，最近10次发生时刻、结束时刻及其对应的电能量数据。

6）应记录掉电的总次数，以及最近10次掉电发生及结束的时刻。

7）应记录需量清零的总次数，以及最近 10 次需量清零的时刻、操作者代码。

8）应记录编程总次数，以及最近 10 次编程的时刻、操作者代码、编程项的数据标识。

9）应记录校时总次数（不包含广播校时），以及最近 10 次校时的时刻、操作者代码。

10）应记录各相过负荷总次数、总时间，最近 10 次过负荷的持续时间。

11）应记录开表盖总次数，最近 10 次开表盖事件的发生、结束时刻。

12）应记录开端钮盖总次数，最近 10 次开端钮盖事件的发生、结束时刻。

13）永久记录电能表清零事件的发生时刻及清零时的电能量数据。

14）应记录最近 10 次远程控制拉闸和最近 10 次远程控制合闸事件，记录拉、合闸事件发生时刻和电能量等数据。

15）应支持失压、断相、开表盖、开端钮盖等重要事件记录主动上报。

（9）通信。通信信道物理层必须独立，任意一条通信信道的损坏都不得影响其他信道正常工作。当有重要事件发生时，宜支持主动上报。

1）RS485 通信：①RS485 接口必须和电能表内部电路实行电气隔离，并有失效保护电路；②RS485 接口应满足 DL/T 645—2007《多功能电能表通信协议》电气要求，并能耐受交流电压 380V、2min 不损坏的试验；③RS485 接口通信速率可设置，标准速率为 1200，2400，4800，9600bit/s，缺省值为 2400bit/s；④RS485 接口通信遵循 DL/T 645—2007 协议及其备案文件。

2）红外通信：①应具备调制型或接触式红外接口；②红外接口的电气和机械性能应满足 DL/T 645—2007 的要求；③调制型红外接口的缺省的通信速率为 1200bit/s；④红外通信遵循 DL/T 645—2007 协议及其备案文件。

3）载波通信：①电能表可配置窄带或宽带载波模块；②电能表与载波通信模块之间的通信遵循 DL/T 645—2007 协议及其备案文件；③如采用外置即插即用型载波通信模块的电能表，载波通信接口应有失效保护电路，即在未接入、接入或更换通信模块时，不应对电能表自身的性能、运行参数以及正常计量造成影响；④在载波通信时，电能表的计量性能、存储的计量数据和参数不应受到影响和改变。

4）公网通信：

a. 电能表的无线通信接口组件应采用模块化设计；更换或去掉通信模块后，电能表自身的性能、运行参数以及正常计量不应受到影响；更换通信网络时，应只需更换通信模块和软件配置，而不应更换整只电能表。

b. 当有重要事件发生时，应主动上报主站。

c. 应能将主站命令转发给其他智能装置，以及将其他智能装置的返回信息传送给主站的功能。如转发其他智能装置的信息不成功，应返回确认帧。

d. 无线（GSM/GPRS、CDMA 等）通信模块应符合通信行业标准（YD/T 1214 和 YD/T 1208）的有关要求。

e. 支持 TCP 与 UDP 两种通信方式，通信方式由主站设定，默认为 TCP 方式。在 TCP 通信方式下，终端初始化后和到心跳周期时，应主动与主站心跳 3 次；如不成功，则在下一个心跳周期之前不再主动心跳。心跳周期由主站设置。

f. 支持“永久在线”、“被动激活”两种工作模式，工作模式由主站设定。

g. 公网通信底层协议应 DL/T 645—2007 符合及其备案文件要求。

（10）信号输出。

1）电能量脉冲输出：①应具备与所计量的电能量（有功/无功）成正比的光脉冲输出和电脉冲输出；②光脉冲输出采用超亮、长寿命LED器件，脉冲宽度为80ms±20ms；③电脉冲输出应有电气隔离，并能从正面采集。

2）多功能信号输出：

a. 多功能信号输出端子可输出时间信号、需量周期信号或时段投切信号；三种信号通过软件设置、转换；电能表初次上电，或断电再上电后，多功能信号输出初始化时间为时间信号输出。

b. 时间信号为秒信号；需量周期信号、时段投切信号为80ms±20ms的脉冲信号。

3）控制输出。电能表可输出电脉冲或电平开关信号上，控制外部报警装置或负荷开关。

（11）显示。

1）应具备自动循环和按键两种显示方式：自动循环显示时间间隔可在5～20s内设置；按键显示时，LCD应启动背光，带电时无操作60s后自动关闭背光。

2）显示内容分为数值、代码和符号三种。

3）电能表可显示电能量、需量、电压、电流、功率、时间、剩余金额等各类数值，数值显示位数不少于8位，显示小数位可以设置；显示的数值单位应采用国家法定计量单位，如kW、kvar、kWh、kvarh、V、A等。

4）显示符号可包括功率方向、费率、象限、编程状态、相线、电池欠压、故障（如失压、断相、逆相序）等标志。

5）显示代码包括显示内容编码和出错代码。电能表如果发生出错故障，显示器应立即停留在该代码上。出错代码至少应包括时钟错误、存储器故障或损坏等故障类型。

6）显示内容可通过编程进行设置。

7）应具有停电后唤醒显示的功能。

（12）测量。

1）可测量总及各分相有功功率、无功功率、功率因数、分相电压、分相（含零线）电流、频率等运行参数。

2）测量误差（引用误差）不超过±1%。

（13）安全保护。电能表应具备编程开关和编程密码双重防护措施，以防止非授权人进行编程操作。电能表仅在允许编程状态才能进行编程操作，广播校时和读表操作不受编程开关的控制。

1）编程开关：①编程开关应采用按键式设计，且只有在打开封印后方能触及编程开关；②在可编程状态下，若240min内没有任何操作，电能表将自动关闭编程状态。

2）编程密码：①电能表需先通过编程密码验证才能执行编程或其他特殊操作；②密码采用两级管理，每一级密码由6位阿拉伯数字组成；密码权限等级不同，可执行的操作不同；③具有高等级密码权限的人员，可修改低等级密码，并执行低等级密码的所有操作；④连续3次密码输入错误，电能表将自动关闭编程功能24h。

（14）费控功能。

1）费控功能的实现分为本地和远程两种方式：本地方式通过CPU卡、射频卡等固态介质实现；远程方式通过公网、载波等虚拟介质和远程售电系统实现。

2）当剩余金额小于或等于设定的报警金额时，电能表应能以声、光或其他方式提醒客户；透支金额应实时记录，当透支金额低于设定的透支门限金额时，电能表应发出断电信号，控制负荷开关中断供电；当电能表接收到有效的续交电费信息后，应首先扣除透支金额，当剩余金额大于设定值（默认为零）时，方可通过远程或本地方式使电能表处于允许合闸状态，由人工本地恢复供电。

3）剩余金额不能超过设计允许的电能表最大储值金额；最大储值金额由电能表显示位数决定。

4）电能表的预存电费金额应能与表内的剩余金额进行准确叠加。

5）完成电费预存后，电能表应能将剩余金额、电能表用电参数等信息，按照不同的费控方式返写至固态介质或通过虚拟介质传回售电系统。

6）电能表不应接受使用非指定介质输入购电金额等信息。

7）若客户遗失 CPU 卡或射频卡，通过一定的补遗程序可获得补发的新卡；电能表应接受补发的 CPU 卡或射频卡，并拒绝原卡继续使用。

8）当使用非指定介质或进行非法操作时，电能表应能进行有效防护；在非指定介质或非法操作撤销后，电能表应能正常工作且数据不丢失。

9）购电卡插入电能表后 3s 内，应完成相应的读写操作。

10）可通过固态介质对电能表内的用电参数进行设置，除客户购电信息外的其他用电参数设置应通过编程开关和密码验证使电能表处于编程允许状态方可进行。

11）在保证安全的情况下，可通过虚拟介质对电能表内的用电参数进行设置；不提倡通过载波通信信道实现费率时段表、电价方案等用电参数的远程预置。

（15）负荷记录。

1）负荷记录内容可以从 DL/T 645—2007 定义的“电压、电流、频率”、“有、无功功率”、“功率因数”、“有、无功总电能”、“四象限无功总电能”、“当前需量”六类数据项中任意组合。

2）负荷记录间隔时间可以在 1～60min 范围内设置；每类负荷记录的间隔时间可以相同，也可以不同。

3）负荷记录的存储空间应至少保证在记录正反向有功总电能、无功总电能、四象限无功，间隔时间为 1min 的情况下不少于 40 天的数据量。

（16）阶梯电价。具有两套阶梯电价，并可在设置时间点启用另一套阶梯电价计费。

（17）停电抄表。

1）在停电状态下，能通过按键或非接触方式唤醒电能表抄读数据。

2）电能表停电唤醒后应能通过红外通信方式抄读表内数据。

（18）报警。

1）应有发光或声音报警输出。

2）光报警采用红色常亮指示，当事件恢复正常后报警自动结束。

3）声报警生效后，可通过按键关闭，当事件恢复正常后报警自动结束。

4）报警事件包括失压、失流、逆相序、过载、功率反向（双向表除外）、电池欠压等。

（19）辅助电源。

1）电能表可配置辅助电源接线端子。

2）辅助电源供电电压为100～240V交、直流自适应。

3）具备辅助电源的电能表，应以辅助电源供电优先；线路和辅助电源两种供电方式应能实现无间断自动转换。

（20）安全认证。通过固态介质或虚拟介质对电能表进行参数设置、预存电费、信息返写和下发远程控制命令操作时，需通过严格的密码验证或ESAM模块等安全认证，以确保数据传输安全可靠。

ESAM模块的加密算法应符合国家密码管理的有关政策，推荐使用SM1算法。

第三节 互 感 器

一、互感器的作用

由于仪表的量限不能无限扩大，在计量交流电网中的高电压、大电流系统的电能时，需要使用一种能按比例地变换被测交流电压或电流的计量器具。其中变换交流电压的称为电压互感器，文字符号为TV（旧称PT、YH）；变换交流电流的称为电流互感器，文字符号为TA（旧称CT、LH）。互感器的作用就是对交流电网中的高电压、大电流进行变换，以满足仪表工作的需要，并把高压回路和仪表回路隔离，有效保护仪表及工作人员的安全，同时利用互感器把二次电压、电流统一起来，有利于电能表制造规格的规范化。

二、常用互感器的分类

1. 电流互感器的分类

（1）按电压等级。可分为高压和低压，高供高量电能计量装置采用高压电流互感器，高供低量电能计量装置采用低压电流互感器。低压电流互感器按外形可分为羊角式与穿心式，可根据实际需要选择。但注意：对于大变比的低压电流互感器，采用羊角式，应处理好接头，否则容易烧毁；而小变比的低压电流互感器采用穿心式，由于采用多匝安装方式，需防止产生计量倍率差错。目前电力系统中，不建议使用多匝的穿心式低压电流互感器。

（2）按安装地点。可分为户内式和户外式电流互感器。

（3）按绝缘种类。可分为油绝缘、浇注绝缘、干式、瓷绝缘和气体绝缘等电流互感器。

（4）按用途。可分为测量用和保护用电流互感器。

（5）按准确度等级。可分为0.1，0.2S，0.2，0.5S，0.5，1.0，2.0，3.0，5.0级测量用电流互感器和5P，10P级保护用电流互感器（P表示保护用），用于试验进行精密测量的还有0.01，0.02，0.05级。电能计量装置通常用0.2S，0.5S级测量用电流互感器。

2. 电压互感器的分类

（1）按相数。可分为单相和三相电压互感器。

（2）按安装地点。可分为户内式和户外式电压互感器。

（3）按工作原理。可分为电磁式、电容式、光电式。一般常用在配电系统的多为电磁式互感器，电容式电压互感器适用于110kV及以上电压等级。

（4）按绝缘方法。可分为油绝缘、浇注绝缘、一般干式和气体绝缘等电压互感器。

（5）按用途。可分为测量用和保护用电压互感器。

(6) 按准确度等级。可分为0.1，0.2，0.5，1.0，2.0，3.0级测量用电压互感器和3P，6P级保护用电压互感器，用于试验进行精密测量的还有0.01，0.02，0.05级。电能计量装置通常用0.2，0.5级测量用电压互感器。

三、互感器型号的含义

(1) 电压互感器型号的含义。电压互感器的型号由产品型号字母＋设计序号＋电压等级(kV)＋特殊使用环保代号组成，国产互感器的型号基本说明了互感器的类别、结构功能与用途。其中字母的代表意义及排列顺序见表2-6。如：JDZ-10表示浇注式单相电压互感器，额定电压为10kV。

表2-6 电压互感器型号字母的含义

型号代表的字母	含义	分类
J	电压互感器	用途
D S	单相 三相	相数
— G Z Q	变压器油 空气（干式） 浇注成型固体 气体	线圈外绝缘介质
X B W C F	带剩余（零序）绕组 三柱带补偿绕组式 五柱三绕组 串级式带剩余（零序）绕组 有测量和保护分开的二次绕组	结构特征及用途
— N	带金属膨胀器 不带金属膨胀器	油保护方式
GY W TA TH	高原地区用 污秽地区用 干热带池区用 湿热带地区用	特殊使用代码

(2) 电流互感器型号的含义。电流互感器的型号组成方法与电压互感器相同，其型号字母的具体含义见表2-7。

表2-7 电流互感器型号字母的含义

代表的字母	含义	分类
L	电流互感器	用途
R Z Q F D M K V A	套管式 支柱式 线“圈”式 贯穿式（复匝） 贯穿式（单匝） 母线型 开合式 倒立式 链式	相数

续表

代表的字母	含义	分类
— G Q C Z K	变压器油 空气（干式） 气体 瓷式 绕组浇注成型固体 绕组“壳”	线圈外绝缘介质
B BT	带有保护级 带有保护级（暂态误差）	结构特征及用途
— N	带金属膨胀器 不带金属膨胀器	油保护方式
GY W TA TH	高原地区用 污秽地区用 干热带池区用 湿热带地区用	特殊使用代码

如：LZZBJ－10表示具有保护级的加大容量浇注绝缘支柱式电流互感器，额定电流为10kV；LMZ2－0.66表示浇注绝缘母线式电流互感器，额定电压为0.66kV。

四、互感器的工作原理

1. 电压互感器的基本工作原理

电压互感器实际上是一个带铁芯的变压器，其基本结构主要由一、二次绕组，铁芯及绝缘组成，如图2－9所示，其电气符号如图2－10所示。当在一次绕组上施加一个电压U_1时，在铁芯中就产生一个磁通Φ，根据电磁感应定律，则在二次绕组中就产生一个二次电压U_2。改变一次或二次绕组的匝数，可以产生不同的一次电压与二次电压比，就可组成不同电压比的电压互感器。

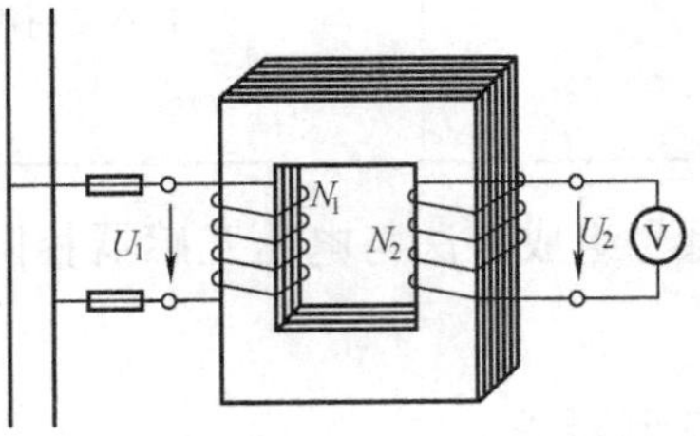

图2－9 单相电压互感器结构

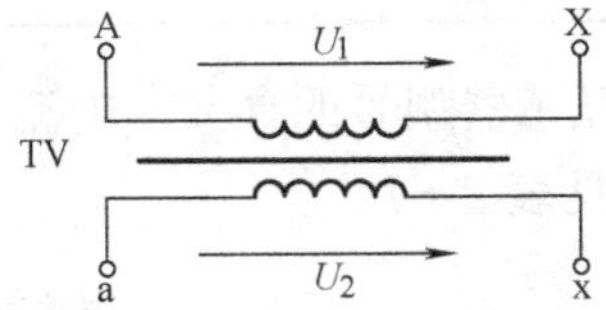

图2－10 电压互感器电气符号

使用电压互感器时，一次绕组应并联接入被测电路，二次绕组的x端应接地。

2. 电流互感器的基本工作原理

电流互感器的基本结构由一、二次绕组、铁芯及绝缘支持物组成，如图2－11所示，其电气符号如图2－12所示。当一次绕组中通过电流$\dot{I}_1$时，则在铁芯上就会存在一次磁通势$\dot{I}_1N_1$（N_1为一次绕组的匝数，较少，串联于一次电路中）。根据电磁感应和磁通势平衡的原理，在二次绕组中就会产生感应电流$\dot{I}_2$。并以二次磁通势$\dot{I}_2N_2$（N_2为二次绕组的匝数，较多，与二次仪表的电流线圈串联）去抵消一次磁通势$\dot{I}_1N_1$，在理想情况下（忽略内损耗)，磁通势平衡：$\dot{I}_1N_1+\dot{I}_2N_2=0$ 或 $\dot{I}_1N_1=-\dot{I}_2N_2$，此时 $\dot{I}_1N_1$ 与 $\dot{I}_2N_2$ 大小相等，方向相反，即 $I_1N_1=I_2N_2$，则 $I_1=N_2/(N_1I_2)$，可见，可以由二次电流的大小来测出一次电流，这就是电流互感器的工作原理。

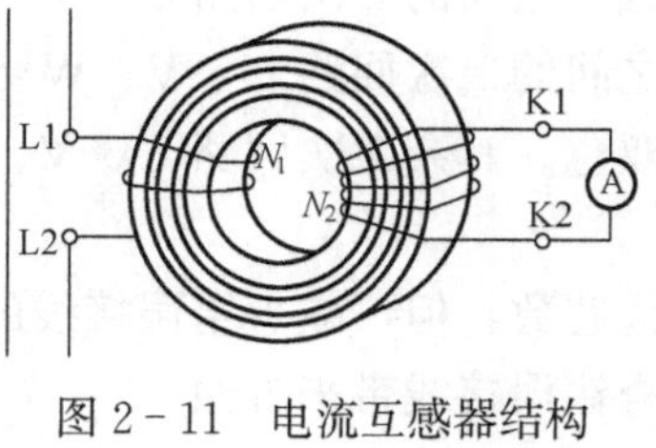

图 2－11　电流互感器结构

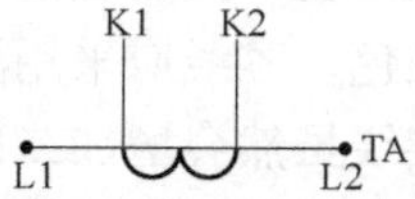

图 2－12　电流互感器电气符号

电流互感器二次回路所接仪表的阻抗是很小的，其运行工作状态相当于变压器的短路状态。电流互感器的负荷与其所接一次线路上的负荷大小无关。

五、互感器的应用

1. 互感器极性

如图 2－13 和图 2－14 所示，如从互感器一次绕组的一个端子与二次绕组的一个端子观察，电流 $\dot{I}_1$、$\dot{I}_2$的瞬时方向是相反的，也就是一次瞬时电流流入互感器时，二次瞬时电流从互感器流出，这样的极性关系就称为减极性。凡符合减极性特性的相对应的一、二次侧端钮为同极性端，图中加注“·”表示。图 2－13 中 L1 与 K1、图 2－14 中 A 与 a 为同名端。

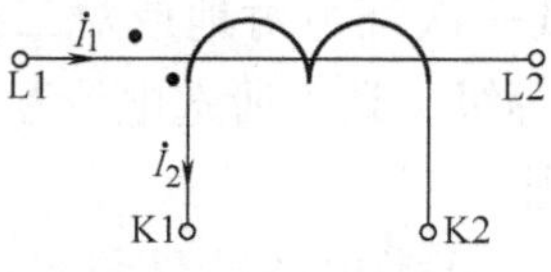

图 2－13　电流互感器减极性表示

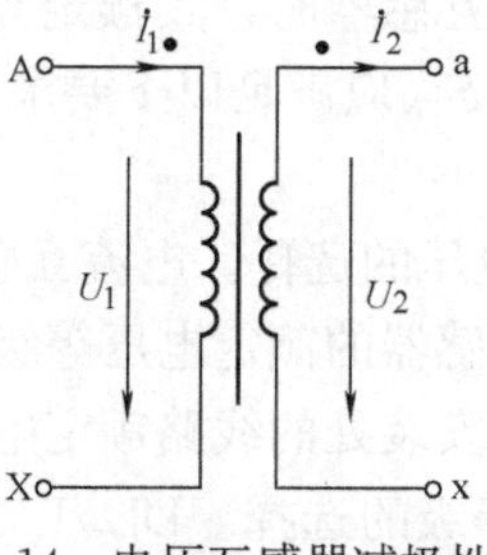

图 2－14　电压互感器减极性表示

互感器的极性关系到电能计量装置的接线是否正确。我国计量用互感器大多采用减极性连接。

2. 互感器变比和倍率

互感器的变比在铭牌上有明确的标示，但对于穿心式单相低压电流互感器，其变比随着穿心的匝数而发生变化。匝数不同，计费倍率不同，穿心匝数越多，变比越小。

例如：一只穿心 1 匝的电流互感器变比为 600/5，当穿心 2 匝时，变比为 300/5，穿心 3 匝时，变比为 200/5，穿心 4 匝时变比为 150/5。

倍率是指二次侧表计读数换算为一次侧读数时应乘的系数，是电能计量计费中关键的部分。电能计量装置的倍率为电流互感器变比与电压互感器变比的乘积，当没有电压互感器和电流互感器时，倍率为 1。

3. 电流互感器的应用

(1) 电流互感器的接线方式。DL/T 448—2000《电能计量装置技术管理规程》规定：三相三线制电能计量装置，其 2 台电流互感器二次绕组与电能表之间宜采用 4 线连接；三相四线制电能计量装置，其3台电流互感器二次绕组与电能表之间宜采用6线连接。

计量用电流互感器的二次回路接线应直接接至试验接线盒，中间不得有任何辅助接点、接头或连接端子，经试验接线盒后再接至电能表。

高压计量柜内的电流互感器极性端至试验接线盒之间的二次回路U、V、W各相导线应分别采用黄、绿、红色，非极性端至试验接线盒之间的二次回路U、V、W各相导线推荐采用黄黑、绿黑、红黑双色，接地线推荐采用黄绿双色。其余二次回路U、V、W各相导线可分别采用黄、绿、红色，零线应采用黑色。

采用上述分相接线虽然会增加二次回路的电缆芯数，但可减少错误接线的几率，提高测量的可靠性和准确度，并给现场检验电能表和检查错误接线带来方便。

（2）电流互感器的选择。

1）额定电流比的选择。电流互感器二次电流已标准化为5A或1A，故选择额定电流比，实际上是选择一次额定电流。一般按长期通过电流互感器的最大工作电流来选择。但为了保证电流互感器有较好的电流特性，不应使其工作在一次额定电流的1/3以下。在实际运用中，电流互感器额定一次电流的确定，应保证其在正常运行中的实际负荷电流达到额定值的60%左右，至少应不小于30%。否则应选用高动热稳定电流互感器，以减小变比。

2）额定容量的选择。电流互感器的额定二次输出容量S_{2N}为二次额定电流I_{2N}通过二次额定负载阻抗Z_{2N}时所消耗的视在功率，可直接用VA值表示，也可用二次阻抗的Ω值来表示，$S_{2N}=I_{2N}^2Z_{2N}$（VA）。

选择电流互感器时，其额定容量应满足上述要求，在实际运用中，实际二次容量S与额定二次容量S_{2N}应满足以下要求：

$$0.25S_{2N}\leqslant S\leqslant S_{2N}$$

3）额定电压的选择。电流互感器的额定电压是指其一次绕组对地或对二次绕组的绝缘电压。电流互感器的额定电压等级应与电网的额定电压等级一致，所选电流互感器的额定电压应不低于其安装处的线路额定电压或电气设备额定电压。

4）准确等级的选择。DL/T 448—2000规定：对Ⅰ、Ⅱ类电能计量装置，应选用0.2S的电流互感器，对Ⅲ、Ⅳ、Ⅴ类电能计量装置，应选用0.5S的电流互感器。Ⅰ、Ⅱ、Ⅲ、Ⅳ、Ⅴ类电能计量装置的分类方法见本章第四节。

（3）使用电流互感器的一般注意事项。

1）电流互感器必须按减极性接线，以免造成计量错误。

2）高压电流互感器K2端要可靠接地，低压电流互感器可以不接地。

3）运行中二次绕组不允许开路。在开路情况下，当一次电流为额定电流时，会在二次侧感应很高的电压，可达几千伏甚至更高，对设备和人员造成危险，互感器有被烧坏的可能，使电流互感器误差增大。

注意：在实际运用中，应绝对避免电流互感器开路。现场校验或电能表轮换等工作时，应先将电流互感器二次侧短路，同时在接线时应注意将螺钉和端钮拧紧，避免接触不良开路。

4. 电压互感器应用

（1）电压互感器的接线方式。

1）Vv（V/V）接法，接线如图2-15（a）所示。V/V接法广泛应用于中性点不接地或经消弧线圈接地的35kV及以下的高压三相系统，特别是10kV三相系统。因为它既能节省一台电压互感器，又可满足三相有功、无功电能计量的要求。

如图 2-15（b）是两台单相电压互感器 Vv 接法的实际接线图。

2）Yyn（Y/Y0）接法，接线如图 2-16 所示。Yyn 接法可用于一台三铁芯柱三相电压互感器，也可用于三台单相电压互感器构成三相电压互感器组。此种接法多用于小电流接地的高压三相系统，一般是将二次侧中性线引出，接成 Yyn 接法。

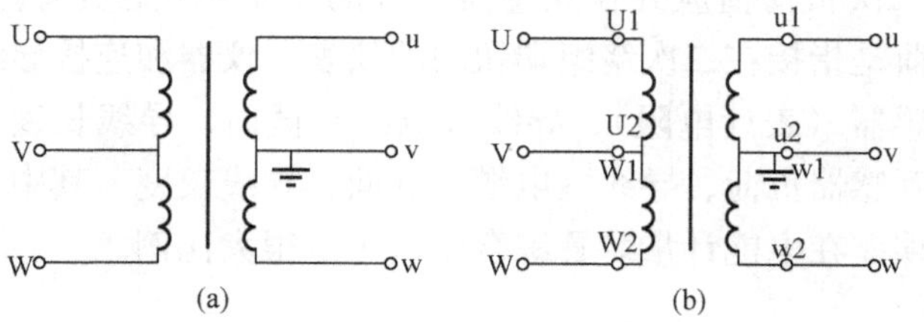

图 2-15　Vv 接法

（a）Vv 接线；（b）两台单相电压互感器 Vv 接法的实际接线图

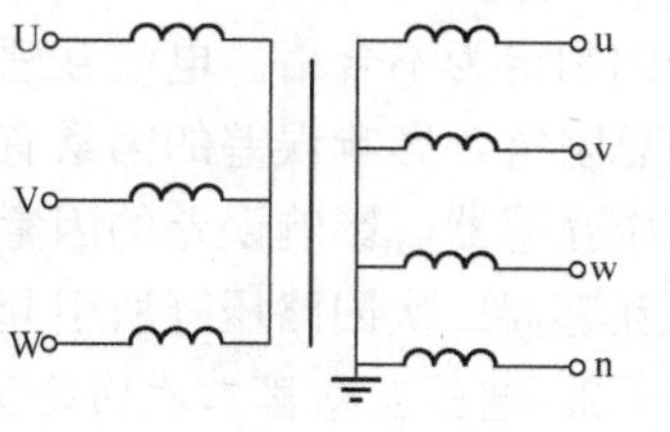

图 2-16　Yyn 接法

3）YNyn（Y0/y0）接法。当 YNyn 接法用于大电流接地系统时，多采用三台单相电压互感器构成三相电压互感器组。电压互感器绕组是按相电压设计的，可测量线电压，又可测量相电压，如图 2-17 所示。

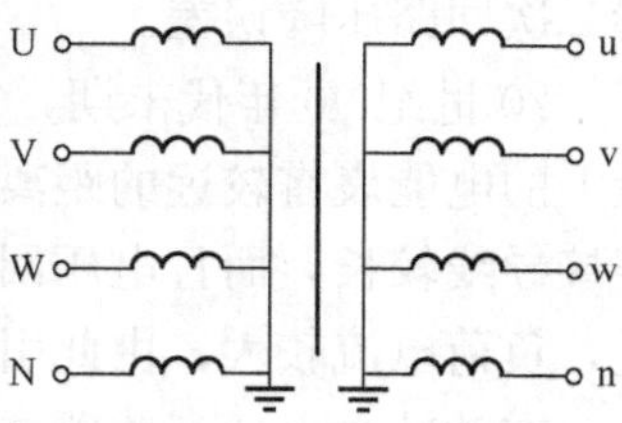

图 2-17　YNyn 接法

电能计量应根据不同的测量目的，选用不同的接线方式。

（2）电压互感器的选择。

1）额定电压的选择。额定电压指加在三相电压互感器一次绕组上的线电压，应与供电线路的线电压相适应。选择时，额定电压应在被测线路电压的 0.9～1.1 倍之间。

2）额定容量的选择。电压互感器额定二次容量 $S_{2N}=U_{2e}^2Y$，一般电压互感器的 $U_{2e}=100V$。选择时，电压互感器额定容量应小于额定值，大于额定二次容量的 0.25 倍。

3）准确等级的选择。DL/T 448—2000 规定：对Ⅰ、Ⅱ类电能计量装置，应选用 0.2 级的电压互感器；对Ⅲ、Ⅳ类电能计量装置，应选用 0.5 级的电压互感器。

（3）使用电压互感器的一般注意事项。

1）正确、适当选择电压互感器，以免造成计量误差。

2）按要求相序进行减极性接线，防止极性错误造成计量错误。

3）二次侧设保护接地，严禁二次侧短路。当二次短路时，阻抗接近于零，二次电流急剧增加，相应一次电流会增加很多，且铁芯严重饱和，从而造成电压互感器损坏。严重的会造成一次绝缘破坏，一次绕组短路，影响电力系统的安全运行。由于 10kV 及以上电压互感器一次绕组长期与运行中的高压系统相接，若其绝缘在运行电压或过电压下发生击穿，那么高压将窜入二次回路，将损坏二次回路中的仪表并危及在二次回路工作的人员安全。为防止发生这种情况，必须在二次侧进行接地。

第四节　二次回路及计量柜（箱）

电能计量装置的种类很多，低供低量电能计量装置仅配有电能表，而高供低量计量装置除电能表外还有电流互感器及其二次回路，高供高量计量装置除电能表外还有电压、电流互感器及其二次回路，所有电能计量器具都应安装在电能计量柜（箱）中。

一、二次回路

1. 互感器二次回路负荷

由于电能计量二次回路负荷直接影响着互感器的误差，故目前电力系统已开展对互感器二次回路负荷检测工作，要求测试的二次负荷值应处在互感器铭牌的1/4～额定负荷范围，否则判定为不合格。电流互感器的负荷是指接在二次绕组端钮间的仪表、仪器和连接导线等的总阻抗，影响误差的因素有电流互感器（表计电阻）、导线（电缆）截面、导线长度。对电压互感器，影响误差的因素有电压互感器负荷、导线（电缆）截面、导线长度。其中，电压互感器二次回路压降所引起的计量误差在电能计量装置综合误差中占很大比例。

2. 电压互感器二次回路压降误差

电能表电压线圈上的电压取自电压互感器，由于回路中熔断器、开关、电缆、接触电阻等的电压降，使电能表端电压和电压互感器出口电压在数值和相位上不一致，造成电压互感器二次回路压降误差。

20世纪90年代末期，安装运行于变电站中的电压互感器，往往离装设于主控室电能表盘上的电能表有较远的距离（如有的500kV变电站，距离长达七八百米）。它们之间的二次连接导线较长，而且电压回路过渡端子、接触点较多，其电阻值较大，如果二次回路负荷较重，负荷电流较大，由此引起的电压互感器二次回路压降将较大。

有效减少电压互感器二次回路压降的常用方法如下：

（1）增大二次回路的线径。其优点是可以有效降低压降，但线径越大，成本越高，且当线径增大到一定程度时，其对减少压降的作用越来越小。

（2）减小二次回路长度。可将电能表装在TV二次侧出口处，此法优点是可以有效降低压降。

（3）取消回路中的一些保护器件。优点是可以起到一定的降低压降作用；缺点是可靠性会降低。

（4）定期对开关、熔断器、端子的接触部分进行打磨、维护，减小接触电阻。优点是可以起到一定的降压作用；缺点是只有在停电时才能进行。

目前新建变电站通常采取在电压互感器附近建一小室，将电能表就近安装的方式来降低压降，旧变电站可根据具体情况加以改造。

3. 二次回路的正确选择

（1）互感器二次回路的连接导线的长度、截面等均应符合DL/T 448—2000对电能计量装置的配置要求规定。

（2）35kV及以下贸易结算用电能计量装置中电压互感器二次回路，应不装设隔离开关辅助触点和熔断器。因为隔离开关辅助触点存在接触电阻，且常随接触的紧密度和接触面是否洁净而有变化，尤其当运行期较长时，阻值都有增加，使计量准确性得不到保证。

（3）贸易结算用高压电能计量装置，其互感器二次回路的所有接线端子、试验端子，应能加封。电能表专用接线盒的安装位置应便于现场带电工作，同时应具有带负荷现场校表、带负荷换表、防窃电三种功能。对其要求是阻燃、耐压强度高，绝缘电阻高，通流容量大，并要求热稳定性能达到相应的规定值。

二、计量柜（箱）

电能计量柜（箱）是电能计量装置的组成部分，加强对其质量把关和现场管理与电力部门及客户的经济效益密切相关。

1. 计量柜（箱）选用原则

（1）计量柜（箱）的设计应符合国家有关标准、电力行业标准及有关规程的要求。

（2）电能计量装置应具有可靠的防窃电措施。电能表、互感器及二次回路，必须安装在封闭可靠的电能计量柜（箱）内，并保持足够的安全距离及操作空间距离。

（3）计量柜（箱）内电能表、互感器的安装位置，应考虑现场检查及拆换工作的方便。

（4）计量柜（箱）的活动门必须能加封，门上应有带玻璃的观察窗，以便于抄表读数与观察表计运转情况。

（5）对于需要对电能表面盘进行操作（设置参数、需量复零等）的计量柜（箱），应在其观察窗处设便于开启的小门，且小门能加铅封。

（6）计量箱与墙壁的固定点应不少于三个，使箱体不能前后左右移动。

（7）计量柜（箱）内在电源与计量器具之间宜装熔断器（或自动开关）。进户线进入计量柜（箱）时首先应接至熔断器（或自动开关），用来保护电能表及防止因客户电气装置的故障而影响电网安全运行。单相电能表在一相上装设一只熔断器，三相四线电能表在U、V、W三相上分别装设熔断器，但在任何情况下中性线不能装设熔断器。

（8）计量柜（箱）的金属外壳应有接地端钮。

（9）计量配电合一的开关屏，安装的开关电器应具有防震措施。

2. 实际应用

随着人们对电能计量装置的安全性、可靠性的要求越来越高，电力管理部门及产品设计、研制单位共同开发研制电能计量柜（箱），可结合各地区的实际情况，着重从电能计量柜（箱）的管理、安全性、反窃电功能及工效方便性等方面加以考虑。

图2-18所示为Q/GDW 347—2009《电能计量装置通用设计》规定的电能计量柜结构简图。

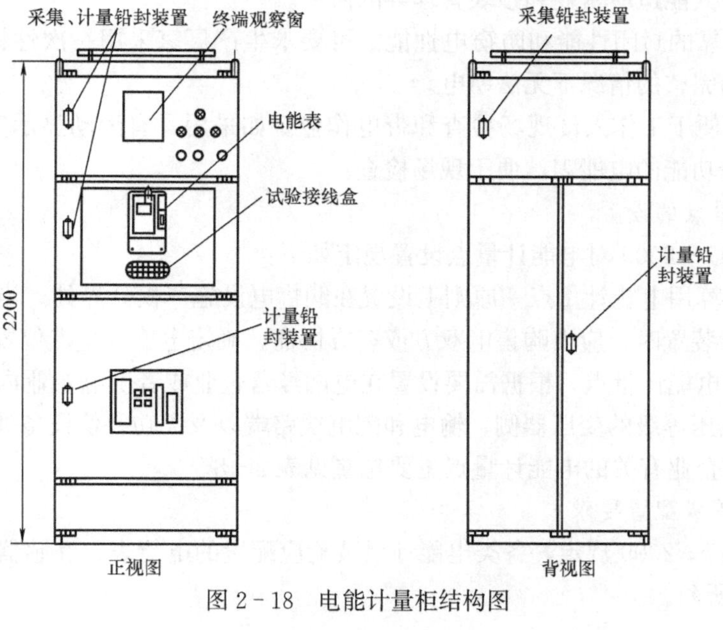

图2-18 电能计量柜结构图

第五节 电能计量装置的配置

一、电能计量装置分类

根据DL/T 448—2000规定，运行中电能计量装置按其所计电量大小和计量对象的重要程度分为Ⅰ、Ⅱ、Ⅲ、Ⅳ、Ⅴ五类。

(1) Ⅰ类电能计量装置：月平均用电量500万kWh及以上或变压器容量为10 000kVA及以上的高压计费客户、200MW及以上发电机、发电企业上网电量、电网经营企业之间的电量交换点、省级电网经营企业与其供电企业的供电关口计量点的电能计量装置。

(2) Ⅱ类电能计量装置：月平均用电量100万kWh及以上或变压器容量为2000kVA及以上的高压计费客户、100MW及以上发电机、供电企业之间的电量交换点的电能计量装置。

(3) Ⅲ类电能计量装置：月平均用电量10万kWh及以上或变压器容量为315kVA及以上的计费客户、100MW以下发电机、发电企业厂（站）用电量、供电企业内部用于承包考核的计量点、考核有功电量平衡的110kV及以上的送电线路电能计量装置。

(4) Ⅳ类电能计量装置：负荷容量为315kVA以下的计费客户、发供电企业内部经济技术指标分析、考核用的电能计量装置。

(5) Ⅴ类电能计量装置：单相供电的电力客户计费用电能计量装置。

二、电能计量装置的配置

1. 配置基本原则

(1) 具有足够的准确度。电能计量装置中电能表、互感器等级均要满足规范要求。

(2) 具有足够的可靠性。要求电能计量装置故障率要低，选择的电能表一次使用寿命长，并能保证负荷在较大范围变化时能准确计量。

(3) 功能能适应营业抄表等管理的需要。根据用电客户的用电容量及性质，选用功能足够的电能表，使其能适应营业和抄表管理等的需要。

(4) 具有可靠的封闭性能和防窃电性能。可要求生产厂家采用一次性铅封或防撬铅封，确保装置在封印完整的情况下无法窃电。

(5) 装置要便于工作人员现场检查和带电作业。如采用具有滚动显示实时电压、电流、功率及事件报警功能的电能表，便于现场检查。

2. 电能计量点的设置

Q/GDW 347—2009对电能计量点设置规定如下：

(1) 贸易结算用电能计量点，原则上设置在购售电设施产权分界处。当产权分界处不适宜安装电能计量装置时，应由购售电双方或多方协商，确定电能计量点位置。

(2) 考核用电能计量点，根据需要设置在电网经营企业或者供电企业内部用于经济技术指标考核的各电压等级的变压器侧、输电和配电线路端以及无功补偿设备处。

(3) 与电网企业有关的电能计量点主要位置见表2-8。

3. 准确度等级配置要求

Q/GDW 347—2009规定，各类电能计量装置应配置的电能表、互感器的准确度等级不应低于表2-9所列。

表 2-8　电能计量点主要位置

用途	适用对象	电能计量点位置		产权归属
贸易结算	发电企业	发电机出口		产权归属发电企业
		并网线路侧		线路产权归属电网企业
		并网线路对侧		线路产权归属发电企业
		启动备用变压器线路侧		线路产权归属电网企业
		启动备用变压器线路对侧		线路产权归属发电企业
		主变压器高压侧		机组产权不同或电价不同
	电力客户	高压供电	系统变电站线路侧	线路产权归属客户
			客户高压线路侧	线路产权归属电网企业
			客户低压线路侧	线路产权归属电网企业
		低压供电	三相客户进线侧	线路产权归属电网企业
			单相客户进线侧	线路产权归属电网企业
	电网经营企业	系统联络线某一侧		
指标考核	电网企业	发电机出口		产权归属电网企业
		系统联络线某一侧		
		变电站线路侧		
		变电站主变压器高、(中)、低压侧		
		变电站站用变压器高压侧		
		公用变压器低压侧		
		无功补偿设备处		

表 2-9　电能计量装置配置的电能表、互感器准确度等级一览表

电能计量装置类别	准确度等级			
	有功电能表	无功电能表	电压互感器	电流互感器
Ⅰ	0.2S	2.0	0.2	0.2S
Ⅱ	0.5S	2.0	0.2	0.2S
Ⅲ	1.0	2.0	0.5	0.5S
Ⅳ	2.0	3.0	0.5	0.5S
Ⅴ	2.0	—	—	0.5S

4. 计量方式的确定

计量方式是按电能计量装置相对于供电变压器的位置来定义的。

(1) 高供高量。指供电线路电压等级为 6kV 及以上，计量装置安装在变压器的高压侧，经 TA、TV 转换后接入电能表。

(2) 高供低量。指供电线路电压等级为 6kV 及以上，计量装置安装在变压器的低压侧出口处，经 TA 转换后接入电能表。

(3) 低供低量。指供电线路电压为 380V 或 220V，计量装置安装在低压供电线路与客户的产权分界处，适用于直接接入式电能表。

5. 接线方式要求

由于供电线路分为三相三线、三相四线、单相电路，电能计量的接线方式相应可分为三相三线、三相四线与单相三种。Q/GDW 347—2009 对电能计量接线方式规定如下：

(1) 我国 110kV 及以上电能计量装置应采用三相四线高功高量计量方式；10kV 电能计量应采用三相三线高功高量计量方式；380V 电能计量应采用三相四线高供低量或低供低量计量方式；220V 电能计量应采用单相低供低量计量方式。

(2) 接入中性点绝缘系统的 3 台电压互感器，35kV 及以上的宜采用 Yyn 方式接线；35kV 以下的宜采用 Vv 方式接线。

(3) 低压供电，负荷电流为 50A 及以下时，宜采用直接接入式电能表；负荷电流为 50A 以上时，宜采用经电流互感器接入的接线方式。

(4) 三相三线制电能计量装置，其 2 台电流互感器二次绕组与电能表之间宜采用 4 线连接；三相四线制电能计量装置，其 3 台电流互感器二次绕组与电能表之间宜采用 6 线连接。

6. 智能电能表的配置

智能电能表按有功电能计量准确度等级可分为 0.2S，0.5S，1，2 四个等级，不同安装环境适用的电能表类型见表 2-10。

表 2-10　不同安装环境适用的智能电能表类型

安装环境	电能表适用类型（推荐）
关口	0.2S 级三相智能电能表、0.5S 级三相智能电能表、1 级三相智能电能表
100kVA 及以上专用变压器客户	
100kVA 以下专用变压器客户	0.5S 级三相费控智能电能表（无线）、1 级三相费控智能电能表、1 级三相费控智能电能表（无线）
公用变压器下三相客户	1 级三相费控智能电能表、1 级三相费控智能电能表（载波）、1 级三相费控智能电能表（无线）
公用变压器下单相客户	2 级单相本地费控智能电能表、2 级单相本地费控智能电能表（载波）、2 级单相远程费控智能电能表、2 级单相远程费控智能电能表（载波）

7. 电能信息采集

电能信息采集终端是负责各信息采集点的电能信息的采集、数据管理、数据传输以及执行或转发主站下发的控制命令的设备。电能信息采集终端按应用场所可分为厂站采集终端、专用变压器采集终端、公用变压器采集终端和低压集中抄表终端（包括低压集中器、低压采集器）等类型。

(1) 系统变电站、发电厂侧电能计量装置，应配置厂站采集终端。厂站采集终端宜单独组屏；35kV 及以上电能计量装置宜选用机架式厂站采集终端。厂站采集终端应符合 DL/T 698.31《电能信息采集与管理系统　第 3-1 部分：电能信息采集终端技术规范—通用要求》、DL/T 698.32《电能信息采集与管理系统　第 3-2 部分：电能信息采集终端技术规范—厂站采集终端特殊要求》的有关要求。

(2) 高压供电客户的电能计量装置，应配置专用变压器采集终端。专用变压器采集终端宜安装在计量屏、柜、箱内。专用变压器采集终端应符合 DL/T 698.31《电能信息采集与管理系统　第 3-1 部分：电能信息采集终端技术规范—通用要求》、DL/T 698.33《电能信息采集与管理系统　第 3-3 部分：电能信息采集终端技术规范—专变采集终端特殊要求》的有关要求。

(3) 低压供电客户的电能计量装置，应配置低压集中抄表终端。220V 整体组合计量箱中应预留安装低压采集器的位置。低压集中抄表终端应符合 DL/T 698.31《电能信息采集与管理系统　第 3－1 部分：电能信息采集终端技术规范—通用要求》、DL/T 698.35《电能信息采集与管理系统　第 3－5 部分：电能信息采集终端技术规范—低压集中抄表终端特殊要求》的有关要求。

（4）公用变压器的电能计量装置，应配置公用变压器采集终端。公用变压器采集终端宜安装在计量箱内。公用变压器采集终端应符合 DL/T 698.31、DL/T 698.34 的有关要求。

（5）电能信息采集终端应选取稳定可靠的工作电源，分别要求如下：

1）厂站采集终端应配置交流或直流电源，直流电源引自厂站直流屏专用回路，交流电源引自交流屏或 UPS 电源。

2）专用变压器采集终端宜由独立的工作电源供电。

3）公用变压器采集终端的工作电源应取自变压器低压侧总开关进线侧。

4）低压采集器的工作电源应取自电能计量箱进线侧；低压集中器的工作电源宜取自变压器低压侧总开关进线侧、邻近电能计量箱进线侧。

（6）厂站采集终端和专用变压器采集终端与电能表之间应通过端子连接。

（7）电能信息采集终端优先选取光纤作为上行传输通道。

8. 其他配置要求

（1）贸易结算用电能计量装置原则上应设置在供用电设施产权分界处。在发电企业上网线路、电网经营企业间的联络线路和专线供电线路的另一端，应设置考核用电能计量装置。

（2）Ⅰ、Ⅱ、Ⅲ类贸易结算用电能计量装置应按计量点配置计量专用电压、电流互感器或者专用二次绕组。电能计量专用电压、电流互感器或专用二次绕组及其二次回路不得接入与电能计量无关的设备。

（3）计量单机容量在 100MW 及以上发电机组上网贸易结算电量及计量电网经营企业之间购销电量的电能计量装置，宜配置准确度等级相同的主、副两套有功电能表。

（4）35kV 以上贸易结算用电能计量装置中电压互感器二次回路，应不装设隔离开关辅助触点，但可装设熔断器；35kV 及以下贸易结算用电能计量装置中电压互感器二次回路，应不装设隔离开关辅助触点和熔断器。

（5）安装在客户处的贸易结算用电能计量装置，10kV 及以下电压供电的客户，应配置全国统一标准的电能计量柜或电能计量箱；35kV 电压供电的客户，宜配置全国统一标准的电能计量柜或电能计量箱。其中，电能计量箱适用于用电容量较小的客户。

（6）贸易结算用高压电能计量装置应装设电压失压计时器。未配置计量柜（箱）的，其互感器二次回路的所有接线端子、试验端子应能实施铅封。

（7）互感器二次回路的连接导线应采用铜质单芯绝缘线。电流二次回路连接导线截面积应不小于 $4mm^2$，电压二次回路连接导线截面积应不小于 $2.5mm^2$。

（8）互感器实际二次负荷应在 25％～100％额定二次负荷范围内；电流互感器额定二次负荷的功率因数应为 0.8～1.0（感应式及电子式电能表电流回路的负荷功率因数分别接近 0.8、1.0）；电压互感器额定二次功率因数应与实际二次负荷的功率因数接近。

（9）电流互感器额定一次电流的确定，应保证其在正常运行中的实际负荷电流达到额定值的 60％左右，至少应不小于 30％。否则应选用高动热稳定电流互感器以减小变比。

（10）为提高低负荷计量的准确性，应选用过载 4 倍及以上的电能表。

(11) 经电流互感器接入的电能表，其标定电流宜不超过电流互感器额定二次电流的30%，其额定最大电流应为电流互感器额定二次电流的120%左右。直接接入式电能表的标定电流，应按正常运行负荷电流的30%左右进行选择。

(12) 执行功率因数调整电费的客户，应安装能计量有功电量、感性和容性无功电量的电能计量装置；按最大需量计收基本电费的客户，应装设具有最大需量计量功能的电能表：实行分时电价的客户，应装设复费率电能表或多功能电能表。

(13) 带有数据通信接口的电能表，其通信规约应符合 DL/T 645 的要求。

(14) 具有正、反向送电的计量点，应装设计量正向和反向有功电量以及四象限无功电量的电能表。

此外，电能计量的配置还应考虑电能表有足够的可靠性，功能满足管理需求，具有可靠的封闭性能和防窃电性能等。

三、电能表、互感器的选用

1. 电能表的选用

应根据安装、使用环境，选用适用于不同工作温度范围、湿度要求及海拔高度的不同类型电能表，其型式、功能应满足 Q/GDW 347—2009 的规定。

目前电力系统广泛采用4倍以上的宽负载电能表，电能表的额定电压应与供电线路电压相适应，电流的量程应按经核准的客户申请报装负荷容量计算来确定。

(1) 直接接入式电能表。直接接入时，电能表电流量程可根据按经核准的客户申请报装负荷容量计算的额定最大电流来确定，即

$$I_{max}=(P\times1000)/(\sqrt{3}U_L\cos\varphi)$$

式中　P——经核准的客户申请报装负荷容量，kVA；

U_L——线路线电压，V；

$\cos\varphi$——平均功率因数。

【例 2-1】 某用电客户，申报动力容量经核准为8kW，功率因数为0.8，请问应怎样选择电能表规格。

解： 因为属于动力客户，电压规格为3×220/380V。

电流按核定容量来选择：

$$I=(8\times1000)/(\sqrt{3}\times380\times0.8)=15.2\,(\text{A})$$

按4倍表选择，应选择电压3×220/380V、电流3×5 (20) A电能表。

(2) 经互感器接入式电能表。经互感器接入时，电能表电流量程应根据互感器的二次额定电流来确定。当电流互感器额定二次电流为5A时，可选择电流量程为1.5 (6) A的电能表；当电流互感器额定二次电流为1A时，可选择电流量程为1 (10) A的电能表。负荷变动特别大的客户，推荐选用S级电能表。

2. 互感器

(1) 电流互感器额定一次电流。通常根据电流互感器所接一次负荷来确定，选择时应保证其在正常运行中的一次电流达到其额定值的60%左右，至少不得小于30%。否则应选用高动热稳定电流互感器，以减小变比。

(2) 电流互感器二次侧额定电流。规定值为5A或1A，一般选定5A，对于重要客户，当电流互感器至电能表距离较长时，建议采用二次额定电流为1A的电流互感器，以便于适

应二次回路阻抗较大的情况。

(3) 互感器接入的实际二次负荷。必须在互感器额定负荷的25%～100%范围内，否则其准确度等级将下降。

(4) 互感器的额定电压。电流互感器的额定电压应不低于其安装处的线路额定电压或电气设备额定电压；电压互感器的额定电压，应大于接入的被测线路电压的0.9倍，小于1.1倍，否则将无法正确计量。

【例2-2】 有一高供低量客户，申请的一台容量为200kVA变压器(10/0.4kV)，采用低压计量柜计量，功率因数为1.0，请问该客户的电能计量装置应如何选配。

解：由 $S=\sqrt{3}UI\cos\varphi$ 计算得一次电流大小为

$$I = S/(\sqrt{3}U\cos\varphi) = (200\times1000\times1.0)/(\sqrt{3}\times400\times1.0) = 288.7\ (\text{A})$$

则电能计量装置可按下列方式选配：

1) 选择变比为300/5 、准确度等级0.5S的低压电流互感器3只。

2) 选择有功2.0级、无功3.0级、额定电压为3×220/380V、额定电流为3×1.5 (6) A三相电能表各1只。

在实际工作中，为了提高装置的准确度与管理，减轻装表工作量，本例中电能表也可选配为：有功1.0级/无功2.0级、额定电压为3×220/380V、额定电流为3×1.5 (6) A三相多功能电能表1只。

第六节 自动抄表系统

目前世界范围内智能电网正在兴起，在我国，正在建设以“坚强可靠、经济高效、清洁环保、透明开放、友好互动”为目标，以发电、输电、配电和用电各环节为对象，以坚强电网为基础，采用先进的通信、信息和控制等技术，保证电网安全稳定运行、提高电能质量和优质服务水平，实现电网的信息化、数字化、自动化、互动化的智能电网。其中自动抄表技术是营销智能化的重要手段。

自动抄表系统也叫远程抄表系统，始于20世纪80年代，当时主要是变电站关口电能量自动抄表系统；到20世纪90年代，因为国内用电供需关系的紧张，开始对大电力客户安装负荷控制自动抄表，随着国民经济的发展，智能化小区的出现，居民客户自动抄表系统得到广泛的应用。

自动抄表系统就是利用特定的通信手段和远程通信介质将表计抄收数据内容实时传送至远端的计算机网络系统。具有以下优点：

(1) 准确无误，高效抄表，避免人工抄表带来的估抄、误抄现象，减少与客户的纠纷，提高优质服务水平。

(2) 利用计算机技术，分析功能强大，能更有效地进行用电分析，如利用冻结电量进行“三分”(分区、分线、分台区) 线损分析，窃电分析，利用计算功能进行故障判断、分析等，提高科学管理水平。

(3) 可以实现远程控制，如远程预付费功能、远程控制跳闸功能等，减少电费回收难、控制客户超负载运行带来的安全隐患。

一、系统的构成

自动抄表系统虽然种类很多，但基本都由以下四部分构成：

(1) 数据采集单元。指采集器与具有抄表功能的电能表，它是整个系统最基本的单元。

(2) 网络。也叫信道，是数据传输的通道。目前使用的信道主要有电话网、电力网、RS485、无线通信网、有线电视网等。在系统中分为下行信道和上行信道。

(3) 数据集中器。一般安装在与电能表接近的现场，尽量安装在台区中心位置。集中器能自动按系统主站设置的时间集中抄读电能表的数据，并且保存相关的数据，再通过远程信道发送到远端的系统主站，同时能与系统主站和手持单元进行数据交换，是抄表系统中的关键设备。

(4) 系统主站。由计算机系统、通信设备、后台管理软件等构成。主站通过通信设备经上行信道与集中器连接，实现对集中器的远程抄读和集中控制，也可通过手持单元将各数据集中器的数据转储。系统主站后台管理软件可提供丰富的数据视图与灵活的接口，能方便地与电力系统的营销系统或其他系统联网，实现数据信息共享。

原理流程：具有抄表功能的电能表←→采集器→通信网络 1→集中器→通信网络 2→调制解调器→主站。

适用于自动抄表系统的智能电能表的主要性能参见本章第一节。

二、自动抄表系统

(一) 自动抄表系统分类

按通信介质上进行分类，自动抄表系统可以大致分为有线和无线两种。有线抄表系统包括基于公用电话网（PSTN）、电话线、电力线载波（PLC）、RS485 专线、光纤等的远方抄表；无线抄表系统包括基于无线信道、公用无线通信网（GSM、GPRS、CDMA）的远方抄表。这些模式各有特点，又各有局限性。如 RS485 专线需要布线，工程量大，距离有限，但抄表可靠率高；无线电通信技术的传输距离同样有限；光纤建设造价昂贵，目前一般在变电站关口电能量抄表中使用；载波通信技术利用现有的输电线路实现通信，工程量较少，经济实用，但受电网质量的影响较大，抄表成功率不高。综合各要素，目前综合采用 GPRS/RS485/PLC 通信方式，可以较好地实现智能电网的自动抄表。

(二) 信道方案

在自动抄表系统中，用于传输数据的通道所形成通信网络称为信道。信道是抄表系统的关键部分，在系统中从集中器到主站之间的数据通信规定称为上行信道，从集中器到采集器之间的信道称为下行信道。

1. 下行信道

常用的下行信道有 PLC（低压电力载波）、RS485 和无线三种。其中后两者是常规技术，由于成本高、施工量大、维护困难等原因难以普遍推广。采用 PLC 技术，利用现有电力线作为通信介质，施工量小，成本低，是一种很有发展前景的高新技术。三个方案优缺点比较见表 2-11。

表 2-11　　常用下行信道方案比较

方案	速率	直通率	施工成本	现场调试	维护成本	价格成本	通信距离
PLC	低	高	低	低	低	低	远
RS485	中	中	高	高	高	高	远
无线	高	中	中	低	低	中	近

2. 上行信道

常见的上行信道有无线通信（如GPRS、GSM）、电话线通信、光纤通信、电力线载波、有限电视。在居民集抄中常采用电话线通信，在大电力客户中常采用GPRS技术，在变电站自动抄表系统中常采用光纤通信。

3. 信道方案实例

（1）居民集抄下行信道实例。

1）纯载波方案：①为最普通和基本的载波抄表方案，下行通道直接采用电力线；②可实现在线抄表、抄收冻结电量、远程拉合闸控制等功能；③需添加设备包括载波表（分带拉闸和不带拉闸）、集中器等。

2）485/PLC方案：①表计通过RS485接口接入RS485/PLC采集器，每个表箱接一个采集器（8路或16路），采集器和集中器之间通过电力线连接；②可实现在线抄表、抄收冻结电量、远程拉合闸控制等功能；③需添加设备包括RS485表、采集器、集中器等。

3）载波预付费方案：①表计接入集中器，通过电力线连接；②可实现在线抄表、抄收冻结电量、通过卡表进行预付费、拉闸欠费操作等功能；③需添加设备包括载波预付费表、集中器、写卡器、卡等。

（2）居民集抄上行信道实例。

1）GPRS方式：无线，永远在线，按量计费，需SIM卡，开通GPRS功能。

2）SMS方式：短消息通信方式，需SIM卡，开通短消息功能。

3）PSTN，电话线通信方式：需要购置电话调制解调器（Modem）。

（三）常见的自动抄表系统

1. GPRS自动抄表系统

（1）简介。GPRS采用的是分组交换技术，不需要像Modem那样拨号连接，客户只有在发送或接收数据时才占用资源。GPRS终端以传输数据量计费，而不是以传送的时间计费。它具有"永远在线"、自如切换、高速传输等优点。

（2）下面以某大客户用电综合管理子系统为例说明GPRS自动抄表系统。

1）基本结构。如图2－19所示：①电能表可以是GPRS电能表（具有多功能表计与GPRS通信功能模块的热插拔功能）或普通电能表通过RS485接入GPRS终端；②通信网的主通信方式为GPRS。

2）系统实现的主要功能包括：

a. 数据采集：采集各计量点电能量、瞬时量、电网事件、电能质量等电网数据，做到自动、完整、准确、安全、及时、一致、可靠、灵活地采集、传输和存储，保证数据不丢失。

b. 计量管理：在线监控电能量计量装置运行信息和系统运行、计量缺陷等故障信息。

c. 运行管理：在线监视电网设备的运行。

d. 统计分析：实现各计量点分时电量统计、结算考核，负荷分析，电压合格率分析和功率因数分析等，并以表格、曲线（含棒图、饼图）等多种形式输出。

e. 线损管理：实现线路、台区线损统计。

f. 用电监察：实现用电异常监测（防窃电）。

g. 用电管理：实现电压合格率、功率因数合格率、供电可靠性的统计分析功能。

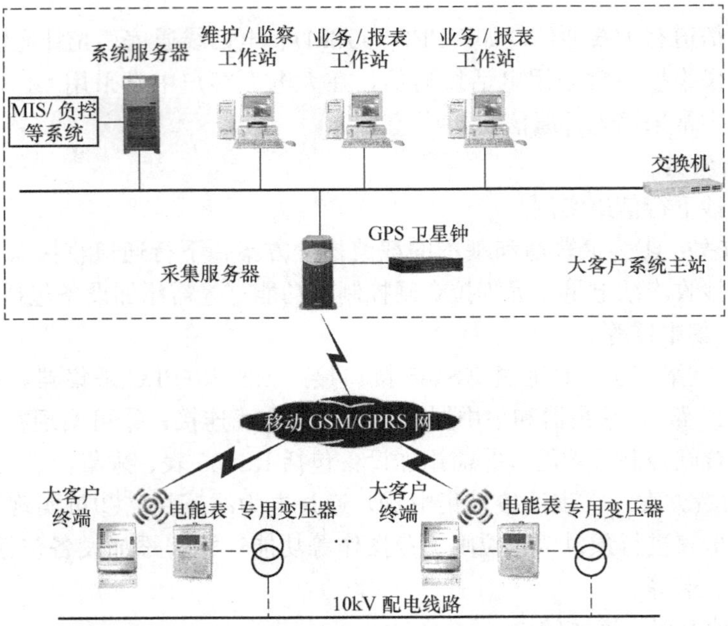

图 2-19 大电力客户用电综合管理子系统结构示意图

h. 负荷管理：实现负荷控制和管理功能。

i. 业务界面：丰富的曲线、WEB、报表表现形式，为客户提供友好的人机界面，符合电力企业工作人员使用习惯。

j. 报表输出：实现各种日、月、年电量报表、线损报表、异常用电情况报表。

k. 中系统集成：支持与其他系统（如：MIS、负荷管理系统等）的集成连接，为电力企业的商业化运营提供决策支持。

2. 低压电力线载波（PLC）抄表系统

(1) 简介。电力载波通信是一个很早就已经应用的技术，由于其使用电力线作为传输介质，有投资少、维护量小、网络覆盖面广、投入运行快等许多优点，普遍应用于低压居民集中自动抄表系统。但低压电力线主要传输工频强电信号，这种技术对电力线质量要求较高，我国的电力线在规范性、清洁度等指标上难以满足其要求。为实现在低压电力线上可靠传输数据，目前广泛采用扩频通信方式，即利用扩展频带的方法以获得信噪比的提高。由于频带的扩展，将会有更多的干扰落入带宽内，但只要该干扰不足以使其期望值发生逆转，其通信就可以获得成功，并且其通信速率和信噪比在一定的范围内很容易调整。

(2) 下面以某电能量管理系统为例说明低压电力线载波（PLC）抄表系统。该系统采用的是模糊调扩混合 PLC 技术。

1) 基本结构。如图 2-20 所示：①电能表采用电子式载波电能表；②集中器自动按后台系统设置的时间集中抄读本台区电表数据，并且保存相关数据；③通信信道：下行信道采用 PLC，上行信道采用电话网、无线网络等；④主站抄表系统一般安装在电力局，实现远程抄读和用电管理。

2) 基本功能包括：①在线抄表；②抄收冻结电量；③可远程控制拉合闸；④营销数据

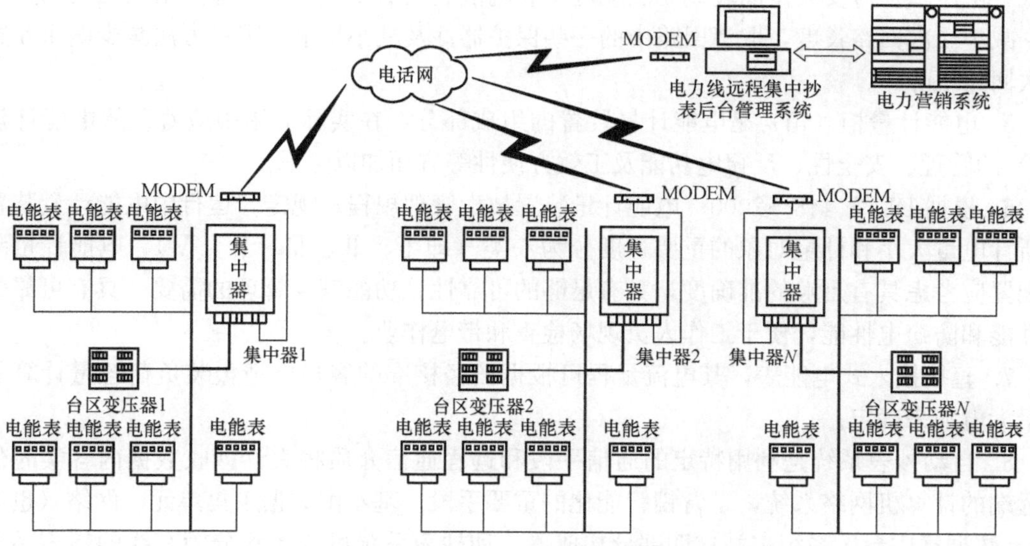

图 2-20　低压电力线载波抄表系统示意图

管理与分析功能，如线损分析、相供电平衡、故障失电、非正常用电、需求侧数据、欠费处理等。

小　　结

1. 电能表根据工作原理，分为感应式电能表和电子式电能表两大类。感应式与电子式电能表在内部结构上有着根本性区别，但从计量方式及测量结果来讲并没有什么区别。感应式表是利用电磁感应原理制造而成，里面是铁芯、线圈加机械传动装置；电子式多功能电能表是根据电能测量原理使用大规模集成电路芯片来实现计量的，无传统感应式电能表的转盘、机械计度器等。电子式电能表与感应式电能表相比较，具有准确度高、启动电流小、功耗小、误差曲线平稳、外磁场影响小、过载能力强、功能强大且无安装垂直度要求等优点，有利于减低线损、防窃电等工作。但如果电子式电能表在元器件选用上把关不严，运行一定时间后可能出现较大范围的故障。

2. 世界范围内的智能电网建设正在兴起，多功能、预付费等电能表正得到广泛应用。智能电能表除具有全电子式多功能电能表的基本功能外，最主要的是具有费控功能，它是开展智能化建设项目的关键技术基础之一。

3. 互感器的作用就是对交流电网中的高电压、大电流进行变换，以满足仪表工作的需要，并通过互感器把高压回路和仪表回路隔离，有效保护仪表及工作人员的安全。同时利用互感器把二次电压、电流统一起来，有利于电能表制造规格的规范化。在实际运用中，电流互感器二次侧严禁开路，电压互感器二次侧严禁短路。电流互感器高压电流互感器 K2 端要可靠接地，低压电流互感器可以不接地；电压互感器应注意二次侧设保护接地。在电能计量计费中，将二次侧电表读数换算为一次侧读数时应乘的系数，称为倍率。

4. 电压互感器二次回路压降所引起的计量误差对电能计量装置综合误差影响较大。目前新建变电站通常采取在高电压等级的电压互感器附近建一小室，将电能表就近安装方式来降低二次压降。对安装距离较远无法就近安装电能表的旧变电站，可通过增大二次回路的线径，减小二次回路长度，取消回路中的一些保护器件及减小接触电阻等方法减少电压互感器二次回路压降。

5. 电能计量柜（箱）是电能计量装置的组成部分，在实际应用中应着重从电能计量柜（箱）的管理、安全性、反窃电功能及工效方便性等方面加以考虑。

6. 根据DL/T 448—2000《电能计量装置技术管理规程》规定，运行中电能计量装置按其所计电量大小和计量对象的重要程度分为5类（即Ⅰ、Ⅱ、Ⅲ、Ⅳ、Ⅴ）。电能计量装置的配置应考虑具有足够的准确度，具有足够的可靠性，功能满足管理的需要，具有可靠的封闭性能和防窃电性能，便于工作人员现场检查和带电作业。

7. 直接接入式电能表，其电流量程可根据按经核准的客户申请报装负荷容量计算的额定最大电流来确定。

8. 自动抄表系统是利用特定的通信手段和远程通信介质将表计抄收数据内容实时传送至远端的计算机网络系统，是营销智能化的重要手段。基本由数据采集单元、网络（也叫信道）、数据集中器、系统主站这四部分构成。自动抄表系统可以大致分为有线的抄表系统和无线的抄表系统，这些模式各有特点，又各有其局限性。

习　题

2-1 什么是电能计量装置？失压仪是否属于电能计量装置？

2-2 分别说明DDS28、DT862-4、DTSD132、DSSD132中各字母数字的含义。

2-3 电能表铭牌上圆圈内数值代表什么？它属于绝对误差还是相对误差？

2-4 什么是预付费电能表？其优缺点是什么？

2-5 电子式电能表由哪几部分组成？简述电子式电能表的特点。

2-6 什么是智能电能表？它的费控功能分哪几种？

2-7 简述互感器的作用。

2-8 某高压客户，TV：10kV/100V，TA：300/5，请问倍率为多少？

2-9 如何选择电流互感器的额定变流比？

2-10 使用电压互感器一般应注意什么？

2-11 为什么电压互感器二次侧必须接地且严禁短路？

2-12 使用电流互感器应注意什么？现场校验或电能表轮换等工作时能否用导线缠绕进行电流回路短接？

2-13 简述互感器二次回路中电压、电流导线的要求。

2-14 简述常用减少电压互感器二次回路压降的方法。

2-15 影响电压互感器误差的因素有哪些？

2-16 影响电流互感器误差的因素有哪些？

2-17 简述计量柜（箱）选用原则。

2-18 在Ⅰ类电能计量装置常采用哪种类型的电能表？等级如何配置？

2-19 什么是Ⅲ类电能计量装置？

2-20 电能计量装置的配置原则是什么？

2-21　电能计量的计量方式有哪些?

2-22　电能计量的接线方式有哪些?

2-23　什么是自动抄表系统?其优点是什么?

2-24　自动抄表系统主要由哪几部分构成?

2-25　简述低压电力线载波(PLC)抄表系统的优缺点。

第三章

电能计量装置接线及检查

第一节　电能计量装置的正确接线

电能计量装置接线的正确与否，直接关系到计量的准确性。在实际工作中，常见的电能计量装置接线可分为单相电能表的接线、三相有功电能表的接线及三相有功、无功电能表的联合接线等。

一、单相电能表接线

单相电能表的接线一般用于计量单相电路的有功电能，分为直接接入式和经互感器接入式两种。

1. 直接接入式

无需经过互感器，直接从电能表接线端子接入被测电路的接线方式称为直接接入式接线，目前广泛应用于居民生活用电计量中。图 3-1 所示为国产电能表常采用的直接接入式单相电能表接线方式。

2. 经电流互感器接入式

对于单相供电或某些带 TA 的用三只单相表代替一只三相四线表计量的电能计量装置，单相电能表需经电流互感器接入被测电路。对于采用带电压钩的单相电能表，可采用电流、电压线共用方式接线，如图 3-2 所示；对于采用无电压钩的单相电能表，则应采用电流、电压分开方式接线，如图 3-3 所示。

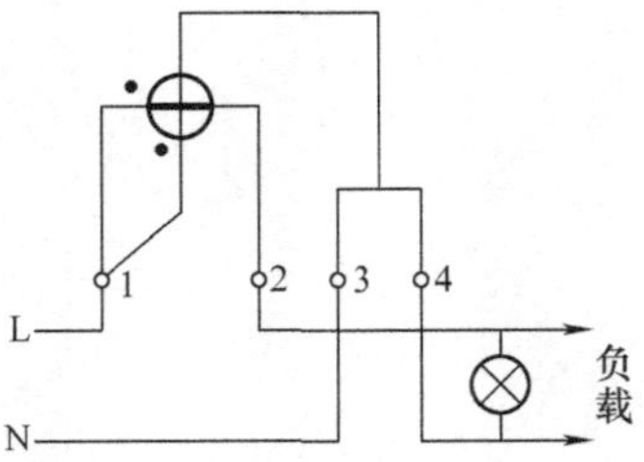

图 3-1　直接接入式单相电能表接线方式

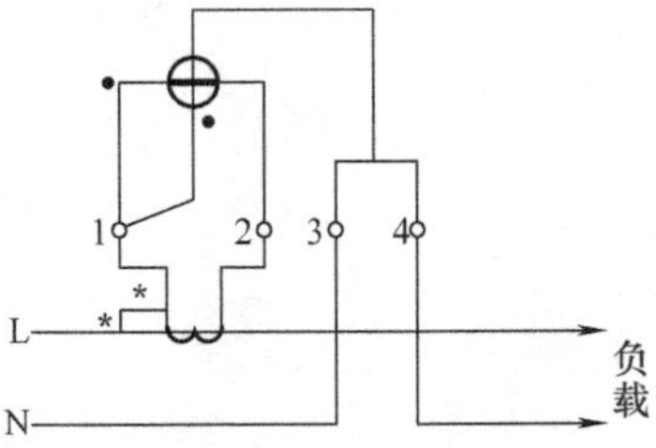

图 3-2　单相电能表电流、电压线共用方式

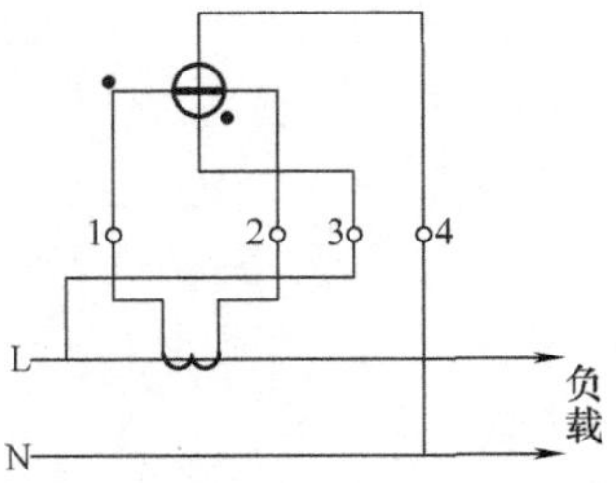

图 3-3　单相电能表电流、电压线分开方式

3. 单相电能表的功率表达式及相量图

单相电能表正确接线时功率表达式为

$$P = UI\cos\varphi \tag{3-1}$$

式中　P——单相总功率，W；

U——相电压，V；

I——相电流，A；

φ——电压与电流间的相位角。

单相电能表正确接线时的原理图和理想相量图如图 3-4 所示。

二、三相四线有功电能表接线

三相四线有功电能表用于计量三相四线电路中的有功电能，同样分为直接接入式和经互感器接入式两种。

1. 直接接入式

图 3－5 所示为三元件三相四线有功电能表的标准接线方式。根据 DL/T 448—2000 规定：低压供电、负荷电流为 60A 及以下时，宜采用直接接入式接线方式。

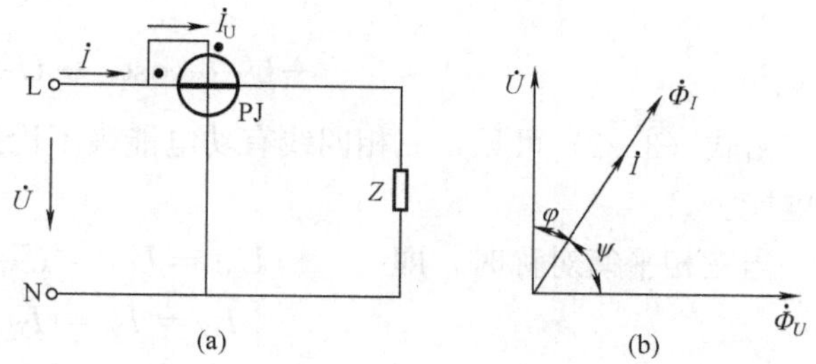

图 3－4　单相电能表接线测量

(a) 原理接线图；(b) 感性负载时的相量图

2. 经互感器接入式

对于各相带电压钩的三相四线有功电能表，采用电流、电压线共用方式的，经电流互感器接入，如图 3－6 所示；对于常用的无电压钩的三相四线有功电能表，可采用经电流互感器接入的电压、电流线分开方式接线，如图 3－7 所示。

为减少雷击损坏电能计量装置事故，低压电流互感器二次侧应不接地。

3. 三相四线有功电能表正确接线分析

三相四线有功电能表正确接线时的相量图如图 3－8 所示。

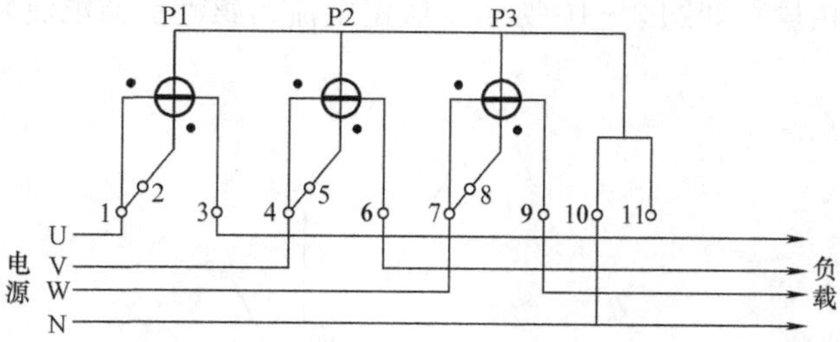

图 3－5　三元件三相四线有功电能表标准接线方式

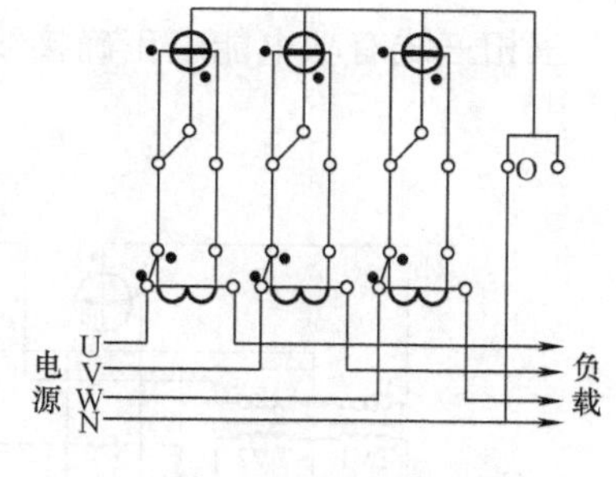

图 3－6　三相四线有功电能表电压、电流线共用接线方式

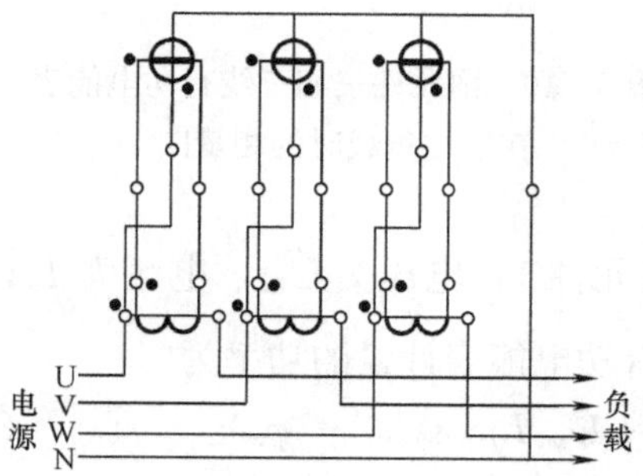

图 3－7　三相四线有功电能表电压、电流分开接线方式

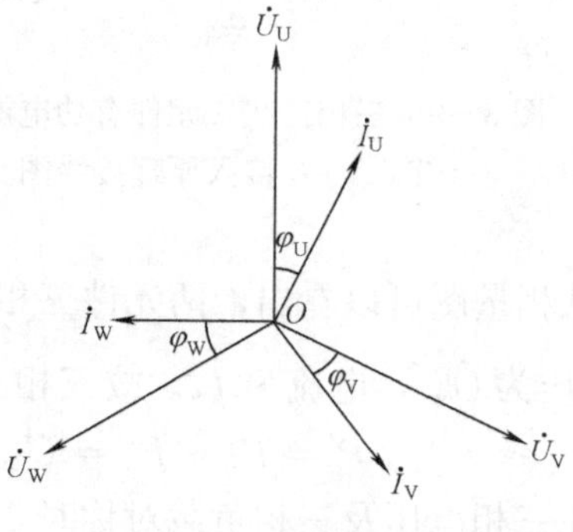

图 3－8　三相四线三元件有功电能表在感性负载时的相量图

从相量图可以看出，三元件三相四线有功电能表在正确接线时，计量的总功率为

$$P = P_1 + P_2 + P_3 = U_U I_U \cos\varphi_U + U_V I_V \cos\varphi_V + U_W I_W \cos\varphi_W \qquad (3-2)$$

由式（3－2）可见，三相四线有功电能表不论三相电压、电流是否平衡，均能正常计量其电能。

当三相平衡对称时，即

$$U_U = U_V = U_W = U$$

$$I_U = I_V = I_W = I$$

$$\varphi_U = \varphi_V = \varphi_W = \varphi$$

则三相总功率为

$$P = 3UI\cos\varphi \qquad (3-3)$$

三、三相三线有功电能表接线

三相三线有功电能表接线用于计量三相三线电路内的有功电能，需经 TA、TV 接入。

1. 接线方式

在 35kV 以下高压三相三线系统中，电压互感器一般采用 V 形接线，这种方式可少用一台单相电压互感器。但注意，电压互感器二次侧中间相（V 相）应接地，电流互感器二次侧也必须接地，且其 2 台电流互感器二次绕组与电能表之间采用四线连接。图 3－9 所示为三相三线有功电能表经电流互感器和电压互感器接入的原理接线图。

接线正确时接线方式为：$[\dot{U}_{uv},\ \dot{I}_u][\dot{U}_{wv},\ \dot{I}_w]$

2. 三相三线有功电能表功率表达式及相量图

三相三线有功电能表正确接线时的相量图如图 3－10 所示（假定电流为感性负荷电流）。

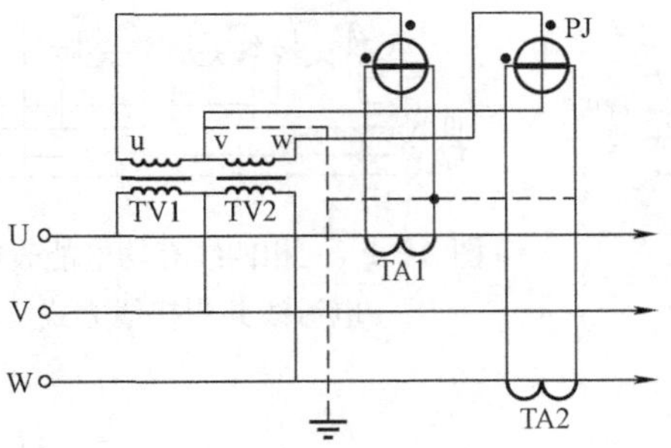

图 3－9 三相三线二元件有功电能表经 TV、TA 接入原理接线图

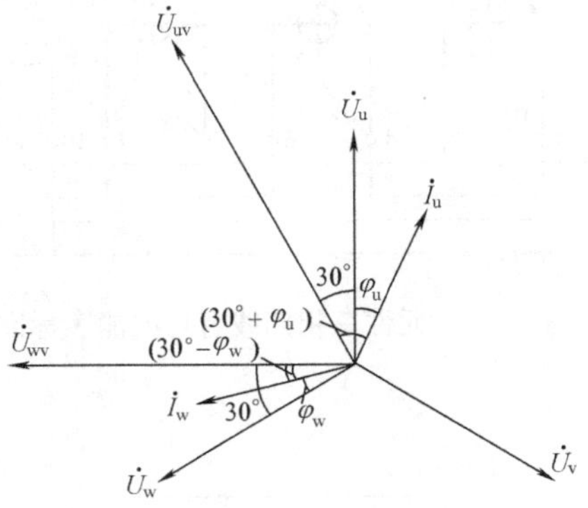

图 3－10 两元件三相三线有功电能表在感性负载时的相量图

从相量图可以看出，两元件三相三线电能表计量元件 1：电压为 $\dot{U}_{uv}$，电流为 $\dot{I}_u$；元件 2：电压为 $\dot{U}_{wv}$，电流为 $\dot{I}_w$。故三相三线（二元件）有功电能表计量的功率为

$$P = P_1 + P_2 = U_{uv} I_u \cos(30° + \varphi_u) + U_{wv} I_w \cos(30° - \varphi_w) \qquad (3-4)$$

在三相电压及三相负载对称时，三相总功率为

$$P = \sqrt{3}UI\cos\varphi \qquad (3-5)$$

式中 U、I——线电压、线电流；

φ——线电压与对应线电流间的相位差。

四、电能计量装置的联合接线

对于需要进行功率因数考核的客户，需要一只有功电能表和无功电能表经互感器接入，这种在电流互感器或电流、电压互感器二次回路中同时接入有功、无功电能表以及其他有关仪表（如失压计时仪等）的接线称为电能计量装置的联合接线。

（一）常用的电能计量装置的联合接线方式

1. 三相四线电路中的联合接线方式

（1）一只三相四线有功电能表与一只无功电能表经电流互感器接入的联合接线。常用于计量低压三相四线电路中的有功、无功电能。

（2）一只三相四线有功电能表与两只具有止逆装置的感应式无功电能表或一只有功电能表与一只带双向计度器的无功电能表经电流互感器接入的联合接线。常用于计量装有无功补偿装置的低压三相四线电路中的有功、无功电能。

（3）一只三相四线有功电能表与一只无功电能表经电流互感器与电压互感器接入的联合接线。常用于变电站内非中性点绝缘系统的110kV及以上高压大电流系统。

（4）两只三相四线有功电能表与两只具有止逆装置的感应式无功电能表经电流互感器与电压互感器接入的联合接线。常用于非中性点绝缘系统、具有双方向感性负载的110kV及以上高压大电流系统。

2. 三相三线电路中的联合接线方式

（1）一只三相三线有功电能表与一只无功电能表经电流互感器、电压互感器接入的联合接线。常用于计量高压三相三线电路中的有功、无功电能。

（2）一只三相三线有功电能表与两只具有止逆装置的感应式无功电能表或一只有功电能表与一只带双向计度器的无功电能表经电流互感器接入的联合接线。常用于计量具有无功补偿的单方向感性负载的高压三相三线电路中的有功、无功电能。

（3）两只具有止逆装置的三相三线有功电能表与两只具有止逆装置的感应式无功电能表经电流互感器与电压互感器接入的联合接线。常用于计量具有发电设备并可与系统并列高压客户的有功电能与无功电能。

3. 多功能电能表的电能计量联合接线

随着全电子式多功能电能表的广泛应用，电能表联合接线的计量功能可通过装设一只可计量四象限无功的多功能电能表来实现。由于多功能电能表的接线与一只普通有功电能表的接线方式一样，接线简单，不易产生接线错误，查找故障方便，且具有事件记录等功能，目前在新装及轮换工作中，需采用联合接线的多只电能表基本都改用为电子式多功能电能表。故这里主要简单介绍多功能电能表的联合接线，以及目前还大量运行在电力系统三相电路中最常见的一只有功与一只带双向计度器的无功电能表的联合接线。

（1）三相三线电路中常用的联合接线图。

1）图3－11所示为三相三线全电子式多功能电能表联合接线图。

2）图3－12所示为三相三线有功电能表与无功电能表经电流互感器与电压互感器接入的联合接线图。电流互感器采用分相接线，电压互感器采用Vv接线。

（2）三相四线电路中常用的联合接线。

1）图3－13所示为三相四线全电子式多功能电能表经电流互感器接入的联合接线图。

2）图3－14所示为三相四线有功电能表与一只带双向计度器的无功电能表经电流互感

器接入的联合接线图。电流互感器采用分相接线。

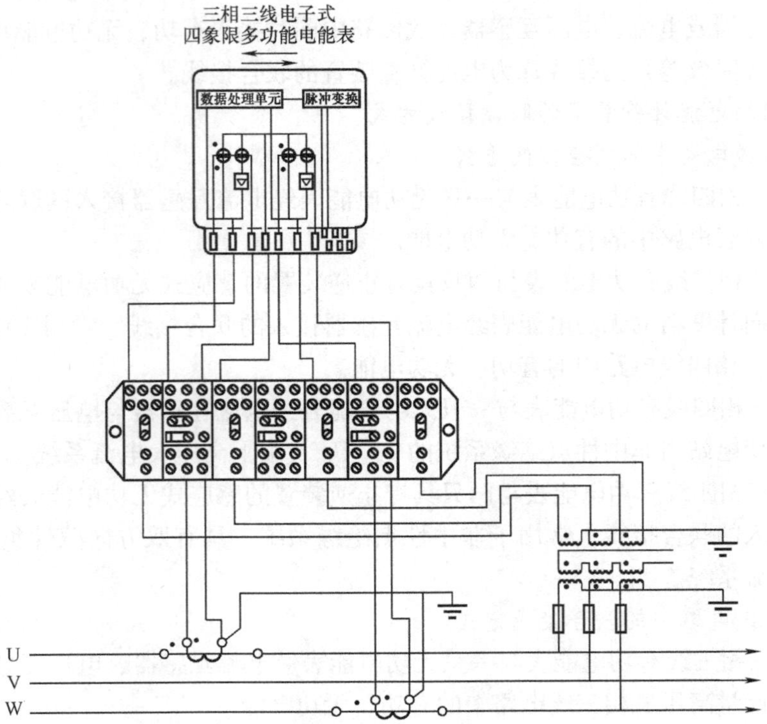

图 3－11　三相三线全电子式多功能电能表联合接线

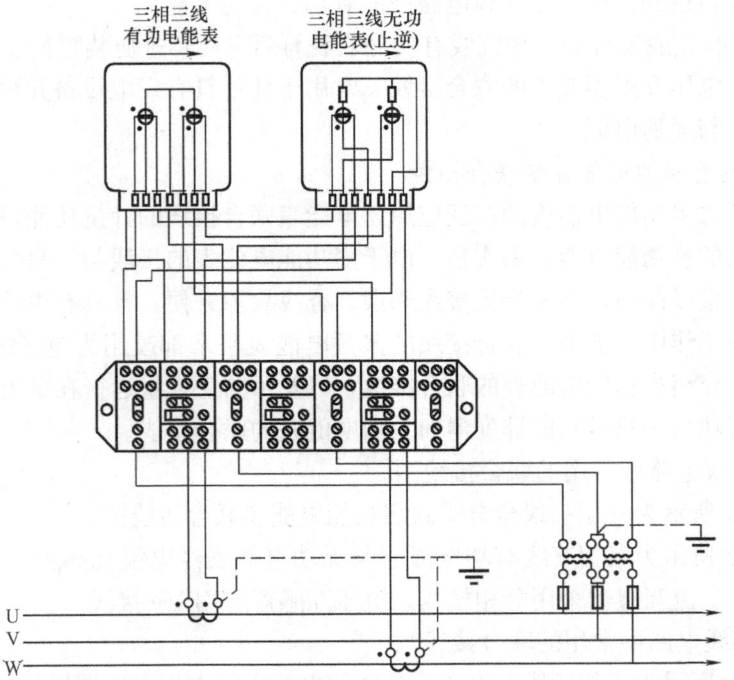

图 3－12　三相三线有功、无功电能表联合接线

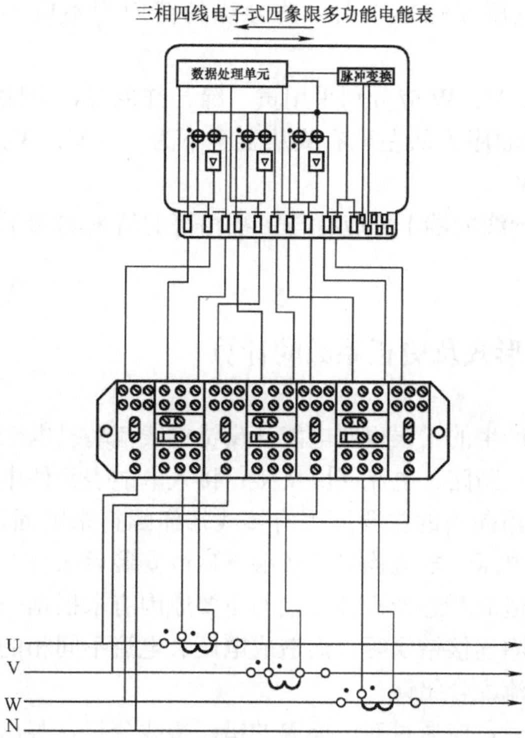

图 3－13　三相四线全电子式多功能电能表联合接线

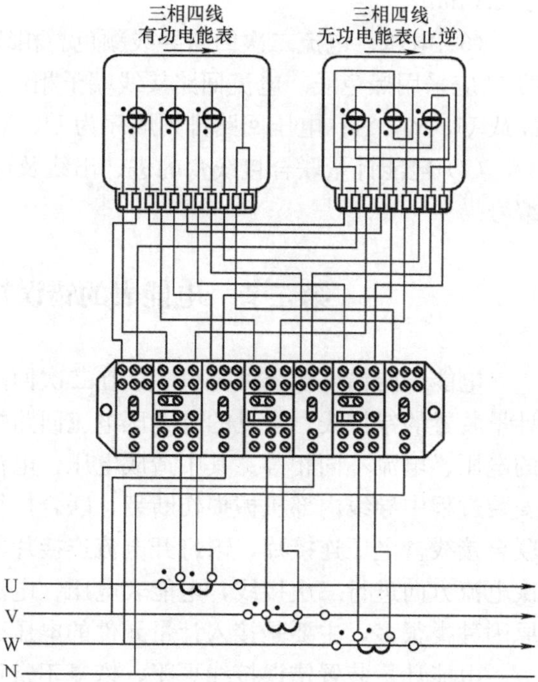

图 3－14　三相四线有功、无功电能表联合接线

（二）电能计量联合接线盒的安装原则

（1）水平安装时，下端接线由电压、电流互感器二次侧接入，上端接线至电能表侧；垂直安装时，左端接线由电压、电流互感器二次侧接入，右端接线至电能表侧。可简单记忆为“下进上出，左进右出”。

（2）水平安装时，电能计量联合接线盒应保证可移动的电压连接片向上为电能表接通电压，换表时打开电压连接片，连接片应处于下垂状态。为确保打开电压连接片，连接片必须处于接线盒下方，万一紧固电压片的螺钉松动，连接片也不会下落；反之，若连接片处于接线盒上方，万一紧固电压片的螺钉松动，连接片下落，将使接入电能表侧的电压线带电，造成安全隐患。垂直安装时，可移动的电压连接片向右为电能表接通电压。

（三）电能计量联合接线的基本规则

（1）电能计量联合接线盒应能加铅封防窃电，接线时应先接入试验端子，后接入电能表，便于电能表现场试验或换表。

（2）高压电流、电压互感器二次回路应可靠接地，低压电流互感器二次回路可不接地。

（3）贸易结算用电能计量装置中的电流、电压互感器二次回路应专用，电压回路中不得装设隔离开关辅助触点。

（4）电能表应按正相序接入，联合接线中的电能表的电压线圈应并联，电流线圈应串联。

（5）电压、电流互感器二次回路导线应采用铜质单芯绝缘线，中间不得有接头。电流互感器二次回路导线的截面积不应小于 $4mm^2$；电压互感器二次回路导线的截面积不应小于 $2.5mm^2$。

(6) 电压、电流二次回路导线颜色。相线 U、V、W 应分别采用黄、绿、红色线，中性线 N 应采用黑色线。电流回路接线端子相位排列顺序为从左至右或从上至下为 U、V、W、N 或 U、W、N；电压回路排列顺序为 U、V、W。

(7) 电能计量联合接线盒的进、出线及连接导线的端子处应有与图纸相符的清晰的端子编号。

第二节　电能表的错误接线形式及更正系数的计算

电能表的错误接线种类很多，在二次回路中产生的错误也属电能计量错接线范畴。电能计量装置的错接线，常见的有电压电流回路短路、断路；电流回路反接；接入电能表元件中的电压、电流不同相等。其中造成电压、电流回路断路的主要原因有接线端钮螺钉未紧固，安装过程中导线内部机械损伤断裂，联合接线盒电压、电流连接片接触不良或安装后未合上联合接线盒电压连接片，未打开电流连接片等；造成互感器极性反接的主要原因有未根据一次电流方向进行二次接线，电能表电压、电流线圈连接错误等；而造成电压、电流不同相的原因种类很多，主要是接入计量元件的电压、电流配合错误。

电能计量装置错误接线更正，恢复正常计量后，应通过对电能表的错误接线分析，画出相量图，计算更正系数，进行电量退补。更正系数等于电能表正确接线时的电能（功率 P）与错误接线时的电能（功率 P'）之比，即

$$G_x = P/P'$$

换言之，更正系数 G_x 乘以错误接线时电能表所计量电能，即为实际电能值。

一、单相电能表的错误接线分析

1. 电流线圈反接

单相电能表电流线圈反接错误接线如图 3-15 所示。其对计量的影响是：感应式电能表倒走，应补收全部倒走电量；电子式电能表正常发出脉冲，计量基本正确。

2. 相线与中性线互换

单相电能表相线与中性线对换错误接线如图 3-16 所示。其对计量的影响是：正常情况下仍能正确计量，但当负荷侧存在接地漏电时会少计量；应按实际用电量补收少计电量；若客户断开负载中性线，让单相负荷只接相线与家中自备地线，可造成负荷电流不通过电流线圈使电能表不走，实现单线窃电，应按窃电处理。

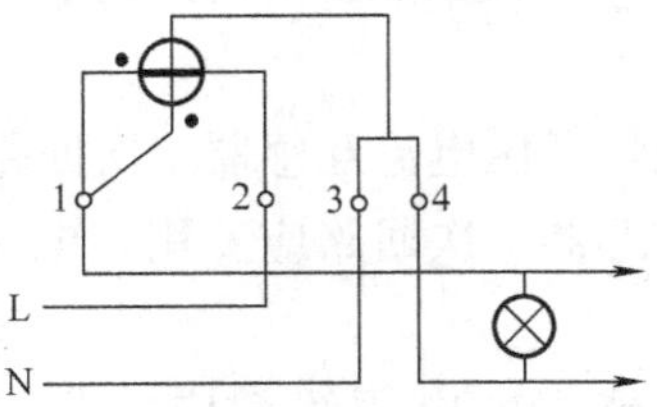

图 3-15　单相电能表电流线圈反接错误接线

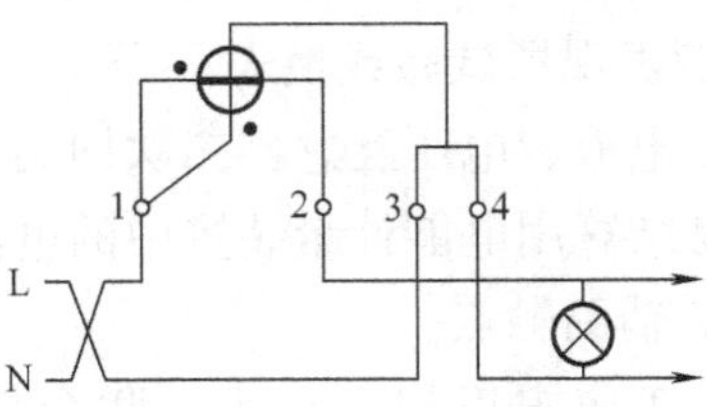

图 3-16　单相电能表相线、中性线互换错误接线

3. 电压钩未合上或接触不良造成开路

单相电能表电压钩未合上或接触不良造成开路错误接线如图 3-17 所示。其对计量的影响是：电能表不计量，应按实际用电量补收。目前电力系统推广使用内连接式电能表，可避免此类现象。

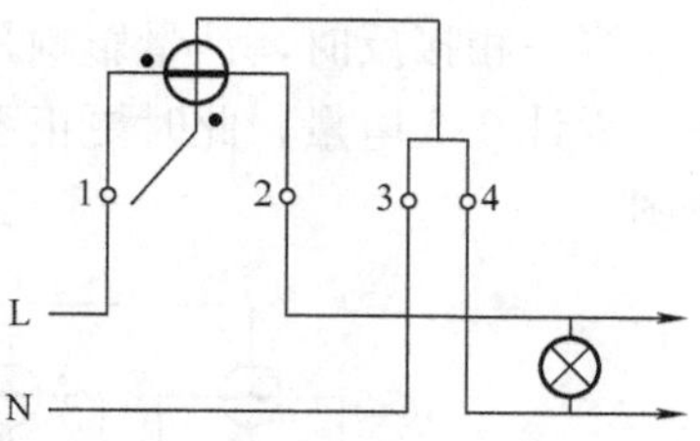

图 3-17 单相电能表电压钩未合上或接触不良造成开路错误接线

4. 电流回路短路或开路

单相电能表电流回路短路或开路错误接线如图 3-18 所示。其对计量的影响是：电能表不计量，应按实际用电量补收。

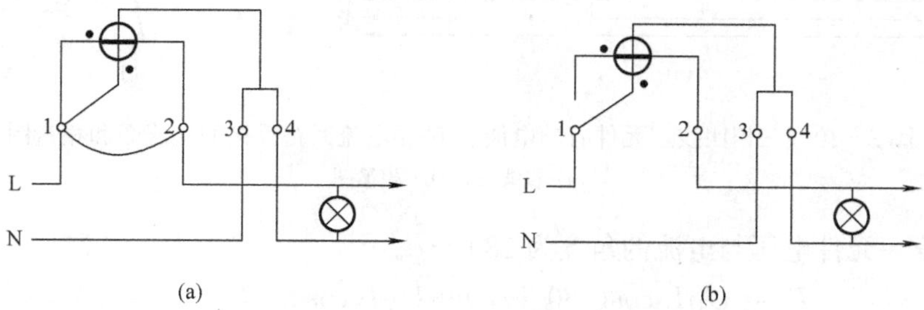

图 3-18 单相电能表电流回路短路或开路错误接线

(a) 电流回路短路；(b) 电流回路开路

二、三相四线有功电能表的错误接线分析

由于三相四线有功电能表有三个元件，分别计量三相电能，所以分析三相四线有功电能表的错误接线对电能计量的影响，理论上可当成分析用三只单相电能表计量的错误接线影响。

1. 电流回路开路、短路

假设三个元件调整平衡且三相负荷对称。电流回路开路、短路的计量影响是：少计电量或不计电量。

(1) 单独一个元件的电流回路开路或短路。电能表正转慢行，电能表只计两相电量，即只计量 2/3 电量，少计 1/3 电量，此时更正系数 $G_x=P/P'=3/2$。

(2) 两个元件的电流回路开路或短路。电能表正转慢行，电能表只计一相电量，即只计量 1/3 电量，少计 2/3 电量，此时更正系数 $G_x=P/P'=3$。

(3) 三个元件都存在开路或短路。电能表不计量，$G_x\to\infty$，应按实际用电量补收。

2. 电压回路开路

三相四线三元件有功电能表，有三个元件参与计量，假设三个元件调整平衡且三相负荷对称。电压回路开路，计量影响是：少计电量或不计电量。

当一个元件的电压回路开路时，更正系数 $G_x=3/2$；当两个元件的电压回路开路时，更正系数 $G_x=3$；当三个元件电压回路都开路时，电能表不计量，$G_x\to\infty$，应按实际用电量补收。

3. 电流回路反接

电流回路反接大部分发生在 TA 二次绕组出线端单独接反或在电能表接线盒处单独接

反，也可能出现重复接反。假设三个元件调整平衡且三相负荷对称：

当一相接反时，计量影响是：电能表正转慢行，电能表只计一相电量，即只计量1/3电量，少计2/3电量，此时更正系数$G_x=3$。图3-19所示为U相电流回路反接的接线图与相量图。

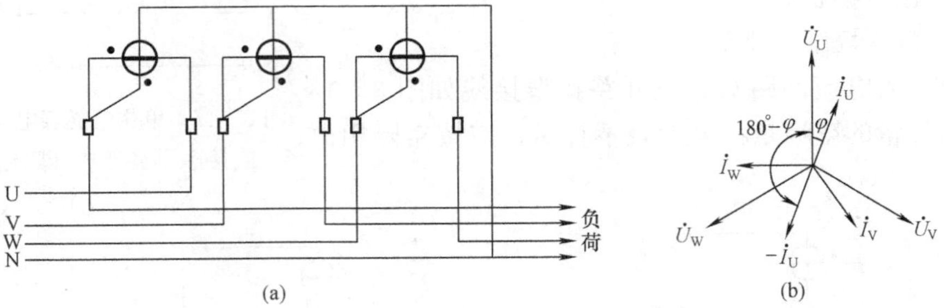

图3-19 三相四线三元件有功电能表U相电流回路反接的接线图和相量图
(a) 接线图；(b) 相量图

此时，第一元件电压与电流的角度为180°−φ。

$$\begin{aligned}P' &= U_U I_U \cos(180° - \varphi) + U_V I_V \cos\varphi + U_W I_W \cos\varphi \\ &= -UI\cos\varphi + UI\cos\varphi + UI\cos\varphi \\ &= UI\cos\varphi\end{aligned}$$

$$G_x = \frac{P}{P'} = \frac{3UI\cos\varphi}{UI\cos\varphi} = 3$$

同理分析，当两相接反时，计量影响是：电能表反转慢行，电能表只计反向的一相电量，即只计量−1/3电量，此时更正系数$G_x=-3$；当三相接反时，计量影响是：电能表反转，$G_x=-1$，应按倒走电量补收。

4. 各元件电压、电流不同相

假设三个元件调整平衡且三相负荷对称：

三相四线有功电能表当出现电压互调，电流互调，电压、电流不同相且一相电流反接等错误接线时，电能计量都会出现差错。

(1) 电压互调。如两元件的电压互调，接入电能表电压端钮相序为V、U、W时，其接线图和相量图如图3-20所示。其接线方式为：[$\dot{U}_V$，$\dot{I}_U$] [$\dot{U}_U$，$\dot{I}_V$] [$\dot{U}_W$，$\dot{I}_W$]。

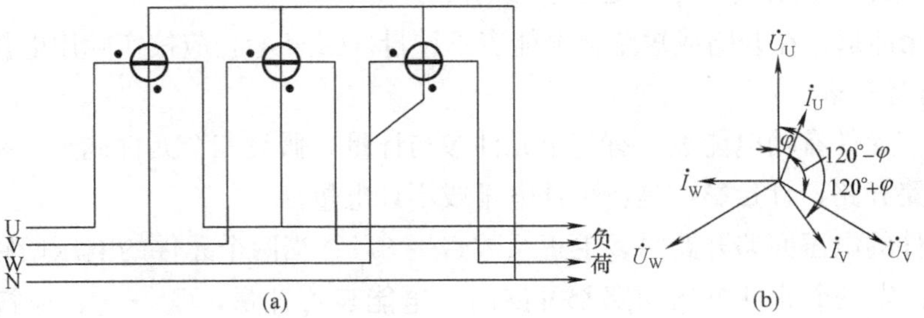

图3-20 三相四线三元件有功电能表U、V相电压对调的接线图和相量图
(a) 接线图；(b) 相量图

错误接线时功率为

$$P' = U_V I_U \cos(120° - \varphi) + U_U I_V \cos(120° + \varphi) + U_W I_W \cos\varphi = 0$$

$$G_x = P/P' = \infty$$

电能表不转。

(2) 电流互调。如两元件的电流互调，将 U、W 两相电流互换，其接线图和相量图如图 3-21 所示。其接线方式为：$[\dot{U}_U，\dot{I}_W][\dot{U}_V，\dot{I}_V][\dot{U}_W，\dot{I}_U]$。

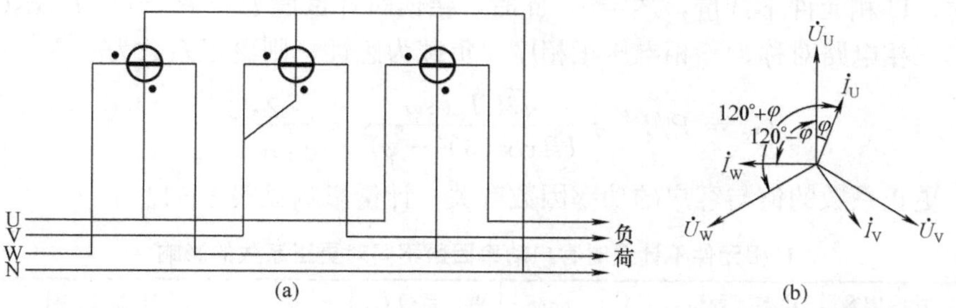

图 3-21　三相四线三元件有功电能表 U、W 相电流对调的接线图和相量图

(a) 接线图；(b) 相量图

错误接线时功率为

$$P' = U_U I_W \cos(120° - \varphi) + U_V I_V \cos\varphi + U_W I_U \cos(120° + \varphi) = 0$$

$$G_x = P/P' = \infty$$

电能表不转。

同理可进行三相电流电压不同相的错误接线分析。

(3) 电压、电流不同相且一相电流反接。如接入电能表电压端钮相序为 V、U、W 且 U 相电流反接，其接线图和相量图如图 3-22 所示。其接线方式为：$[\dot{U}_V，-\dot{I}_U][\dot{U}_U，\dot{I}_V][\dot{U}_W，\dot{I}_W]$。

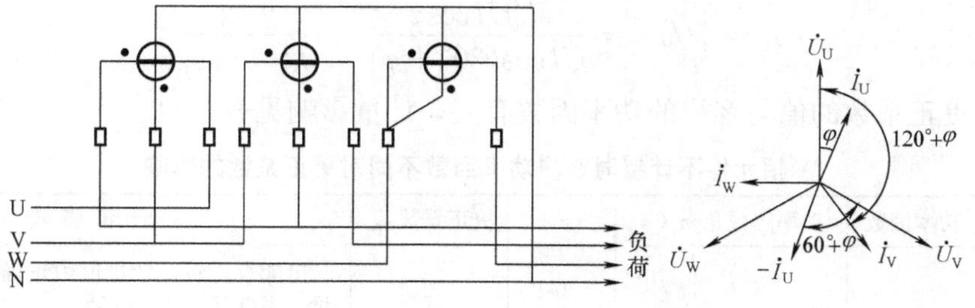

图 3-22　三相四线三元件有功电能表 U、V 相电压对调，U 相电流反接的接线图和相量图

(a) 接线图；(b) 相量图

错误接线时功率为

$$P' = U_V I_U \cos(60° + \varphi) + U_U I_V \cos(120° + \varphi) + U_W I_W \cos\varphi$$
$$= UI(\cos\varphi - \sqrt{3}\sin\varphi)$$

$$G_x = \frac{P}{P'} = \frac{3UI\cos\varphi}{UI(\cos\varphi - \sqrt{3}\sin\varphi)} = \frac{3}{1-\sqrt{3}\tan\varphi}$$

三、三相三线有功电能表的错误接线分析

对于三相三线的高压计量装置，2 台电流互感器二次绕组与电能表采用四线制，互感器采用 Vv 方式接线。三相三线两元件有功电能表有以下三种常见错误接线方式。

1. U 相元件不计量

当接入电能表的 U 相二次回路处在电压互感器二次断线、电流互感器二次开路或短路状态之一时，U 相元件不计量，$P_1=0$，此时，错误时计量值 $P'=P_2=U_{wv}I_w\cos(30°-\varphi)$。

假定：三相电路对称、三相电压正相序、负载为感性，则更正系数为

$$G_x = P/P' = \frac{\sqrt{3}UI\cos\varphi}{UI\cos(30°-\varphi)} = \frac{2\sqrt{3}}{\sqrt{3}+\tan\varphi}$$

可见，更正系数的值与客户的功率因数有关，计量影响见表 3-1。

表 3-1　U 相元件不计量时客户功率因数不同对更正系数的影响

负载性质	功率因数	功率因数角 φ (°)	$\tan\varphi$	更正系数 G_x	计量影响
感性	1	0	0	2	电能表正转，计量值为正确值一半，少计量一半电量，应补电量
	0.5	60	$\sqrt{3}$	1	计量值=正确值，不必退、补电量
	>0.5	<60	$<\sqrt{3}$	>1	电能表正转，计量值小于正确值，应补电量
	<0.5	>60	$>\sqrt{3}$	<1	电能表正转，计量值大于正确值，应退电量

一般客户的功率因数都在 0.8～1（感性）之间，故一般一个元件不计量时，应向客户补收电量。

2. W 相元件不计量

当接入电能表的 W 相二次回路处在电压互感器二次断线、电流互感器二次开路或短路状态之一时，W 相元件不计量，$P_2=0$，此时，错误时计量值 $P'=P_1=U_{uv}I_u\cos(30°+\varphi)$。

假定：三相电路对称、三相电压正相序、负载为感性，则更正系数为

$$G_x = P/P' = \frac{\sqrt{3}UI\cos\varphi}{UI\cos(30°+\varphi)} = \frac{2\sqrt{3}}{\sqrt{3}-\tan\varphi}$$

可见，更正系数的值与客户的功率因数有关，计量影响见表 3-2。

表 3-2　W 相元件不计量时客户功率因数不同对更正系数的影响

负载性质	功率因数	功率因数角 φ (°)	$\tan\varphi$	更正系数 G_x	计量影响
感性	1	0	0	2	电能表正转，计量值为正确值一半，少计量一半电量，应补电量
	0.5	60	$\sqrt{3}$	∞	电能表不计量，应按实际用电量补收
	>0.5	<60	$<\sqrt{3}$	>1	电能表正转，计量值小于正确值，应补电量
	<0.5	>60	$>\sqrt{3}$	<0	电能表反转，应补电量

可见，W 相元件不计量时，应向客户补收电量。

3. 接入计量元件的电压、电流配合错误

三相三线有功电能表电压端钮的三相电压按正相序、逆相序有 6 种组合，三相电压在正

相序时三种可能的顺序是 U—V—W、V—W—U、W—U—V；在逆相序时三相电压三种可能的顺序是 U—W—V、W—V—U、V—U—W。

三相三线有功电能表根据两组电流（I_u、I_w）流进流出的极性和与两个电压线圈的组合，有 8 组电流组合，即 I_u 与 I_w、I_u 与 $-I_w$、$-I_u$ 与 $-I_w$、$-I_u$ 与 I_w、I_w 与 I_u、I_w 与 $-I_u$、$-I_w$ 与 $-I_u$、$-I_w$ 与 I_u。

假定电压互感器同名端正确，2 台电流互感器二次绕组与电能表采用四线制，则以上 6 组电压配接 8 组电流组合，组成 48 种常见的接线方式，其中只有一种正确。在 48 种接线配合中，正转、反转、停转和转向不定各占 1/4。

当发现错误接线后，应根据实际情况绘出错误接线相量图和错误接线图，进行正确分析，得出更正系数。

4. 常见错误接线方式及更正系数的计算

以下介绍几种常见的在正相序下的错误接线方式及更正系数的计算。对于逆相序客户，可先更正为正相序，再进行分析判断。

（1）一相或两相电流反接。

【例 3-1】 u、w 两相电流反接。

解： 根据错误接线绘制相量图，如图 3-23 所示。其接线方式为：$[\dot{U}_{uv}, -\dot{I}_u]$ $[\dot{U}_{wv}, -\dot{I}_w]$。

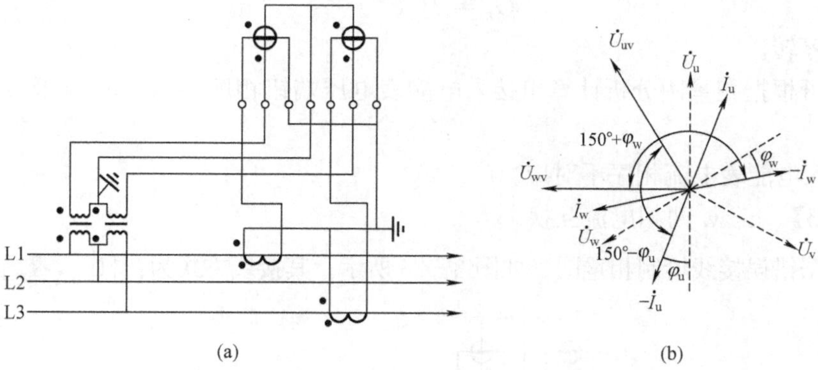

图 3-23　u、w 两相电流反接

(a) 接线图；(b) 相量图

根据相量图写出错误接线时功率表达式为

$$
\begin{aligned}
P' &= P'_1 + P'_2 = U_{uv} I_u \cos(150^\circ - \varphi) + U_{wv} I_w \cos(150^\circ + \varphi) \\
&= -UI\cos(30^\circ + \varphi) - UI\cos(30^\circ - \varphi) \\
&= -\sqrt{3} UI\cos\varphi
\end{aligned}
$$

更正系数为

$$
G_x = \frac{P}{P'} = \frac{\sqrt{3}UI\cos\varphi}{-\sqrt{3}UI\cos\varphi} = -1
$$

同理，可根据相量图分析计算出 u 相电流反接及 w 相电流反接时的更正系数。

(2) 接入电能表电压端钮相序错误。

【例 3-2】 接入电能表电压端钮相序为 u、w、v。

解： 根据错误接线绘制相量图，如图 3-24 所示。其接线方式为：$[\dot{U}_{uw}, \dot{I}_{u}]$ $[\dot{U}_{vw}, \dot{I}_{w}]$。

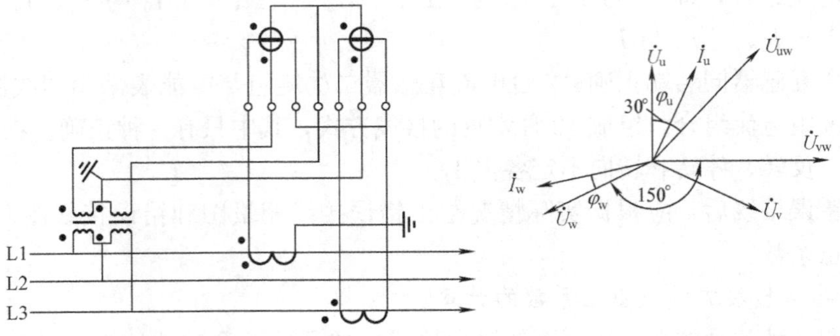

(a) (b)

图 3-24 电压端钮相序为 u、w、v

(a) 接线圈；(b) 相量图

根据相量图写出错误接线时功率表达式为

$$P' = P_1' + P_2' = U_{uw} I_u \cos(30° - \varphi) + U_{vw} I_w \cos(150° + \varphi)$$
$$= UI\cos(30° - \varphi) - UI\cos(30° - \varphi) = 0$$
$$G_x = P/P' = \infty$$

电能表停转。

同理，可根据相量图分析计算出接入电能表电压端钮相序为 w、u、v 及 v、w、u 时的更正系数。

(3) 接入电能表电流相序不对应。

【例 3-3】 u、w 两相电流互换。

解： 根据错误接线绘制相量图，如图 3-25 所示。其接线方式为：$[\dot{U}_{uv}, \dot{I}_{w}]$ $[\dot{U}_{wv}, \dot{I}_{u}]$。

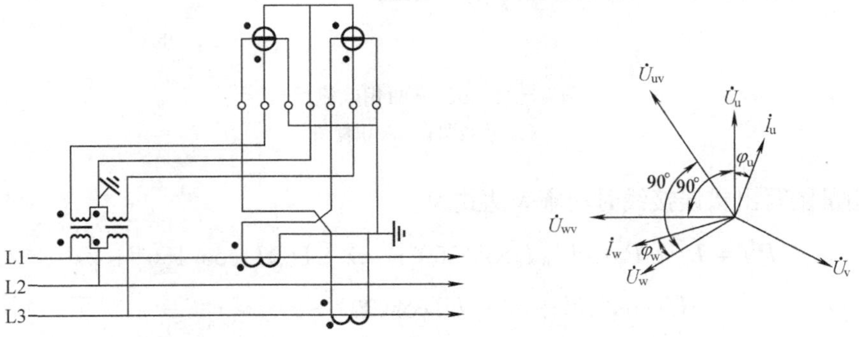

(a) (b)

图 3-25 u、w 两相电流互换

(a) 接线图；(b) 相量图

根据相量图写出错误接线时功率表达式为

$$P' = P_1' + P_2' = U_{uv} I_w \cos(90° - \varphi) + U_{wv} I_u \cos(90° + \varphi)$$

$$=UI\cos(90°-\varphi)-UI\cos(90°-\varphi)$$
$$=0$$
$$G_x=P/P'=\infty$$

电能表停转。

【例 3-4】 w 相电流接入第一元件，v 相电流接入第二元件。

解： 根据错误接线绘制相量图，如图 3-26 所示。其接线方式为：$[\dot{U}_{uv}, \dot{I}_w][\dot{U}_{wv}, \dot{I}_v]$。

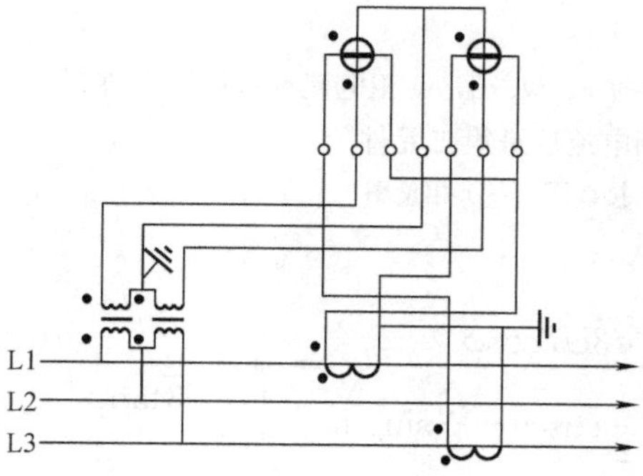

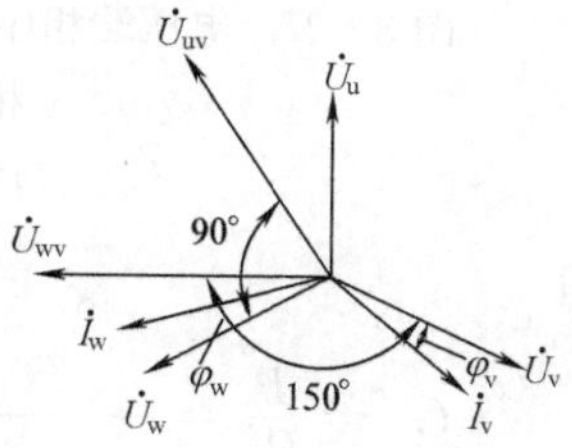

图 3-26　w 相电流接入第一元件，v 相电流接入第二元件

(a) 接线图；(b) 相量图

根据相量图写出错误接线时功率表达式为

$$P'=P'_1+P'_2=U_{uv}I_w\cos(90°-\varphi)+U_{wv}I_v\cos(150°-\varphi)$$
$$=UI\cos(90°-\varphi)-UI\cos(30°+\varphi)$$
$$=UI\left(\frac{3}{2}\sin\varphi-\frac{\sqrt{3}}{2}\cos\varphi\right)$$

更正系数为

$$G_x=\frac{P}{P'}=\frac{\sqrt{3}UI\cos\varphi}{UI\left(\frac{3}{2}\sin\varphi-\frac{\sqrt{3}}{2}\cos\varphi\right)}=\frac{2\cos\varphi}{\sqrt{3}\sin\varphi-\cos\varphi}=\frac{2}{\sqrt{3}\tan\varphi-1}$$

(4) 接入电能表电压端钮相序错误且电流相序、极性错误。

【例 3-5】 接入电能表电压端钮相序为 v、w、u，w 相电流反向接入第一元件，v 相电流反向接入第二元件。

解： 根据错误接线绘制相量图，如图 3-27 所示。其接线方式为：$[\dot{U}_{vw}, -\dot{I}_w][\dot{U}_{uw}, -\dot{I}_v]$。

根据相量图写出错误接线时功率表达式为

$$P'=P'_1+P'_2=U_{vw}I_w\cos(30°-\varphi)+U_{uw}I_v\cos(90°-\varphi)$$
$$=UI\left(\frac{\sqrt{3}}{2}\cos\varphi+\frac{1}{2}\sin\varphi+\sin\varphi\right)$$
$$=\sqrt{3}UI\left(\frac{1}{2}\cos\varphi+\frac{\sqrt{3}}{2}\sin\varphi\right)$$

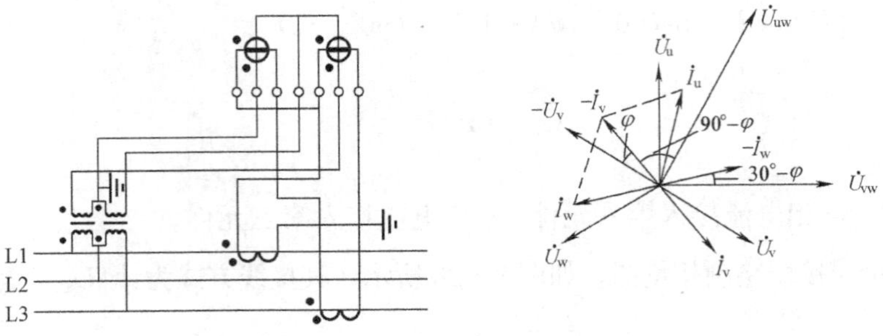

(a)　　(b)

图 3-27　电压端相序为 v、w、u，w 相电流反进第一元件，v 相电流反进第二元件

(a) 接线图；(b) 相量图

更正系数为

$$G_x=\frac{P}{P'}=\frac{\sqrt{3}UI\cos\varphi}{\sqrt{3}UI\left(\frac{1}{2}\cos\varphi+\frac{\sqrt{3}}{2}\sin\varphi\right)}=\frac{2}{1+\sqrt{3}\tan\varphi}$$

第三节　互感器错误接线分析

互感器的错误接线分析主要是对互感器断相或短路、极性是否接反、相序是否正确等进行检查分析。

一、电压互感器的错误接线分析

（一）电压互感器的一次侧断路

1. 电压互感器 Vv 方式接线，一次侧断路

电压互感器采用 Vv 方式接线的电能计量装置，在正常带电的情况下，二次侧的三个线电压均为 100V，即 $U_{uv}=U_{vw}=U_{wu}=100V$。

假设 TV 二次绕组空载或只接一只有功电能表，分析如下：

（1）一次断 U 相。如图 3-28 所示，由于采用两台单相电压互感器 Vv 方式接线，当一次 U 相断线时，由于 UV 间没有电压，它的二次绕组上就没有感应电动势，二次绕组两端相当于短路，即二次 u 点与 v 点同电位，故 $U_{uv}=0V$，$U_{vw}=U_{wu}=100V$。

同理，可推出一次 W 相断线时，二次 v 点与 w 点同电位，$U_{vw}=0V$，$U_{uv}=U_{wu}=100V$。

（2）一次断 V 相。如图 3-29 所示，此时相当于在 U、W 相之间加一个单相高压电源，一次 UV、VW 两个绕组串联在一起，二次平均分配 100V 电压，故 $U_{uv}=U_{vw}=50V$，$U_{wu}=100V$。

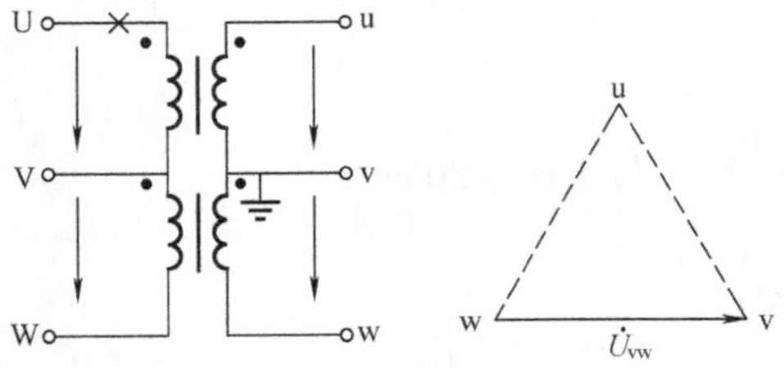

(a)　　(b)

图 3-28　电压互感器 Vv 接线一次 U 相断线

(a) 原理接线图；(b) 二次相量图

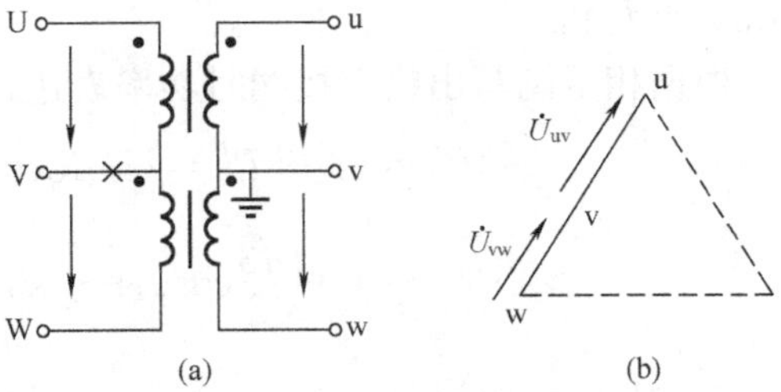

(a)　　(b)

图 3-29　电压互感器 Vv 接线一次 V 相断线

(a) 原理接线图；(b) 二次相量图

由上可见，当一次断路（如一次熔丝断）时，二次线电压值与电压互感器二次所接负载的情况有关，具体见表 3-3。

表 3-3　　Vv 接法电压互感器一次断路时的线电压　　V

TV 二次绕组	空载或只接一只有功电能表			接一只有功电能表、一只无功电能表		
二次电压 / 一次断路	U_{uv}	U_{vw}	U_{wu}	U_{uv}	U_{vw}	U_{wu}
U 相断	0	100	100	50	100	50
V 相断	50	50	100	50	50	100
W 相断	100	0	100	100	33.3	66.7

2. 电压互感器 Yy 方式接线，一次侧断路

电压互感器采用 Yy 方式接线的电能计量装置，在正常带电的情况下，二次侧的三个线电压均为 100V，即 $U_{uv}=U_{vw}=U_{wu}=100V$，每相相电压均为 $100/\sqrt{3}=57.7V$。

当 U 相断线后，如图 3-30 所示，U 相绕组无感应电动势，故 $U_{uo}=0V$，u 点与 o 点等电位。在相量图上，u 和 o 是一点，如图 3-30（b）所示。从图中得到 $U_{uv}=U_{wu}=U_{u}$（相电压）$=57.7V$，而 U_{vw}（与断相无关的线电压）仍然为 100V。

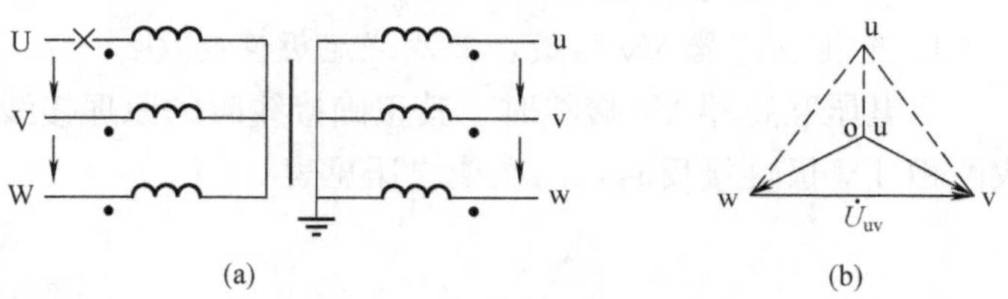

图 3-30　电压互感器 Yy 接线，一次 U 相断线

（a）原理接线图；（b）二次相量图

同理，可推出 V 相断线时，$U_{uv}=U_{vw}=57.7V$，$U_{wu}=100V$；W 相断线时，$U_{uw}=U_{vw}=57.7V$，$U_{uv}=100V$。

（二）电压互感器的二次断线

对于电压互感器采用 Vv 方式接线的电能计量装置，电压互感器二次断线时，二次线电压值同样与电压互感器二次所接负载的情况有关，见表 3-4。

表 3-4　　Vv 接法电压互感器二次断线时的线电压　　V

TV 二次绕组	空　载			接一只有功电能表			接一只有功电能表、一只无功电能表		
二次电压 / 二次断路	U_{uv}	U_{vw}	U_{wu}	U_{uv}	U_{vw}	U_{wu}	U_{uv}	U_{vw}	U_{wu}
u 相断	0	100	0	0	100	100	50	100	50
v 相断	0	0	100	50	50	100	66.7	33.3	100
w 相断	100	0	0	100	0	100	100	33.3	66.7

下面以断 u 相为例，分析电压互感器二次断线时的线电压。

当 u 相断线时，其空载的接线图如图 3-31 所示。此时 $U_{uv}=0V$，$U_{vw}=100V$，$U_{wu}=0V$。

当 u 相断线时，假定所接负载为一只有功电能表，此时 $U_{uv}=0V$，$U_{vw}=100V$，$U_{wu}=100V$。

当 u 相断线时，假定所接负载为一只三相三线有功电能表和一只 60°型三相三线无功电能表，其接线图和等值电路如图 3-32 所示。从等值电路图中可以清楚地看到，$U_{vw}=100V$，而在 v→u→w 这个串联支路中，负载阻抗的电压与阻抗值成正比，而各电压线圈阻抗相等，故 $U_{uv}=U_{wu}=50V$。

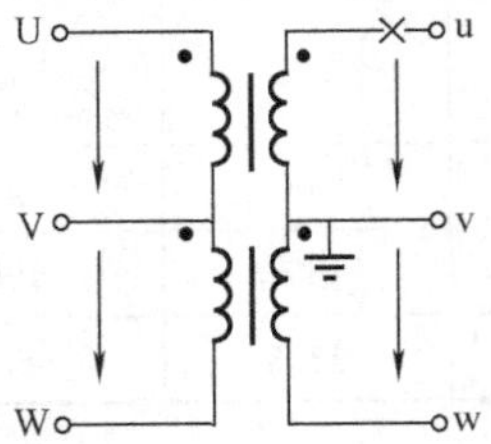

图 3-31　电压互感器二次断线（u 相断线）

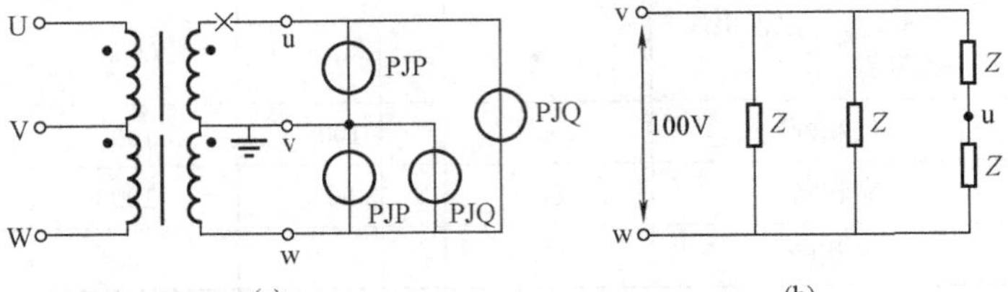

(a)　(b)

图 3-32　带负载时，u 相断线
(a) 接线图；(b) 等值电路图

（三）电压互感器绕组极性接反

1. 电压互感器 Vv 接线，二次绕组极性接反

当电压互感器 Vv 接线时，其正确接线时的原理接线和相量图如图 3-33 所示。当一相或两相 TV 极性接反时，二次线电压见表 3-5。

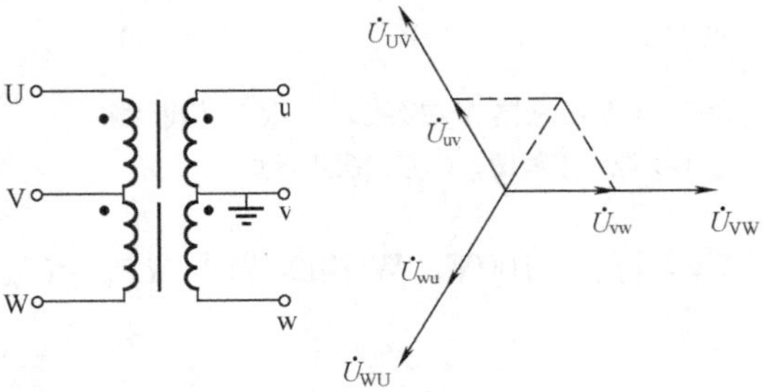

(a)　(b)

图 3-33　正确接线时原理图和相量图
(a) 接线图；(b) 相量图

表 3-5　Vv 接法电压互感器极性接反的线电压　V

极性接反相别	U_{uv}	U_{vw}	U_{wu}
U 相极性反	100	100	173.2
W 相极性反	100	100	173.2
U、W 相极性反	100	100	100

分析如下：

假定 w 相电压互感器极性接反，其原理接线和相量图如图 3-34 所示。

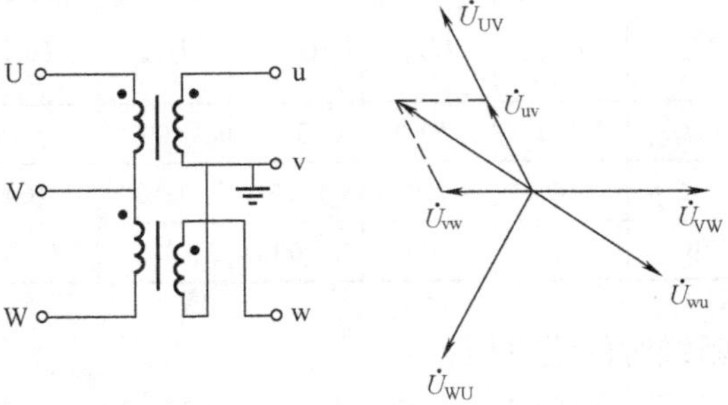

(a)　(b)

图 3-34　v—w 相极性接反
(a) 接线图；(b) 相量图

从相量图可以看出，此时 $\dot{U}_{wu}$ 与 $\dot{U}_{vw}$ 方向相反，$U_{wu}=\sqrt{3}U_{uv}=\sqrt{3}U_{vw}=173.2V$。故当 W 相电压互感器极性接反时，$U_{uv}=U_{vw}=100V$，$U_{wu}=173.2V$。

同理可根据绘制出 u 相极性反接，u、w 相极性反接的相量图，分析出 TV 二次线电压。

【例 3-6】 W、V 相 TV 二次端钮极性反接时的错误接线分析。

解：根据错误接线分析，其接线方式为：[$\dot{U}_{uv}$，$\dot{I}_u$]、[$\dot{U}_{vw}$，$\dot{I}_w$]。

错误接线时的功率表达式为

$$P' = P'_1 + P'_2 = U_{uv}I_u\cos(30^\circ+\varphi) + U_{vw}I_w\cos(150^\circ+\varphi)$$
$$= UI\cos(30^\circ+\varphi) - UI\cos(30^\circ-\varphi)$$
$$= -UI\sin\varphi$$

更正系数为

$$G_x = \frac{P}{P'} = \frac{\sqrt{3}UI\cos\varphi}{-UI\sin\varphi} = -\sqrt{3}\cot\varphi$$

同理，可根据相量图分析计算出 U、V 相 TV 二次端钮极性反接及 U、V 相与 W、V 相 TV 二次端钮极性同时反接的更正系数。

2. 电压互感器为 Yy 接线，二次绕组接反

如图 3－35 所示，若 u 相绕组极性接反时，$\dot{U}_u$ 的相位与 $\dot{U}_U$ 相反。由图 3－35（b）所示相量图得到，U_{vw}＝100V，而 U_{uv}＝U_{wu}＝57.7V。

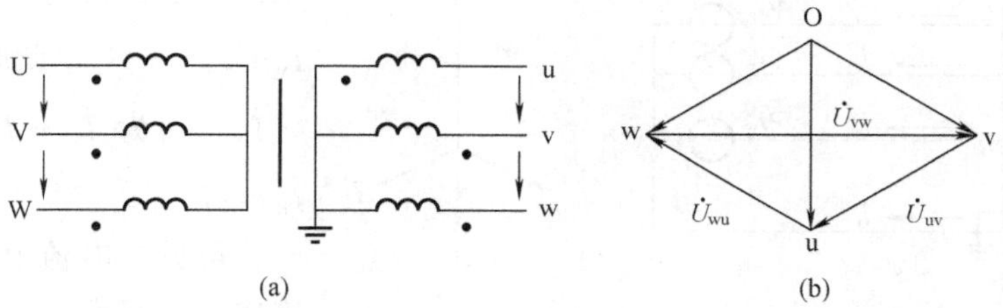

图 3－35　电压互感器 Yy 接线，二次 u 相极性接反
(a) 原理接线图；(b) 相量图

可见，电压互感器采用 Yy 接线，若二次或一次的任一个绕组极性接反，则与反接相有关的线电压为 57.7V，而与反接相无关的线电压仍为 100V。

二、电流互感器错误接线分析

1. 采用 2 台电流互感器接线，任一台电流互感器极性接反

两元件计量装置若采用三线制（用公共回线），正确接线时，其原理接线和相量图如图 3－36 所示。此时，用钳形电流表合并任意两根电流线进行电流值测量，其值应等于测量一根线时的电流值。

当任一台电流互感器的极性接反，公共线上电流都要增大至正常值的$\sqrt{3}$倍，此时合并 u、w 两相电流线进行电流值测量，其值应等于单相电流值的$\sqrt{3}$倍。

以 u 相电流互感器极性接反为例进行分析，其原理接线和相量图如图 3－37 所示。此时，u 相电流为$-\dot{I}_u$，则 $\dot{I}_v = -(\dot{I}_w - \dot{I}_u)$，即公共线电流 $\dot{I}_v$ 是$-\dot{I}_u$ 和 $\dot{I}_w$ 的相量和，由相量图可知，在三相电流对称的情况下，I_v值是正常相电流的$\sqrt{3}$倍。同样，w 相电流互感器极性接反时，公共线电流 I_v也是正常相电流的$\sqrt{3}$倍。

对于两元件计量装置采用四线制（不用公共回线）接线，同样可用合并 u、w 两相电流进线进行检查。

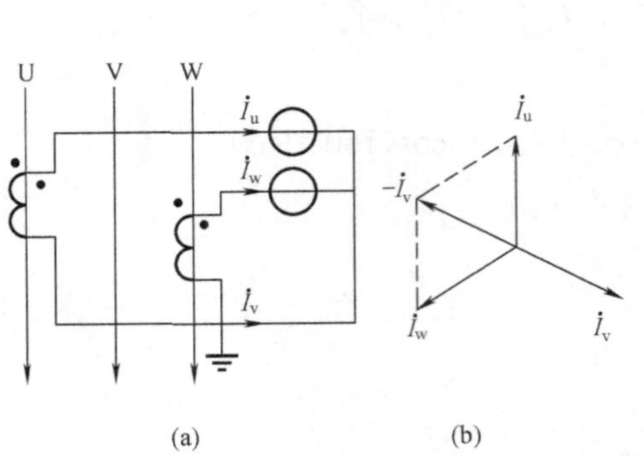

图 3-36 正确接线时
(a) 接线图；(b) 相量图

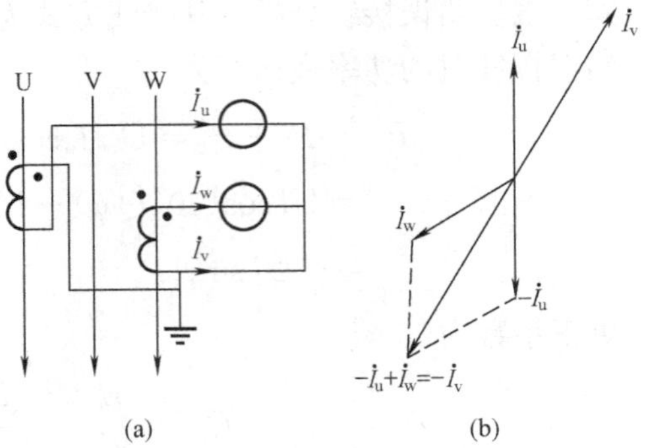

图 3-37 U 相极性接反
(a) 接线图；(b) 相量图

但注意：由于钳形电流表指示的是有效值，对于两相同时极性接反，无法用此方法检查。

2. 3 台电流互感器采用三相星形（Y 形）接线，任何一台互感器绕组极性接反

3 台 TA 采用三相星形（Y 形）接线，二次侧 u 相绕组极性接反时，如图 3-38 所示，

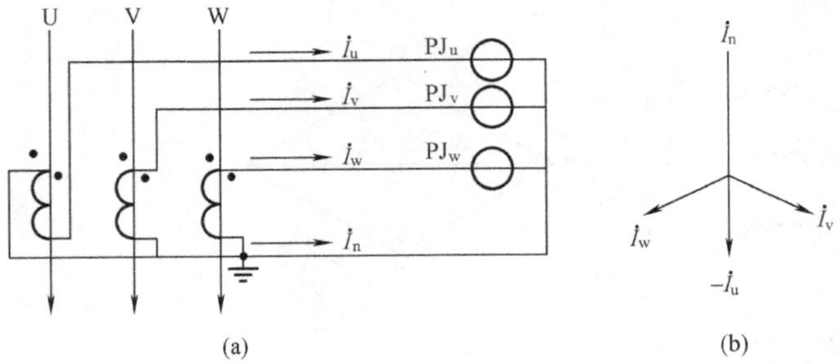

图 3-38 电流互感器 Y 形接线，U 相极性接反
(a) 接线图；(b) 相量图

根据基尔霍夫电流定律，得到 $\dot{I}_u+\dot{I}_v+\dot{I}_w=-\dot{I}_n$，此时的 u 相电流为 $-\dot{I}_u$，因为 $\dot{I}_v+\dot{I}_w=-\dot{I}_u$，所以 $\dot{I}_n=2\dot{I}_u$。

可见，电流互感器采用 Y 形连接时，任何一台互感器绕组的极性接反，则公共接线上的电流 $\dot{I}_n$ 为每相电流值的 2 倍。

第四节 电能计量装置错误接线检查

一、单相电能表的错误接线检查

单相电能表的错误接线检查较为简单，主要有以下 3 种形式：

(1) 若感应式电能表倒走，判断为电流线圈反接。检查电能表进、出线是否接反或电流互感器极性接反。

(2) 若电能表不走或明显慢走，客户可正常用电。应先检查电压钩是否合上且接触良好，再用相位伏安表的交流电压表功能挡（量程 500V）检查是否存在电能表内电压线圈断线。若电压回路正常，则应检查是否存在单线窃电。具体方法为：用钳形电流表将进户的相线与中性线一起钳入测量，若指示不为零，就有可能存在单线窃电。

(3) 若电能表不走，客户不能正常用电，电能表不计量，可用钳形电流表测进线与零线电流。若都为零，则电流回路或电能表的电流线圈存在断路故障。

二、三相四线电能表错误接线检查

三相四线电能表，其接线也较为简单，差错少，即使接线有错误，也比较容易发现和改正。在实际运行中，感应式三相四线电能表错误接线分析常通过分相法，观察转盘转动的方

向及快慢来分析。首先应排除电压存在断线或接触不良故障，用电压挡测量三个元件上的相电压，正常情况下三相电压基本相等为 220V；再用相序表检查相序，假设为正相序，电压正常，则用以下分相法判断：

(1) 在正常运行中，保持其中任一元件的电压和电流，将另外两组元件的电压退出（如在联合接线盒分别打开另外两相电压连接片），电能表转盘应正转；若电能表转盘反转，则说明该相极性接反；若电能表不转动，用钳形电流表测电流为零，则该相电流回路断路，若钳形电流表测电流不为零，则该相表尾电流被短接，属窃电行为。

(2) 在正常运行中，若三相负载对称，保持其中任一元件的电压和电流，将另外两组元件的电压退出。若电能表转盘正转，但转速相差很大，则电能表接线错误；如电压、电流不同相，应进一步分析。

(3) 对电子式三相四线电能表，由于无转盘，应根据脉冲闪动的快慢及脉冲指示方向来判断。对于多功能电子式电能表，还可根据事件记录方便地判断出简单的错误接线方式。

对于用分相法无法确定错误接线的客户，可以用相位伏安表法，画出相量图进行分析判断。分析判断方法与三相三线电能表错误接线分析相同。

三、三相三线电能表错误接线检查

电能表错误接线分析可通过停电检查和带电检查来进行判断。对于电力系统中常用的互感器采用 Vv 方式接线的三相三线两元件有功电能表，其错误接线分析如下：

(一) 停电检查

1. 停电检查内容

主要是新安装和改造后，在停电状态下，对互感器、二次接线、电能表接线等按接线图纸进行检查。通过对线检查电能表、互感器一、二次接线及专用接线盒的导线是否导通，接线是否正确，检查接线盒内连接片位置是否正确，连接是否可靠，安全距离是否足够，各连接点是否牢固可靠，核对互感器和电能表的铭牌，核对互感器变比和极性；核对三相电压互感器接线组别；确认计量点的实际倍率是否与工作单一致等。对运行中的电能计量装置，当带电检查不能判断接线的正确性或需再进一步核对带电检查结果时，也要进行停电检查。

2. 停电检查安全注意事项

严禁误入带电间隔和误碰运行设备：严格按照安规程序进行验电；在可能来电的部位（断路器、隔离开关）处悬挂接地线；在工作区域设置安全围栏；在断路器、隔离开关的操动机构处挂“有人工作，禁止合闸”标示牌；具备闭锁条件的，应投入禁止合闸闭锁机构。

3. 停电检查步骤

(1) 检查互感器变比、极性和接线组别。

(2) 核对互感器和电能表的铭牌参数，特别要核实倍率是否与工作单一致。

(3) 核对二次接线和接线两端标志。

1) 检查二次回路导线连接是否正确，同时用 500V 或 1000V 的绝缘电阻表来检查每根导线之间及导线对地是否有良好的绝缘。导线间和导线对地的绝缘电阻，一般应不低于 1MΩ。

2) 停电检查时，应根据安装接线图，用万用表将电流、电压二次接线逐根进行导通检查，并检查在二次线的两端编号是否正确无误。

3) 根据电压、电流互感器一次侧极性及相位，核对互感器二次侧极性及相位接到电能表对应的电压端钮和电流端钮上。

4）用万用表电阻挡进行检查。检查时不仅区分电流、电压回路，还应查对电压线圈直流电阻。

（二）带电检查

带电检查是对电能表、互感器及其二次回路接线的整组检查。运行中的电能计量装置，在下列情况下应进行带电检查接线。带电检查的主要内容如下：

（1）新安装的电能表和互感器，送电后应及时进行带电检查接线。

（2）更换电能表和互感器，送电后应及时进行带电检查接线。

（3）电能表和互感器在运行中发生异常现象，应及时进行带电检查接线，必要时停电检查。

1. 带电检查的注意事项

（1）带电检查是直接在互感器二次回路上工作，必须严格遵守电力安全规程，开具电气安全第二种工作票。

（2）作业前应进行安全技术交底，严防误入带电间隔和误碰运行设备，严防误碰、误拆接同屏设备的二次回路。

（3）严禁用导线缠绕短接带电 TA 二次回路；严禁携带的电工器具多余裸露部分未进行绝缘包扎。

（4）特别要注意电流互感器二次回路不允许开路，电压互感器二次回路不允许短路。因为电流互感器是在短路状态下正常工作的，一旦二次开路，则二次电流的去磁作用不复存在，这样二次绕组上将感生一个非常高的电动势，对人身和设备都将造成极大危险。而有时继电保护与测量仪表共用一组电压互感器，一旦电压互感器短路，不仅会损坏互感器本身，还会使保护装置误动，可能造成严重后果。

2. 带电检查步骤

判断三相三线电能表接线是否正确，可采用断 v 相电压法和 u、w 相电压交叉法。

（1）断 v 相电压法。假定三相电路对称，负荷稳定，电压相序和负荷性质（感性或容性）已知。将电能表的 v 相电压退出，此时，$U_{uv}=U_{wv}=\frac{1}{2}U_{uw}$，如图 3-39（a）所示。电能表测得的功率为

$$P=\frac{1}{2}U_{uw}I_{u}\cos(30^{\circ}-\varphi)+\frac{1}{2}U_{wu}I_{w}\cos(30^{\circ}+\varphi)=\frac{1}{2}\sqrt{3}UI\cos\varphi$$

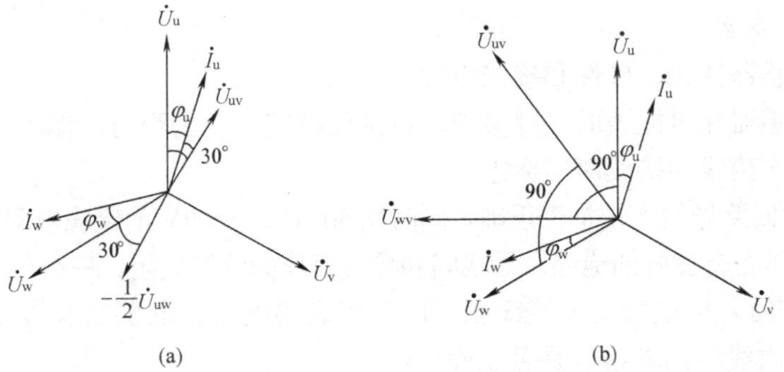

图 3-39 断 V 相电压法和 u、w 相电压叉法

（a）断 v 相电压；（b）u、w 相电压交换

为正常功率的一半，电能表转速也约慢一半。

所以当电能表 v 相电压断开后，如电能表转速约慢一半，则表示电能表接线是正确的。

在实际工作中，在三相电压下测定电能表转 N 圈所需时间 t_0(s)，然后退出 v 相电压后，再测定电能表转 N 圈所需时间 t(s)，只要 $t \approx 2t_0$，就表明电能表接线是正确的。考虑到三相电压和电流实际上不可能完全对称，负荷也会有一定的波动，所测得的时间可能有 ±20% 左右的差异。

(2) u、w 相电压交法。负荷不够稳定，可用 u、w 相电压交叉法来检查接线。将电能表的电压端钮 u、w 接线相对调，此时，$\dot{U}_{uv}$变为$\dot{U}_{wv}$，$\dot{U}_{wv}$变为$\dot{U}_{uv}$，如图 3－39（b）所示。则所测定的功率

$$P = U_{wv} I_u \cos(90^\circ + \varphi) + U_{uv} I_w \cos(90^\circ - \varphi) = 0$$

所以，电能表的电压端钮 u、w 接线相对调后，电能表若不转动或只有一点微动，说明电能表接线是正确的。

断 v 相电压法、u、w 相电压交叉法仅仅能确定电能表接线是否正确，但对错误接线的种类无法判断。通常使用相位表法来进行接线的判断分析。

(三) 错误接线的检查判断

判断三相三线电能计量装置错误接线的操作步骤如下：

1. 测量三相电压

正确选择仪表挡位和量程，测量电能表电压端钮三相电压。若三相电压基本相等，约为 100V（$U_{uv} \approx U_{vw} \approx U_{wu} \approx 100$V），说明电压互感器极性正确或全接反。如测得的三个线电压不等，且相差较大，如电压互感器二次线电压出现 0、50、33.3、66.7V 中任一或两个值，可能是一次或二次存在断线，具体见表 3－3 和表 3－4。当电压互感器有某个二次线电压接近 173V 时，可判断一只 TV 极性反接，具体见表 3－5。

依据上述表 3－3～表 3－5 中的各种电压数值及相位关系，基本可以判定电压互感器的断线及二次极性接反的各种情况。当明显判断出电压互感器存在断线或极性接反的情况时，应在做好记录后，先将此类错误改正，再进一步做其他检查。

2. 检查电压接地点并判明 V 相电压线

对两台单相电压互感器接线为 Vv 连接的电能计量装置，先将电压表的一端接地，另一端依次触及电能表电压端钮。如三次测得的电压数均为零或电压数值很小，说明二次电压回路没有接地。若测得两个电压端钮对地电压为 100V，余下一端对地电压为 0，在正常情况下，可判断对地电压为 0 的为 V 相，即接地相，$U_{u0} = U_{w0} = 100$V，$U_{v0} = 0$V。

3. 测三相电压相序

方法 1：用相序表测定三相电压相序，对应电能表电压端子测出相序，根据前面已判明的 V 相电压线，就能确定其余两相所属相别。在不存在电压断线和极性接反的情况下：

(1) 如电压互感器为 Vv 形接线，二次 v 相接地，可确定三相电压相位只有一种接线方式，即 U_u—U_v—U_w。

(2) 如电压互感器为 Yy 形接线：

1) 相序表指示正相序，则三相电压相位有三种接线方式，即 U_u—U_v—U_w，U_v—U_w—U_u，U_w—U_u—U_v。

2) 相序表指示逆相序，则三相电压相位为另外三种接线方式，即 U_w—U_v—U_u，U_v—

U_u—U_w，U_u—U_w—U_v。

方法 2：用双钳相位伏安表测定三相电压相序，在不存在电压断线和极性接反的情况下：

(1) 测试$\dot{U}_{uv}$与$\dot{U}_{wv}$端子的相位关系，当$\dot{U}_{wv}$滞后$\dot{U}_{uv}$300°时，即为正相序；$\dot{U}_{wv}$滞后$\dot{U}_{uv}$60°时，则为逆相序。

(2) 以任一相为参考相量，测出$\dot{U}_{uv}$、$\dot{U}_{vw}$、$\dot{U}_{wu}$的相位差角。若依次落后120°，则三相电压为正相序；若依次超前120°，则三相电压为逆相序。

4. 检查电流接线

主要用于检查是否有I_V电流接入电能表电流线圈、电流回路二次共用连线是否断开，以及互感器极性端是否接错。

(1) 确定接地点。确定电流互感器二次回路接地点的方法是：将一根两端带夹子的短路导线夹子一端接地，另一端依次连接电能表电流端钮。若电能表转速变慢，则该端钮没有接地；若电能表转速无变化，则该端钮就是接地点。

(2) 判断是否有I_V电流接入电能表电流线圈。方法是：若接入电能表电流线圈的二次接线端位置接错，就有可能会将I_V电流接入电流线圈，所以必须检查电流接地点的共用连线与电能表两个电流线圈的出线端是否连在一起，这样才能避免I_V电流接入电流线圈。

(3) 检查电流回路二次共用连线是否断开。方法是：当两台电流互感器二次回路共用连线接地断开后，用短路导线接地时，电能表转速变快。也可用钳形电流表测量，当共用连线断开接地时，电流表无读数；当用短路导线接地时，电流表有读数。

(4) 判断互感器极性端是否接错。方法是：当两台电流互感器二次回路共用连线不是接在同一极性端时，会造成$\sqrt{3}$倍相电流（$I_a-I_c=I_{ac}=\sqrt{3}I$）流入电能表电流线圈。

5. 测量电流互感器二次电流

选择合适的电流量程，依次测量各相电流是否接近相等，判明有无$\sqrt{3}$倍相电流存在和电流回路有无短路或断路情况。从前面介绍可知，这时电流回路的电流只有8种可能，即：I_u、I_w，I_w、I_u，$-I_u$、$-I_w$，$-I_w$、$-I_u$，I_u、$-I_w$，$-I_u$、I_w，I_w、$-I_u$，$-I_w$、I_u。

经过上述检查步骤后，如果二次电压回路没有断线和极性接反，电压回路只有6种可能的错误接线方式；二次电流回路如果没有断线、短路或$\sqrt{3}I$和I_u电流接入电能表电流线圈，则电流回路只有8种可能的错误接线方式。这样，电压和电流错误接线方式最多可组合为48种，其中电压为正、反相序各有24种。若再确定三相电压为正相序后，电压和电流错误接线方式最多可组合为24种。

6. 用六角图法确定电能表接线方式

经过上述的检查步骤后，若还不能确定是哪一种错误接线方式，可通过六角图法确定电能表接线方式，原则是“先定电流，再定电压”。下面介绍利用双钳相位伏安表测量并绘制六角图确定电能表接线方式。

(1) 六角图法适用条件。

1) 三相电压相量已知，且基本对称。

2) 电压和电流比较稳定，三相负荷基本平衡。

3）已知负荷性质（感性或容性）及功率因数大致范围。

（2）六角图法检查步骤与方法。

1）测量电压大小。测量电能表各相端钮间的线电压 U_{12}、U_{23}、U_{31}。

2）测量电流大小。测量第一、二元件的电流 I_1 和 I_3。

3）确定相序。测出以 $\dot{U}_{12}$ 为参考与 $\dot{U}_{32}$ 的夹角：若夹角为 300°，则为正相序；夹角为 60°，为负相序。

4）测量电压电流相位差。测量以 $\dot{U}_{12}$ 为参考的第一元件及第二元件电流的相位，即始终以 $\dot{U}_{12}$ 为基准，测 $\dot{I}_1$ 与 $\dot{U}_{12}$ 的夹角，$\dot{I}_3$ 与 $\dot{U}_{12}$ 的夹角。

5）填写测定的记录。具体记录如下：

a. 测量电压、电流幅值。测量结果填入表 3-6。

b. 测量三相电压相序及三相电流相序。测量结果填入表 3-7。

表 3-6　电压、电流幅值测量结果

$U_{12}=$　V	$I_1=$　A
$U_{23}=$　V	
$U_{31}=$　V	$I_3=$　A

表 3-7　三相电压及三相电流相序测量结果

$\dot{U}$、$\dot{I}$ / φ / $\dot{U}$	$\dot{U}_{32}$	$\dot{I}_1$	$\dot{I}_3$
$\dot{U}_{12}$			
三相电压相序：			

6）画出相量图。根据测得的三相电压相序及三相电流与基准电压的相位关系作图。

7）调整电流相位。将 $\dot{I}_1$、$\dot{I}_3$ 调整成分别滞后于某一相电压（若给定是在感性负荷下测量，一般情况下，客户的功率因数较好，即滞后的 φ 角较小）。若画出的相量图中 $\dot{I}_1$ 与 $\dot{I}_3$ 之间的角度不是相差 120°，而是 60°，说明其中有一相电流接反，应将就近超前相电压的那个电流反相。

8）确定电流相位，即确定 $\dot{I}_u$、$\dot{I}_w$。在调整好的两个电流（满足相位差 120°且分别滞后于某一相电压的特点）中，处于超前位置（以 120°夹角、逆时针方向）的定为 $\dot{I}_w$（因为正确接线时 $\dot{I}_w$ 逆时针超前 $\dot{I}_u$120°），另一电流则为 $\dot{I}_u$。

9）根据写出定出的 $\dot{I}_u$、$\dot{I}_w$ 确定就近的电压应为 $\dot{U}_u$、$\dot{U}_w$，则另一相电压就是 $\dot{U}_v$。

10）将原来的 $\dot{U}_{12}$ 和 $\dot{U}_{32}$ 改为错接的线电压。

11）根据以上相量图的分析，得出接入第一元件 [$\dot{U}_{12}$，$\dot{I}_1$]、第二元件 [$\dot{U}_{32}$，$\dot{I}_3$] 实际错误的接线方式，填入表 3-8 中。

表 3-8　元件接线方式

元件	电压接法	电流接法
第一元件		
第二元件		

（四）改接线

在检查判断出错误接线方式后，必须对错误接线加以改正。在带电更改接线时，注意要严格执行《电力安全作业规程》各项规定，做好安全措施。尤其注意防止电流互感器二次回路开路、电压互感器二次回路短路。

改接线具体操作步骤如下：

(1) 将电能计量装置二次回路联合接线盒的电流回路短接片闭合，电压回路的短接片断开。

(2) 用仪表测试电能计量装置二次回路是否还有电压、电流存在。

(3) 确认二次回路无电压、电流后，在联合接线盒与电能表终端之间以标牌方式记录所改动的接线，包括导线颜色和标记等，并将标牌挂在合适位置。缓慢松开联合接线盒中电流短接片的紧固螺钉，观察电能表监视电流实时值，同时注意观察紧固螺钉周边有否声响。若有声响，说明有开路，应立即将螺钉紧固，查清开路位置后，再打开电流短接片的紧固螺钉；待电流各相恢复正常后，再逐相恢复电压回路的短接片，观察电压实时量有否电压实时值。遇到电压实时量显示异常，应立即退出电压短接片。

(4) 改接二次回路的接线时，切勿将电流二次线接入电压回路中，将电压二次线接入电流回路中。

(5) 改接好后，检查所有的改接过接线处的螺钉紧固情况。

(6) 还应进行一次全面的检查，测定电压值和相序、测量电流相位，绘制相量图再进行分析，直至确认电能表接线正确无误。

(7) 用标准电能表测定在实际负荷下电能表的误差，确定电能计量装置接线已恢复正确。

(五) 双钳相位伏安表查错误接线实例分析

【例 3-7】 某客户采用三相三线制高压供电，TV 变比为 10kV/100V，TA 变比为 75/5A，月平均功率因数 $\cos\varphi=0.93$（滞后）。安装负荷控制装置后，发现采集系统日电量与表计日电量曲线不符，而电压、电流曲线正常，初步判断存在错误接线。请利用双钳相位伏安表检查错误接线方式，进行错误接线分析。

解： 检查步骤如下：

(1) 准备工作。根据工作任务和现场实际情况正确填写电气安全第二种工作票，按安全规范着装，使用安全工器具。

(2) 测量电压、电流幅值。正确选择仪表挡位和量程，测量电能表各相端钮间的线电压 U_{12}、U_{23}、U_{31}。测量第一、二元件的电流 I_1、I_3，并记录在表 3-9 中。

(3) 确定相序。利用双钳相位伏安表测出以 $\dot{U}_{12}$ 为参考的 $\dot{U}_{32}$ 的夹角，并记录在表 3-10 中。

表 3-9 测量电压、电流幅值

$U_{12}=99.9$V	$I_1=2.51$A
$U_{23}=100.1$V	
$U_{31}=99.9$V	$I_2=2.56$A

表 3-10 测量三相电压相序及三相电流相位序

$\dot{U}$ \ φ \ $\dot{U}$、$\dot{I}$	$\dot{U}_{32}$	$\dot{I}_1$	$\dot{I}_3$
$\dot{U}_{12}$	300°	235°	175°
三相电压相序：正相序			

(4) 测量以 $\dot{U}_{12}$ 为参考的第一元件电流 $\dot{I}_1$ 的相位。

(5) 测量以 $\dot{U}_{12}$ 为参考的第二元件 $\dot{I}_3$ 电流的相位。

(6) 从表 3-10 可见，$\dot{U}_{12}$ 与 $\dot{U}_{32}$ 夹角为 300°时，为正相序，所以在基坐标上顺时针画出 $\dot{U}_1$、$\dot{U}_2$、$\dot{U}_3$。

(7) 在超前 $\dot{U}_1$ 30°的位置画出 $\dot{U}_{12}$，根据以 $\dot{U}_{12}$ 为参考测量的相角 300°画出 $\dot{U}_{32}$。

(8) 在滞后 $\dot{U}_{12}$ 235°的位置画出 $\dot{I}_1$。

(9) 在滞后 $\dot{U}_{12}$175°的位置画出 $\dot{I}_3$。从图上可以看出，$\dot{I}_1$与 $\dot{I}_3$之间的角度为 60°。

(10) $\dot{I}_1$与 $\dot{I}_3$之间的角度为 60°，那么其中有一相电流反极性。将 $\dot{I}_3$反向后，发现 $\dot{I}_3$与就近的电压 $\dot{U}_1$ 角度为容性角，而与 $\dot{U}_3$ 的角度又太大，显然与功率因数 0.93（滞后）不符。

(11) 将 $\dot{I}_1$反向后，发现 $\dot{I}_1$与 $\dot{U}_1$的角度与功率因数 0.93（滞后）相符。

(12) 则 $\dot{I}_3$是 $\dot{I}_u$，$-\dot{I}_1$是 $\dot{I}_w$。

(13) $\dot{I}_u$附近的那相电压 $\dot{U}_2$即为 $\dot{U}_u$，因为是正相序，所以 $\dot{U}_3$是 $\dot{U}_v$，$\dot{U}_1$是 $\dot{U}_w$。

(14) $\dot{U}_{12}$是 $\dot{U}_{wu}$，$\dot{U}_{32}$是 $\dot{U}_{vu}$，$\dot{I}_1$是$-\dot{I}_w$，$\dot{I}_3$是 $\dot{I}_u$。

(15) 在图上标出对应元件的功率角，错误接线电路图和相量图如图 3-40 和图 3-41 所示。

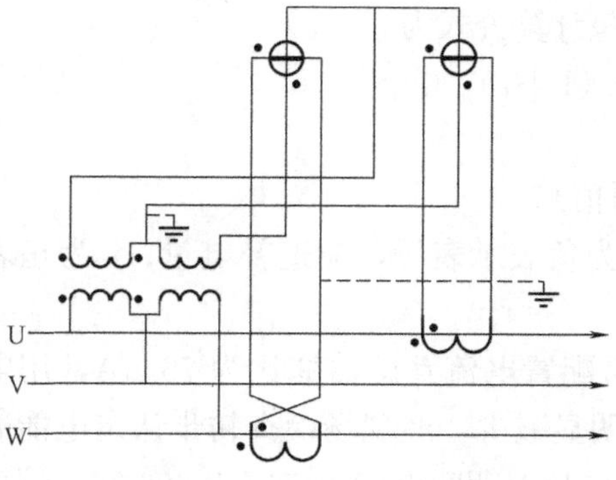

图 3-40　错误接线电路图

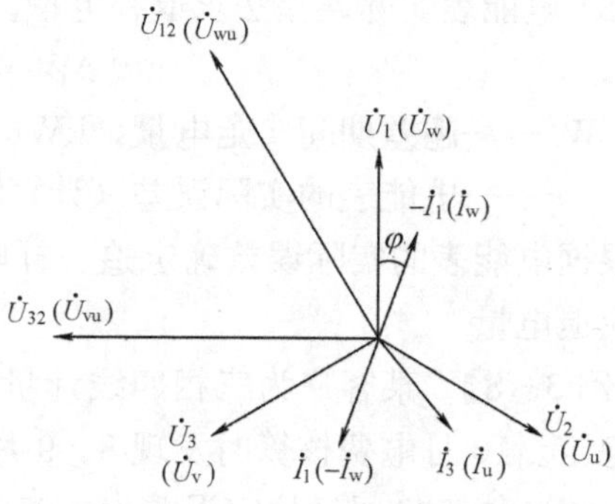

图 3-41　错误接线相量图

(16) 错误接线判断结论：见表 3-11。

第一元件 [$\dot{U}_{12}$，$\dot{I}_1$]、第二元件 [$\dot{U}_{32}$，$\dot{I}_3$] 错为：第一元件[$\dot{U}_{wu}$，$-\dot{I}_w$]、第二元件[$\dot{U}_{vu}$，$\dot{I}_u$]。

表 3-11　电能表错误接线方式

元件	电压接法	电流接法
第一元件	$\dot{U}_{wu}$	$-\dot{I}_w$
第二元件	$\dot{U}_{vu}$	$\dot{I}_u$

第五节　计量差错及异常更正电量的计算

一、电能计量装置常见故障和计量差错种类

电能计量装置常见故障和计量差错种类如下：

(1) 电能表电气和机械部分故障（包括感应式电能表常见的卡字、跳字、擦盘、潜动、失磁及电子表的液晶显示故障、电阻、电容击穿、芯片故障）等。

(2) 电流互感器开路或短路。

(3) 电压互感器熔丝断或二次回路接触不良。

(4) 联合接线盒连接片接触不良。

(5) 雷击或超载烧毁电能表或互感器。

(6) 互感器变比错误。

(7) 电能计量装置接线错误。

(8) 人为抄读电能计量装置或进行电量计算出现的错误。

(9) 窃电行为引起的计量失准。

二、更正电量的计算实例

当发生电能计量故障及接线错误时，应进行异常计量电量的退补计算。

1. 电能表超差的退补电量

(1) 超差时间的认定。

1) 平常负荷稳定，电量明显波动，可根据实际电量突增或突减日期来确定超差时间。

2) 电量波动不大，无法确定发生故障时间的，可根据《供电营业规则》第八十条“互感器或电能表误差超出允许范围时，以‘0’误差为基准，按验证后的误差值退补电量。退补时间从上次校验或换装后投入之日起至误差更正之日止的二分之一时间计算。”

(2) 电能表实际误差法求退补电量。退补电量计算公式为

$$\Delta W = W' \times r/(1+r)$$

式中 W'——超差期间实走电量，kWh；

r——电能表的实际误差（计算时取绝对值）。

根据电能表的实际误差确定追、补电量：r 为负表示表慢，应追补电量；r 为正表示表快，应退电量。

【例 3-8】 某客户为三相四线计量方式，所配置电流互感器变比为 75/5A，用电负荷较为稳定。10 月电费核算时发现 8、9 月电量有明显减少，经现场检查初步认定电能表存在误差，将电能表换回经检定误差为−25%。经确认超差期间电能表走字为 600 字，请计算应退补的电量。

解： 超差期间实走电量 $W'=600\times75/5=9000$（kWh）

$$\Delta W = W' \times r/(1+r) = 9000 \times 25\%/(1+25\%) = 1800\,(\text{kWh})$$

因为电能表的实际误差为负，应向客户追补电量 1800kWh。

2. 电能表潜动退补电量

电能表发生潜动时应退补电量，考虑到正常用电期间潜动力矩与正常力矩相比可以忽略，故退补电量计算公式为

$$退补电量 = (空转天数 \times 停电时间 \times 3600)/(潜动一圈所需时间 \times 电能表常数) \times 倍率$$

停电时间：一般照明客户按 16h 计算，动力客户按 8h 或实际停用时间计算。

正向潜动时应追还电量，反向潜动时应退补电量。

【例 3-9】 某单相照明客户，月用电量约 400kWh，发现白天无用电且断开客户侧空气开关时电能表有正向潜动现象。经测试潜动 1 圈需 120s，电能表常数为 720r/(kWh)，换回电能表时已运行 6 个月，请计算应退补的电量。

解： 一般照明客户按 16h 计算停电时间，空转天数为 6 个月共 180 天，则

$$\Delta W = (180 \times 16 \times 3600)/(120 \times 720) \times 1 = 120\,(\text{kWh})$$

因为电能表是正向潜动，故应退电量 120kWh。

3. 电能表跳字退还电量

感应式电能表发生跳字或电子式电能表故障脉冲不正常快速闪动造成计量差错时，应及时换表，并退电量。由于跳字一般在抄表后马上发现，故应退电量计算公式为

$$应退电量 = 已抄电量 - \frac{1}{2}(原正常月的平均电量 + 换表后一个抄表月均电量)$$

【例 3-10】 某单相照明客户，正常月用电量约 350kWh，12 月 25 日抄表时抄见本月电量为 2630kWh；经检查为电能表跳字，于 12 月 30 日换表，到 1 月 25 日抄表时抄见电量为 375kWh。请计算应退还的电量。

解： 应退电量计算如下

$$\Delta W = 2630 - 1/2(350 + 375/25 \times 30) = 2230\ (\text{kWh})$$

故应退还的电量为 2230kWh。

4. 电能表不计量应补缴电量

电能表卡盘、卡字、电压线圈开路、电流线圈开路或短路等造成电能表不计量，应按正常月份用电量估算补缴电量，则

$$补缴电量 = \frac{1}{2}(原正常月的日平均电量 + 换表后日平均电量) \times 故障天数$$

若故障时间不明确，可按下列方法估算

$$补缴电量 = 1/2(原正常月的日平均电量 + 换表后日平均电量) \times 抄表天数 - 抄表电量$$

【例 3-11】 某单相照明客户双月抄表，正常月用电量约 360kWh，9 月 10 日抄表时发现表不计量，抄得双月用电量为 120kWh；经检查发现表卡盘，当日换表，11 月 10 日抄表时抄表电量为 900kWh。请计算应退还的电量。

解： 应补缴电量为

$$\Delta W = \frac{1}{2} \times (360/30 + 900/60) \times 60 - 120 = 690\ (\text{kWh})$$

故应补缴的电量为 690kWh。

5. 倍率错误的退补电量

从前面互感器章节可知，对于穿心式单相低压电流互感器，其变比随着穿心的匝数而发生变化，变比错误，会造成计量倍率的错误，从而产生较大的计量差错。例如有一组 300 安匝的穿心式单相低压电流互感器，当作为 150/5 互感器使用时，一次应穿心 2 匝，当一次匝数增加为 3 匝时，由于二次匝数不可能变化，二次线圈中穿过的磁力线增加，会导致多计量电量。同理，当一次匝数减少，会导致少计电量。

(1) 若其中某个低压 TA 一次匝数错误，则应退补电量计算公式为

$$退补电量 = 抄见电量 \times (正确匝数 - 错误匝数) / 错误匝数$$

(2) 若其中某个 TA 变比错误，则退补电量计算公式为

$$退补电量 = 抄见电量 \times (1 - 虚假电量比例) / 虚假电量比例$$

假定三相负荷基本平衡，正确电量设为 1，某个低压 TA 变比错误，则错误计量下的虚假电量比例=1/3+1/3+1/3×正确时变比/错误变比。

(3) 若其中某个 TA 极性反，且变比错误，则退补电量计算公式为

$$退补电量 = 抄见电量 \times (1 - 虚假电量比例) / 虚假电量比例$$

假定三相负荷基本平衡，正确电量设为 1，某个低压 TA 变比错误且 W 相极性反，则

错误计量下的虚假电量比例＝1/3＋1/3＋(－1/3)×正确时变比/错误变比。

计算值为正，表示应补电量；计算值为负，表示应退电量。

【例 3-12】 某客户采用三相四线制三元件计量装置，需配置 75/5 的互感器，表库提供 3 只 150 安匝的互感器，现场应穿心 2 匝，但施工时误全按 1 匝接线。2 个月后现场校验发现，此时抄见电量为 30000kWh，请计算应退补的电量是多少？

解： 应退补电量为

$$\Delta W = 30\ 000 \times (2-1)/1 = 30\ 000\ (\text{kWh})$$

故应向客户追补电量 30 000kWh。

【例 3-13】 某客户采用三相四线制三元件计量装置，配置 150/5 的互感器，一次穿心 1 匝，在送电前，客户私自更换铭牌，将其中一只 TA 用 300/5 的 TA 代替。3 个月后现场检查发现，此时抄见电量为 60 000kWh，三相负荷基本平衡。请计算应退补的电量。

解： 应退补电量为

$$\text{虚假电量比例} = 1/3 + 1/3 + 1/3 \times 150/5 \div 300/5 = 5/6$$

$$\Delta W = 60\ 000 \times (1-5/6) \div 5/6 = 12\ 000\ (\text{kWh})$$

应向客户追补电量 12 000kWh。

【例 3-14】 有一三相四线分体式计量箱，电能表箱完好，互感器箱内配置变比为 500/5 的三只低压电流互感器，互感器箱左侧的小观察窗玻璃破损。经停电开箱检查，互感器箱内 U、V、W 互感器的一次接线正确，U、W 相互感器与电能表之间二次接线正确，V 相互感器与电能表之间二次极性反，此时抄见电量为 60 000kWh。请计算应退补的电量。

解： 应退补电量为

$$\text{虚假电量比例} = 1/3 + 1/3 - 1/3 \times 500/5 \div 500/5 = 1/3$$

$$\Delta W = 60\ 000 \times (1-1/3) \div 1/3 = 120\ 000\ (\text{kWh})$$

应向客户追补电量 120 000kWh。

6. 错误接线的退补电量

电量的更正是基于对错误接线和相量图的正确分析。根据第二节“电能表的错误接线形式分析及更正系数的计算”，计算出更正系数。更正系数 G_x 乘以错误接线时电能表所计量电能即为实际电能值，进行电量退补。电量的追补或退还与负荷性质及功率因数有关。因此，当发现错误接线后，应如实地绘出错误接线相量图和错误接线图，同时确定负荷性质及功率因数。

【例 3-15】 某双电源高供高量客户，因检修于 5 月 4 日从运行柜转到备用柜运行，当日有功抄见电量为 4818.60kWh，该装置 TV 为 Vv 接法，TA 采用三线制接线，运行后发现电量明显减少，经停电检查，该客户电流公共线开路。5 月 15 日恢复正常，当日电能表的有功抄见底电量为 4846.48kWh，计量倍率为 3000。请计算应补收的电量。

解： 据错误接线和相量图分析可得错误接线的总功率为

$$P'_1 = U_{uv} I_{uw} \cos(60^\circ + \varphi)$$

$$P'_2 = U_{wv} I_{uw} \cos(60^\circ - \varphi)$$

错误接线的总功率 $$P' = P'_1 + P'_2 = \frac{\sqrt{3}}{2} UI\cos\varphi$$

则更正系数为 $$G_x = P/P' = \sqrt{3}UI\cos\varphi/(\sqrt{3}/2UI\cos\varphi) = 2$$

可见，当 TA 二次公共线断开时，G_x 和 $\cos\varphi$ 值无关。

错误接线期间电量为

$$W' = (4846.48 - 4818.6) \times 3000 = 83\,640\ (\text{kWh})$$

应补电量为

$$W = (G_x - 1)W' = (2-1) \times 83\,640 = 83\,640\ (\text{kWh})$$

ΔW 为正，表示电能表少计电量，应追补电量 83 640kWh。

【例 3-16】 某高供低量客户电能计量装置发生错接线，经查为两相电压电流不同相，且一相反接，经分析，其错接线的功率表达式为 $P'=UI(\cos\varphi-\sqrt{3}\sin\varphi)$。在错接线期间，电能表记录电量为 2 万 kWh，该户的功率因数为 0.9（滞后）。求实际电量并确定退补电量。

解： 更正系数为

$$G_x = P/P' = 3UI\cos\varphi/UI(\cos\varphi - \sqrt{3}\sin\varphi) = 3/(1-\sqrt{3}\tan\varphi)$$

$$\cos\varphi = 0.9,\ \varphi = 25.8°,\ \tan\varphi = 0.48$$

$$G_x = 3/(1-\sqrt{3}\tan\varphi) = 3/(1-\sqrt{3}\times 0.48) = 17.65$$

实际电量　$W = G_x W' = 17.65 \times 2 = 35.3$ 万（kWh）

$$\Delta W = (G_x - 1)W' = 16.65 \times 2 = 33.3\ \text{万}\ (\text{kWh})$$

ΔW 为正，表示电能表少计电量，应追补电量 33.3 万 kWh。

【例 3-17】 某高供低量客户电能计量装置发生错接线，电能表反转，经检查分析错接线的功率表达式为 $P'=\sqrt{3}UI\cos(60°+\varphi)$。在错接线期间，电能表记录电量为 $-10\,000$kWh，该户的功率因数为 0.85（滞后），求实际电量并确定退、补电量。

解： 更正系数为

$$G_x = P/P' = \sqrt{3}UI\cos\varphi/\sqrt{3}UI\cos(60°+\varphi) = 2/(1-\sqrt{3}\tan\varphi)$$

$$\cos\varphi = 0.85,\ \varphi = 31.8°,\ \tan\varphi = 0.62$$

$$G_x = 2/(1-\sqrt{3}\tan\varphi) = 2/(1-\sqrt{3}\times 0.62) = -27.1$$

实际电量　$W = G_x W' = -27.1 \times (-10\,000) = 271\,000$（kWh）

$$\Delta W = (G_x - 1)W' = (-27.1 - 1) \times (-10\,000) = 281\,000\ (\text{kWh})$$

ΔW 为正，表示电能表少计电量，应追补电量 281 000kWh。

【例 3-18】 某高供高量客户失压仪报警，现场带电检查发现 U 相一次熔丝熔断，失压仪记录失压时间 56h，功率因数为 0.94（滞后），查询上月抄表底电量 118，恢复正常后抄表底电量 200。从上月抄表到恢复正常运行时间为 33 天，计量倍率为 1500，请计算应补收电量。

解： 故障期间的功率 $P'=0+UI\cos(30°-\varphi)=UI(\sqrt{3}\cos\varphi+\sin\varphi)/2$

更正系数为

$$G_x = \frac{P}{P'} = \frac{\sqrt{3}UI\cos\varphi}{UI(\sqrt{3}\cos\varphi+\sin\varphi)/2} = \frac{2\sqrt{3}}{\sqrt{3}+\tan\varphi}$$

$$\cos\varphi = 0.94,\ \varphi = 19.95°,\ \tan\varphi = 0.36$$

则

$$G_x = \frac{2\sqrt{3}}{\sqrt{3}+\tan\varphi} = \frac{2\sqrt{3}}{\sqrt{3}+0.36} = 1.66$$

故障时间为 56/24=2.3 天，故障时间期间电量

$$W' = \frac{(200-118)\times 1500}{33-2.3}\times 2.3/1.66 = 9215/1.66 = 5551\,(\text{kWh})$$

应补电量 $\Delta W = (G_x - 1)W' = (1.66-1)\times 5551 = 3663\,(\text{kWh})$

ΔW 为正，表示电能表少计电量，应追补电量 3663kWh。

小 结

1. 单相电能表的接线用于计量单相电路的有功电能，分为直接接入式与经互感器接入式；三相四线有功电能表的接线用于计量三相四线电路中的有功电能，同样分为直接接入式与经互感器接入式；三相三线有功电能表接线用于计量三相三线电路内的有功电能，需经 TA、TV 接入。对于需要进行功率因数考核的客户，需要一只有功电能表和无功电能表经互感器接入，采用联合接线。

2. 对各类电能计量装置，应根据电能计量接线方式要求和联合接线的基本规则进行正确接线，正确绘制和分析单、三相计量装置的接线图和相量图，写出功率表达式。

3. 更正系数等于电能表正确接线时的电能（功率 P）与错误接线时的电能（功率 P'）之比，更正系数 G_x 乘以错误接线时电能表所计量电能即为实际电能值。

4. 电能计量装置常见的错接线有：电压、电流回路短路、断路；电流回路反接；接入电能表元件中的电压、电流不同相等。

5. 单相、三相四线有功电能表的错接线分析较为简单。应熟练掌握三相三线有功电能表的错误接线及分析，特别是对于接入计量元件的电压、电流不同配合产生的 48 种常见的接线方式。在这 48 种接线配合中，只有一种正确，正转、反转、停转和转向不定各占 1/4。当发现错误接线后，应根据实际情况绘出错误接线相量图和错误接线图，进行正确分析，得出更正系数，进行电量退补。

6. 互感器的错误接线分析主要对互感器断相或短路、极性是否接反、相序是否正确等进行检查分析。对于电压互感器采用 Vv 方式接线的电能计量装置，在正常带电的情况下，电压互感器三个线电压均为 100V；当一次断路（如一次熔丝断）时，二次线电压值与电压互感器二次所接负载的情况有关；当二次断线时，二次线电压值同样与电压互感器二次所接负载的情况有关。当电压互感器绕组极性一相接反，会出现正常的 $\sqrt{3}$ 倍的线电压；当任一台电流互感器的极性接反，公共线上电流都要增大至正常的 $\sqrt{3}$ 倍；但对于两只互感器都接反，则无法用 $\sqrt{3}$ 倍的测量值来判断。

7. 电能表错误接线分析可通过停电检查和带电检查来进行判断。对新安装和改造的电能计量装置，应在停电状态进行检查，并在送电后及时进行带电检查。运行中的电能计量装置，电能表和互感器在运行中发生异常现象，应及时进行带电检查接线，必要时采取停电检查。应重点掌握带电查错接线的方法。

8. 当发生电能表超差、电能表潜动、电能表跳字、电能表不计量、倍率错误及错误接线时，应进行电量的退补。当 ΔW 为正，表示电能计量装置少计电量，应向客户追补电量；ΔW 为负，表示电能计量装置多计电量，应退还电量给客户。

习 题

3-1 请画出三相四线有功电能表直接接入式的接线图。

3-2 请画出三相三线有功电能表正确接线时的相量图并写出功率表达式。

3-3 电能计量联合接线盒安装时应注意什么？为什么？

3-4 电能计量联合接线的基本规则是什么？

3-5 某一三相三线有功电能表，若V相电压断开，请画出相量图，写出更正系数。

3-6 某一三相四线有功电能表，W相电流接反，其他接线正确，请画出相量图。

3-7 某三相三线有功电能表接线错误，第一元件为 $[\dot{U}_{vw}, -\dot{I}_w]$，第二元件为 $[\dot{U}_{uw}, \dot{I}_u]$，写出总功率表达式，并确定更正系数。

3-8 当电压互感器Vv接线时，接一只有功电能表，电压互感器U相一次断线时，各二次线电压为多少？

3-9 当电压互感器Vv接线时，接一只有功电能表，电压互感器W相二次断线时，各二次线电压为多少？

3-10 当电压互感器Vv接线时，U相极性接反，各二次线电压为多少？

3-11 如何简便判断出一台电流互感器的极性是否接反？

3-12 请简述停电检查步骤。

3-13 带电检查应注意的事项是什么？

3-14 论述六角图法检查步骤与方法。

3-15 怎样检查电压接地点并判明V相电压线？

3-16 有一只三相四线电能表，W相电流互感器反接180天，累计电量为1500kWh，求应追补多少电量？

3-17 某单相照明客户，月用电量约300kWh，发生正向潜动，潜动1圈需120s，电能表常数为960r/kWh，换回电能表时已运行3个月，请计算应退补的电量是多少？

3-18 有一只三相四线电能计量装置，配3只TA200/5，运行中一只烧坏，客户私自更换为300/5，半年后被供电部门发现，此期间有功电能表共超过电量5万kWh，求追补电量是多少？

3-19 某高供高量客户失压仪报警，现场带电检查发现W相一次熔丝断，失压仪记录失压时间56h，功率因数为0.94（滞后），查询上月抄表底度100kWh，恢复正常后抄表底度200kWh，从上月抄表到恢复正常运行时间为28天，计量倍率为1000，请计算应补收电量。

3-20 某一三相高压客户，电压互感器Vv接法，W相熔断器熔断时测量电能表表头电压 $U_{uv}=25V$，$U_{wv}=100V$，wu、wv电压同相，故障期间抄录电量为10万kWh，求应追补电量。

3-21 某客户电能表经校验慢10%，抄表电量为2000kWh，问应追补电量为多少？

3-22 电能计量装置常见故障和计量差错种类有哪些？

第四章

常见窃电手法和窃电防范措施

第一节　常见电力客户窃电行为和方法

目前窃电的种类与方法繁多，但究其根本，主要通过改变电能表的工作原理（改变电压、电流、功率因数中任一要素）、改变电能表的结构、采取无表用电、采用高科技手段等方面进行窃电。本章主要介绍实际工作中常见电力客户窃电行为和基本方法。

一、常见的窃电行为

1. 在供电设施上私自接线用电

在供电设施上擅自接线用电包括在电力部门的线路、配电变压器等设施上擅自接线用电，如直接在低压绝缘子处拉线，或在变压器低压侧接线柱的内部接头上接线等。此类窃电手段恶劣，极易造成线路和公用变压器过载损坏，引发人身伤害与火灾等重大事故，且社会影响极坏，一经发现应严肃处理。

2. 绕越供电企业用电计量装置用电

绕越电能计量装置用电指安装有电能表的客户私自甩表用电。如装有联合接线盒的客户私自改造接线盒构造，在内部安装电子感应器，通过遥控短接 TA 回路，使电能计量装置无计量。

3. 伪造或者开启用电计量装置封印用电

目前最常见的窃电方式是伪造电能表封印，开启电能表表壳改变内部零部件参数。如对感应式电能表更换不同传动比的计度器、减少电流线圈匝数或通过接电流线圈分流、增大电压线圈匝数的串联电阻或断开电压线圈、改变永久磁铁的位置，向负方向调表等。

4. 故意损坏供电企业用电计量装置

故意损坏电能计量装置进行窃电，如损坏电能表的观察玻璃，拨计度器底数或用异物卡盘；在电能表侧面打小孔，用钢丝等顶住转盘使之不计量；用力敲打感应式电能表外壳，改变表内结构；松开电能表或电能计量联合接线盒的电压连片螺钉等。

5. 故意使供电企业用电的用电计量装置计量不准或者失效

故意致使电能计量装置失准或失效进行窃电，如人为造成电能计量装置二次回路开路、短路；通过试验找到改变电能表接线方式，即改变电压、电流信号的配合使电能表慢走或倒走；更换电流互感器的铭牌，采用大变比的电流互感器订上小变比的互感器铭牌当作小变比使用，使计量失准。对电子式电能表采用电磁干扰等方式窃电。

6. 采用其他方式窃电

如内外勾结，抄表员平时少抄电量，最后通过严重超载烧表，达到窃电目的；通过 RS485 接口改变多功能表内变比或常数进行窃电等；还有利用用电专业窃电的专业窃电户，专门为用电客户设计窃电线路，出售窃电工具。

二、常见窃电基本方法

1. 欠压法窃电

根据电能表的工作原理，窃电者通过故意改变电能计量电压回路的正常接线或造成电压回路故障，人为改变电能计量装置的电压，使电能表的电压线圈失压或电压降低，从而达到不计或少计电量。常见手法有：

（1）造成电压回路开路或接触不良。如松开或松动电能表、联合接线盒、电压互感器的电压连接片或接头螺钉；人为折断电压回路的导线内芯；采用损坏的电压互感器熔丝，电压回路采用氧化严重的接头螺钉增大接触电阻，造成接触不良，时通时不通等。

（2）在电压回路串入电阻降压。如对单相电能计量装置采用“单线法窃电”，即人为断开单相电能表进线侧零线，在零线的出线串入电阻与负载的出线一起接入室内地线，进行分压，从而少计或不计电量。

（3）改变电压回路的接法。如三相四线电能计量装置，其三相四线三元件电能表的表尾中性线接到某相相线上，或因电价管理要求在一个计量箱同时装有三相四线电能表、单相电能表的电能计量装置，将三相四线三元件电能表接线时中线人为断开，同时在某相上再并入这只单相电能表，从而少计电量。

2. 欠流法窃电

根据电能表的工作原理，窃电者通过故意改变电能计量装置的倍率或故意改变电能计量电流回路的正常接线及故意造成电流回路故障，使电能表电流线圈无通过电流或只通过部分电流，从而达到少计或不计电量。常见手法有：

（1）造成电流回路开路或接触不良。如松开或松动电能表、联合接线盒、电流互感器的电流端子的接头螺钉；人为折断电流回路的导线内芯；电流回路采用氧化严重的接头螺钉增大接触电阻，造成接触不良，形成虚接近似开路等。

（2）造成电流回路短路。如直接在电流互感器接线端子处短接、私拆铅封在电能表内部短接，甚至于目前有专业窃电通过在联合接线盒内部加电子元件，通过遥控短接电流回路进行窃电。

（3）改变电流互感器变比。改变电流互感器变比将改变电能计量倍率，从而产生较大的计量差错。窃电者通过更换铭牌，用同体积的大变比的互感器代替正常互感器，减少穿心式单相低压电流互感器匝数，改变电流互感器串、并联方式等少计电量。

（4）改变电流回路接法。如对单相电能计量装置，窃电者将单相表的相线、中性线对调，利用地线作中性线或接邻户线，将通过负荷的一部分电流分流，从而少计电量。

3. 移相法窃电

窃电者故意改变电能计量电压回路、电流回路的正常接线，或利用电感或电容特定接法，改变电能表线圈中电压、电流的正常相位关系，使电能表慢转甚至倒转，从而达到窃电的目的。常见手法有：

（1）改变电流回路接线。如窃电者人为对调电流互感器的极性或人为对调电能表联合接线盒、电能表端钮盒电流进出线，以及调换电流互感器至电能表的相别，从而少计或不计电量。

（2）改变电压回路接线。如窃电者人为对调电压互感器的极性或调换电压互感器至电能表的相别，从而少计或不计电量。

（3）用外部电源使电能表倒转。如窃电者将一台具有电压输出和电流输出的手摇发电机接入电能表。

（4）用小型变压窃电器升高表尾中性线电位。

(5) 用电感或电容移相。如窃电者在三相三线两元件电能表负荷侧U相接入电感或W相接入电容。

4. 扩差法窃电

窃电者通过伪造封印改变电能表内部的结构性能，导致电能表误差失准；或利用大电流冲击或通过外力损坏电能表，对感应式电能表改变电能表安装条件，使电能表少计或不计电量。常见手法有：

(1) 私拆铅封，改变表计内部结构。如通过私拆电能表，更换或损坏传动齿轮，常见的用大常数的机械计度器更换小变比计度器；或破坏计度器的齿轮、减少电流线圈匝数、短接电流线圈、断开电压线圈、增大机械阻力与轴承阻力、改变表内接线或直接倒转表码等。

(2) 人为破坏电能计量装置。如用过载电流烧坏电能表线圈，在实际运行中常发现感应式电能表因为过载烧表后线圈变形擦盘或卡盘，造成电量大量流失；还有用机械外力损坏电能表，如人为开小孔，利用细小钢丝进行窃电。

(3) 改变电能表安装条件。如改变感应式电能表的安装角度、用机械振动或外部磁场干扰电能表等。

5. 无表法窃电

窃电者私自在供电部门的线路上接线用电，或绕越电能计量装置用电。如直接在低压绝缘子处拉线，或在变压器低压侧接线柱的内部接头上接线等。

6. 其他窃电方法

(1) 人为饱和窃电。窃电者人为将负荷电流超出电流互感器的120%，导致电流互感器饱和加深，造成大的负误差。

(2) 利用通信口窃电。对于目前广泛使用的多功能电能表，利用编程器或RS485口改变峰、谷时间段，利用电价差进行窃电，或通过电能表通信接口，改变电能表内部数据、参数，从而达到窃电目的。

(3) 内外勾结窃电。如客户侧电能计量装置，长期由同一名抄表员负责抄表，其可通过平时少抄电量，最后让客户严重超载烧表，使电能表码数无法看清，达到窃电目的；而变电站内的大电力专线客户，由于电能计量装置安装在自己的变电站内，无形中对装置的密封性管理有所放松，就留下窃电隐患，如利用装置的开放性通过欠流、失压来窃电。

第二节　防范窃电的技术措施和组织措施

由本章第一节介绍的常见电力客户窃电类型和方法可看出，窃电的前提是窃电者能够触及计量器具及其计量回路。反窃电首先应加强电能计量装置的密闭性管理，同时加强电力企业内部防范措施，从源头堵塞漏洞。反窃电的措施可分为技术措施和组织措施两类。

一、反窃电的技术措施

1. 反窃电技术措施应遵循的原则

反窃电技术措施应确保运行中的电能计量装置有可靠的密闭性能和防窃电性能，尽可能采用防伪封印；在封印完整、计量柜、箱密闭性强的情况下，客户无法或很难窃电。

2. 反窃电技术措施的内容

(1) 广泛使用专用计量柜与计量箱。由于窃电的前提是窃电者能够触及电能计量装置的计量器具及其计量回路，因此采用专用计量柜或计量箱及安全可靠的防盗锁及防伪封印，可大大降低窃电的可能。电力部门应进一步统一、规范所辖供电范围内的电能计量装置设计方案、设备配置和技术要求，根据国家电网公司《电能计量装置通用设计》，组织编制相关技术规范。

例如，组织编制《整体式电能计量柜》、《低压动力电能计量箱》、《居民照明集中装表电能计量箱》及《单相零散居民电能计量箱技术规范》等技术规范，可明确凡容量在100kVA及以上永久性用电的客户应采用计量柜方式。容量在315kVA及以上永久性用电客户应采用高压计量柜，容量在100～315kVA容量宜采用低压计量柜，同时在柜（箱）体结构、密闭性、柜（箱）内设备、一、二次接线等都进行了详细的规定。

(2) 规范计量柜的安装，封闭变压器低压侧。在进行电能计量装置安装和改造时，应始终贯彻“线进管、管进箱、箱加锁”的原则。防止窃电者在变压器低压侧接线柱的内部接头上接线窃电。

以某省《整体式电能计量柜》技术规范规定为例：①高压计量柜进、出线原则上不设置在同一侧，优先采用下进上出或上进下出方案，进、出线与柜体交接部分应采用绝缘材料进行密封。当进、出线同在柜体上方或下方时，进、出线应进行绝缘密封；②变压器低压桩头接线必须采用措施进行有效封闭。变压器低压侧安装避雷器的也应采取措施进行有效封闭。变压器低压侧与计量柜间的电气连接不得有裸露部分，不得有分支接线和加装隔离开关。低压出线到计量柜宜采用铠装电缆连接，若采用母线槽连接时，母线槽防护等级应在IP41以上，并采取专用封闭措施。

(3) 采用防伪、防撬铅封。在电能表订货时，与供应商签订相关合同，要求提供一次性防撬铅封，即当破坏铅封时整个表壳亦破坏，无法恢复，可避免窃电者私拆电表用扩差法窃电。对于计量柜、箱等外露的部位选用防撬的双铅封，避免一个铅封丢失带来的纠纷，同时采用防伪、防撬铅封，选用具有唯一编号的新型全封闭防伪封印子，配合相应的领用登记制度；使用不同颜色封印子以区分不同用途，便于现场工作人员直观识别、一目了然。由于铅封编号唯一，各工作人员的封钳号码不同，铅封开启有严格的管理、登记制度，大大降低了窃电风险。

(4) 改进电表结构，采用具有防窃电功能的电能表。对于普通的电能表，可通过改进电能表外部结构进行防窃电。例如：选用电能表电压连接片在表内连接的双电压钩电能表，使外面打开接线盒处打开电压钩无效；电能表采用一次性表壳，当私拆铅封时会破坏表壳，使整个电能表无法使用，机电式单相电能表采用带止逆器的计度器，电子式单相电能表芯片采用防范电流线圈短路的ADE7755等。对大电力客户采用的全电子式多功能电能表，可通过其强大的监控功能、事件记录功能与通信口安全防护，电子式多功能电能表可对自身运行状态进行监视、控制和自检。

全电子式多功能电能表运行过程中的断相、过压、失压、失流、电流不平衡、逆相序、超功率、电池欠压、有功、无功电能方向等信息都可以通过故障码、错误码及相关图案提示。而多功能电能表某些参数出现异常时可在事件记录功能中记录下发生异常情况的时间、异常状态等。事件记录可在LCD上显示，也可通过按键显示或服务软件读出，可监视多功能电能表是否出现故障、使用条件是否正常、有无窃电行为等。如窃电者私拆电能表前盖，采用错误接线产生反相电能，表内失压、失流、错误密码访问等多种事件可通过表状态记录读出；而运行过程中窃电者私自进行编程设置、底度清零、需量复位、电池状态、时间调整等操作情况会在操作记录中记录下来。记录内容包括操作时间、当时电表的状态、操作项及当时的表底值，可为电力部门分析异常原因，进行防窃电管理提供依据。

(5) 规范电能计量装置的安装。

1) 装表接电时应尽量减少下户线，减少迂回，避免交叉，装表点应尽量靠近沿墙敷设的接户线，并便于抄表和巡视。当采用电缆线时，应用绝缘套管密封，不允许私拉乱接。

2) 电能表安装严格按技术规范进行。单相电能表必须按规范的两进两出接线方式接线，且必须将相线接入电流线圈；三相四线电能表必须接零线；电能表的零线必须与电源零线直接连通，进出整齐，不允许相互串联，不允许采用接地、接金属外壳等方式代替。

3) 电能表接线应安装牢固且尽量减少预留导线，防止窃电者改变电能表安装角度；电能接线盒内的端钮螺钉应逐个拧紧，进表线导体不得裸露。

4) 带电压连接片的电能表，安装时应检查其接触是否良好，安装完毕检查无误后应及时将电能表、互感器、联合接线盒加铅封，同时将计量柜、箱加双铅封。

5) 穿心式互感器采用单匝，即互感器的一次线圈匝数只能穿一匝，且互感器的铭牌应采用浇铸式，防止通过更换铭牌窃电。

6) 计量箱二次线必须经过铠装电缆进入电能表箱，防止通过二次回路可能产生裸露窃电；计量柜施工完毕应将相关孔洞（如电缆进出孔、前后隔板等）进行封堵。

(6) 采用智能化营销管理系统等先进的技术手段。

1) 广泛采用对居民客户实行载波自动抄表系统，对公用变压器安装配电综合管理系统、专用变压器客户实行负荷控制管理系统，进行抄表、用电分析、窃电管理。

2) 建立智能化营销管理系统。该系统具有用电异常（反窃电）分析功能，能进行电能表及采集终端事件分析，提示可能存在窃电问题的客户及时间段；提供电量曲线突变分析，采用不同历史时期数据进行比较，系统提供与上月同期、上年本月同期、自定义时间历史数据进行比较，同时输出同比数据的极值分析结果；提供实时监测运行曲线（功率、电压、电流），实时监测大客户三相功率、三相电压、三相电流数据变化；提供瞬时量曲线突变分析，根据电压、电流、负荷趋势或同比变化判断是否存在窃电问题。

智能化营销管理系统的应用可有效解决窃电行为隐蔽、间断和随机性与用电检查公开、周期和偶然性的矛盾。

(7) 其他。如在大客户可配置失压、失流计时仪；低压三相客户配置漏电保护开关，或漏电报警器；有使用单相 380V 额定电压电焊机的客户，一律安装三元件有功电能表；禁止在单相客户间跨相用电；规范低压线路安装架设等。

二、反窃电的组织措施

1. 分工负责、分级管理

制定反窃电的三级管理制度，严格执行各项反窃电的组织措施，要求抄表人员掌握基础的反窃电技术，严格执行抄表监督制度。完善电能计量装置的整改工作，推广使用防窃电的新技术、新设备，落实反窃电技术措施。电力部门工作人员应严格执行业务流程和工作标准。现场工作人员要掌握各种简单的查电技术，分析计量装置运行是否正常。

2. 实施“三分”线损管理制度

从线损分布的情况看，10kV及以下配电网线损比例较大，也是窃电的多发区。应对10kV及以下配电网实现“三分”线损统计分析工作，及时查找高线损的原因，减少管理线损。要做好“三分”线损管理，首先要建立行之有效的考核管理标准，理清各条馈线隶属配电变压器的关系及配电变压器与所属客户的对应关系，加强配电网设备的异动信息传递管理，规范抄表、用监工作职责，对线损异常的馈线着重进行现场查窃电、查计量故障，进一步防止客户的电量误计和违章用电、窃电的发生。

3. 建立抄表监督及抄表电量审核制度

严格抄表日抄表制度，做到不提前或推后抄表、不漏抄、不估抄、不错抄，同时对电能表的实抄率、正确率进行抽查，并制定相应的考核措施；定期或不定期地调整抄表段的抄表人员，防止内外勾结窃电的发生；抄表人员按照“三分”线损工作的要求，每月对公用配电变压器台区统计线损，对各台区月度线损变化情况一目了然，可以有针对性地布置用电检查工作；对一些线损较高的台区，组织力量进行排查，同时也可实行线损指标与用电检查员、电工绩效工资挂钩；重视电量的抄表复核，各公司电量电费班通过营销信息管理系统，分析每户电量波动情况，对波动大的实行跟踪、现场查找，进一步防止客户的电量误计和违章用电、窃电的发生。

4. 提高电能计量装置管理水平

加强对密闭性差的电能计量柜（箱）的改造，提高客户侧计量装置维护管理水平，加大窃电防范力度。同时采用先进仪器、设备，提高反窃电管理的科技含量。如采用防窃电能力强的电子式电能表，并利用配电网自动化和负荷控制系统、集中抄表等现代化设备进行分线、分区考核，通过电量对比查找可能产生计量故障及窃电客户。

5. 实施封印管理制度

封印是计费用的电能计量装置准确合格的重要标志，也是保证电能计量公正性和准确性的必要手段。很多窃电案件都是因为封印使用、管理不善而造成的。因此，供电企业除应用防伪、防撬性铅封外，还应制定严格的封印（包括铅封印模、普通铅封子和防伪铅封子）使用、管理制度和考核制度，明确主要部门职责，规范封印的使用、保管、回收流程，加强电能计量装置封印管理，防止因管理不善而造成电量损失。

6. 加强多功能电能表编程器的使用管理

随着多功能电子式电能表推广应用，其现代化通信接口也给窃电分子带来可乘之机。为此应制定相应的防止非授权人操作的安全管理制度，规定多功能电能表编程器的日常安全管理，包括编程器的保管、使用、防止非授权人操作等内容；同时要严格控制多功能电能表编程器的使用范围，相关的编程微机、编程器应有专人负责保管、使用；同时还应与电能表制造厂家签订相关的安全保密协议，并切实贯彻执行。

7. 建立用电检查制度

组织开展用电普查，将定期检查与不定期特别检查有机结合，查看与核对客户计量表计是否运行正常，实际倍率是否与卡片一致，现场表计读数是否与最近一次抄见电量相符，功率因数电费奖惩是否与实际用电功率因数相符，对电量异常及有窃电前科的客户重点管理，采取突击检查等手段进行经常性检查，同时加强自身学习，掌握最新查电技术、防窃电技术，熟练利用用电检查仪进行用电分析。如发现异常，应保护好现场并及时上报相关部门。

第三节 窃电案例分析

【例 4-1】 某一大电力客户，安装有负控装置，在查看日电量曲线时，发现表计电量曲线与交流采集得出的电量曲线相差很多，电能计量人员及用电检查人员现场检查并对电能表校验，铅封完好，电能表误差完好，且检查期间，表计电量曲线与交采得出的电量曲线相符合，怀疑窃电。停电进行检查，当拆下联合接线盒时，发现接线盒背面各边边沿有细微纹路，且略微凹凸不平，撬开联合接线盒背后面板，在重新伪装过的环氧树脂板下露出了电子集成板，确定该客户系通过改造电能计量联合接线盒遥控短接二次电流连接线窃电。

窃电原理：属于欠流法窃电，窃电者从接线盒处取两相端电压经降压电容器作为窃电装置的工作电源，利用遥控接收控制线路板控制与 U、W 两相二次电流线连接的两只继电器，随时控制使 U、W 两相二次电流短接，达到分流窃电的目的。

防范措施：

(1) 加强计量装置的铅封管理，严格执行装表工作标准，安装工作结束后计量柜、联合接线盒、电能表接线盒、TA 二次回路应按要求加封。

(2) 加强线损管理，加强对计量箱柜和计量装置相关部位的检查，举一反三发现问题、查找漏洞。

【例 4-2】 某一单相客户，安装机械计度器的电子式电能表，其申请电能表的容量与用电量相去甚大，现场检查，表铅封完好，但箱体破损。在一次突击检查中，发现该户正用一块大磁铁放在电能表上方，通过强磁场倒退电能表计度器度数，达到窃电目的。

窃电原理：属于扩差法窃电，通过外部磁场干扰电能表达到窃电的目的。

防范措施：

(1) 加强对计量箱、柜的管理，玻璃观察窗加防护网，防止客户直接接触计量器具。

(2) 在电能表招投标的技术标准中增加对电能表计度器抗磁场要求，要求机械计度器置于 200mT 交变磁场下不受影响。

【例 4-3】 某一电力客户，其电能计量装置为三相四线分体式计量箱，即分为电能表箱与互感器箱。某月用电量突然减少，现场检查计量箱铅封完好，但互感器箱左侧的小观察窗玻璃已不在，可明显地看到三只电流互感器，并可借助工具接触到 U、V 相互感器的二次接线螺钉。停电开箱检查，互感器箱内 U、V、W 互感器的一次接线正确，U、W 相互感器与电能表之间二次接线正确，V 相互感器与电能表之间二次接线人为调线，进行窃电。

窃电原理：人为造成电能计量装置接线错误，一相极性反接，在平衡负荷下，一相反转，两相正转，造成在实际负荷平衡的情况下少计 2/3 电量，达到窃电目的。

防范措施：加强对计量箱、柜的管理，玻璃观察窗加防护网，防止客户直接接触计量器具。

【例 4-4】 某一大电力客户，安装三相三线多功能电能表，在某月用电量突然减少。现场检查计量柜，发现铅封有伪造的痕迹，将铅封封存，检查电能计量装置，用便携式电脑现场调取电能表数据，发现客户通过修改电能表常数窃电。

窃电原理：通过多功能电能表的编程口，修改电能表表内参数，将电能表参数设大，达到窃电目的。

防范措施：

(1) 加强对计量箱、柜的铅封管理，使用一次性防伪铅封。

(2) 加强多功能电能表的编程器管理，与生产、参加单位签订保密协议。

(3) 多功能电能表编程采用多级安全防护，如采用硬件开关、编程密码，编程时间、次数控制等措施。

第四节　窃　电　查　处

一、窃电查处的流程

窃电查处的保障是反窃电的法律条款，关键在于窃电证据的认定，难点在于目前窃电手段繁多，取证难处，处罚执行难等。电力营销人员应熟悉反窃电的法律条款，熟练掌握查处窃电的方法，做好窃电的取证工作，遵循先易后难，先外后内，先台账后装置，定期检查与突击检查相结合的原则。

1. 反窃电的法律条款

(1)《中华人民共和国电力法》中关于反窃电的相关法律条款。

第三十一条　用户应当安装用电计量装置。用户使用的电力电量，以计量检定机构依法认可的用电计量装置的记录为准。

第三十二条　用户用电不得危害供电、用电安全和扰乱供电、用电秩序。对危害供电、用电安全和扰乱供电、用电秩序的，供电企业有权制止。

第六十五条　违反本法第三十二条规定，危害供电、用电安全或者扰乱供电、用电秩序的，由电力管理部门责令改正，给予警告；情节严重或者拒绝改正的，可以中止供电，可以并处 5 万元以下的罚款。

第七十一条　盗窃电能的，由电力管理部门责令停止违法行为，追缴电费并处应交电费 5 倍以下的罚款；构成犯罪的，依照刑法第一百五十一条或者第一百五十二条的规定追究刑事责任。

(2)《刑法》中关于反窃电的相关法律条款。

第二百六十四条　盗窃公私财物，数额较大或者多次盗窃的，处 3 年以下有期徒刑、拘役或者管制，并处或者单处罚金；数额巨大或者有其他严重情节的，处 3 年以上 10 年以下有期徒刑，并处罚金；数额特别巨大或者有其他特别严重情节的，处 10 年以上有期徒刑或者无期徒刑，并处罚金或者没收财产。

2. 窃电证据的认定

窃电证据包含：

(1) 物证。如窃电者对电能计量的毁坏留下的痕迹，现场伪造的铅封，窃电器等。

(2) 人证。检举者向电力部门或公安机关提交的证词。

(3) 现场勘测记录。指公安机关或电力管理部门、电力企业对窃电现场进行检查、勘测的记录，必须有勘测人、公证人、客户的签字。

(4) 视频、照相记录。对窃电现场进行拍照或录像，作为窃电的证据。

(5) 书证。如用电检查人员开具《用电检查结果通知书》或《违章用电，窃电通知书》、电费收据、抄表记录、铅封登记记录等。

(6) 鉴定结果。由公安机关、司法机关委托或聘请专业部门（如技术监督部门、电力科学研究院等）对电能计量装置进行鉴定后得出的结论。

3. 窃电查处的注意事项

窃电查处要严格按照相关法律、法规及《供电营业规则》、《用电检查管理办法》进行，并应切实遵守以下几点：

(1) 现场检查人员不得少于2人，且需携带身份证明、工作日志、巡回记录簿，执行用电检查应主动向客户出示证件并要求客户电气人员随同检查。

(2) 严格遵守《电业安全工作规程》及有关制度，保持与带电部分规定的安全距离，不可进入运行设备的遮栏内。

(3) 检查中发现客户有窃电行为，注意保护现场，严禁破坏现场，取证时要特别注意保留现场的原始状态，在提取客户窃电使用的电能计量装置时，应要求窃电者做好签字确认，才能提取，窃电者拒绝签字的，应就地封存，保留好现场，及时通知公安部门到现场提取证据，收集好与计算电量有关的证据资料，并通过拍照等手段保留原始证据，并要有窃电户电工和负责人的签名。

(4) 注意窃电查处过程中的信息保密工作，对排查的路线安排、检查的客户要保密，对查处案件的窃电方式手段等注意保密，防止扩散而被不法分子利用。

(5) 应加强对窃电案件的窃电手段的研究。窃电者的窃电手段已经发展到利用高科技手段进行窃电，从过去的单人发展到窃电团伙和专业窃电，所以电力企业防窃电也应加强与公安政法部门的联合协作，利用负荷控制、远程抄表系统等高科技技术进行窃电查处，积极研究，提出防范措施，做到举一反三。

二、窃电查处的方法

查窃电可根据抄表电量的突变、线损的波动、监视系统（如抄表系统、负控系统）的电量异常进行重点检查。查窃电时一般先进行直观检查，同时对照负荷查电量，必要时通过电能表现场校验仪等仪器进行检查。

1. 直观检查法

直观检查法是通过人的感官或借助简易工具，对供电设施、计量柜（箱）、电能表、互感器、二次回路进行检查，初步判断是否存在窃电的可能。直观检查法应重点检查的环节如下：

(1) 供电设施。检查线路有无被私自搭接，变压器低压侧是否被私自拉线不过表计量等。

(2) 计量柜（箱）。检查柜门铅封是否被启封或伪造；检查柜（箱）体是否存在暴露点，是否有导线从暴露点插入短接电流回路等。

(3) 电能表。仔细检查电能表耳封是否被启封或伪造；检查电能表表壳是否被破坏（如在电能表顶部或侧面不明显位置钻小孔）；检查电能表观察玻璃是否完好；对感应式电能表，还应检查表的倾斜度是否被人为调动，检查电能表是否被私自调换；对多功能电能表，还应该检查编程口铅封是否完好，检查全屏显示是否正常，有无报警码或故障码提示，电能指示方向是否正确等，并检查电能表附近有无强磁场，是否有不过表计量现象。

在实际工作中，可以通过观察电能表玻璃观察窗上是否有水蒸气形成的细小水珠附在里面，严重时在玻璃内表面形成一层淡黄色的雾来判断电能表人为超载造成电流线圈烧坏；通过观察圆盘转数和计数器字轮的进数来核算计数器是否正确；用瓦秒法估算电能表是否准确，即用秒表测量电能表圆盘转1圈的时间，计算电能表测量的功率。根据被测负载有功功率，与通过电能表实际负荷电流大小进行对比，确定是否存在通过减少电流线圈匝数、调整电能表磁铁位置等方法使电能表转慢而窃电的现象。

(4) 互感器。停电状态下检查互感器铭牌参数（特别是变比）是否与计费档案一致，是否有撬动更换痕迹；检查紧固螺钉是否生锈，二次接线是否牢固可靠，是否存在螺钉未上紧或压导线皮等造成接触不良；检查互感器极性是否正确，接线是否正确；运行状态下主要观察电流互感器二次端子的螺钉、垫圈有无氧化、烧焦现象。

在实际工作中，可通过仔细听互感器发出的声音来判断是否正常。互感器在正常情况下，如果用电负荷在额定负荷范围内，不会发出任何声音；若电流互感器发出“嗡嗡”声，表示已开路，电压互感器发出“嗡嗡”声，表示过载。此时，若停电用手触摸互感器外壳有灼热感。对于低压电流互感器，可以用验电笔测试其二次端子，在用电负荷较大的情况下，如果验电笔发亮，则证明互感器二次侧开路。

(5) 接线。检查接线是否开路或接触不良，特别注意检查电压线有否存在不损坏导线外皮人为折断导线内芯造成开路或接触不良的现象；检查接线是否存在短路，特别注意检查中间端子排是否有短接及二次绝缘皮破损造成短路；检查接线有无应接未接、错接；检查是否存在不过表计量或私拉乱接现象。

在实际工作中，可针对不同的客户采取不同的方法，如：

1) 对于三相三线10kV高供高量客户，可用“抽中相”方法判断。即正常接线时断开B相电压，电能表转速降到原来一半，否则存在接线错误。

2) 对于三相四线制的计量装置，可采取“退电压”的方式进行检查。即通过断开联合接线盒的电压连接片或拆除电能表的电压线，将电能表的三相电压线全部断开，使电能表停转，然后再逐相恢复电压，如果在各相负荷平稳的情况下，电能表的圆盘正转，转速基本相同，说明该相接线正确；如果圆盘不转、反转或转速慢，说明接线、电能表、互感器中有一环节不正确。

3) 还可通过“短路测试法”检查。即利用导线将电能表的电流线圈依次短路，观察电能表转盘的转速或脉冲闪动的变化，来判断接线的正确情况。对三相四线有功表，假定三相负荷平衡，短接U相，转盘的转速或脉冲闪动为原来的2/3，说明接线正常；盘数或脉冲增快，则U相电流反接；盘数或脉冲不变，则U相电流或电压开路；转盘反转，则另两相接反，或一相接反，一相不起作用；转盘不转或脉冲不闪，则另两相一相正确，一相电流反接，或两相同时电流或电压开路，不计量。

2. 仪器仪表检查法

电力系统中常用的用电检查的仪器仪表有万用表、钳形电流表、相序伏安表、现场校验仪等。

(1) 万用表。可用电压挡位来检测计量电压回路的电压是否正常，用于判断简单的计量异常。使用时应注意功能与量程的选择。

例如，对于TV采用Vv接法的三相三线电能计量装置，正常时三个线电压约为100V，若某个线电压为零或明显小于 100V，则存在断线或接触不良；当检测出某个线电压升高至约 173V，则为电压互感器的一相极性接反。此时应检查判断计量异常属于设备故障（如一次熔丝断）或人为行为，若人为故意为之，应按窃电处理。

(2) 钳形电流表。常用于检查电流互感器的变比，电流回路是否开路或接触不良，并判断简单的接线错误；使用时应注意禁止带电转换量程，电流太小时可在钳口中央多绕几匝，得出读数应减少相应的倍数。

例如，对于低量的电能计量装置，使用钳形电流表测量一、二次回路的电流，如果一次侧有电流而二次侧没有电流或明显小于理论值，说明互感器存在二次侧开路、匝间短路或接触不良等现象；对于 TV 采用 Vv 接法的三相三线电能计量装置，若 TA 二次电流为零或明显小于理论值，则通常为 TA 开路或短路，当某线电流为其他两相电流的 1.732 倍，则有一只 TA 极性接反。

还可通过使用钳形电流表测量互感器一次侧和二次侧电流，估算低压互感器变比是否正确。如铭牌标注是 300/5 的低压电流互感器，一次匝数是 2 匝，互感器实际变比是 150/5，倍率就是 30 倍。在用电负荷比较稳定的情况下，如果测得一次电流是 90A，二次电流应该是 3A。如果二次电流比 3A 小很多，说明互感器变比不正确，应停电进行检查，判断是否存在更换互感器铭牌、减少互感器线圈匝数或私自更换互感器的窃电行为。

还可利用钳形电流表检测流进、流出电能表的电流，判断接线是否正常。对于单相表，合并钳住相线、地线；对三相三线、三相四线表，分别合并钳住三根或四根电流进线（相线、零线）进行测量，正常情况下，读数应为零，否则存在窃电或漏电。

(3) 相位伏安表。常用于判断是否存在移相窃电。当电压、电流回路检查完毕，应断线、短路、变比错误排除后，可用相位伏安法检查接入电能表电压、电流是否正确。在进行三相二元件有功电能表接线正确性判断时，考虑到电流的进出和三相电压相序，7 条输入线有 48 种组合，这 48 种中只有 2 种是正确的，错误的有 46 种（其中不转 12 种，顺转数字不准有 10 种，反转有 12 种，随 $\cos\varphi$ 变化，时顺转、时反转的有 12 种）。通过读测相位关系，判断出 2 种正确的接线。即测取 $\dot{U}_{uv}$ 与 $\dot{I}_u$ 相位角等于 φ_1、$\dot{U}_{wv}$ 与 $\dot{I}_w$ 相位角等于 φ_2（是电压超前电流的相角），若 $\varphi_1-\varphi_2=60°$ 或 $300°$，则接线正确。若不满足上述关系，分别测量 $\dot{U}_{uv}$ 与 $\dot{I}_u$、$\dot{U}_{wv}$ 与 $\dot{I}_w$ 的值及相位差，通过绘制相量图，得出错误接线判断结论。

同理，对于三相四线电能表的接线检查，可通过分别测量 $\dot{U}_u$ 与 $\dot{I}_u$、$\dot{U}_v$ 与 $\dot{I}_v$、$\dot{U}_w$ 与 $\dot{I}_w$ 的值及相位差，通过绘制相量图，得出错误接线判断结论。

【例 4-5】 某三相四线供电客户，配 75/5A 的三只低压电流互感器。运行中发现电量与申请容量不符，电量较小，用电检查人员现场检查，发现表箱铅封有仿造嫌疑，初步断定有窃电行为。为保护现场，不开箱检查如下：

用相位伏安表电压挡测得电能表的三个相电压分别为 219、218、219V，相序为正相序，用高量程钳形电流表测得三台电流互感器的一次电流分别为 $I_u=45A$、$I_v=30A$、$I_w=48A$，用相位伏安表电流挡测得三台电流互感器的二次电流分别为 $I_u=3.0A$、$I_v=2.05A$、$I_w=2.4A$，再用相位伏安表测得电能表三个元件上电压、电流夹角分别为 210°、30°、30°。分析如下：

1) 电压回路。三相电压基本相等且接近 220V，相序为正，可判断电压回路无断路、相序接反等故障。

2）电流回路。电流互感器铭牌变比为75/5=15，U相：变比$K=45/3=15$，正常；V相：变比$K=30/2.05\approx15$，基本正常；W相：变比$K=48/2.4=20$，实际变比大于理论变比。初步判断W相互感器被更换，目的在于少缴电费，属于技术窃电。

3）查移相法窃电。此时客户负载为感性负载，根据电压、电流夹角画出实际相量图与正确相量图相比较，可明显判断出U相电流接反。

判断结果如下：

第一元件：$\dot{U}_{\mathrm{u}}$，$-\dot{I}_{\mathrm{u}}$。

第二元件：正常。

第三元件：电流互感器铭牌变比与实际变比不符。

待进一步开箱检查确定窃电事实。

（4）现场校验仪。目前现场校验仪可同时测量有功电能误差、无功电能误差、电压、电流、有功功率、无功功率、相位、频率、功率因数，并显示相量图、查线结果，快速简洁查出隐蔽性的故障、偷电、漏电等异常情况；可配带5、100、500、1000A钳形电流表，通过使用大钳形电流表，直接测量低压电流互感器的变比。可方便找出TA二次回路中的断路、接触不良、TA内部的匝间短路以及TA铭牌变比是否与TA实际变比相符等故障，以及是否有窃电行为。

【例4-6】 低压计量三相四线输电线路，其计量装置由500/5的TA和3×220V/5A、有功（无功）常数为3200imp/kWh的多功能表组成，请描述利用YC-98Z型现场校验仪检查步骤。

解： 采用500A钳形电流表作为电流输入，选择光电校验方式，校验圈数为10圈。设置如下：

试验参数＜9＞	局号 1	局号 2
输入 500A钳	常数 003200	常数 003200
变比 0100	圈数 010	圈数 010
	方式 光电有功	方式 光电无功

检查的步骤如下：

1）开启仪器电源，接好电压测试线。

2）设置好被测电能表校验的有关参数和变比。选合适的钳形电流表，计算变比。变比为TA变比，如TA为500/5，则变比为100。常数为电能表常数，圈数为电能表圈数。可以使用所有的脉冲采样器，使用方法和校验电能表一样。

3）装好脉冲采样器。如为光电采样器，则对好光。

4）将三相大电流钳分别置于TA一次，注意钳形电流表的方向。

5）如果误差正常则计量系统无问题，否则需进一步检查。

6）在综合误差不正常时，可以单独检测电能表的误差。如果电能表误差不正常，检查接线是否正确，接线端是否接触良好。如误差仍不正常，则是电能表的误差超差。

7）如果电能表的误差正常，则应检查 TA 的变比是否与互感器铭牌上的变比相符。

8）查不平衡。检查电压不平衡，如不平衡太大，可能是电压线接触不好、负荷不平衡太大，或者变压器有问题。检查电流不平衡，如$\sum I$太大，可能存在偷漏电问题。

3. 电量检查法

常见的电量检查法有电量分析法、前后对照法、容量估算法等，电力企业可根据电量检查法排查出重点检查对象，进行实际检查。

(1) 电量分析法。根据客户的实际负荷情况，估算出用电量，与计量电量相对照来发现问题。

(2) 前后对照法。抄收部门把当月电量与前几个月电量或当月同期电量相比较，发现突增或突降时应检查原因。在扣除抄表原因、季节变化、生产经营原因后，若电量仍有异常，应考虑是否存在计量故障或窃电。

(3) 容量估算法。通常客户的用电设备容量与其用电量有一定的比例关系，在扣除季节变化、生产经营变化原因后，如计量电量与根据容量估算的用电量相去太远，应考虑是否存在计量故障或窃电。

4. 经济分析法

主要通过“三分”线损分析，找出线损偏大的馈线、台区，加以排查；另一种方法是从客户的单位产品耗电量进行分析，只使用于工矿企业，可作为窃电查处的依据。

5. 技术分析法

采用远程负荷监控系统和抄表系统等先进的技术手段，分析和发现客户的用电异常情况。如目前广泛应用于大电力客户的远程负荷监控系统，可根据交采日电量与表计日电量相比较，若有相差，应检查是否存在计量故障或窃电。

小 结

1. 目前发生的窃电行为，主要是通过改变电能表的工作原理，即改变电压、电流、功率因数中任一要素、改变电能表的结构、采取无表用电、采用高科技手段等方面进行窃电，但也不排除内外勾结进行窃电的行为。

2. 常见的窃电行为有：①在供电设施上私自接线用电；②绕越供电企业用电计量装置用电；③伪造或者开启用电计量装置封印用电；④故意损坏供电企业用电计量装置；⑤故意使供电企业的用电计量装置计量不准或者失效；⑥采用其他方法窃电。

3. 反窃电技术措施的原则是确保运行中的电能计量装置有可靠的密闭性能和防窃电性能，尽可能采用防伪封印；在封印完整、计量柜、箱密闭性强的情况下，客户无法或很难窃电。

4. 防范窃电的技术措施是通过技术手段达到防窃电的目的；防范窃电的组织措施是通过管理手段达到防窃电的目的。

5.《中华人民共和国电力法》及《刑法》是反窃电的法律条款，对窃电案证据的认定主要依据物证、人证、现场勘测记录、视频及照相记录、书证和鉴定结果等。

6. 窃电查处要严格按照相关法律、法规及《供电营业规则》、《用电检查管理办法》等进行。在实际工作中，可根据抄表电量的突变、线损的波动、监视系统（如抄表系统、负控系统）的电量异常进行重点检查。查窃电时一般先进行直观检查，初步判断是否存在窃电的可能，同时对照负荷查电量，最后可通过仪器仪表法查出可能存在的窃电点，按窃电查处的流程进行窃电查处。

7. 电力系统中常用的用电检查仪器仪表有万用表、钳形电流表、相位伏安表、现场校验仪等。

习　题

4-1　常见的窃电方式有哪些？
4-2　常见的窃电方法有哪些？
4-3　欠流法窃电的常见手法有哪些？
4-4　单相电能计量装置如何采用单线法窃电？
4-5　用机械振动或外部磁场干扰电能表等方法进行窃电属于哪种窃电方法？
4-6　扩差法窃电的常见手法有哪些？举例说明。
4-7　反窃电的组织措施有哪些？
4-8　反窃电技术措施的原则是什么？举例说明。
4-9　在进行电能计量装置安装和改造时应遵循什么原则？
4-10　进行窃电认定应掌握的证据有哪些？
4-11　窃电查处应注意哪些事项？
4-12　窃电查处的方法有哪些？举例说明。
4-13　防窃电中直观检查法包括哪些内容？

第五章

高低压客户电气装置

第一节 变 压 器

变压器是一种静止的电气设备，它是根据电磁感应原理进行工作的，主要由绕组和铁芯组成。由发电机输出的电能（电压为6.3、10.5kV或20kV）必须经过变压器升压、线路输送、变压器降压等环节的传变，才能适合于用电设备的使用。所以说，变压器是电力系统中不可缺少的重要设备。配电变压器的电压等级通常有110、35、10kV；按冷却方式主要有油浸式与干式两类。

一、变压器的结构

以中小型油浸式电力变压器为例说明其结构，如图5-1所示。

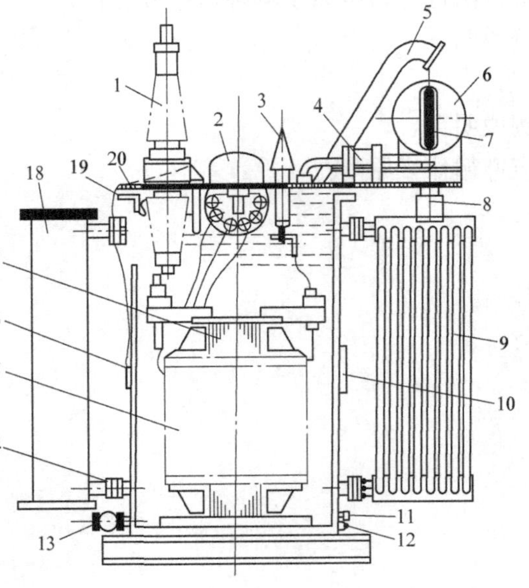

图5-1 变压器结构示意图

1—高压套管；2—分接开关；3—低压套管；4—气体继电器；5—安全气道（防爆管）；6—储油柜（油枕）；7—油表；8—呼吸器（吸湿器）；9—散热器；10—铭牌；11—接地螺栓；12—油样活门；13—放油阀门；14—活门；15—绕组（线圈）；16—信号温度计；17—铁芯；18—净油器；19—油箱；20—变压器油

1. 铁芯

(1) 铁芯结构。变压器的铁芯是磁路部分，由铁芯柱和铁轭两部分组成。绕组套装在铁芯柱上，而铁轭则用来使整个磁路闭合。

铁芯的结构一般分为心式和壳式两类。心式铁芯的特点是铁轭靠着绕组的顶面和底面，但不包围绕组的侧面。壳式铁芯的特点是铁轭不仅包围绕组的顶面和底面，而且还包围绕组的侧面。由于心式铁芯结构比较简单，绕组的布置和绝缘也比较容易，因此我国电力变压器主要采用心式铁芯，只在一些特种变压器（如电炉变压器）中才采用壳式铁芯。常用的心式铁芯如图5-2所示。

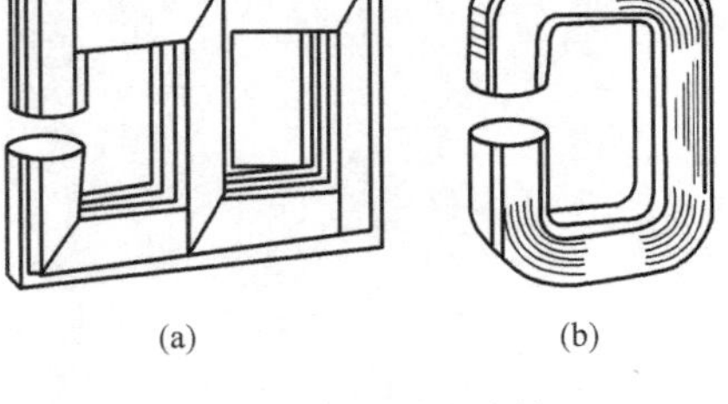

(a) (b)

图5-2 常用的心式铁芯

(a) 三相三柱式截面图；(b) 单相卷铁芯截面图

(2) 铁芯材料。由于铁芯为变压器的磁路，所以其材料要求导磁性能好。导磁性能好，才能使磁滞和涡流影响小，即铁损小，故变压器的铁芯常采用导磁性能较好的硅钢片叠制而成。硅钢片有热轧和冷轧两种，国产变压器均采用冷轧硅钢片，其厚度为0.35、0.30、0.27mm等几种。片厚，则涡流损耗大；片薄，则叠片系数小。硅钢片的表面必须涂覆一层绝缘漆，以使片与片之间绝缘。

2. 绕组

绕组是变压器的电路部分，其材料一般为铜或铝。

根据高、低压绕组排列方式的不同，绕组分为同心式和交叠式两种。对于同心式绕组，为了便于绕组和铁芯绝缘，通常将低压绕组靠近铁芯柱；对于交叠式绕组，为了减小绝缘距离，通常将低压绕组靠近铁轭。

3. 绝缘

变压器内部主要绝缘材料有变压器油、绝缘纸板、电缆纸、皱纹纸等。

一般变压器都安装有吸湿器（空气过滤器），以对变压器油进行防潮，保护其良好的绝缘性能。

4. 分接开关

变压器在运行中其电源电压可能偏离额定值，二次电压可能偏高或偏低，对用电设备不利。为了供给稳定的电压、控制电力潮流或调节负载电流，需对变压器进行电压调整。目前调压主要是在高压侧绕组上设置分接开关，切除或增加一部分绕组的线匝，即通过改变匝数比达到改变电压比的有级调整电压的方法。高压绕组常套在外面，这是因为：引出分接方便，且能更好地满足高压绕组对地绝缘要求；高压侧电流小，分接引线和分接开关的载流部分截面小，开关接触触头也较容易制造。

5. 油箱

油箱是油浸式变压器的外壳。变压器的器身置于油箱内，箱内灌满变压器油。油箱结构根据变压器的大小分为吊器身式油箱和吊箱壳式油箱两种。前者多用于 6300kVA 及以下的变压器；后者多用于 8000kVA 及以上的变压器，又称钟罩式油箱。

6. 冷却装置

冷却装置的作用是将在绕组和铁芯中产生的热量尽快散去，以免变压器过热造成事故。变压器容量大小不同，采用的冷却装置也不同。对于小容量变压器，可自然地散热冷却；若变压器容量稍大些，可以在油箱外壁上焊接散热管，以增大散热面积；对于容量更大的变压器，则应安装冷却风扇，以增强冷却效果；当变压器容量在 50 000kVA 及以上时，则采用强迫油循环水冷却器（冷却介质为水）或强迫油循环风冷却器（冷却介质为风）。强迫油循环是在循环油路中增设潜油泵，对油加压以增加冷却效果。

7. 储油柜

储油柜又称油枕，位于变压器油箱上方，通过气体继电器与油箱相通，如图 5-3 所示。

当变压器的油温变化时，油体会膨胀或收缩。储油柜的作用就是保证油箱内总是充满油，并减小油面与空气的接触面，从而减缓油的老化。

8. 安全气道

安全气道又称防爆管，位于变压器的顶盖上，其出口用玻璃防爆膜封住。当变压器内部发生严重故障，而气体继电器失灵时，油箱内部的气体便冲破防爆膜从安全气道喷出，

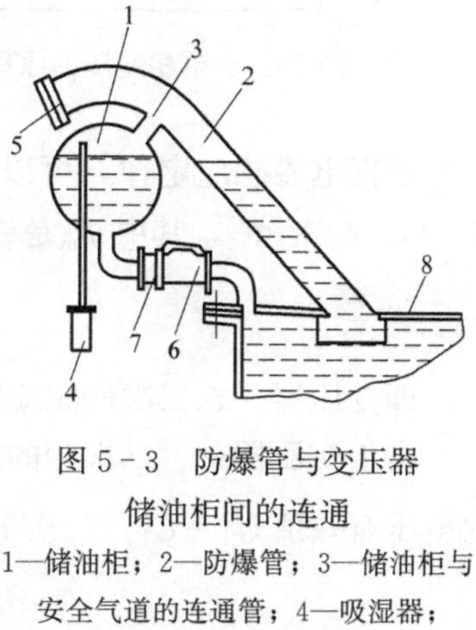

图 5-3　防爆管与变压器储油柜间的连通

1—储油柜；2—防爆管；3—储油柜与安全气道的连通管；4—吸湿器；5—防爆膜；6—气体继电器；7—蝶形阀；8—箱盖

保护变压器不受严重损害。

9. 吸湿器

为避免油受空气中的水分和杂质影响，储油柜通过吸湿器与大气相通。在变压器油温降低或升高，绝缘油体积收缩或膨胀时，吸潮装置就阻止空气中的潮气及杂质进入油内或对储油柜中的空气产生压力并向大气排出。

吸湿器内的吸湿剂是用氯化钙或氯化钴浸渍过的硅胶，受潮到一定程度时，将由蓝色变为粉红色。

10. 气体继电器

气体继电器位于储油柜与箱盖的联管之间。在变压器内部发生故障（如绝缘击穿、匝间短路、铁芯事故等）产生气体或油箱漏油等使油面降低时，接通信号或跳闸回路，保护变压器。

变电所单台容量在800kVA及以上油浸变压器，或车间内装设的容量在400kVA及以上的油浸变压器，应装设气体保护。

11. 高、低压绝缘套管

变压器内部的高、低压引线是经绝缘套管引到油箱外部的，它起着固定引线和对地绝缘的作用。

套管由带电部分和绝缘部分组成。带电部分包括导电杆、导电管、电缆或铜排。绝缘部分分为外绝缘和内绝缘。外绝缘为瓷管；内绝缘为变压器油、附加绝缘和电容性绝缘。

二、变压器工作原理

图5-4所示为单相变压器的原理。图中在闭合的铁芯上，绕有两个互相绝缘的绕组，其中，接入电源的一侧叫一次侧绕组，输出电能的一侧为二次侧绕组。当交流电源（频率为f）电压$\dot{U}_1$加到一次侧绕组后，就有交流电流$\dot{I}_1$通过该绕组，在铁芯中产生交变磁通$\dot{\Phi}_1$。这个交变磁通不仅穿过一次侧绕组，同时也穿过二次侧绕组，两个绕组分别产生感应电动势$\dot{E}_1$和$\dot{E}_2$。这时，如果二次侧绕组与外电路的负荷接通，便有电流$\dot{I}_2$流入负荷，即二次侧绕组有电能输出。

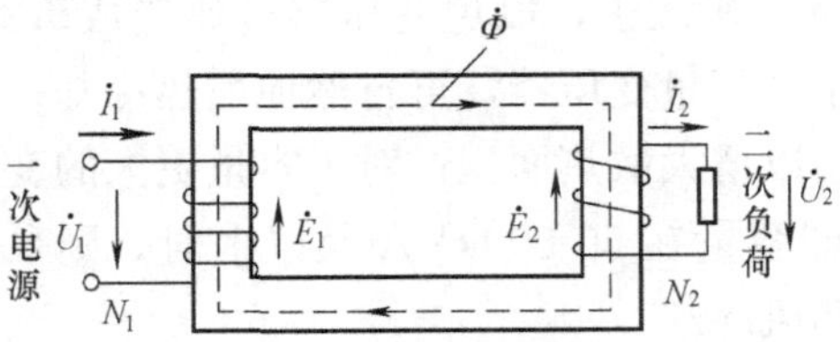

图5-4 单相变压器原理图

根据电磁感应定律，可以导出一、二次侧绕组感应电动势分别为$E_1=4.44fN_1\Phi_m$和$E_2=4.44fN_2\Phi_m$，其中Φ_m是铁芯中的主磁通幅值，因此可得

$$\frac{E_1}{E_2}=\frac{N_1}{N_2} \tag{5-1}$$

即变压器一、二次侧感应电动势之比等于一、二次侧绕组匝数之比。

由于变压器一、二次侧的漏电抗和电阻都比较小，可以忽略不计，因此可近似地认为一次电压有效值$\dot{U}_1=\dot{E}_1$，二次电压有效值$\dot{U}_2=\dot{E}_2$，则

$$\frac{U_1}{U_2}=\frac{E_1}{E_2}=\frac{N_1}{N_2}=K \tag{5-2}$$

式中 K——变压器的变比。

变压器一、二次侧绕组因匝数不同，将导致一、二次侧绕组的电压高低不等，匝数多的一边电压高，匝数少的一边电压低。这就是变压器能够改变电压的原理。

如果忽略变压器的内损耗，可认为变压器二次输出功率等于一次输出功率，即 $U_1 I_1 = U_2 I_2$ 时，其中 I_1、I_2 分别为变压器一次、二次电流的有效值。

则
$$\frac{I_1}{I_2} = \frac{N_2}{N_1} = \frac{1}{K} \tag{5-3}$$

即变压器一、二次侧电流之比等于一、二次侧绕组匝数之反比。匝数多的一边电流小，匝数少的一边电流大，即电压高的一侧电流小，电压低的一侧电流大。

三、变压器的型号及主要技术特征

1. 型号

常用的电力变压器型号含义见表 5-1。

表 5-1　　常用电力变压器型号含义

段号	分类	代表符号	含　义	段号	分类	代表符号	含　义
第一段（按字母顺序排列）	绕组自耦合方式	O	自耦	第一段（按字母顺序排列）	绕组数		双绕组
	相数	D	单相			S	三绕组
		S	三相			F	分裂绕组
	冷却方式	(J)	油浸自冷		绕组导线材质		铜
		F	油浸风冷			L	铝
		S	油浸水冷		调压方式		无励磁调压
		G	干式空气自冷			Z	有载调压
		C	干式浇注绝缘		设计序号	数字表示	
	循环方式		自然循环	第二段（横杠后面）	额定容量	单位 kVA	
		P	强迫循环	第三段（斜线后面）	高压绕组电压等级	单位 kV	

例如：SFZ-10000/110，表示三相、铜绕组、自然循环油浸风冷、双绕组、有载调压，额定容量为 10 000kVA，高压绕组额定电压 110kV。

S9-160/10，表示三相、铜绕组、油浸自冷式、双绕组、无励磁调压，额定容量 160kVA，高压侧绕组额定电压为 10kV，设计序号为 9。

SC8-315/10，表示三相、铜绕组、干式浇注绝缘、双绕组、无励磁调压，额定容量 315kVA，高压侧绕组额定电压为 10kV，设计序号为 8。

2. 额定电压

额定电压是指变压器线电压（有效值），它应与所连接的输变电线路电压相符。一般变压器一次侧的额定电压为所接电网的额定电压；二次侧的额定电压为一次侧加上额定电压而二次侧开路时的电压，一般高于所接电网额定电压 5%～10%。

3. 额定容量

额定容量是指铭牌上所规定的额定工作状态下，变压器输出视在功率（kVA）的保证值。我国现行变压器的容量系列近似按 $\sqrt[10]{10}\approx1.259$ 倍递增。对于三相变压器，额定容量是三相容量之和。

变压器额定容量与绕组额定容量有所区别：双绕组变压器的额定容量即为绕组的额定容量；多绕组变压器应对每个绕组的额定容量加以规定，其额定容量为最大的绕组额定容量；当变压器容量由冷却方式而变更时，则额定容量是指最大的容量。

变压器额定容量的大小与电压等级也是密切相关的。电压低、容量大时，电流大，损耗增大；电压高、容量小时，绝缘比例过大，变压器尺寸相对增大。因此，电压低的容量必小，电压高的容量必大。

目前 10kV 节能变压器容量等级分别为 10，20，30，50，63，100，125，160，200，250，315，400，500，630，800，1000，1250，1600kVA。

4. 额定电流

变压器的额定电流为通过绕组线端的电流，即为线电流（有效值）。它的大小等于绕组的额定容量 S_N 除以该绕组的额定电压 U_N 及相应的系数 K。单相变压器 $K=1$，三相变压器 $K=\sqrt{3}$。

$$I_N=\frac{S_N}{KU_N} \tag{5-4}$$

式中 S_N——变压器额定容量；

I_N——一次或二次额定电流；

U_N——一次或二次额定电压。

对三相变压器，绕组为 Y 联结时，线电流等于绕组相电流；D 联结时，线电流为绕组相电流的 $\sqrt{3}$ 倍。

5. 绕组联结组标号及特点

变压器同侧绕组是按一定形式联结的。对三相绕组的连接方式，一次侧采用星形和三角形两种，二次侧则采用星形、三角形或曲折形连接等三种，如图 5-5 所示。

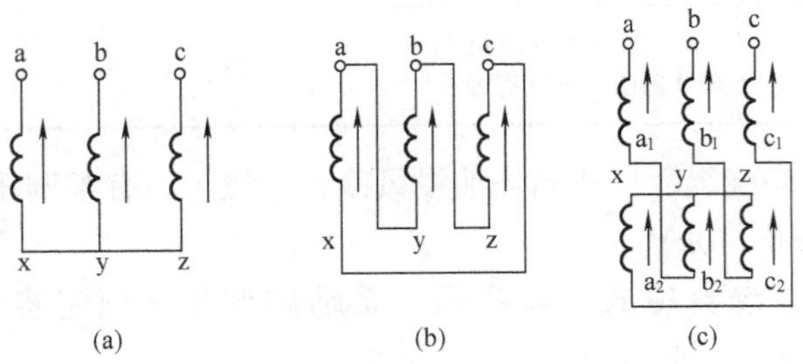

图 5-5 绕组的连接方式

(a) 星形；(b) 三角形；(c) 曲折形

星形、三角形、曲折形的联结，对于高压绕组分别用符号 Y、D、Z 表示；对于中压和低压绕组分别用符号 y、d、z 表示。中性点是否有引出，可在 Y、Z 后加 N 表示中性点有引出的情况，如 YN、ZN 和 yn、zn。

变压器按高压、中压和低压绕组联结的顺序组合起来就是绕组的联结组。变压器的联结组别表示了三相变压器高、低压侧电压（一般指线电压）之间的相位关系及两侧三相绕组的连接方式。

由于三绕组变压器高、低压侧绕组联结方法不同，两侧电压相位的关系也不相同，但不同联结组别其两侧电压之间的相位关系总是 30°的倍数，可以用时钟表示法表示联结组别。

国产电力变压器常用的联结组别为 Yd11 和 Yy12 两种。如：YNd11 即表示高压侧为中性点有引出的星形联结，低压侧为三角形联结，两侧电压相位差为 $11\times30°=330°$的变压器。特别注意，在配电系统中具有下列情况之一者，宜选用 Dyn11 型变压器：

(1) 三相不平衡负荷超过变压器每相额定功率的15%以上者。Yyn12 接线的变压器当处于不平衡运行时，由于零序磁通产生的零序电动势叠加在相电压上，使三相电压不对称，出现中性点位移。

对 Yyn12 联结组的变压器，规定三相负荷的不平衡程度不应大于 15%，其计算方法为

$$不平衡度(\%)=\frac{最大电流-最小电流}{最大电流}\times100\%$$

但对于 Dyn11 接线变压器，由于零序电流能在一次绕组中环流，因而可以削弱零序磁通的作用，所以 Dyn11 接线变压器允许用在三相不平衡负荷较大的变配电系统中。

(2) 需要提高单相短路电流值，确保低压单相接地保护装置动作灵敏度者。在利用变压器低压侧三相过流保护兼作单相保护时，要求低压侧发生单相接地故障时有较大的单相短路电流，才能达到规定的灵敏度要求。Dyn11 接线变压器单相短路电流可达 Yyn12 接线变压器单相短路电流的 3 倍以上。所以在相同条件下，采用 Dyn11 接线变压器可较大地提高单相短路电流值，从而提高保护装置的灵敏度。

(3) 需要限制三次谐波含量者。在限制谐波方面，由于晶闸管等设备的应用在配电系统中产生大量谐波，使电源的波形发生畸变，造成设备事故，使配电系统不能正常运行。在这些谐波中主要为三次谐波，由于 Dyn11 接线变压器一次侧的三角形接法为 $3n$ 次谐波提供了通路，可使绕组中 $3n$ 次谐波电动势比 Yyn12 接线变压器小得多，有效地削弱了谐波对配电网的污染，增强了系统的抗干扰能力。

6. 调压挡位

变压器调压方式通常分为无励磁调压和有载调压两种方式。

当二次侧不带负载，一次侧又与电网断开时的调压为无励磁调压。无励磁调压抽头的调压范围：对于 10kV 及以下的配电变压器，一般为±5%；对于 35kV 及以上容量较大的变压器，一般为±2×2.5%。

在二次侧带负载下利用分接开关进行的调压为有载调压。有载调压范围比无励磁调压大得多，10kV 及以下一般为±4×2.5%；35kV 级为±3×2.5%；63kV 及以上为±8×2.5%。

无励磁调压的抽头方式有 4 种，即中性点调压、中性点反向联结调压、中部调压、中部并联调压。有载调压所采用的分接开关由调压电路、选择开关、过渡电阻三部分组成。过渡电阻的作用是限制在调压瞬间被短接的线圈中的循环电流。

7. 空载电流和空载损耗

当变压器二次绕组开路，一次绕组施加额定频率的额定电压时，一次绕组中所流过的电流称空载电流 I_0，此时变压器的损耗即为空载损耗 P_0。

空载电流 I_0 的大小与变压器铁芯中的磁通密度有密切关系，一般磁通密度越大，所需空载电流越大（不是成正比）。变压器空载合闸时，有较大的冲击电流。

通常将变压器的空载损耗近似地认为等于变压器的铁损，即铁芯中的交变磁通所引起的损耗，包括磁滞损耗和涡流损耗，其中磁滞损耗约占 80%。

为了降低涡流损耗，常采用加大硅钢片电阻和将硅钢片制薄的方法。为了降低磁滞损耗，铁芯多采用磁滞回线狭窄（回线面积小）的硅钢片。

例如，S9 系列的变压器采用 DQ147－30 晶粒取向冷轧的优质硅钢片作为铁芯材料。这种硅钢片导磁性能优良，单位损耗小；硅钢片厚度由 0.35mm 改为 0.3mm；而且硅钢片不作涂漆处理，利用硅钢片本身的绝缘膜绝缘，减少硅钢片之间的缝隙；增加铁芯截面积以降低磁通密度，高低压绕组均使用铜导线，并加大导线截面，降低绕组电流密度，从而降低了空载损耗和负载损耗。

S9 系列的变压器比 S7、SL7 系列变压器空载损耗再降低 10%左右，与 S7 系列变压器一样都属于低损耗、节能型变压器。另外，在 S9 系列的基础上，改进结构设计，选用超薄型硅钢片，进一步降低空载损耗。目前已大量使用 S11 系列变压器。

目前，高磁导率的软磁材料非晶态合金铁芯已被应用于变压器。非晶态合金铁芯的变压器与同电压等级、同容量硅钢合金铁芯变压器相比，空载损耗要低 60%～80%，空载电流可下降 80%。

近年来，大量涌现的节能型配电变压器均采用卷铁芯结构，其空载电流仅为叠装式的 20%～30%。目前国内生产的 10kV、630kVA 及以下卷铁芯变压器，其空载损耗比 S9 系列变压器下降 30%，空载电流比 S9 系列变压器下降 20%，基本能满足在城网、农网改造中对小型变压器的需求。单相卷铁芯变压器适用于 630kVA 及以下变压器。

8. 阻抗电压和短路损耗

当变压器二次侧短路，一次侧施加电压使其电流达到额定值，此时所施加的电压称为阻抗电压 U_Z，变压器从电源吸取的功率即为短路损耗 P_K。阻抗电压以与额定电压 U_N 之比的百分数表示，即

$$u_Z = \frac{U_Z}{U_N} \times 100 \quad (\%) \tag{5-5}$$

变压器的短路损耗 P_K 可认为等于额定工作状态下的铜耗，主要是一、二次绕组的电阻损耗，约占短路损耗的 70%以上。但是，在短路损耗中还包括导体的涡流损耗和附加杂散损耗。导体的阻值与温度有关，因此短路损耗也受温度影响。

9. 温升与冷却方式

变压器的温升，对于空气冷却变压器，是指测量部位的温度与冷却空气温度之差；对于水冷却变压器，是指测量部位的温度与冷却器入口处水温之差。

标准规定电力变压器的环境温度最高气温不超过＋40℃，户内变压器的最低气温不低过－5℃，户外变压器的最低气温不低过－25℃。

(1) 变压器温升限值。

1) 油浸式变压器绕组和顶层油温升限值。由于 A 级绝缘在 98℃时产生的绝缘损坏为正常损坏，而保证变压器正常寿命的年平均气温是 20℃，绕组最热点与其平均温度之差为 13℃，所以绕组温升限值为 98－20－13＝65（K）。

油正常运行的最高温度为 95℃，最高气温为 40℃，所以顶层油温升限值为 95－40＝55（K）。

2) 干式电力变压器运行时温升的限值见表 5－2。

(2) 变压器冷却方式。变压器根据其特征及使用条件的不同采取不同的冷却方式，见表 5－3。

表 5-2　**干式电力变压器运行时的温升限值**　℃

部　位	绝缘系数温度（绝缘材料耐热等级）	最高温升
绕组（用电阻测量法的温升）	105（A）	60
	120（E）	75
	130（B）	80
	155（F）	100
	180（H）	125
	220（C）	250
铁芯、金属部件外壳与其相邻的材料		在任何情况下，不会出现使铁芯本身、其他部件或与其相邻的材料受到损害

表 5-3　**变压器的冷却方式**

类　别		字母顺序	介质种类/循环方式	字母	表达含义
油浸式变压器		第一个字母	与绕组接触的冷却介质	O	矿物油或燃点不大于300℃的绝缘液体
				K	燃点大于300℃的绝缘液体
				L	燃点不可测出的绝缘液体
		第二个字母	内部冷却介质的循环方式	N	流经冷却设备和绕组内部的油流是自然的热对流循环
				F	冷却设备中的油流是强迫循环，流经绕组内部的油流是热对流循环
				D	冷却设备中的油流是强迫循环，在主要绕组内部的油流是强迫导向循环
		第三个字母	外部冷却介质	A	空气
				W	水
		第四个字母	外部冷却介质的循环方式	N	自然对流
				F	强迫循环
干式变压器	无保护外壳	第一个字母		A	空气
		第二个字母		N	自然循环
				F	强迫循环
	有保护外壳	第一个字母	与绕组接触的介质	A	空气
				G	其他气体
		第二个字母	与绕组接触的循环方式	N	自然循环
				F	强迫循环
		第三个字母	外部冷却介质	A	空气
				G	其他气体
		第四个字母	外部冷却循环方式	N	自然循环
				F	强迫循环

四、干式变压器的特点

常用的干式配电变压器为环氧树脂浇注型，相对于油浸式变压器，干式变压器因没有油，也就没有火灾、爆炸、污染等问题，安全水平较高，故电气规范、规程等均不要求干式变压器置于单独房间内。特别是干式配电变压器的新系列，损耗和噪声降到了较低的水平，更为干式变压器与低压屏置于同一配电室内创造了条件。在商业中心、地铁、高层建筑、水电站等场合，常选用环氧树脂浇注型干式配电变压器。

1. 干式变压器的温度控制系统

干式变压器的安全运行和使用寿命，很大程度上取决于变压器绕组绝缘的安全可靠水平。绕组温度超过绝缘耐受温度将使绝缘破坏，这是导致变压器不能正常工作的主要原因之一，因此干式变压器运行时，对其温度的监测及报警的控制十分重要。

2. 干式变压器的防护方式

根据使用环境特征及防护要求，干式变压器可选择不同的外壳。通常选用 IP20 防护外壳，可防止直径大于 12mm 的固体异物及鼠、蛇、猫、雀等小动物进入造成的短路停电等恶性故障，为带电部分提供安全屏障。若须将变压器安装在户外，则可选用 IP23 防护外壳，其除上述 IP20 防护功能外，更可防止与垂直线成 60°角以内的水滴进入。但 IP23 外壳会使干式变压器冷却能力下降，选用时要注意其运行容量的降低。

3. 干式变压器的冷却方式

干式变压器的冷却方式分为自然空气冷却（AN）和强迫空气冷却（AF）两种。自然空气冷却时，变压器可在额定容量下长期连续运行；强迫空气冷却时，变压器输出容量可提高 50%。适用于断续过负荷运行，或应急事故过负荷运行。由于过负荷时负载损耗和阻抗电压增幅较大，处于非经济运行状态，故不应使其处于长时间连续过负荷运行。

4. 干式变压器的过载能力

干式变压器的过载能力与环境温度、过载前的负载情况（起始负载）、变压器的绝缘散热情况和发热时间常数等有关，一般生产厂家均会制定干式变压器的过负荷曲线。

五、SF_6 气体绝缘变压器简介

SF_6 气体不可燃、无毒、绝缘强度高、消弧性能好，是比较理想的绝缘介质。20 世纪 50 年代末，美国某公司首先生产了 SF_6 气体绝缘变压器，其后日本的一些公司制造出 66～77kV、30～40MVA 的 SF_6 电力变压器。SF_6 气体绝缘变压器的技术已经逐步成熟，目前已实现商业性批量生产，已有数千台 SF_6 气体绝缘变压器在世界各地运行。我国在 20 世纪 80 年代中期研制出 500kVA/10kV 的 SF_6 配电变压器，它完全防火、防化学侵蚀，性能优良。

SF_6 气体绝缘变压器与普通油浸式变压器的主要不同之处在于其绝缘冷却介质和冷却机理不同。SF_6 气体绝缘变压器整个器身置于充有 SF_6 气体的箱体中。由于 SF_6 气体传热能力和散热能力均比变压器油差一个数量级，因此，自冷式气体绝缘变压器不可能做得很大，一般最大不超过 5000kVA。容量大时，就要采用循环风机进行强迫循环，增加 SF_6 气体流速。为获得更好的散热效果，还可以采用风冷却器强迫风冷或采用水冷却器强迫水冷。如日本某公司 1992 年生产了 72.5kV、26MVA 的 SF_6 三相电力变压器，现已开发电压最高达 275kV、容量最大达 300MVA 的 SF_6 三相电力变压器，用于市区地下变电站。

六、变压器的并列运行

变压器并列运行的三个基本条件是：联结组别号相同、电压比相等、短路阻抗相等。

当两台电压比不同的变压器并列运行，这时二次侧出线并到同一低压母线上，在各变压器的一、二次侧分别构成的两个闭合回路内都有不平衡电流产生，其大小与二次电压差及短路阻抗的大小有关。并列运行时，一般希望各台变压器的变压比不要超过额定值的±0.5%。

当两台短路电压不同的变压器并列运行时，由于变压器的负荷系数与短路电压成反比，就会使一台变压器负荷不足，另一台变压器可能过负荷，即短路电压小的变压器分担的负荷大，短路电压大的变压器分担的负荷小，容易造成变压器长期过载运行。

联结组别号不相同的变压器绝对不允许并列运行，否则产生的环流将比额定电流大许多倍。

七、配电变压器的交接和大修试验项目

(1) 测量分接头直流电阻。1600kVA 及以下变压器，各相间直流电阻值差别不大于三相平均值的 4%，线间直流电阻值差别不大于三相平均值的 2%；1600kVA 以上变压器，各相间直流电阻值差别不大于三相平均值的 2%，无中性点引出的绕组，线间直流电阻值差别不大于三相平均值的 1%。

(2) 测量绝缘电阻不低于下列数值：额定电压为 3～10kV，20℃时绝缘电阻不小于 300MΩ；额定电压为 500V 及以下，绝缘电阻不小于 10MΩ。

(3) 交流耐压。试验电压按出厂值的 85%；500V 及以下线圈的试验电压为 2kV。

(4) 各分接头变比。各分接头变比的实测值与出厂试验值相比误差不大于±0.5%。

(5) 组别和极性、有载分接开关、空载和短路试验符合设计或制造厂规定。

第二节 高压成套配电装置

目前变电所 3～10kV 配电设备及低压配电设备多采用成套配电装置。成套配电装置可分为高压成套配电装置（即高压开关柜）、低压成套配电装置（含配电屏、柜、箱）及 SF_6 全封闭组合电器三大类。

高压成套配电装置是由制造厂成套供应的设备，运抵现场后按一定的接线方案将有关的一、二次设备组装而成。它将电气主电路分成若干个单元，每个单元即一条回路，将每个单元的断路器、隔离开关、电流互感器、电压互感器，以及保护、控制、测量等设备集中装配在一个整体柜内（通常称为一面或一个高压开关柜）。

一、断路器

高压断路器是高压电路中重要的控制和保护电器，用于在正常运行时接通或断开电路，故障情况在继电保护装置的作用下迅速断开电路，特殊情况下（如自动重合到故障线路上时）可靠地接通短路电流。它对维持电力系统的安全、经济和可靠运行起着非常重要的作用。在配电装置中使用较多的是真空断路器和 SF_6 断路器等新型断路器。

1. 真空断路器

真空断路器广泛使用于 3～35kV 电压等级，其利用“真空”作绝缘介质和灭弧介质。真空断路器的特点是动作快、燃弧时间短，且结构简单、体积小、重量轻、噪声小、维修量小（一般情况下无需大修，但操作 1 万次后，或者真空度达不到要求时需大修）、无可燃物、没有爆炸和火灾危险，并具有可频繁操作的能力。

真空断路器的关键元件是真空灭弧室，断路器的动、静触头安装在真空灭弧室内。

10kV 真空断路器动、静触头之间的断开距离一般为 10～15mm。真空灭弧室的重要部件是波纹管，通常采用 0.12～0.14mm 的铬—镍—钛不锈钢材料。由于真空断路器在每次跳合闸时，波纹管都会有一次伸缩变形，所以它的寿命通常决定了断路器的机械寿命。在真空断路器灭弧室中，有一包围在触头周围用金属材料制成的圆筒，即屏蔽罩，其主要作用是吸附电弧燃烧时释放出的金属蒸气，提高弧隙的击穿电压，并防止弧隙的金属喷溅到绝缘外壳内壁上，降低外壳的绝缘强度。

2. 六氟化硫断路器

SF_6 断路器具有以下显著特点：

(1) SF_6 断路器的使用寿命长、检修周期长、检修工作量小、不存在燃烧和爆炸的危险。因为 SF_6 气体是一种无色、无味、无毒、不可燃、易液化，对电气设备不腐蚀的气体。

(2) SF_6 断路器的结构简单、外形尺寸小、占地面积少。因为 SF_6 气体的绝缘强度是空气的 2.33 倍，灭弧能力是空气的 100 倍。

(3) SF_6 断路器可多次动作后不用检修，目前使用的某些 SF_6 断路器检修年限可达 20 年以上。因为 SF_6 气体在电弧高温作用下会分解为低氟化物，但在电弧过零值后，又很快再结合成 SF_6 气体，在断路器内多次灭弧后，SF_6 气体仍能保持其稳定性能。

总之，SF_6 断路器有良好的灭弧性能，开断能力强（额定电流可达 8000kA 以上），断口元件电压高（可达 400kV），允许连续开断次数多，适于频繁操作，并且噪声小，无火灾危险，电寿命长，分合电容器时没有重燃现象，长期运行不需检修等显著特点，这也使得 SF_6 断路器在电力系统各高电压等级中的应用范围日益广泛。

应当强调的是：当断路器中的 SF_6 气体含有水分较多时，水分或其他杂质成分混合并在电弧作用下分解为低氟化合物和低氟氧化物，如氟化亚硫酸（SOF）、氢氟酸（HF）、二氟化铜（CuF_2）等。其中的某些成分（低氟化物和低氟氧化物）有严重腐蚀性，会腐蚀断路器内部结构部件，并威胁运行和检修人员的安全。为此，SF_6 断路器要有压力监视系统和净化系统。另外，SF_6 气体含水量过多，会造成水分凝结、浸润绝缘部件表面、使绝缘强度下降，容易引起设备故障。

因此，对 SF_6 断路器有如下特殊要求：

1) 新装 SF_6 断路器投入运行前必须复测气体含水量和漏气率，要求灭弧室的含水量应小于 150×10^{-6}（体积比）其他气室小于 250×10^{-6}（体积比）；SF_6 气体的年漏气量小于 1%。

2) 运行中 SF_6 断路器应定期测量 SF_6 气体含水量，断路器新装或大修后，每 3 个月测量一次，待含水量稳定后可每年测量一次。

3) SF_6 断路器应该设有气体检漏设备和气体回收装置。断路器内的 SF_6 气体严禁向大气排放，必须使用 SF_6 气体回收装置，避免污染环境，保证环境安全。

二、隔离开关

隔离开关在检修其他设备时，起隔离来电的作用。隔离开关一般装在母线侧，当断路器出线侧有倒送电可能时，应加装一组线路侧隔离开关。

隔离开关没有特殊的灭弧装置，不允许用它带负载进行拉闸或合闸操作，以免造成三相弧光短路。隔离开关拉闸时，必须在断路器切断电路之后才能再拉隔离开关；合闸时，必须先合入隔离开关，再用断路器接通电路。

选用高压隔离开关时，应根据安装地点选择相应型式（室内型或室外型），根据电源的额定电压和负荷大小来选择适当的容量，还需校核能否适应短路时通过的电流值。

不管合闸还是分闸操作，都应在不带负荷或负荷在隔离开关允许的操作范围之内时才能进行。如果发生了带负荷分或合隔离开关的误操作，则应冷静地避免可能发生的另一种反方向的误操作。也就是：当发现带负荷误合闸后，不得再立即拉开；当发现带负荷分闸后，不得再合（若刚拉开一点，发现有火花产生时，可立即合上）。

隔离开关运行时应主要监视并检查：①触头接触状况，有无发热；②绝缘子是否清洁；③防误操作闭锁装置的可靠性。可采用临时短接及触头磨光装置等设备对隔离开关带电进行检修，以提高供电可靠性。

三、负荷开关

高压负荷开关是高压电路中用于在额定电压下接通或断开负荷电流的专用电器。它虽有灭弧装置，但灭弧能力较弱，只能切断和接通正常的负荷电流，而不能用来切断短路电流。一般情况下，负荷开关与高压熔断器配合使用，由熔断器起短路保护作用。负荷开关断开后有明显的断开点，能起到隔离开关的检修隔离作用。

负荷开关按使用场所分类，可分为户内（FN）式和户外（FW）式；按灭弧方式分类，可分为油浸式、产气式、压气式、真空和 SF_6 负荷开关。

户内型高压负荷开关目前常用的有 FN3 型。它有三种形式：①无熔断器的负荷开关；②有熔断器的 FN3－10R 负荷开关（熔断器位于开关下方）；③有熔断器的 FN3－10R/S 负荷开关（熔断器在开关上方）。

由负荷开关和熔断器组成的全封闭型环网开关，目前在配电变压器容量小于 1250kVA 的小容量高压客户中得到越来越广泛的应用。它具有体积小、占地少、价格便宜的优点。

四、高压熔断器

1. 高压熔断器的用途及结构特点

高压熔断器通过短路电流或过载电流时熔断，以保护电路中的电气设备。在农村配电网和工厂企业供电系统中，广泛使用高压熔断器作为配、供电线路及电力变压器的过负荷及短路保护，它既经济又能满足一定程度的可靠性。在 3～35kV 小容量装置中，熔断器可用于保护线路、变压器、电动机及电压互感器等。

熔断器一般由熔丝管、熔体、灭弧填充物、指示器、静触头座等构成。熔断器的动作具有反时限特性，即通过熔体的短路电流愈大（指在允许开断容量范围内），则熔体熔断的时间愈短。

2. 高压熔断器的分类及选用原则

(1) 分类。高压熔断器按安装地点可分为户内式（RN）和户外式（RW）；按动作特性可分为固定式和自动跌落式；按工作特性即限流作用可分为限流式和非限流式，限流式是指在短路电流没有达到最大值之前熔断器熔断。

RN 系列熔断器属限流型。RN1 型为户内限流管式，管内充石英砂，供电力线路短路和过流保护用，它由熔断指示器显示是否熔断；RN2 型也是户内管式，管内充石英砂，熔断器件是绕在陶管芯上的熔丝，由三级不同截面组合的康铜丝组成，以限制灭弧时产生的过电压幅值，RN2 型供电压互感器短路保护用，它的熔管没有熔断指示器，运行中应根据接于电压互感器二次电路中仪表的指示来判断高压熔丝是否熔断；RN3、RN4 型是带有片状熔体的熔断器；RN5、RN6 型是改进型熔断器。

RW1型为户外式，其与负荷开关配合可代替断路器。RW4－10系列熔断器为跌落式，外形如图5－6所示，安装时熔管的轴线与铅垂线成一定倾斜角度，以保证熔丝熔断时熔管能顺利跌落。当熔丝熔断时，熔丝对连接片的拉紧力消失，上触头从抵舌上滑脱，熔断器靠自身重力绕轴跌落。

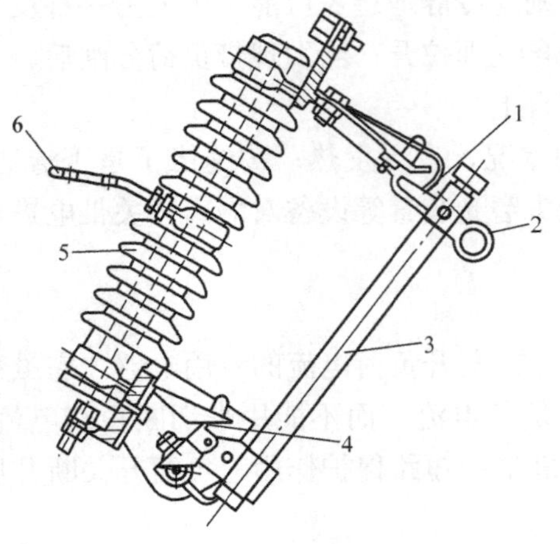

图5－6 RW4－10型户外跌落式熔断器
1—上触头；2—操作环；3—熔管；
4—下触头；5—绝缘子；6—安装铁板

(2) 高压熔断器的选用。在同样条件下，RN型比RW型的保护性能要好，前者可用于保护选择性要求较高的、短路容量较大的电路中。与高压负荷开关配合使用时，则应选用RN型。单独作控制和保护使用时，可选用RW型。

熔体与熔丝管及负荷电流的配合关系如下：

1) 熔体的额定值最好为熔丝管容量的30%～100%，不能大于熔丝管的额定容量，以利灭弧。

2) 熔体额定电流值应与负荷电流相配合，根据负荷的性质不同，一般熔体的额定电流为负荷电流的1.5～2.5倍。

3. 高压熔断器的运行维护

(1) 检查室内型熔丝器瓷管的密封是否完好，导电部分与固定底座静触头的接触是否紧密。

(2) 检查瓷绝缘部分有无损伤和放电痕迹。

(3) 检查熔丝器的额定值与熔体的配合及与负荷电流是否相适应。

(4) 检查室外型熔丝器的导电部分接触是否紧密，弹性静触头的推力是否有效，熔体本身有无损伤，绝缘管有无损坏和变形。

(5) 检查室外型熔断器的安装角度有无变动。分、合闸操作时，动作应灵活，无卡涩。熔体熔断时熔丝管掉落应迅速，以形成明显的隔离间隙。上、下触头应对准。

(6) 检查室外型熔丝管（RW型）上端口的磷铜膜片是否完好。紧固熔体时应将膜片压封住熔断管上端口，以保证灭弧速度。熔丝管在正常情况下不应发生因受力振动而掉落的现象。

五、高压成套配电装置

高压成套配电装置按其结构特点可分为金属封闭式、金属封闭铠装式、金属封闭箱式和SF_6封闭组合电器等；按断路器的安装方式可分为固定式（GG系列、KGN系列）、手车式（GC系列、GFC系列）和金属移开式（JYN系列、KYN系列）等。

开关柜应具有“五防”连锁功能，即防误分、合断路器，防带负荷拉合隔离开关，防带电合接地开关，防带接地线合断路器，防误入带电间隔连锁功能。“五防”连锁功能常采用断路器、隔离开关、接地开关与柜门之间的强制性机械闭锁方式或电磁锁方式实现。

(一) KYN××800－10型高压开关柜

KYN××800－10型高压开关柜（以下简称开关柜）是具有“五防”连锁功能的中置式金属铠装高压开关柜，用于额定电压为3～10kV，额定电流为1250～3150A，单母线接线的发电厂、变电所和配电所中。

1. 型号含义

KYN××800－10型高压开关柜型号及含义如下：

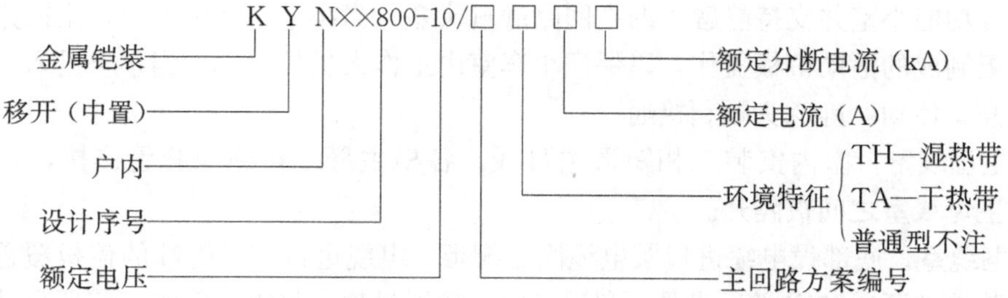

2. 结构

外形尺寸如图5-7所示，结构如图5-8所示。

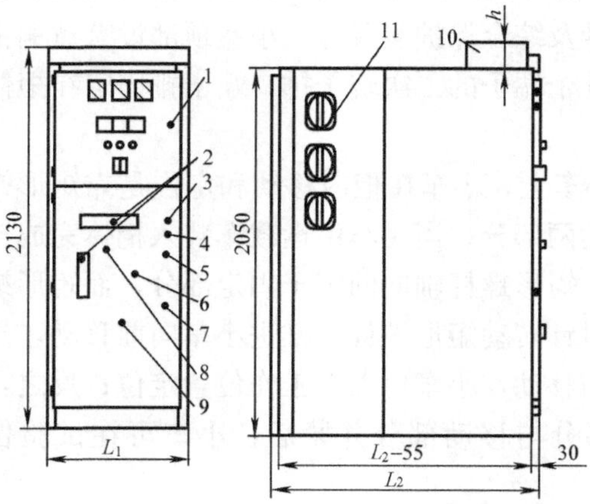

L_1 (mm)	800	用于6kV系统
	900	用于10kV系统
L_2 (mm)	1775	用于一般方案
	2175	用于后架方案
h (mm)	70	一排小母线
	180	两排小母线

图5-7　KYN××800-10型高压开关柜外形图

1—继电室门；2—视窗；3—手车室门；4—门锁孔；5—门锁栓把；6—就地分闸按钮；7—紧急解锁螺钉（开门）；8—储能摇把插孔；9—推进摇把及连锁钥匙插孔；10—小母线室；11—主母线室

3. 主要功能实现

开关柜柜体是由薄钢板构件组装而成的装配式结构，柜内由接地薄钢板分隔为小车室、主母线室、电缆（电流互感器）室和继电器室。各小室设有独立的通向柜顶的排气通道，当柜内由于意外原因压力增大时，柜顶的盖板将自动打开，使压力气体定向排放，以保护操作人员和设备的安全。

（1）小车室。中部设有悬挂小车的轨道，左侧轨道上设有开合主回路触头盒遮挡帘板的机构和小车运动横向限位装置，右侧轨道上设有小车的接地装置和防止小车滑脱的限位机构。开关柜接地开关和接地开关的操动机构及其机械连锁设在小车室右侧中部。小车车进机构与柜体的连接装置设在开关柜前左右立柱中部。

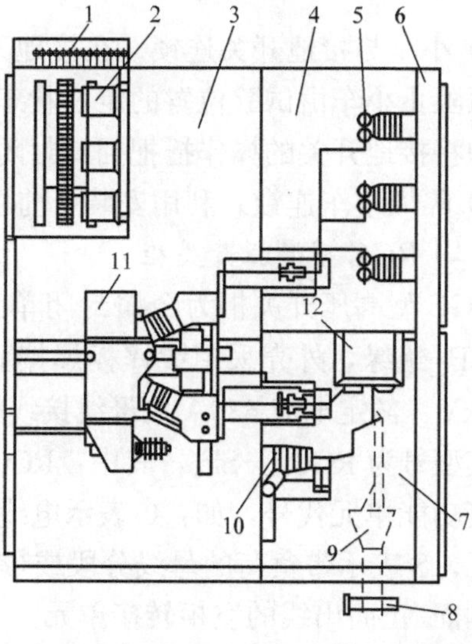

图5-8　KYN××800-10型开关柜结构示意图

1—小母线室；2—继电器室；3—手车室；4—主母线室；5—主母线；6—电缆室出气道；7—电缆室；8—零序互感器；9—电缆；10—接地开关；11—断路器小车；12—电流互感器

小车室与主母线室和电缆室的隔板上安装

有效隔离各功能小室并支持静触头的主回路静触头盒。当小车不在柜内时，主回路静触头由接地薄钢板制成的活动帘板盖住，以保证小车室内工作人员的安全。当小车进入时，活动帘板自动打开，使动、静触头顺利接通。

（2）主母线室。室内安装三相矩形主母线。各柜主母线经绝缘套管连接，主母线安装后，各柜主母线室之间被隔开。

（3）电缆室。底部设电缆进口及电缆固定槽板，电缆进口由可拆卸的盖板覆盖。电缆室中还可安装接地开关和零序互感器。利用零序互感器吊架，将零序电流互感器吊装在柜底板外部。

（4）继电器室。内设继电器安装板，安装板前安装各种继电器。继电器室门上安装各种计量仪表、操作开关、信号装置或嵌反式继电琴及综合保护装置等。小室顶部设有黄铜棍小母线端子，小室下部及左右两侧可安装多达100个端子的二次端子排，端子排固定在柜体的安装支架上。

（5）工作与试验位置定位。断路器安装在小车上，小车在柜内移动和定位是靠矩形螺纹和螺杆实现的。小车在结构上可分为固定和移动两部分。当小车由运载车装入柜体完成连接后，小车的固定部分与柜体前框架连接为一体，矩形螺杆轴向固定于固定部分，而矩形螺杆的配套螺母固定于移动部分。用专用的摇把顺时针转动矩形螺杆，推进小车向前移动，当小车到达工作位置时，定位装置阻止小车继续向前移动，小车可以在工作位置定位；反之，逆时针转动矩形螺杆，小车向后移动，当固定部分与移动部分并紧后，小车可在试验位置定位。

（6）连锁功能。为防止误操作，开关柜设计了以下三个连锁装置：

1）推进机构与断路器连锁。实现断路器未分开时小车无法由定位状态改变为移动状态；在小车未进入定位位置或推进摇把未及时拔出时，无法由移动状态改变为定位状态。

2）小车与接地开关连锁。在接地开关处于合闸状态或接地开关摇把未取下时，采用机械连锁阻止小车由试验位置的定位状态改变为移动状态；小车进入移动状态后，采用机械连锁立即将接地开关的操作摇把插口封闭。

3）隔离小车连锁。利用安装于前柜下门的电磁锁控制连锁操作推进机构。

（二）RGC型高压开关柜

RGC型高压开关柜为金属封闭单元组合SF_6式高压开关柜，其结构紧凑、灵活方便，采用SF_6绝缘，外壳采用镀锌板焊接而成，SF_6容器采用不锈钢板制成。常用于额定电压3～24kV、额定电流630A单母线接线的发电厂、变电所和配电所中。

其型号为RGC□-SF_6，其中：RGC表示金属封闭单元组合；SF_6表示绝缘及灭弧介质；□为其功能单元代号，如：C表示电缆开关单元，F表示开关熔断器组合单元，V表示断路器单元，S表示带负荷的母线分段或带有断路器母联单元，M表示空气绝缘计量单元，E/B表示侧面/正面出线的空柜转接单元。

RGC型高压开关柜根据主接线需要由标准单元组成，标准单元有7种，电缆可以在开关柜的左侧或右侧与母线直接相连。最大可用5个标准单元组成一个大单元，考虑运输条件和装卸的限制，当超过5个小单元时，应分成两个部分。RGC型单元开关柜装置实例如图5-9所示。

一次方案编号	RGCC	RGCV	RGCF	RGCS	RGCM	RGCE
一次线路方案图	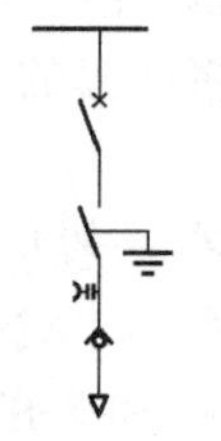	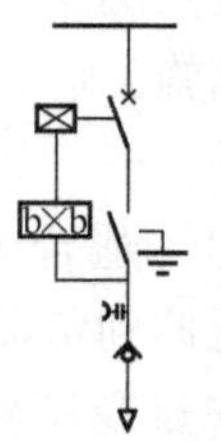	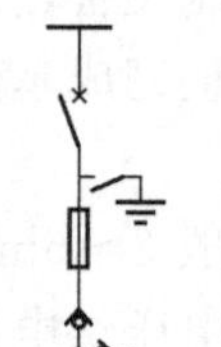	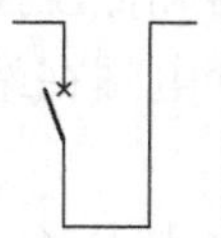	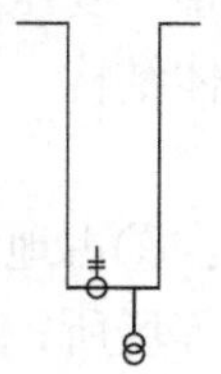	

图 5-9　RGC 型单元开关柜装置实例

（三）环网开关柜

在工矿企业、住宅小区、港口和高层建筑等交流 10kV 配电系统中，因负载容量不大，其高压回路通常采用负荷开关或真空接触器控制，并配有高压熔断器保护。为提高供电可靠性，该系统通常将供电网连接成环形，如图 5-10 所示。此供电方式简称为环网供电，所使用高压开关柜俗称为环网柜。

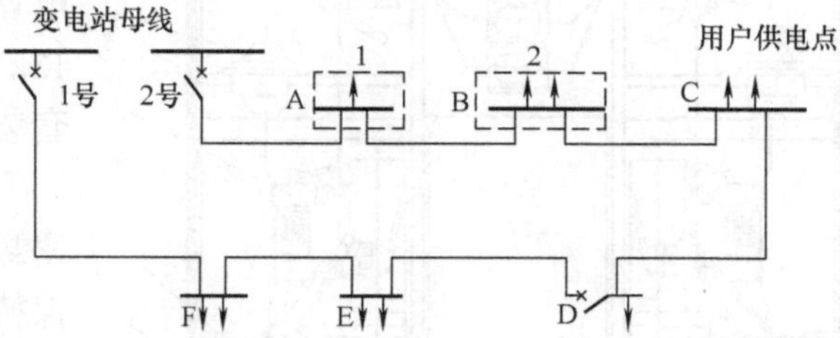

图 5-10　环网供电网示意图

目前环网柜产品种类较多，如 HK-10、MKH-10、8DH-10、XGN-15 和 SM6 系列等。

图 5-11 为 HXGH1-10 型环网柜一次系统接线及结构示意图。该环网柜主要由母线室、断路器室和仪表室等部分组成。母线室在柜的顶部，三相母线水平排列。母线室前部为仪表室，母线室与仪表室之间用隔板隔开。仪表室内可安装电压表、电流表、换向开关、指示器和操作元件等，在仪表室底部的端子板上可安装二次回路的端子排、柜内照明灯和击穿熔断器等，计量柜的仪表室可安装有功电能表、无功电能表、峰谷表和定量器等。断路器室自上而下安装负荷开关、熔断器、电流互感器、避雷器、带电显示器和电缆头等设备。开关柜具有“五防”连锁功能。

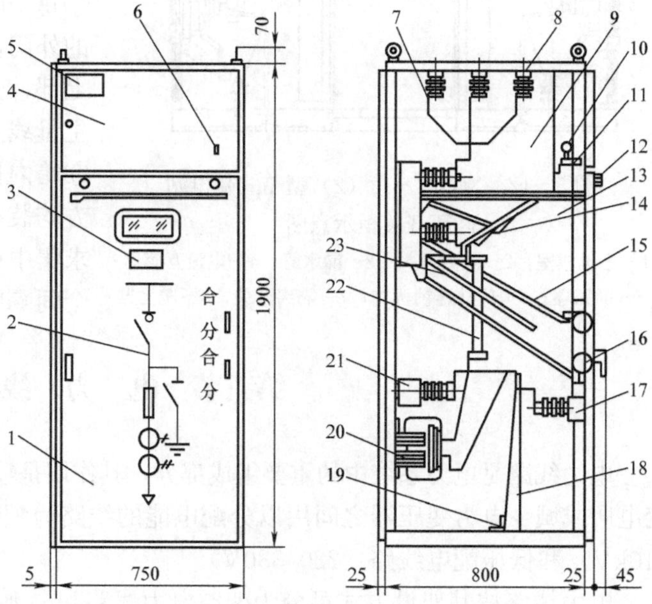

图 5-11　HXGH1-10 型环网柜

1—下门；2—模拟母线；3—显示器；4—上门；5—铭牌；6—组合开关；7—母线；8—绝缘子；9—母线室；10—照明灯；11—仪表室；12—旋钮；13—断路器室；14—负荷开关；15、23—连杆；16—操动机构；17—支架；18—电缆（客户自备）；19—电缆支架；20—电流互感器；21—支持绝缘子；22—高压熔断器

（四）高压/低压预装箱式变电站

高压/低压预装箱式变电站简称箱式变电站，是成套变电站中的一种。它是将小型客户变电所的高压电气设备、变压器和低压控制设备，以及测量设备等组合在一起，在工厂内成套生产组装成箱式整体结构。变电站在站址完成基础施工后，将成套的箱式整体结构变电站运到现场安装。

箱式变电站特点：①占地面积小（一般 3～6m²），适合于在一般负荷密集的工矿企业、港口和居民住宅小区等场所；②它可使高电压供电延伸到负荷中心，减少低压供电半径，降低损耗；③缩短现场施工周期，投资少；④采用全密封变压器和 SF_6 开关柜等新型设备时，可延长设备检修周期，甚至可达到免维护要求；⑤外形新颖美观，可与变电站周围的环境相互协调。但箱式变电站的低压供电线路较少，一般为 4～6 路。

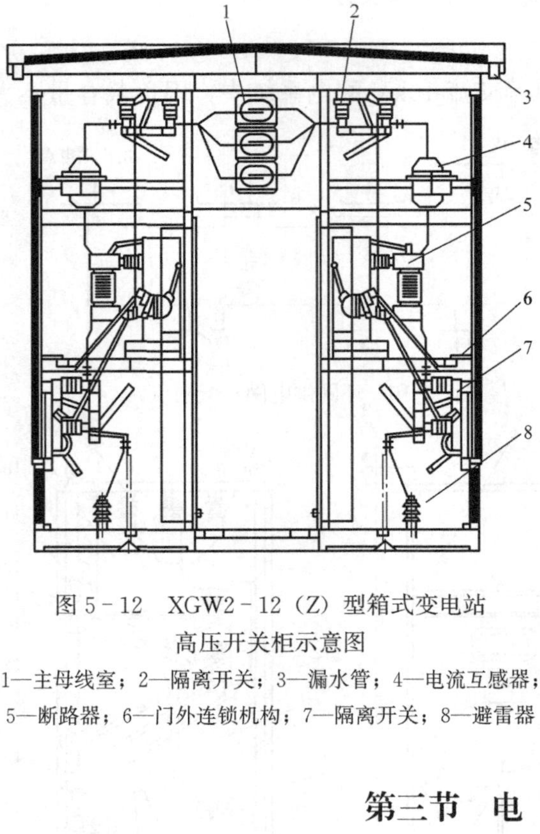

图 5-12 XGW2-12（Z）型箱式变电站高压开关柜示意图

1—主母线室；2—隔离开关；3—漏水管；4—电流互感器；5—断路器；6—门外连锁机构；7—隔离开关；8—避雷器

图 5-12 为 XGW2-12（Z）型箱式变电站高压开关柜示意图，它是额定电压 12kV、额定电流 1250A 及以下的户外式成套装置，常用于 10kV 环网系统中。

该箱式变电站的特点：①柜体采用双层密封，内装空调器，以保证变压器内部温度保持在允许范围以内；②高压电路采用真空断路器控制，在柜上设有上、下隔离开关；③每个间隔后面均设有双层防护板和可打开的外门，便于柜后检修；④主母线位于走廊上部，主母线室间隔之间用穿墙套管隔开，主母线及与之连接的支持用热缩套管包覆；⑤箱内检修通道设有顶灯，在每个单柜的上方均装有检修灯；⑥保护装置可根据客户需求集中或分散布置，计量表的表计分散在各个间隔中。

第三节 电 力 线 路

电力线路是电力系统中的重要组成部分，其作用是输送和分配电能。从地区变电所到客户变电所或城乡电力变压器之间用以分配电能的线路为配电线路，可分为高压电力线路（10～110kV）和低压配电线路（220/380V）。

电力线路按其架设方式可分为架空电力线路和电力电缆线路两种。由于架空电力线路结构具有造价低、建设速度快、运行维护方便等显著优点，因此除特殊情况外，电力线路一般均采用架空电力线路。目前我国的配电线路特别是农村配电线路基本以架空电力线路为主。但在城市中心地带、居民密集的地方、高层建筑、工厂厂区内部、重要负荷及一些特殊的场所，考虑到安全方面和城市美观的问题，以及受地面位置的限制，配电线路大都采用电力电缆线路。

一、架空电力线路

架空电力线路的结构主要包括杆塔及其基础、横担、导线、绝缘子、金具、拉线、防雷设施及接地装置等。架空电力线路在运行中要承受自重、风力、温度变化、覆冰、雷雨、污秽等自然条件的影响。

1. 杆塔

杆塔是架空线路的重要组成部分，作用是支撑导线、避雷线和其他附件，使导线对大地或其他物件有足够的安全距离。

目前使用的杆塔有水泥杆和金属杆两种，其中金属杆又有铁塔、钢管杆、型钢等。杆塔按受力情况分为直线杆（Z)、耐张杆（N)、转角杆（J)、终端杆（D)、跨越杆（K）和分支杆（F)。

水泥杆即钢筋混凝土杆，是由钢筋和混凝土在离心滚杆机内浇制而成，一般可分为环状锥形杆（也称拔梢杆）和等径杆。使用最多的是拔梢杆。低压杆高 8～10m，梢径一般为 150mm；6～10kV 配电杆高有 10，11，12，13，15m 等，梢径分为 190mm 和 230mm 两种；水泥杆的梢径一般为 1/75（即锥度)，超过 15m 的水泥杆一般均分段。金属杆的优点是机械强度高、搬运组装方便、使用年限长；缺点是耗用钢材多、投资大、维修中除锈及刷漆工作量大。

2. 绝缘子

常用的绝缘子型号含义如下：

P——针式绝缘子，内胶装结构，主要用于直线杆或角度较小的转角杆，也有在耐张杆上用以固定导线跳线。

XP——悬式绝缘子，外胶装结构，温度聚变等原因不会使绝缘子内部击穿、爆裂，且浅槽裙边使其自洁性能良好，抗污闪能力要比针式强，故在配电线路上应用非常广泛。

C——悬式绝缘子的连接方式槽形；球形连接则不标注。

CD——瓷横担绝缘子，外浇装实心瓷体结构，使其不易老化、击穿，自洁性能良好，抗污闪能力强，在 10kV 配电线路直线杆上应用非常广泛。

T——铁横担。

M——木担。

3. 架空导线

架空线路导线的材料有铝、铜、钢和铝镁合金等，其中最常使用的是铝。主要有单股导线、多股导线、钢芯铝绞线、铝包钢绞线、绝缘导线等，还有扩径钢芯铝绞线、空心导线、钢铝混绞线等用于特殊场合的导线。

(1) 架空导线的规格型号。

1) 裸导线规格型号。裸导线型号由汉语拼音的第一个字母和数字两部分组成：字母表示导线的结构、形式、材料；数字表示导线的标称截面。

用汉字拼音的第一个字母表明导线的材料和结构。其中：L 表示铝导线；T 表示铜导线；G 表示钢导线；J 表示多股绞线或加强型；Q 表示轻型；H 表示合金导线；F 表示防腐。

钢芯铝绞线字母后面有两个数字，斜线上面的数字为铝线部分的标称截面积（mm^2)，斜线下面为钢芯的标称截面积（mm^2)。

裸导线截面积有一定的标准规格，便于厂家批量生产及设计选用。常见的有 10，16，

25，35，50，70，95，120，150，185mm^2。具体的结构、计算截面积直流电阻、计算重量、计算拉断力等可查导线型号规格表。

2）绝缘导线规格型号。绝缘导线所采用的绝缘材料一般为耐气候型的聚氯乙烯、聚乙烯、高密度聚乙烯、交联聚乙烯等黑色混合物。

架空绝缘配电线路用绝缘导线的材料和结构特征代号为：JK 表示架空系列（铜导体省略）；TR 表示软铜导体；L 表示铝导体；HL 表示铝合金导体；V 表示聚氯乙烯绝缘；Y 表示聚乙烯；GY 表示高密度聚乙烯；YJ 表示交联聚乙烯；/B 表示本色绝缘；/0 表示轻型薄绝缘结构（普通绝缘结构省略）；承力束为钢绞线时用（A）表示。

例如：铝芯、交联聚乙烯绝缘（本色）、额定电压 10kV、4 芯，其中 3 芯为导体，标称截面积为 120mm^2，承力束为 50mm^2 钢绞线的绝缘导线，可表示为：JKLYJ－10 3×120＋50（A）。

我国常用绝缘导线标称截面积（mm^2）按大小顺序排列为：1，1.5，2.5，4，6，10，16，25，35，50，70，95，120，150，185，…。

架空导线型号表示方法举例见表 5－4。

表 5－4 架空导线型号表示方法举例

导线种类	代表符号	型号含义
铝线	L	L－10 标称截面积为 10mm^2 的单股铝线
铝绞线	LJ	LJ－16 标称截面积为 16mm^2 铝绞线
钢芯铝绞线	LGJ	LGJ－35/6 铝线部分标称截面积为 35mm^2、钢芯标称截面积为 6mm^2 的钢芯铝绞线
铜绞线	TJ	TJ－50 标称截面积为 50mm^2 铜绞线
钢绞线	GJ	GJ－25 标称截面积为 25mm^2 的钢绞线
铝芯交联聚乙烯绝缘线	JKLYJ	JKLYJ－120 标称截面积为 120mm^2 的铝芯交联聚乙烯绝缘线

（2）导线截面积的选择。架空导线的选择应使所选导线具有足够的导电能力与机械强度，能满足线路的技术、经济要求，确保安全、经济、可靠地传输电能。

对于 0.38～10kV 的配电线路而言，选择导线截面积，通常是根据电压损失的要求来计算导线截面积，然后用导线的允许载流量和机械强度校核所求截面积。而对 35kV 以上的线路，通常是根据经济电流密度的要求来计算导线截面积，然后用电压损失和允许载流量来校核之，而机械强度的要求一般不起控制作用。

1）经济电流密度。电流密度是指单位导线截面积所通过的电流值，其单位是 A/mm^2。经济电流密度（J）是指通过各种经济、技术方面的比较而得出的最合理的电流密度，采用此电流密度可使架空线路投资、电能损耗、运行维护费用等综合效益最佳。

我国现在采用的经济电流密度值见表 5－5。

表 5－5 经济电流密度 J 值 A/mm^2

导线材质	年最大负荷利用小时数 T_L（h）		
	3000 以下	3000～5000	5000 以上
铜线	3.00	2.25	1.75
铝线	1.65	1.15	0.90

导线截面积 S 的计算公式为

$$S = \frac{I_L}{J} \quad (mm^2) \tag{5-6}$$

式中　I_L——导线最大工作电流，A；

　　J——经济电流密度，A/mm^2。

按经济电流密度选择导线截面积时，必须首先确定电力网的计算传输容量（电流）及相应的年最大负荷利用小时数。在确定传输容量时，一般应考虑电网投运后5～10年发展的需要，年最大负荷利用小时数一般根据电力网输送负荷的性质确定。

【例5-1】　某变电站负荷为40MW，功率因数 $\cos\varphi=0.8$，年最大负荷利用小时数 $T_L=6000h$，由100km外的发电厂以110kV的双回线路供电，试用经济电流密度选择钢芯铝绞线的截面积。

解： 线路输送的负荷电流为

$$I_L = P/(\sqrt{3}U\cos\varphi) = 40\,000/(\sqrt{3}\times110\times0.8) = 264.44\ (A)$$

当 $T_L=6000h$，由表5-5查得 $J=0.9A/mm^2$，$S=I_L/J=262.44/0.9=291.6\ (mm^2)$

因采用双回线路供电，每回线路的导线截面积应为 $291.6/2=145.8\ (mm^2)$，对应的钢芯铝绞线标称截面积可选LGJ-150。

2）允许电压损失。设线路的长度为 L（km），线路的电抗为 X（Ω），线路的电阻为 R（Ω），线路的额定电压为 U_N（kV），线路所传送的有功功率和无功功率为 P（kW）、Q（kvar），则线路的电压损失为

$$\Delta U = \frac{PR+QX}{U_N} = \Delta U_x + \Delta U_r \tag{5-7}$$

式中　ΔU_x——线路电抗所引起的电压损耗，V；

　　ΔU_r——线路电阻所引起的电压损耗，V。

选择导线截面积的步骤如下：

a. 计算线路允许电压损失 ΔU。已知线路允许的电压损失百分数为 $\Delta U\%$，则

$$\Delta U = \Delta U\% \times U_N \times 1000 \quad (V) \tag{5-8}$$

b. 计算线路电抗所引起的电压损耗 ΔU_x。低压线路每公里电抗常取 $0.4\Omega/km$，近似认为与截面积等无关，则

$$\Delta U_x = \frac{QX_L}{U_N} = \frac{Q\times0.4\times L}{U_N} \quad (V) \tag{5-9}$$

c. 计算线路电阻所引起的电压损耗 ΔU_r

$$\Delta U_r = \Delta U - \Delta U_x \quad (V) \tag{5-10}$$

d. 计算导线截面积 S。铝导线的电阻率一般较纯铝的大一点，通常取 $\rho=31.5\Omega\cdot mm^2/km$。导线截面积的计算公式推导如下

$$\Delta U_r = \frac{PR}{U_N} = \frac{P}{U_N}\times\rho\frac{L}{S} \quad (V) \tag{5-11}$$

$$S = \frac{\rho PL}{\Delta U_r U_N} \quad (mm^2) \tag{5-12}$$

3）机械强度。架空导线在运行中除了要承受导线自重，还要承受环境温度及运行温度变化产生的应力、风力、覆冰重力等作用力。当作用力过大时，可能造成断线事故。导线截

面积越小，承受作用力的能力越小。因此，为了保证安全，使导线有一定的抗拉强度，在大风、覆冰或低温等不利气象条件下不致造成断线事故，相关规程规定了架空线路导线的最小允许截面积，选用导线时不得小于表 5-6 所列数值。

表 5-6 架空线路导线最小允许截面积 mm^2

导线种类	35kV	10kV 线路		1kV 及以下线路
		居民区	非居民区	
铝绞线	35	35	25	25
钢芯铝绞线	35	25	25	25
铜线	35	16	16	直径 4.0mm

对于小负荷距（线路传送功率与线路长度的乘积）的架空线路，选择导线截面积时，要特别注意机械强度问题。

4. 架空电力线路的主要参数

(1) 架空线路与其他线路交叉时，应避开被跨越线路的杆塔顶部。与重要的一级弱电线路的交叉角不小于 45°；与地区二级弱电线路的交叉角不小于 30°，其他的不受限制。

(2) 架空配电线路的导线排列、档距。

1) 导线排列。10～35kV 架空线路的导线，一般采用三角排列或水平排列，多回线路同杆架设的导线，一般采用三角、水平混合排列或垂直排列。

2) 架空配电线路档距。架空配电线路的档距，应根据运行经验确定，如无可靠运行资料时，一般采用表 5-7 所列数值。10kV 及以下架空线路的耐张段的长度不宜大于 2km。

表 5-7 架空配电线路的档距 m

地 区	档 距	
	高压（3～10kV）	低压（3kV 以下）
城 镇	40～50	40～50
郊 区	60～100	40～60

3) 架空配电线路导线的线间距离。架空配电线路的线间距离，应结合运行经验确定，如无可靠运行资料时，一般采用表 5-8 所列数值。

表 5-8 架空配电线路的线间距离 m

线路电压	档 距						
	40 及以下	50	60	70	80	90	100
高压	0.6	0.65	0.7	0.75	0.85	0.9	1.0
低压	0.3	0.4	0.45	—	—	—	—

4) 架空配电线路相互跨越时的最小垂直距离不小于表 5-9 所列数值。

表 5-9 架空配电线路相互跨越时的最小垂直距离 m

被跨越线路电压（kV）/ 跨越线路电压（kV）	3 以下	3～10	35～110	220
3 以下	1.0			
3～10	2.0	2.0		

续表

跨越线路电压（kV）＼被跨越线路电压（kV）	3以下	3～10	35～110	220
35～110	3.0	3.0	3.0	
220	4.0	4.0	4.0	4.0

（3）线路对地面、水面、建筑物及树木的安全距离。线路弧垂（相邻两杆塔导线悬挂点连线的中点对导线铅垂线的距离）的大小直接关系到安全运行。弧垂过小，容易断线或断股；弧垂过大，则可能影响对地限距，在风力作用下容易混线短路。档距越大，弧垂越大。在同一档距中，各相导线的弧垂应力求一致，其允许误差不应大于0.2m。线路对地面、水面、建筑物及树木等的安全距离不应小于表5-10所列数值。

表5-10　导线与地面或水面的最小距离　m

经过地区＼线路电压（kV）		3以下	3～10	35
对地面距离	人口密集地区	6.0	6.5	7.0
	人口稀少地区	5.0	5.5	6.0
	交通困难地区	5.0	4.5	4.0
	步行可达山坡	3.0	4.5	5.0
	步行不能到达的山坡、峭壁、岩石	1.0	1.5	3.0
与水面距离	不能通航及不能浮运的河、湖的冬季冰面	5.0	5.0	6.0
	不能通航及不能浮运的河、湖的最高水位	3.0	3.0	3.0
与建筑物垂直距离		2.5	3.0	4.0
与树木垂直距离		3.0	3.0	4.0
边导线与树木水平距离（最大风偏下）		3.0	3.0	3.5
与街道行道树垂直距离		1.0	1.5	3.0
与街道行道树水平距离（最大风偏下）		1.0	2.0	3.5

（4）导线对杆塔距离和绝缘子数目。海拔1000m以下，线路的悬垂绝缘子个数和线路带电部分对杆塔的最小安全距离见表5-11。

表5-11　线路的悬垂绝缘子个数和线路带电部分对杆塔的最小安全距离　m

额定电压（kV）	35	66	110	220	330
XP-7绝缘子数	3	5	7	13	19
最小安全距离	0.45	0.65	1.0	1.9	2.6

（5）线路防雷线及保护角。110～500kV应全线装设避雷线；330～500kV的线路应采用双避雷线；架设在多雷区的220kV线路也应用双避雷线。杆塔上避雷线对导线的保护角α：一般不大于20°～30°；330kV及220kV双避雷线的保护角一般可用20°；山区单避线杆塔保护角一般为25°左右。

5. 架空电力线路常见故障

架空电力线路常见故障主要有：导线损伤、断股、断裂，倒杆，接头发热，导线对被跨越物放电事故，单相接地，两相短路，三相短路，缺相等。

为保证线路的安全运行，防止事故发生，除定期对线路进行巡视检查外，还要采取防雷、防暑、防寒、防风、防汛、防污等反事故措施。

6. 架空电力线路防污闪

(1) 污闪形成原因。由于架空线路周围的大气环境污染，线路绝缘子表面附着许多污秽物质。在雾、小雨或天气比较潮湿情况下，积附在绝缘子表面上的污秽物质呈湿润状态，其中的可溶性盐类被水溶解，形成电解层，在电压作用下，表面泄漏电流开始流过。该电流产生的热量使水分蒸发，引起电阻局部改变。由于绝缘子表面污秽分布不均匀，电流密度较大的部位首先干燥，形成的部分干燥带又使泄漏电流减少。此时该部分的电压会急剧升高，电位差增大，产生局部的火花放电，形成很小的电弧。当电流较小时，电弧在交流电流过零时会熄灭。但在湿润污层电导率较高时，泄漏电流较大，并有大量电弧产生的游离气体存在。在电流过后，电弧仍可不断延伸和扩大，使绝缘子电极间产生连续放电，以至发展为运行电压下的完全闪络。

(2) 污闪的特点。

1) 污闪一般发生在运行电压下。

2) 污闪通常在一段相当长的时间内多次发生，不易为重合闸所消除。

3) 污闪与绝缘子表面附着物有关。

4) 污闪有季节性，气候条件与污闪关系密切。

5) 污闪多发生在日出前的短暂时间或刚日出的那个时刻。

(3) 防污闪措施。

1) 根据污区分布图，合理配置绝缘子的爬距。

2) 根据运行经验，选用造型合适的绝缘子。

3) 定期清扫绝缘子，加强运行维护。

4) 采用防污涂料，改善瓷质绝缘子抗污性能。

5) 定期测试，及时更换不良绝缘子。

6) 采用合成绝缘子，提高抗污能力。

二、电缆线路

1. 电缆线路的特点

电力电缆是一种地下敷设的送电线路，在应用中具有不占用地上空间、供电可靠性高、电击可能性小、分布电容较大、维护工作量少等优点。

区别于架空线路，电力电缆也有投资费用大、引出分支线路比较困难、故障测寻比较困难、电缆头制作工艺要求高、费用高等缺点。

2. 电缆种类

电缆按电压不同，可分为高压电缆和低压电缆；按使用环境，可分为直埋、穿管、河底、矿井、船用、空气中、高海拔、潮热区和大高差等；按芯数，可分为单芯、双芯、三芯、四芯等；按绝缘材料，可分为油浸纸绝缘、不滴流纸绝缘、充油型、塑料绝缘（聚氯乙烯、交联聚乙烯等）、橡胶绝缘等；按结构特征，可分为统包型、分相型、钢管型、扁平型、自容型等。

3. 电力电缆基本结构

电力电缆由线芯（导体）、绝缘层、屏蔽层和保护层四部分组成。

(1) 线芯。线芯是电缆的导电部分，用来输送电能，是电缆的主要部分。目前电力电缆的线芯都采用铜和铝，铜比铝导电性能好、机械性能高，但铜比铝价高。目前，我国10～35kV电缆的导电部分截面积规格是16，25，35，50，70，95，120，150，185，240，300，400，500，630，800$mm^2$15种规格，而16～400mm^2之间的12种是常用的规格。

按截面形状又可分为圆形、半圆形和扇形。根据电缆不同品种与规格，线芯可以制成实体，也可以制成绞合线芯，绞合线芯由圆单线和成型单线绞合而成。

(2) 绝缘层。绝缘层是将线芯与大地以及不同相的线芯间在电气上彼此隔离，保证电能输送，是电缆结构中不可缺少的组成部分。

(3) 屏蔽层。10kV及以上的电缆一般都有导体屏蔽层和绝缘屏蔽层。导体屏蔽层的作用是消除导体表面的不光滑（多股导线绞合产生的尖端）所引起导体表面电场强度的增加，使绝缘层和电缆导体有较好的接触。同样，为了使绝缘层和金属护套有较好接触，一般在绝缘层外表面均包有外屏蔽层。油纸电缆的导体屏蔽材料一般用金属化纸带或半导电纸带。绝缘屏蔽层一般采用半导电纸带塑料、橡皮绝缘电缆的导体或绝缘屏蔽材料分别为半导电塑料和半导电橡皮。对于无金属护套的塑料、橡胶电缆，在绝缘屏蔽外还包有屏蔽铜带或铜丝。

(4) 保护层。保护层的作用是保护电缆免受外界杂质和水分的侵入，以及防止外力直接损坏电缆。保护层材料的密封性和防腐性必须良好，并要有一定机械强度。

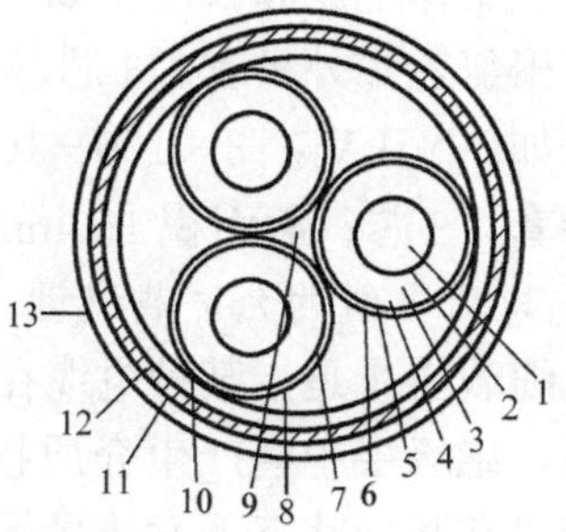

图5-13　交联聚乙烯绝缘电缆结构图
1—线芯；2—线芯屏蔽层；3—交联聚乙烯绝缘；4—绝缘屏蔽；5—保护带；6—铜丝屏蔽；7—螺旋铜带；8—塑料带；9—中心填芯；10—填料；11—内护套；12—铠装层；13—外护层

图5-13所示为交联聚乙烯绝缘电缆结构，该电缆容许温升高，允许载流量较大，耐热性能好，适用于高落差和垂直敷设，介电性能优良；但抗电晕、游离放电性能差。接头工艺虽较严格，但工艺技术水平要求不高，因此便于推广，是一种比较理想的电缆。

4. 电力电缆的型号

(1) 电力电缆型号含义。我国电缆产品的型号由大写的汉语拼音字母和阿拉伯数字组成。用字母表示电缆的类别、绝缘材料、导体材料、内护层材料、特征，用数字表示铠装层和外被层类型。我国电缆产品型号中字母含义见表5-12，外护层代号数字的含义见表5-13。

表5-12　电缆产品型号中字母含义

类别、特征	绝　缘	导　体	内护层	其他特征
电力电缆（省略）	Z—纸	T—铜芯（省略）	Q—铅包	D—不滴漏
K—控制	X—橡胶	L—铝芯	L—铝包	F—分相金属套
G—船用	V—聚氯乙烯（PVC）		Y—PE	P—屏蔽
P—信号	Y—聚乙烯（PE）		V—PVC	CY—充油
B—绝缘电缆	YJ—交联聚乙烯（XLPE）			
ZR—阻燃				
Y—移动或软电缆				
H—市内电话电缆				

表 5-13　　外护层代号数字的含义

代号	加强层	铠装层	外被层或外护层
0	—	无	—
1	径向铜带	联锁	纤维外被
2	径向不锈钢带	双钢带	聚氯乙烯外护套
3	径、纵向铜带	细圆钢丝	聚乙烯外护套
4	径、纵向不锈钢带	粗圆钢丝	
5		皱纹钢带	
6		双铝带或铝合金带	

注　一般情况型号由两位数字组成，顺序按先铠装层后外被层。特制外护套由三位数字组成，如充油电缆。

(2) 电缆型号规范表示法。一般一条电缆的规格除标明型号外，还应说明电缆的芯数、截面积、工作电压和长度，如：ZQ_{22}-3×70-10-300，表示铜芯、纸绝缘、铅包、双钢带铠装、聚氯乙烯外护套，3 芯、截面积 70mm^2，电压为 10kV，长度为 300m 的电力电缆。

又如：$YJLV_{22}$-3×150-10-400，表示铝芯、交联聚乙烯绝缘、双钢带铠装、聚氯乙烯外护套，3 芯、截面积 150mm^2，电压为 10kV，长度为 400m 的电力电缆。

5. 电力电缆的允许载流量

电缆载流量是指某种电缆在输送电能时允许传送的最大电流值。电缆导体中流过电流时会发热，绝缘层中会产生介质损耗，护层中有涡流等损耗，因此运行中的电缆是一个发热体。如果在某一状态下发热量等于散热量，电缆导体就有一个稳定温度。刚好使导线的稳定温度达到电缆最高允许温度时的载流量，称为允许载流量或安全载流量。

电力电缆的允许载流量与缆心金属、绝缘结构、敷设方式、土壤情况、气候条件有关。

在实际运用中的载流量有三类：①长期工作条件下的允许载流量；②短时间允许通过的电流；③短路时允许通过的电流。

三、电力线路的定相

三相线路的定相就是测定相序和核对相位。新安装或改装后的线路投入运行以及双回路要并列运行，均需经过定相，以免彼此的相序或相位不一致，投入运行时造成短路或环流而损坏设备。

(1) 测定相序。测定三相线路的相序，可采用电容式或电感式指示灯相序表。

图 5-14 (a) 所示为电容式指示灯相序表的原理接线，A 相电容 C 的容抗与 B、C 两相灯泡的阻值相等。此相序表接上待测三相线路电源后，灯亮的相为 B 相，灯暗的相为 C 相。

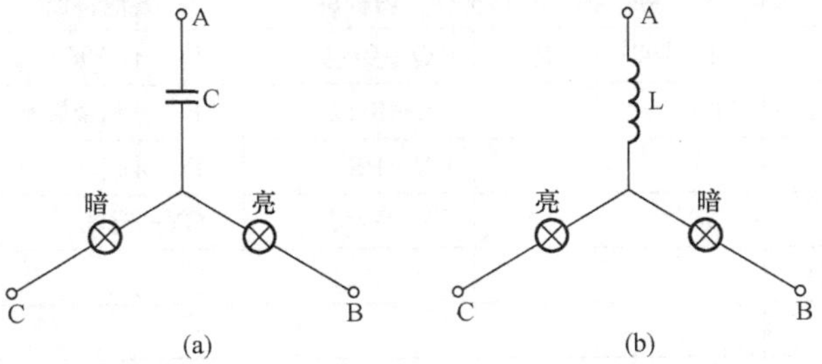

图 5-14　指示灯相序表的原理接线
(a) 电容式；(b) 电感式

图 5-14 (b) 所示为电感式指示灯相序表的原理接线，A 相电感 L 的感抗与 B、C 两相灯泡的阻值相等。此相序表接上待测三相线路电源后，灯暗的相为 B 相，灯亮的相为 C 相。

(2) 核对相位。核对相位的方法很多，最常用的为绝缘电阻表法和指示灯法。

图 5-15（a）所示为用绝缘电阻表核对线路两端相位的接线。线路首端接绝缘电阻表，其 L 端接线路，E 端接地。线路末端逐相接地。如果绝缘电阻表指示为零，则说明末端接地的相线与首端测量的相线属同一相。如此三相轮流测量，即可确定线路首端和末端各自对应的相。

图 5-15（b）所示为用指示灯法核对线路两端相位的接线。线路首端接指示灯，末端逐相接地。如果指示灯通上电源时灯亮，则说明末端接地的相线与首端接指示灯的相线属同一相。如此三相轮流测量，就可确定线路首端和末端各自对应的相。

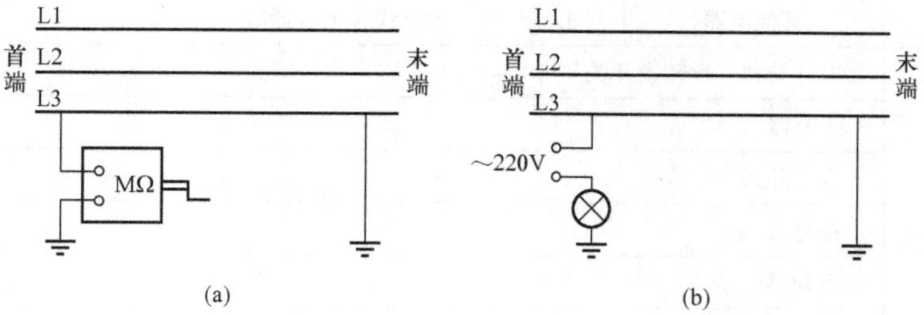

图 5-15 核对线路两端相位的接线
（a）绝缘电阻表法；（b）指示灯法

第四节 低压配电装置

一、概述

大中型电厂的生产，以及传输电能的电力网均采用高电压，而对电力的使用，却大多数是低电压，发电厂生产的电能有 80%以上是通过转换为低电压后使用的。低压配电装置就是满足低压电能的分配、控制、保护等功能需要，随着电力使用范围的不断扩大，以及系统对电网运行保护要求的越来越高，低压配电装置在使用环境广泛性、控制的便捷性、保护的精确性等方面得到了快速发展。与此同时，新品种、新工艺、新材料的开发也使低压配电装置的安全性大大提高。低压配电装置主要包括电器元件和成套低压电器。

1. 低压电器

低压电器指的是在交流 1000V 及以下、直流 1200V 及以下的电路中，起控制、分配、调节、保护作用的电气设备，包括电控设备与配电设备。电控设备的功能以控制为主，这类电器包括控制继电器、接触器、启动器、控制器、调压器、主令电器、电阻器、变阻器和电磁铁，主要用于电力传动系统中。对其要求是寿命长，体积小，质量轻，工作可靠。

配电设备（配电装置）的功能以传输或分配电能为主，常用的有刀开关、断路器、熔断器、自动开关、保护继电器等配电电器，有时也用接触器。其控制电路比较简单，操作频率较低，并且主电路和辅助电路方案标准化程度较高。

对低压配电装置的要求是运行可靠，维护方便，经济合理，技术先进，有足够的动、热稳定性。

2. 低压电器分类

低压电器的分类见表 5－14。

表 5－14 低压电器分类

类别	电器元件	
按功能分	控制电器	低压断路器（塑壳式、框架式）、刀开关、刀形转换开关、接触器等
	保护电器	低压熔断器、控制继电器、低压避雷器等
	测量电器	电流互感器、电流表、电压表
	其他电器	汇流母线、软导线、电容器等
按种类分	刀开关和刀形转换开关	
	熔断器	
	自动开关	
	控制器	
	启动器	
	接触器	
	控制继电器	
	主令电器	
	电阻器	
	变阻器	
	调压器	
	电磁铁	
派生类	按外部设计	开启式、前面板式、封闭式
	按安装条件	固定式和移动式
	按安装位置	户内式和户外式
	按元件的装配方式	固定装配式和抽屉式

3. 参数及型号含义

低压电器的主要参数有额定电压、额定电流、额定短时耐受电流、额定峰值耐受电流、额定限制短路电流和额定熔断短路电流、额定频率。其型号含义如下：

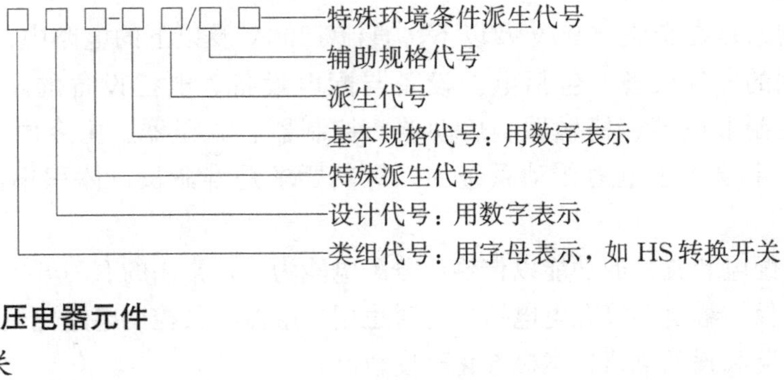

二、主要低压电器元件

（一）刀开关

1. 刀开关的用途和分类

刀开关主要作为配电设备中隔离电源，或根据结构不同也可用于不频繁地接通与分断额定电流以下的负荷，如小型电动机、电阻炉等。

刀开关按极数划分，有单极、双极和三极三种；按操作方式划分，有手柄直接操作的、杠杆—手操作的、气动操作的、电动操作的四种；按合闸方向划分，有单投和双投两种。

2. 主要特性及结构

刀开关是一种带有刀刃楔形触头的、结构比较简单的开闭电路的电器，具有简单的灭弧功能，所以只能通断正常负荷电流，而不能切断故障电流，但能够承受故障电流引起的电动力和热效应。刀开关的机械寿命：400A 以下为 10 000 次；600～1500A 为 5000 次。3000A 以上主要用作隔离开关，故寿命一般不需很高。

图 5-16 所示为最简单的刀开关结构。开关每极有两片闸刀，即主闸刀 1 和灭弧闸刀 2。主闸刀的截面积较大，要通过额定电流并承受动、热稳定电流。灭弧闸刀又称速断闸刀，其用弹簧与主闸刀连接在一起。分闸时，主闸刀先被拉出支座 3，灭弧闸刀后拉出。由于弹簧 7 的储能作用使分闸速度较快，因而电弧能被迅速拉长而熄灭，使主闸刀在分闸操作时不会被电弧烧蚀。刀架 4 和支座 3 的后端用螺钉穿过绝缘底板 6，分别与负荷和电源相连接，它们都与主闸刀、灭弧闸刀保持良好接触，不会使温升超过规定值。手柄 5 则按极数、操作位置和操作方向而有不同的安排。

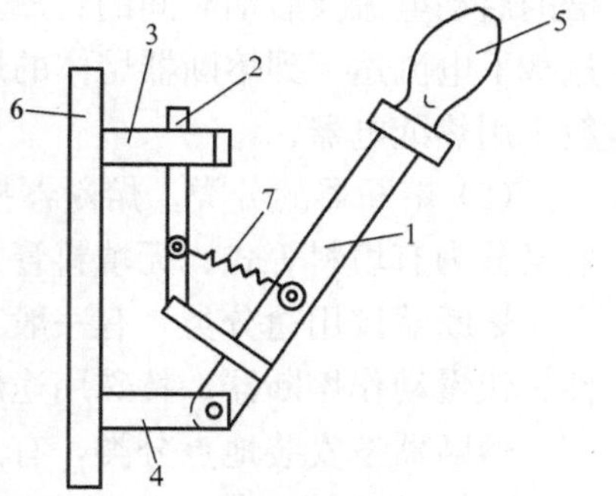

图 5-16　刀开关基本结构示意图
1—主闸刀；2—灭弧闸刀；
3—支座；4—刀架；5—手柄；
6—绝缘底板；7—弹簧

各种规格的刀开关中，额定电流为 100～400A 采用单刀片，额定电流为 600～1500A 采用双刀片，触头压力均在刀片两侧加装片状弹簧来取得。

3. 刀开关的型号含义

刀开关的型号含义如下：

□ □-□/□ □ □

- 接线方式：8—板前接线；9—板后接线
- 灭弧室：0—不带灭弧室；1—带灭弧室
- 极数：1—单极；2—双极；3—三极
- 额定电流（A）
- 11—中央手柄式；12—侧方正面杠杆操作机构；13—中央正面杠杆操作机构；14—侧面操作手柄式
- HD—单投刀开关；HS—双投刀开关

有关刀开关的选择及安装和运行注意事项等将在第十章详细介绍。

（二）熔断器

1. 用途和分类

（1）熔断器的用途和特点。熔断器是最简单和最早使用的一种保护电器，俗称保险。当电流超出限定值时，熔断器借助熔体熔化而分断电路，它是一种用于过载和短路保护的电器。它的最大特点是结构简单、体积小、质量轻、使用维护方便、价格低廉、可靠性高，具有较大的实用价值和经济意义。

在农村，配电变压器高、低压侧都装有熔断器作为短路保护，以防止短路电流对变压器的损害。另外，各种动力和照明装置也常采用熔断器作短路故障或连续过载的保护装置。目前在 1kV 及以下的装置中，熔断器用得最多，常和刀开关电器在一个壳体内组合成负荷开关或熔断器式刀开关。

但熔断器不适合做感应电动机的过载保护，主要原因在于：以熔断器做电动机保护时，必须保证电动机启动时熔体不熔断，则熔体就不能按电动机的额定电流选择，应考虑 4～7 倍的启动电流及启动时间的长短，通常按额定电流的 1.6～3 倍选，由此导致电动机在一般过载下电流达不到熔断器熔体的熔断电流，起不到过载保护作用。感应电动机的过载保护一般采用热继电器。

(2) 熔断器的分类。熔断器按结构分类有开启式、半封闭式、封闭式三种。封闭式熔断器又分为有填料管式、无填料管式及有填料螺旋式等。

熔断器按用途分类，有一般工业用熔断器，保护硅元件用快速熔断器，具有两段保护特性、快慢动作熔断器，特殊用途熔断器，如直流牵引用、旋转励磁用以及自复熔断器等。

熔断器按安装地点分类，有户外式低压熔断器、户内式低压熔断器。

2. 熔断器的结构原理和主要特性

熔断器主要由熔断体、触头插座和绝缘底板组成。

(1) 熔断器的结构。熔断器主要由熔断体（简称熔体，有的熔体装在具有灭弧作用的绝缘管中）、触头插座和绝缘底板组成。熔体是熔断器的核心，常做成丝状或片状；熔体材料分为低熔点材料（如铅锡合金、锌）和高熔点材料（如银、铜、铝）。熔体材料的物理性能见表 5-15。

表 5-15　　熔体材料的物理性能

物理性能 \ 熔体材料	铜	银	铝	锌	铅	锡
熔点 θ（℃）	1083	960	660	420	327	232
电阻率 ρ（$\times10^{-6}\Omega\cdot cm$）	1.68（20℃）	1.59（0℃）	2.66（0℃）	5.75（0℃）	18.8（0℃）	11.5（0℃）
热电系数 C_T（$\times10^{8}A^2s/cm^4$）	11.7	8.0	3～3.5	1.3	0.15	0.46

(2) 熔断器的工作原理。熔断器的熔断过程大致分为以下四个阶段：

1) 熔体串联在电路中，负载电流流过熔体。由于电流的热效应作用，会使熔体温度上升。当电路发生过负荷或短路时，过载电流或短路电流使熔体过度发热而达到熔化温度。电流越大，温度上升越快。

2) 熔体达到熔化温度后便熔化蒸发为金属蒸气。电流越大，熔化时间越短。

3) 熔体熔化的初瞬使电路出现一个小的绝缘间隙，电流突然中断。但这个小的绝缘间隙会立即为电路电压所击穿，同时产生电弧，电弧又将电路接通。

4) 电弧发生后，如能量较小，则随熔断间隙的扩大而自行熄灭。当能量较大时，就必须依靠熔断器的熄弧措施。为了减小熄弧时间和提高分断能力，大容量的熔断器都具备完善的灭弧措施。熄弧能力越大，电弧熄灭越快，熔断器所能分断的短路电流值也就越大。

(3) 熔断器的工作特性。

1) 保护特性。熔体的熔断时间（指上述第一、二过程所需时间）与熔断电流的平方成反比，这种 t 与 I 的关系特性曲线称为熔断器的安秒特性，亦称熔断器的保护特性曲线，如图 5-17 所示。

图 5-18 所示为额定电流不同的 2 个熔体 1 和 2 的保护特性曲线。熔体 1 的额定电流小于熔体 2 的额定电流，熔体 1 的截面积也小于熔体 2。同一电流通过不同额定电流的熔体时，额定电流小的熔体先熔断，如图中通过短路电流 I_{f1} 时，$t_1<t_2$，熔体 1 先熔断。

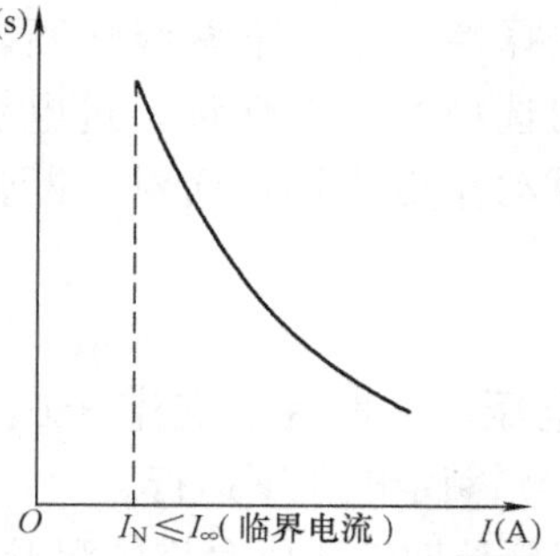

图 5-17 熔断器的安秒特性曲线

I_∞—熔断器临界电流；I_N—熔断器额定电流

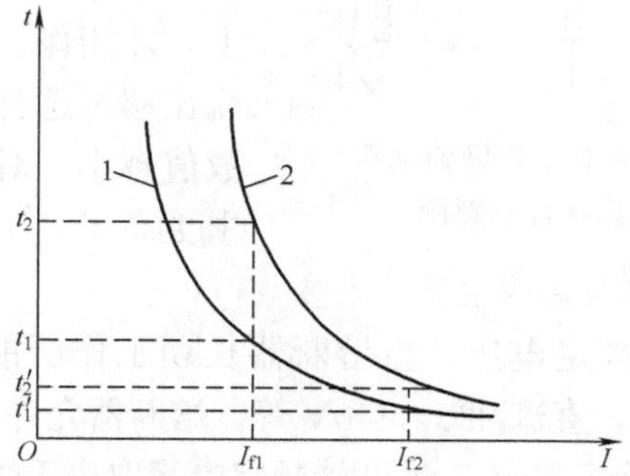

图 5-18 两个额定电流不同的熔体保护特性曲线比较

熔断电流的熔断时间在理论上是无限大的，称为最小熔化电流或临界电流，即通过熔体的电流小于临界值就不会熔断。所以选择熔体的额定电流 I_N 应小于熔体临界电流 I_∞，通常取 I_∞ 与 I_N 的比值为 1.5～2，称为熔化系数。该系数反映熔断器在过载时的不同保护特性，例如要熔断器能保护小过载电流，熔化系数就应低些；为了避免电动机启动时短时过电流使熔体熔化，熔化系数就应高些。

一般工业用熔断器熔体的最小熔化电流见表 5-16。

表 5-16 工业用熔断器熔体的最小熔化电流

熔体额定电流 I_N（A）	不熔化试验电流 I_1（A）	熔化试验电流 I_2（A）	熔化时间（h）	最小熔化电流 I（A）
≤10	$1.5I_N$	$2.1I_N$	1	$I=\frac{I_1+I_2}{2}$
$10<I_N\leqslant 30$	$1.4I_N$	$1.75I_N$	1	
$30<I_N\leqslant 400$	$1.3I_N$	$1.6I_N$	1	
$400<I_N\leqslant 1000$	$1.3I_N$	$1.6I_N$	2	

应当注意：熔体材料成分的变化、尺寸的偏差、熔体表面冷却条件的变化、熔断器接触不良、环境温度过高或过低等因素，都会使熔断时间发生变化，从而引起特性不稳定，如出现正常电流时就熔断的现象。所以，在安装、运行时，应排除上述可造成误动作的各种因素。

2) 过电流选择比。若在配电干线与支线中都以熔断器作为保护电器，当支线发生过负荷或短路时，有过电流通过两级熔断器时，则下一级熔断器 FU1 应熔断，上一级熔断器 FU2 不应熔断，这就是动作的选择性，如图 5-19 所示。如果上一级熔断器熔断，即为非选择性熔断。发生非选择性熔断必将扩大停电范围，造成不应有的损失。

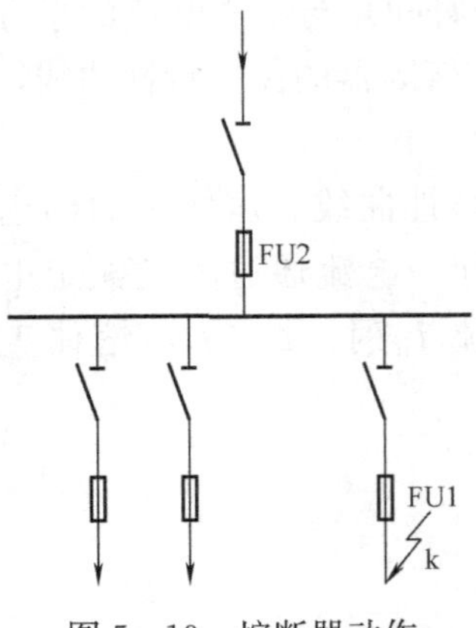

图 5-19 熔断器动作选择性示意图

为保证上下几级熔断器的选择性，规定上下级熔断器的额定电流比为过电流选择比。不同的熔断器选择比不同，通常为 1.6∶1 和 2.0∶1，在图 5-19 中，若配置选择比为 1.6∶1 的熔断器，设支线中 FU1 的熔断器额定电流为 100A，则干线中 FU2 的熔断器额定电流必须为 160A 及以上，才能保证动作的选择性。当上下两级熔断器的额定电流比超过选择比时，则选择性更有保证。过电流选择比的数值越小，对电路来说动作更协调，而对熔断器的制造要求更高。

3. 熔断器的主要技术参数

(1) 额定电压。指熔断器长期工作所能承受的电压，一般为：交流 380，500，660，1000V 等；直流 220，440V 等。熔断器允许长期在 100%额定电压下运行。

(2) 额定电流。熔断器额定电流取决于熔断器各部分长期工作所允许的温升，该值根据被保护电器、电机的容量确定，并规定有标准值。

熔体额定电流取决于熔体的最小熔断电流和熔化系数。根据需要可以划分为较细的等级，而不同等级的熔体可装入同一级的熔断器。

(3) 分断能力。熔断器所能分断的最大短路电流值，取决于熔断器的灭弧能力。它是熔断器的主要技术指标，与熔体额定电流大小无关。

(4) 熔化特性与熔断特性。熔化特性可表示为试验电流与熔化时间的关系曲线；熔断特性则可表示为试验电流与熔断时间的关系曲线。上下级熔断器通过上述两个特性的合理配合或与其他电器动作特性合理配合，使整个配电系统达到选择性保护的要求。

(5) 过电压。由于电路中常有电感存在，当分断电路时，电流以较大的变化率从某一数值下降到零，电感产生自感电动势，其值可能超过电路电压的几倍。这一过电压可能引起电路及其设备的损坏，也会影响熄弧过程。过电压的大小与电路参数、熔断器结构有关，如具有限流作用的熔断器过电压要高些，选用时也应注意。

4. 常用低压熔断器

(1) 户外式低压熔断器。如图 5-20 所示，其适用于户外低压电力线路。当配电变压器至低压配电盘总开关的距离较远时，配电变压器低压套管上方的低压引出线上应装熔断器保护。这样当低压套管至低压总开关间的引线上发生短路故障时，短路电流作用使户外熔断器熔丝熔断，切断电源，从而保护配电变压器不受短路电流的损害。

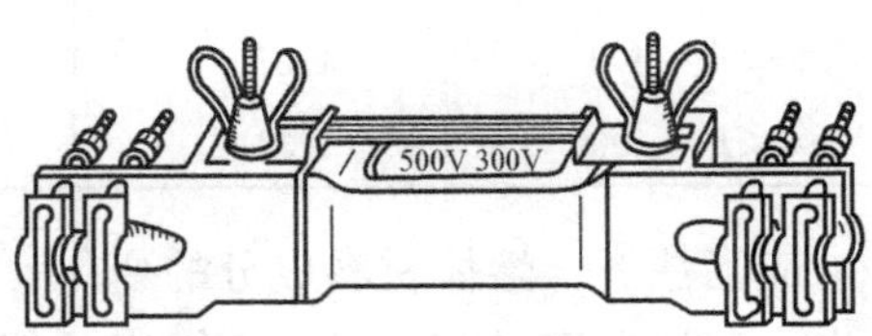

图 5-20 户外式低压熔断器外形示意图

户外低压熔断器的熔断片一般采用铝合金片，其额定电流有 5，10，15，20，25，35，45，60，80，100，125，160，225，260，300，350，430，500A 等规格，由低压熔丝选择原则来确定。

（2）户内式低压熔断器。在农村用电中使用最多的是户内式低压熔断器，而应用较为广泛的有 RC1A、RM10、RL1、RT10、RT11 等系列。它们的结构外形示意如图 5－21 所示，特点及性能见表 5－17。

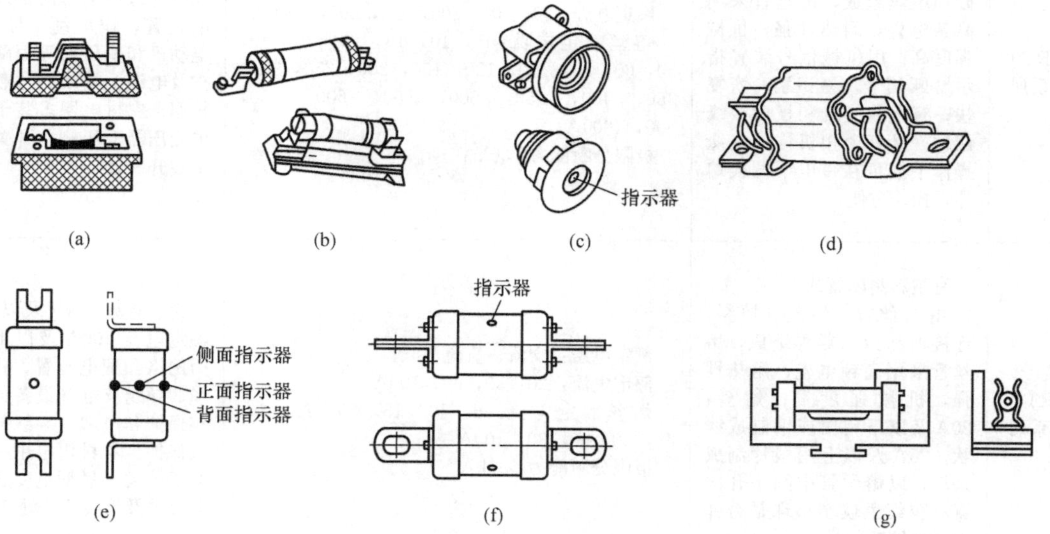

图 5－21　常用低压熔断器外形示意图

(a) RC1A 型熔断器；(b) RM10 型；(c) RL1 型；(d) RT0 型；(e) RT10 型；(f) RT11 型；(g) R1 型

表 5－17　　常用的户内式低压熔断器特点及性能

种类	结构特征	技术特点	适用范围
RC1A 系列	瓷插式	额定电压：交流 380V 额定电流：10，15，30，60，100，200A 熔丝额定电流：2，4，6，10，15，20，25，30，40，50，60，80，100，120，150，200A 极限分断能力：50kA	工频 380V 及以下农村低压电力线路、电缆及各种电气设备的短路保护
RM1 系列	无填料封闭管式 由熔丝管、熔丝和触座组成，可拆卸 结构简单，换丝方便	额定电压：交流 380V，直流 440V 额定电流：15，60，100，200，350，600A 熔丝额定电流：6，10，15，20，25，30，40，50，60，80，100，120，160，200，225，260，300，350，400，430，500，600A 极限分断能力：1.2，3.5，10，12kA	工频 380V 或直流 440V 及以下各种电压等级动力网络、成套配电设备中作短路保护和防止连续过载
RL1 系列	螺旋式 由底座、瓷帽和熔丝管（芯子）组成，熔丝管内装一组熔丝（片）和石英砂，管上盖中有一熔断指示器；为板前接线；可在带电但不带负荷下直接用手换丝	额定电压：交流 380V，直流 440V 额定电流：15，60，100，200A 熔丝额定电流：2，4，6，10，15，20，25，30，40，50，60，80，100，120，125，150，200A 极限分断能力：2，5kA	交流 50Hz 或 60Hz，额定电压 380V，直流电压 440V 及以上，额定电流 200A 及以下的电路中，作过载或短路保护

续表

种类	结构特征	技术特点	适用范围
RT0系列	有填料封闭管式 由熔丝管、指示器、石英砂和熔丝组成，熔丝管采用高频电瓷，耐热性强，机械强度高；用机械信号装置指示熔断信号，易识别，恢复快；有板前接线和板后接线两种；具有锁扣机构的绝缘操作手柄可在带电下调换熔体，操作方便	额定电压：交流 380V，直流 440V 额定电流：50，100，200，400，600，1000A 熔丝额定电流：5，10，15，20，30，40，50，60，80，100，120，150，200，250，300，350，400，450，500，550，600，800，900，1000A 极限分断能力：50kA	工频 380V，直流 440V 及以下低压电力网络或配电装置，作电缆、导线、电动机和变压器等短路保护及电缆、导线的过载保护用；农村电网多装于配电变压器低压侧总开关或干线开关处
RT10系列	有填料封闭管式 由熔丝管、熔丝、填料、连接板和指示器等组成，熔丝管采用高频电瓷，耐热性强，机械强度高；熔丝：20A 及以下用银或铜制成线状，25A 及以上用银片制成条形；以熔丝管中间小孔内置一粒红色玻璃小珠是否弹出显示熔断信号	额定电压：交流、直流 500V 额定电流：20，30，60，100A 熔丝额定电流：6，10，15，20，25，30，40，50，60，80，100A 极限分断能力：50kA	交、直流 500V 及以下，额定电流 100A 及以下电力网络和配电装置，作电缆、导线及电气设备的短路保护和电缆、导线的过载保护。农村用电中一般装于较大容量配电变压器总开关及干线开关处
RT11系列	有填料封闭管式 结构与 RT10 型基本相同，但接触形式采用中间触刀片的母线式，指示装置为 45°侧面式	额定电压：交流、直流 500V 额定电流：100，200，300，400A 熔丝额定电流：60，80，100，120，150，200，250，300，350，400A 极限分断能力：交流 50kA，直流 25kA	同 RT10 型
R1-10	由胶木底座和玻璃熔丝管组成，熔丝管内充石英砂，内装熔丝，两端紧箍铜帽	额定电压：交流、直流 220V 额定电流：10A 熔丝额定电流：0.5，1，2，3，4，5，6，8，10A 极限分断能力：1kA（$\cos\varphi=0.8$），0.2kA（$t=20ms$）	交直流 220V 及以下，额定电流 10A 及以下控制电路及信号电路的室内电气设备，作短路或过载保护

5. 熔体的选择配合与熔断器安装

有关熔体的选择及配合原则、熔断器的安装维护知识将在第十章中详细介绍。

（三）低压断路器

低压断路器又称自动空气开关或自动开关，具有较有效的灭弧功能，当电路中发生过载、短路和欠电压等不正常情况时，它能自动分断电路；也可用作不频繁地启动电动机或接通、分断电路。它是低压交、直流配电系统中的重要保护、控制电器之一。常用的低压断路器有 DW10、DW15、DW20、ME、DZ10、DZ20、DZ47 等。

1. 型号表示与含义

低压断路器的型号表示与含义如下：

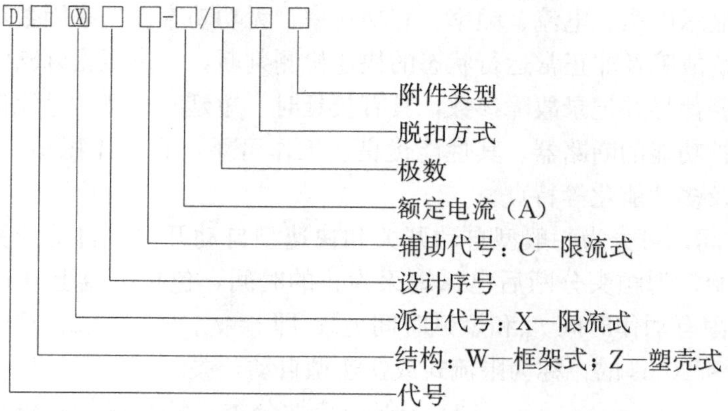

在农村电网中，一般采用 DZ5、DZ10 型低压断路器等作控制电动机的开关，DW5、DW10 型低压断路器等由于额定电流较大，一般用于成套低压配电装置中作总开关或容量较大的分路开关。目前统一设计生产的系列产品有 DZ15 和 DW15 型。DZ15 型装置式自动开关具有结构紧凑、体积小、分断能力高等优点，可以提供配电用、照明用、保护电动机用等多种保护特性，是额定电流为 60A 以下塑壳式自动开关的换代产品。DW15 型框架式自动开关，其额定电流为 100～4000A，具有长延时、短延时、瞬时三种特性，分配电用和保护电动机用两种。其保护性能完善、使用范围广、分断能力强，完全可以满足作为较大容量配电变压器总开关和大容量分路开关使用的要求。可在电路中作为配电电动机，照明线路的过负荷和短路保护，也可作为线路不频繁转换及电动机不频繁启动用；适用于电源中性点接地的电路中，当人身触电或电网漏电时能够断开故障电路，作为漏电保护用，同时可保护线路和电动机的过负荷或短路，作为线路不频繁转换及电动机不频繁启动用。

2. 结构原理和分类

(1) 结构原理。低压断路器主要由感应元件、传递元件、执行元件三部分组成，其结构原理如图 5-22 所示。

(2) 分类。

1) 按结构形式，可分为框架式（也称万能式）和塑料外壳式（也称装置式）两类。

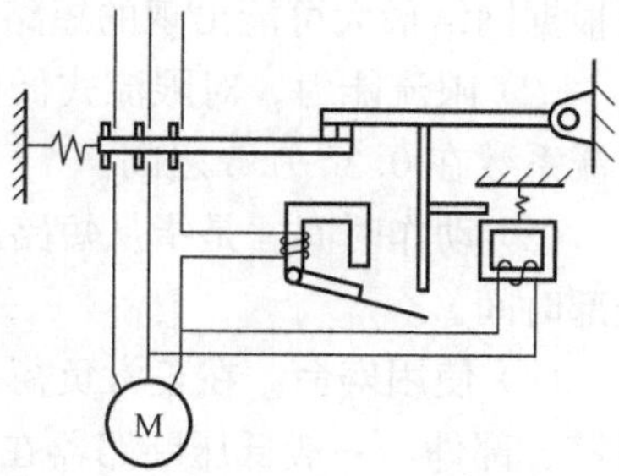

图 5-22　低压断路器结构原理图

框架式低压断路器为敞开式结构，一般选择型低压断路器、大容量低压断路器多为此结构，它能对配电电路和用电设备实现多种不正常情况下的保护，如过流、短路、欠压保护等，可以通过各种传动机构实现手动（直接操作、储能合分闸操作、杠杆连动等）或自动（电磁铁、电动机或压缩空气）操作。框架式自动开关还有数量较多的辅助触头，便于实现连锁和对辅助电路的控制，因此广泛用于工业企业的变配电室、变电所、发电厂等，作为成套低压配电装置中的总开关或容量较大的分路开关。

塑料外壳式自动开关具有安全保护用的塑料外壳，具有结构紧凑、体积小、质量轻，分断能力强、使用安全可靠等优点。其适宜单独安装，除可用于保护容量不大的用电设备外，还可用作绝缘导线的保护及公共建筑中照明电路的控制开关。

目前，智能化断路器得到了广泛使用。所谓智能化断路器，就是带有可进行自检的微处理控制器，能够显示电压、电流、频率、有功功率、无功功率及功率因数等系统正常运行参数，能够实现系统故障及非正常运行状态的快速检测判断，以及根据判断结果有选择性地跳闸或发出声光报警信号并记录故障参数，具有长延时、短延时、瞬时过流保护以及接地、欠压保护等完善保护功能的断路器。其性能优良、工作可靠，具有体积小、电子化、智能化、组合化、模块化及多功能化等特点。

2）按分断时间，可分为一般型自动开关和快速型自动开关。自动开关分断时间 t 是从短路出现瞬间开始，到触头分断后电弧熄灭为止的时间，包括电流上升到整定电流的时间 t_{set}、触头分断的固有动作时间 t_{op} 和燃弧时间 t_{arc}，即 $t=t_{set}+t_{op}+t_{arc}$。$t>30ms$ 的，称为一般型自动开关；$t<20ms$ 的，称为限流式或快速型自动开关。

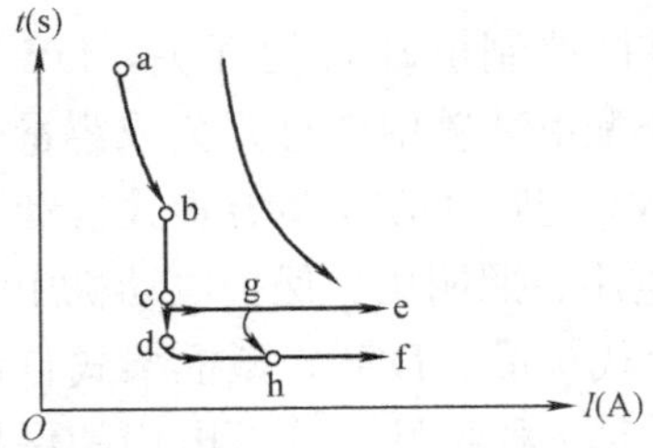

图 5－23 低压断路器的保护特性

3）按保护特性分类。结合保护特性曲线图 5－23，低压断路器可以分为一段式保护、二段式保护、三段式保护三种，配电用低压断路器要求要有二段或三段式保护。

a. 一段式反时限保护：工作在曲线 ab 段，电流越大，动作时间越短，多为瞬时式电磁脱扣器。

b. 二段式保护：具有过载长时限（ah 段）和短路瞬时动作（df 段）脱扣器（多为热—电磁式脱扣器），工作曲线是 abdf。

c. 三段式保护：具有过载长延时（ab 段）、短路短延时（cg 段）和特大短路电流瞬时动作（hf 段）脱扣器，工作曲线是 abchf。一般在 3～10 倍脱扣器额定电流时，延时 0.1～0.4s 跳闸；如果达到 7～20 倍以上额定电流时，脱扣器瞬时动作跳闸。

3. 低压断路器的主要技术参数

（1）分断能力。是指在规定的条件下能够接通和分断的短路电流值。配电用选择型自动开关要求有尽量高的延时通断能力，最好是与瞬时极限通断能力相等。在选择自动开关时必须根据网络最大可能出现的短路电流，参照开关的技术数据进行选用。

（2）限流能力。对限流式低压断路器和快速自动开关要求有较高的限流能力，一般要求限流系数在 0.3～0.6 之间。

（3）动作时间。是指从短路出现开始至触头分离、电弧完全熄灭、电路完全分断所需的全部时间。

（4）使用寿命。在正常负荷条件下，低压断路器应能够在操作的次数（寿命）内不必更换零、部件，一般低压断路器在 2000～20 000 次。

（5）保护特性。指低压断路器对过流保护的特性，可用保护特性曲线反映。

有关低压断路器的选择原则、保护特性的配合要求及维护注意事项等将在第十章中详细介绍。

（四）接触器

接触器是用来频繁地遥控接通或断开交直流主电路及大容量控制电路的自动控制电器。它不同于刀开关类手动切换电器，因为它具有手动切换电器所不能实现的遥控功能；它也不同于自动空气开关，因为它虽然具有一定的断流能力，但却不具备短路和过载功能。其主要控制对象是电动机，也可用于电热设备、电焊机、电容器组等其他负载。它还具有低电压释放保护功能。接触器具有控制容量大、过载能力强、寿命长、设备简单经济等特点，是电力拖动自动控制线路中使用最广泛的电器元件。

按照所控制电路的种类，接触器可分为交流接触器和直流接触器两大类。

1. 接触器的型号说明

交流接触器的型号含义如下：

□ □ □ □-□/□ □

- 极数表示，三极不注数字
- A，B—改型产品；Z—直流线圈；S—带纽扣
- 额定电流（A）
- Z—重任务；X—消弧；B—栅片去游离灭弧
- 设计序号
- J—交流
- C—接触器

直流接触器的型号含义如下：

□ □ □-□/□ □ □

- 动断主触头数量
- 动合主触头数量
- C—不带辅助触头；C22—带辅助触头；
  D—不带辅助触头；D22—带辅助触头
- 额定电流（A）
- 设计序号
- Z—直流
- C—接触器

例如：CJ10Z－40/3 为交流接触器，设计序号 10，重任务型，额定电流 40A，主触头为 3 极；CJ12T－250/3 为改型后的交流接触器，设计序号 12，额定电流 250A，3 个主触头。

2. 交流接触器

（1）交流接触器结构。交流接触器主要由电磁系统、触头系统、灭弧装置及其他辅件构成。下面以 CJ10－20 型交流接触器为例介绍交流接触器的结构，如图 5－24 所示。

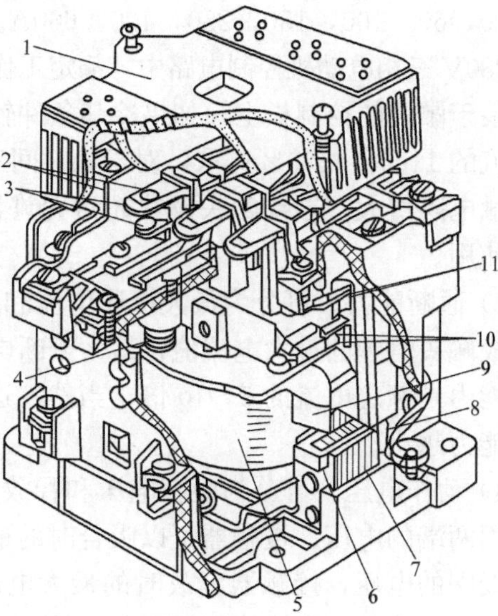

图 5－24　CJ10－20 型交流接触器的外形与结构示意图

1—灭弧罩；2—触头压力弹簧片；3—主触头；4—反作用弹簧；5—线圈；6—短路环；7—静铁芯；8—弹簧；9—动铁芯；10—辅助动合触头；11—辅助动断触头

1）电磁机构。电磁机构由线圈、动铁芯（衔铁）和静铁芯组成，其作用是将电能转化为机械能，驱动触头动作完成分合。在铁芯上套有一个相当于变压器二次绕组的短路环，其作用是借助其分磁，减缓交变磁通产生的交变吸力的变化，从而减轻

铁芯的振动和噪声。

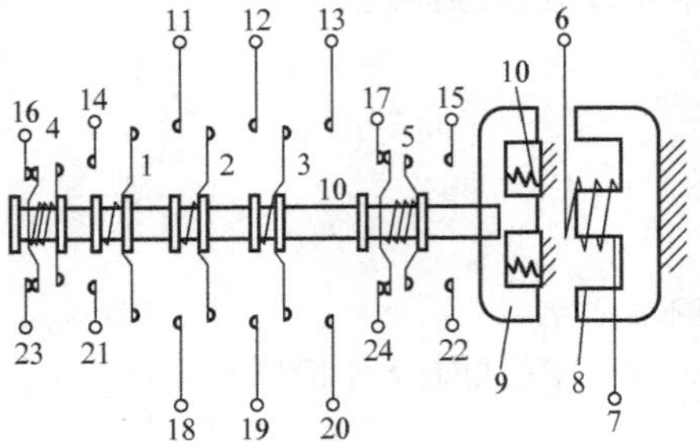

图 5-25 交流接触器的触头与电磁系统
1～3—主触头；4、5—辅助触头；6、7—线圈；
8—铁芯；9—衔铁；10—弹簧；
11～24—触头接线柱

2）触头系统，包括主触头和辅助触头。主触头用于通断主电路，通常为三对动合触头。辅助触头用于完成各种控制功能，起电气连锁作用，故又称连锁触头，一般动合、动断各两对。交流接触器的触头与电磁系统如图 5-25 所示。

3）灭弧装置，用来隔离和熄灭电弧。容量在10A 以上的接触器都有灭弧装置。对于小容量的接触器，常采用双断口触头灭弧、电动力灭弧、相间弧板隔弧及陶土灭弧罩灭弧；对于大容量的接触器，采用纵缝灭弧罩及栅片灭弧。

4）辅助部件。包括反作用弹簧、缓冲弹簧、触头压力弹簧片、传动机构及接线桩和外壳等。

（2）交流接触器的工作原理。电磁式交流接触器的工作原理如下：线圈通电后，在铁芯中产生磁通及电磁吸力。此电磁吸力克服弹簧反力使得衔铁吸合，带动触头机构动作，动断触头打开，动合触头闭合，互锁或接通线路。在线圈失电或线圈两端电压显著降低时，电磁吸力小于弹簧反力，使得衔铁释放，触头机构复位，断开线路或解除互锁。

（3）交流接触器的基本参数。

1）额定电压。指主触头额定工作电压，应等于负载的额定电压。一只接触器常规定几个额定电压，同时列出相应的额定电流或控制功率。通常最大工作电压即为额定电压。常用的额定电压值为 220，380，660V 等。

2）额定电流。指接触器触头在额定工作条件下的电流值。常用额定电流等级为 5，10，20，40，60，100，150，250，400，600A。

380V 三相电动机控制电路中，额定工作电流可近似等于控制功率的 2 倍。持续时间≤8h，且安装于敞开的控制板上，如果冷却条件较差，选用接触器时，接触器的额定电流按负荷额定电流的 110%～120%选取。对于长时间工作的电动机，由于其氧化膜没有机会得到清除，使接触电阻增大，导致触头发热超过允许温升，实际选用时，可将接触器的额定电流减小 30%使用。

3）通断能力。可分为最大接通电流和最大分断电流。最大接通电流是指触头闭合时不会造成触头熔焊的最大电流值；最大分断电流是指触头断开时能可靠灭弧的最大电流。一般通断能力是额定电流的 5～10 倍。当然，这一数值与开断电路的电压等级有关，电压越高，通断能力越小。

4）动作电压。可分为吸合电压和释放电压。吸合电压是指接触器吸合前，缓慢增加吸合线圈两端的电压，接触器可以吸合时的最小电压。释放电压是指接触器吸合后，缓慢降低吸合线圈的电压，接触器释放时的最大电压。一般规定，吸合电压不低于线圈额定电压的 85%，释放电压不高于线圈额定电压的 70%。

5）吸引线圈额定电压。指接触器正常工作时，吸引线圈上所加的电压值。一般该电压数值以及线圈的匝数、线径等数据均标于线包上，而不是标于接触器外壳铭牌上，使用时应加以注意。

6）操作频率。接触器在吸合瞬间，吸引线圈需消耗比额定电流大5～7倍的电流，如果操作频率过高，则会使线圈严重发热，直接影响接触器的正常使用。为此，规定了接触器的允许操作频率，一般为每小时允许操作次数的最大值。

7）寿命，包括电寿命和机械寿命。目前接触器的机械寿命已达1000万次以上，电气寿命约是机械寿命的5%～20%。

（4）交流接触器的分类及使用。交流接触器的种类很多，其分类方法也不尽相同。交流接触器的常见分类及使用场所见表5-18。

表5-18　交流接触器的常见分类及使用场所

分类形式		使用场所
按主触头极数分	单极	主要用于单相负荷，如照明负荷、焊机等，在电动机能耗制动中也可采用
	双极	用于绕线式异步电机的转子回路中，启动时用于短接启动绕组
	三极	用于三相负荷，例如在电动机的控制及其他场合，使用最为广泛
	四极	主要用于三相四线制的照明线路，也可用来控制双回路电动机负载
	五极	用来组成自耦补偿启动器或控制双笼型电动机，以变换绕组接法
按负荷种类分	一类（AC1）	控制对象是无感或微感负荷，如白炽灯、电阻炉等
	二类（AC2）	用于绕线式异步电动机的启动和停止
	三类（AC3）	典型用途是鼠笼型异步电动机的运转和运行中分断
	四类（AC4）	用于笼型异步电动机的启动、反接制动、反转和点动
按灭弧介质分	空气绝缘式	用于一般负载
	真空绝缘真空式	常用在煤矿、石油、化工企业及电压在660V和1140V等一些特殊的场合
按有无触头分	有触头式	正常均采用
	无触头式	用于高操作频率的设备和易燃、易爆、无噪声的场合

我国生产的交流接触器常用的有CJ10、CJ12、CJX1、CJ20等系列及其派生系列产品，CJ0系列及其改型产品已逐步被CJ20、CJX系列产品取代。以上系列一般具有三对动合主触头，动合、动断辅助触头各两对。

目前，按IEC标准生产的交流接触器已得到一定的使用，如CJ12B-S系列锁扣接触器，其用于交流50Hz，电压380V及以下、电流600A及以下的配电电路中，供远距离接通和分断电路用，并适宜于不频繁地启动和停止交流电动机。

应当强调：由于交流接触器的触头和灭弧装置是按负荷电流设计的，所以其不能用于短路保护。在低压电路中，短路保护可选用熔断器或自动开关。

3. 真空交流接触器

真空交流接触器是将动、静触头密封在真空灭弧室内，以真空作为灭弧介质，在开断电流时电弧无外露、无喷弧区，触头的接触情况和熄弧性能不受外界环境影响，特别适用于煤矿、石油、化工、冶金和水泥等行业使用。真空灭弧室的结构原理参见真空断路器。

国外于20世纪60年代开始生产低压真空接触器，我国20世纪80年代开始设计真空接触器，现已形成CKJ、CKJ5、CKJ6等系列产品。

图5-26所示为CKJ5-400型真空接触器的外形结构，主要由真空灭弧室、绝缘框架、金属底座、电磁系统、传动机构、辅助触头和整流装置等组成。直流电磁操动机构由铁芯、吸合线圈、磁轭、衔铁和绝缘拐臂组成。合闸时，吸合线圈通电，衔铁吸合，同时通过拐臂在接触弹簧和真空灭弧室负压共同作用下动、静触头闭合；分闸时，吸合线圈断电，分闸弹簧使衔铁释放，转动拐臂，拉开动、静触头。

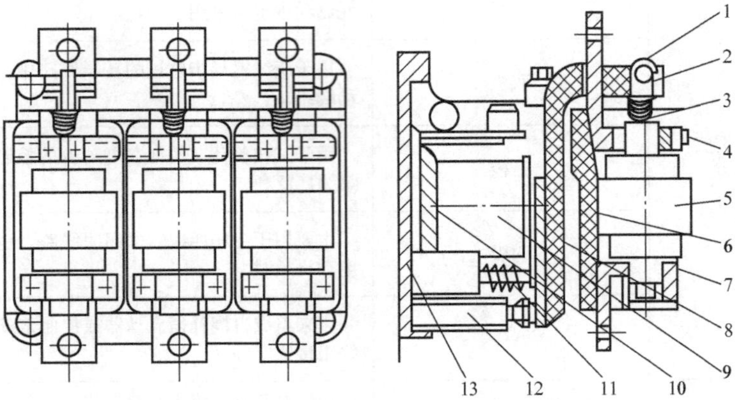

图5-26 CKJ5-400型真空接触器外形结构图

1—拐臂；2—拉杆；3—接触弹簧；4—动导电夹块；5—真空灭弧室；6—绝缘支座；7—静导电夹块；8—衔铁；9—吸合线圈；10—磁轭；11—分闸弹簧；12—辅助触头；13—底座

4. 直流接触器

直流接触器常用的有CZ0系列，分单极和双极两大类，动合、动断辅助触头各不超过两对。

直流接触器的结构和工作原理与交流接触器基本相同，但存在以下差异：

(1) 因交流接触器的铁芯会产生涡流和磁滞损耗，故为了减少损耗，其铁芯是由彼此绝缘的硅钢片叠压而成的。直流接触器不会产生上述损耗，因此其铁芯是由整块软钢做成的。

(2) 交流接触器的线圈匝数较少，电阻较小，因而发热较少，线圈做成粗而短的圆筒状；直流接触器的线圈匝数多、电阻大、铜损大、线圈发热多，为增加线圈的散热面积，线圈做成长而薄的圆筒状。

(3) 为消除铁芯产生的振动和噪声，交流接触器在静铁芯的端部嵌有短路环，直流接触器则不需要。

(4) 由于交流接触器的动铁芯吸合前，其线圈的电抗较小，因而启动电流较大，直流接触器励磁线圈电流的大小取决于线圈直流电阻的大小，故衔铁吸合前后线圈电流不变。

(5) 直流接触器经过长期使用后，由于剩磁的影响，即使在励磁线圈断电后，衔铁受到铁芯剩磁吸引仍可能继续保持吸合状态而无法使主触头断开；交流接触器则无此现象。

(6) 由于直流电弧比交流电弧难以熄灭，直流接触器常采用磁吹式灭弧装置灭弧。

(五) 开启式负荷开关

开启式负荷开关由刀开关、熔丝、接线座、胶盖及底板组合而成。开关全部导电部件装在一块底板上，其上部用带有绝缘的外壳笼罩，使开关在合闸状态时，手不会触及导电体。上盖采用标准螺钉与底板紧固，下盖以铰链连于底板，便于更换熔丝。开启式负荷开关适用于交流频率 50Hz、电压 380V、电流 60A 及以下的电路中，可作为小容量配电变压器低压侧总开关、分路开关及小容量电动机全压启动开关使用。开启式负荷开关的外形如图 5-27 所示。

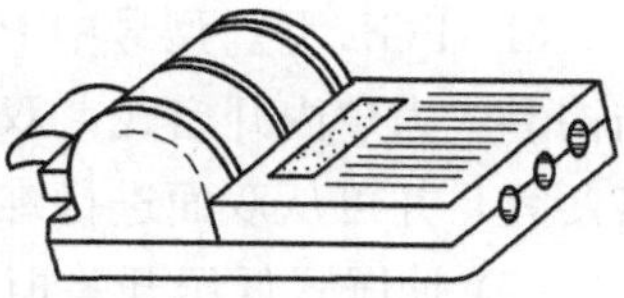

图 5-27 开启式负荷开关外形图

(六) 熔断器式刀开关

熔断器式刀开关俗称石板闸，它由 RT0 型熔断器、静触头、操动机构和底座组成。RT0 型熔断器（即刀开关的刀片），均装有安全挡板和灭弧室，灭弧室是由酚醛纸板壁和钢板冲制的栅片铆合而成。熔断器式刀开关的熔断器固定在带有弹簧钩子锁板的绝缘梁上。在正常运行时，保证熔断器不脱扣，而当熔丝因故障熔断后，只需按下钩子便可以很方便地更换熔断器。它适用于交流 50Hz，电压 380V 或直流 440V，额定电流为 100～600A 的配电网中，作为电气设备和线路的过负荷和短路保护用，以及正常供电情况下不频繁地接通和切断电路。由于熔断器式刀开关是由刀开关和熔断器组合而成的，因此它同时具有熔断器和刀开关的基本功能。

(七) 铁壳负荷开关

铁壳负荷开关是一种由刀开关和熔断器组合而成的负荷开关，带有灭弧装置，并有钢板防护外壳，所以又称铁壳开关，适于作低压电网中配电变压器低压侧总开关、分路开关和小型电动机的启动设备。选用时应按负荷额定电流的 2～3 倍选择。HH3 型负荷开关的外形及结构如图 5-28 所示。

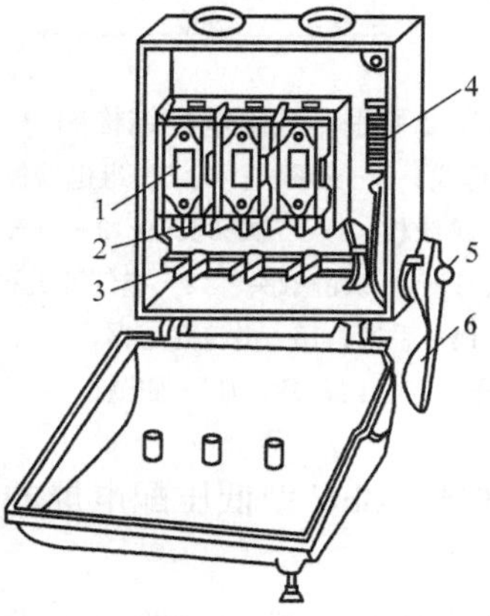

图 5-28 HH3 型负荷开关外形及结构示意图

1—熔断器；2—夹座；3—闸刀；4—速断弹簧；5—转轴；6—手柄

三、低压成套配电装置

1. 概述

低压成套配电装置也称为低压配电屏（柜），是对经装配组合的低压配电元件，能够完成分配、控制低压电能和具有测量、保护功能的所有电器的总称。它由国家统一设计和命名，定型试验后形成国家标准，广泛运用于额定工作电压至 660V、额定工作电流至 5000A 的发电厂、变电站、工矿企业及其他照明低压配电系统中。配电设备与电控设备相比，主电器较多使用刀开关、断路器（自动开关）、熔断器等，其操作频率低，控制电路比较简单，主回路和辅助回路标准化程度较高。

我国生产的低压配电屏基本上可分为固定式和小车式（抽屉式）两大类，基本结构方式分为焊接式和组合式两种。

常用的低压配电屏有PGL型交流低压配电屏、BFC系列抽屉式低压配电屏、GGL型低压配电屏、GCL系列动力中心和GCK系列电动机控制中心等。

配电屏的钢架用角钢焊成，用薄钢板做正面面板。面板上部装有测量仪表，中部设有闸刀开关的操作手柄，屏面下部为两扇向外开启的门，内有继电器和二次线端子排，母线布置在屏顶，闸刀开关、熔断器、低压断路器和电流、电压互感器都装在屏后，后上部装有电能表。

(1) PGL型。型号中P表示配电屏，G表示固定式，L表示动力用。PGL低压配电屏结构形式为户内开启式，双面防护离墙安装，屏架用钢板和角钢焊接而成。其结构简单，价格便宜，并可从双面进行维护，检修方便。图5-29所示为PGL-1型低压配电屏结构。

(2) 抽屉式低压开关柜。常用的有BFC型低压配电屏，此配电屏又称为配电中心，其中专门用来控制电动机的称为电动机控制中心。图5-30所示为BFC-2型手车式配电柜结构。

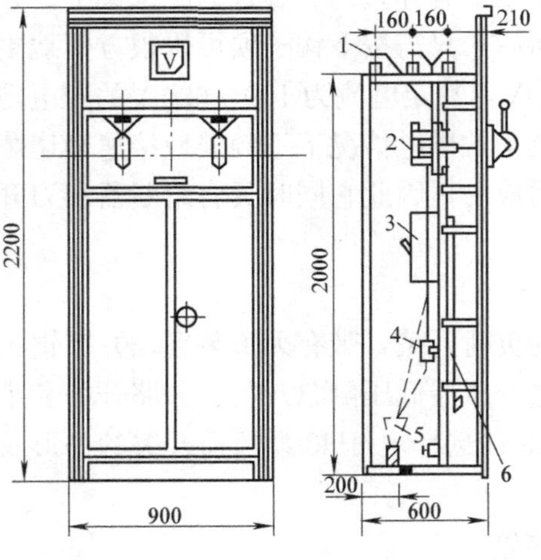

图5-29 PGL-1型低压配电屏结构示意图

1—母线及绝缘框；2—闸刀开关；3—低压断路器；4—电流互感器；5—电缆头；6—继电器

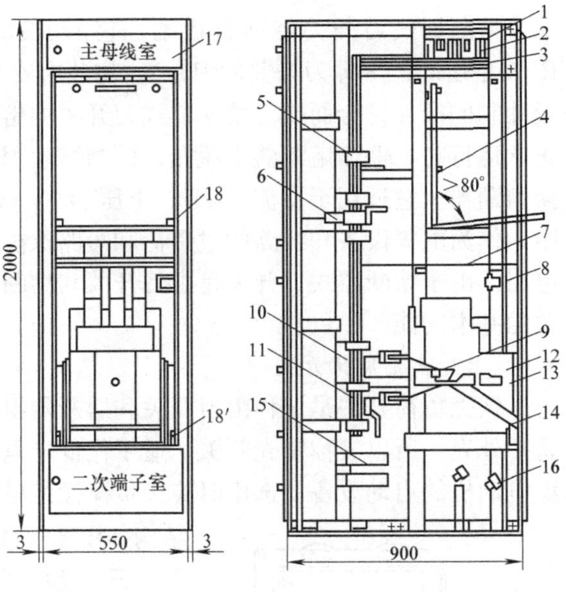

图5-30 BFC-2型手车式配电柜结构图

1—主母线夹；2—主母线；3—支母线；4、5—继电器板；6——次静触头；7—绝缘板；8—二次插头座；9—电气连锁行程开关；10、11——次静触头；12—空气开关；13—限位板；14—手把；15—电流互感器；16—二次端子；17—门；18、18′—侧壁

在型号中，B表示低压配电屏，F表示防护型，C表示抽屉式。BFC型低压配电屏的主要特点如下：

1) 各单元的主要电器设备均安装在一个特制的抽屉中或小车中，当某一回路单元发生故障时，可以使用备用抽屉或小车替换，以便迅速恢复供电，大大提高了供电可靠性。

2) 每个单元为抽屉式，密封性好，不会扩大事故，且便于对故障设备进行维护检修。

3) BFC型低压配电屏的主电器在抽屉或小车上均为插入式结构，抽屉或小车上均设有连锁装置，以防误操作。

抽屉式低压开关柜因其结构紧凑、占地面积小、密封性好、可靠性高等突出优点，正在逐步取代固定式低压配电屏。

(3) GGL型。型号中第一个G表示柜式结构，第二个G表示固定式，L表示动力用。这种配电屏为组装式结构，全封闭形式，内部选用新型的电器元件，母线按三相五线配置。它具有分断能力强、动稳定性好、维修方便等优点。

随着技术的不断进步和使用要求的提高，特别是低压电器元件的改进，MCS型等智能化新型低压配电屏的使用将会越来越多。

2. 设备安装要求

(1) 低压配电室应尽量靠近负荷中心，设在无灰尘、无水汽和腐蚀介质少及振动小的地方。

(2) 装置不带电部分的金具与接地装置应可靠连接，成列布置应在两端与地或零线连接。

(3) 室内落地安装时要高出地面0.2m，室外安装时要高于地面0.2m以上。

(4) 炎热地区的配电室应尽量避免阳光直晒。

(5) 设备的布置要考虑到正常操作、搬运、检修、试验的方便，通道要满足以下尺寸要求：

1) 单列固定式配电屏，屏前不小于1.5m；双列为2.0m，屏后维护通道不小于0.8m。

2) 单列抽屉式配电屏，屏前不小于2.0m；双列为2.3m，屏后维护通道不小于1.5m。

(6) 带电裸导电体与其他部分的净距离应符合：屏后通道，裸导电体高度低于2.3m时应加装遮护，遮护高度不低于1.9m；屏前通道不低于2.5m。

(7) 配电设备并列长度大于6m时，配电室应设两个出口。

3. 设备对建筑物的要求

(1) 配电室耐火等级不低于二级。

(2) 长度大于6m的配电室要设两个出口。

(3) 配电室天棚及墙面应刷白，地面一般采用水泥磨面并压光。

(4) 充足的采光和通风，采光窗应能够防止雨水和小动物进入。

(5) 配电室大门和电缆通道应能够防止小动物进入，并有防水措施。

(6) 配电室电缆盖板，一般采用钢板或钢筋混凝土盖板。

4. 验收要求

(1) 竣工图纸资料完整（电气、土建部分）。

(2) 变压器室、配电室土建部分符合规定要求。

(3) 屏（柜）体要用地脚螺栓或点焊固定在基础上，各柜应连成一个整体。安装牢固，连接紧密，无明显缝隙，垂直误差不大于其高度的0.15%。

有关低压成套配电设备的选用等其他知识参见第十章。

小　　结

1. 变压器是一种静止的电气设备，它是根据电磁感应原理进行工作的，主要由绕组和铁芯组成。干式变压器广泛应用在商业中心、地铁、高层建筑、水电站等场合，其冷却方式分为自然空气冷却（AN）和强迫空气冷却（AF），其过载能力与环境温度、过载前的负载情况（起始负载）、变压器的绝缘散热情况和发热时间常数等有关。

2. 铁芯为变压器的磁路。目前，铁芯多采用磁滞回线狭窄（回线面积小）的硅钢片，以及高导磁率的软磁材料非晶态合金铁芯，而大量涌现的节能型配电变压器均采用卷铁芯结构。绕组是变压器的电路部分，其材料一般为铜或铝，有同心式和交叠式两种排列方式，在考虑限制谐波、保护装置动作灵敏度及三相负荷不平衡等因素时，宜优选 Dyn11 型配电变压器。为确保变压器运行安全，变压器还设有分接开关、冷却装置、储油柜、防爆管、吸湿器、气体继电器等部件。

3. 变压器调压方式有无励磁调压和有载调压两种。变压器的空载损耗（铁损）包括磁滞损耗和涡流损耗。变压器的短路损耗主要是一、二次绕组的电阻损耗，还包括导体的涡流损耗和附加杂散损耗。变压器的温升为测量部位的温度与冷却介质温度之差。变压器并列运行的三个基本条件是联结组别号相同、电压比相等、短路阻抗相等。

4. 高压断路器是高压电路中重要的控制和保护电器，目前较多使用真空断路器和 SF_6 断路器。而 SF_6 断路器又因其灭弧性能好、开断能力强等突出优点被广泛应用在电力系统各电压等级。隔离开关在检修其他设备时起隔离来电的作用，因其没有特殊的灭弧装置，不允许带负载进行拉闸或合闸操作；高压负荷开关只能切断和接通正常的负荷电流，也不能用来切断短路电流，一般情况下是与高压熔断器配合使用；高压熔断器通过短路电流或过载电流时熔断以保护电路中的电气设备，其动作具有反时限特性。

5. 高压成套配电装置应具有“五防”连锁功能，“五防”连锁功能常采用断路器、隔离开关、接地开关与柜门之间的强制性机械闭锁方式或电磁锁方式实现。

6. 在工矿企业、住宅小区、港口和高层建筑等交流 10kV 配电系统中，通常采用环形网供电，所使用的高压开关柜俗称为环网柜；高压/低压预装箱式变电站（简称箱式变电站），适合于在一般负荷密集的工矿企业、港口和居民住宅小区等场所。

7. 电力线路按其架设方式可分为架空电力线路和电力电缆线路两种。目前我国农村配电线路基本以架空电力线路为主，但在城市中心地带、居民密集的地方、高层建筑、工厂厂区内部、重要负荷及一些特殊的场所大都采用电力电缆线路。为保证线路的安全运行，防止事故的发生，除定期对架空电力线路进行巡视检查外，还要采取防雷、防暑、防寒、防风、防汛、防污等反事故措施，特别是防污闪措施。电力电缆由线芯（导体）、绝缘层、屏蔽层和保护层四部分组成，作为导电部分的线芯分为单芯、双芯、三芯和四芯。

8. 低压配电装置主要包括电器元件和成套低压电器。配电设备（配电装置）常用刀开关、断路器、熔断器、自动开关、保护继电器等配电电器。刀开关只能通断正常负荷电流，而不能切断故障电流；在 1kV 及以下的装置中，熔断器用得最多，常和刀开关电器在一个壳体内组合成负荷开关或熔断器式刀开关；低压断路器俗称自动空气开关或自动开关，具有较有效的灭弧功能，是低压交、直流配电系统中的重要保护、控制电器之一。目前，智能化断路器得到了广泛使用。

9. 低压配电成套设备是对经装配组合的低压配电元件，能够完成分配、控制低压电能和具有测量、保护功能的所有电器的总称，在发电厂、工矿企业、变电站，以及其他照明低压配电系统中广泛运用。

习 题

5-1 变压器的工作原理是什么？什么叫变压器的变比？

5-2 干式变压器有何特点？

5-3 变压器的铁芯一般采用什么材料？为什么？

5-4 目前为什么大量使用非晶态合金铁芯、卷铁芯结构变压器？

5-5 分接开关为什么在高压绕组上抽出适当的分接头？

5-6 冷却装置的作用是什么？强迫油循环水冷却器和强迫油循环风冷却器的冷却介质都是什么？

5-7 举例说明电力变压器型号含义。

5-8 什么叫变压器的额定容量？变压器额定容量与绕组额定容量有何区别？

5-9 配电系统在什么情况下优选 Dyn11 型变压器？

5-10 什么叫变压器的空载电流和空载损耗？

5-11 什么叫变压器的阻抗电压和短路损耗？

5-12 什么叫变压器的温升？国标是如何规定的？

5-13 变压器并列运行有哪些基本条件？

5-14 真空断路器依靠什么介质灭弧？其关键元件是什么？

5-15 SF_6 断路器在电力系统各高电压等级中的应用范围日益广泛的原因是什么？

5-16 对 SF_6 断路器有何特殊要求？

5-17 如何正确选用高压熔断器？在同样条件下，RN 型与 RW 型熔断器的保护性能有何差别？

5-18 高压成套配电装置有哪“五防”连锁功能？

5-19 试分析说明 KYN××800-10 型高压开关柜的主要功能。

5-20 说明 RGC□高压开关柜的型号含义。

5-21 什么叫环网柜？有何特点？

5-22 电力线路有何作用？如何分类？

5-23 分析架空电力线路的结构特征。

5-24 架空导线污闪形成原因有哪些？如何防污闪？

5-25 简述我国常用绝缘导线标称截面大小顺序。

5-26 分析架空电力电缆的结构特征。

5-27 举例说明电力电缆型号含义。

5-28 常用的电控设备和配电设备有哪些？

5-29 简述刀开关的用途和分类。

5-30 简述熔断器的结构原理和主要特性。

5-31 什么叫智能化断路器？为什么智能化断路器会得到广泛使用？

5-32 直流接触器和交流接触器在结构和工作原理上有何差异？

5-33 什么叫低压配电成套设备？其设备布置有何要求？

第六章

装表接电施工

第一节 导线及连接

导线用来连接各种电气设备，组成通路。导线连接包括剥切绝缘层、导线的线芯连接、接头焊接或压接，以及包缠绝缘等四个步骤。因此，能否根据系统负荷特征和客户用电要求，合理选择导线，正确制作线头、布置连接并恢复绝缘，是影响系统稳定和安全用电的重要因素。

一、导线种类及作用

常用导线可分为硬导线和软导线两大类。硬导线中又有单股、多股以及多股混合等不同形式。根据不同的配线方式，导线分为裸导线、绝缘导线和电缆。软线多为绝缘线，其芯线是多股细铜丝。

裸导线是指导线外面没有绝缘层的导线。常用的有裸铝绞线和钢芯铝绞线，广泛用于户外架空线路。裸导线中又有截面为圆形的导线和截面为矩形、管形等母线及汇流排的区别。

绝缘导线是指外面包有绝缘层的导线。常用的有塑料和橡皮绝缘线，有时也用塑料护套线。它在敷设时配以支持件、绝缘管，在保持一定安装高度后，使有电的导体与大地和人绝缘、隔离，常用于屋内布线。

电缆比绝缘导线的要求更高，它不仅有绝缘层，还在外面包有护套，有的还在最外层包以防止外力损坏的铠甲。它可直接埋地敷设，或敷设在电缆沟内，常用于电力配线和城市配线。

常用的额定电压在交流 500V 及以下的绝缘导线有橡皮绝缘线、塑料绝缘线、塑料护套线和绝缘软线 4 种。

1. 橡皮绝缘线

橡皮绝缘线是一种硬线，芯线由单根或多根绞合的铜钱或铅线制成，外面包橡胶绝缘层，再外包浸过沥青并涂上蜡的棉纱织物的保护层。

铜芯橡皮绝缘线（BX 型）、铝芯橡皮绝缘线（BLX 型）用于户内、外照明及电力线路的敷设，也用于户外沿墙支架线路的架设。型号中的 B 表示布线，X 表示橡皮绝缘，L 表示铝芯，无 L 者表示铜芯。

2. 塑料绝缘线

塑料（聚氯乙烯）绝缘线分为硬线和软线两种。前者芯线由单根或多根绞合的铜丝或铝丝制成，外面只包塑料绝缘层，没有保护层；后者芯线由多根（束）细丝缠绕制成，外面只包塑料绝缘层，没有保护层。

塑料绝缘线型号为：铜芯 BV；铝芯 BLV。其中 V 表示聚氯乙烯绝缘。其主要用于户内、外照明及电力线路的敷设，也用于户外沿墙支架线路。塑料绝缘铜芯软线（BVR 型）和塑料绝缘铝芯软线（BLVR 型），适用于不频繁活动场所的电源连接线，还有塑料双根平行软线（RVB 型）、塑料双根绞合软线（RVS 型），用于电灯的挂线。

3. 塑料护套线

塑料护套线分为双芯和三芯两种。芯线用铜丝或铝丝制成，芯线间用塑料作绝缘层，其外面仍用塑料作保护层。

塑料护套线型号是：铜芯线 BVV，铝芯线 BLVV。其中第一个 V 表示塑料绝缘，第二个 V 表示塑料护套。其用于户内、外照明和小容量电力线路的敷设。

4. 绝缘软线

常用绝缘软线的型号、名称、用途见表 6－1。

表 6－1　　常用绝缘软线的型号、名称和主要用途

型号	名　　称	主要用途	特　　点
BXR	棉纱纺织橡皮绝缘软线	室内安装，要求较柔软时用	
BVR	铜芯聚氯乙烯绝缘导线	要求较柔软时用，但不能作为不固定的敷设导线	
RXS	棉纱纺织橡皮绝缘双绞软导线	室内干燥场所日用电器用	芯线由多根细铜丝制成，用棉纱包住。外面包橡胶绝缘层，再外面包棉纱织物保护层
RX	棉纱总编织橡皮绝缘软线		
RH	橡套绝缘软线	用于单相或三相电钻、行灯等移动电具的引线和插座板电源的连接线，或短时使用的临时线路	橡套软线分为三芯和四芯两种。芯线由多根铜丝制成。外面包橡胶或塑料绝缘层，芯线间用麻绳充填，最外面包橡胶或塑料护套
RHF	氯丁橡套绝缘软线		
RV	聚氯乙烯绝缘软线	用于日用电器及吊灯的电源连接导线，无线电设备和照明灯头接线	
RVB	聚氯乙烯绝缘平行软导线（双根）		
RVS	聚氯乙烯绝缘绞型软导线		

二、导线的安全载流量

导线的安全载流量也叫导线的允许载流量或导线的安全电流值，指可以保证导线长时间连续运行所允许的电流密度。它还应根据导线线芯使用环境的极限温度、冷却条件、敷设条件等综合因素决定。一般规定是铜线选 5～8A/mm^2，铝线选 3～5A/mm^2。

常用绝缘导线在空气中敷设时的安全载流量见表 6－2。

表 6－2　　绝缘导线安全载流量　　A

截面积（mm^2）	线芯规格（mm）	明线装置			
		橡　皮		塑　料	
		铜	铝	铜	铝
1.0	1/1.13	17		18	
1.5	1/1.37	20	15	23	17
2.0	1/1.60				
2.5	1/1.76	28	21	30	23
4	1/2.24	37	28	40	30
6	1/2.73	46	36	50	39
10	7/1.33	69	51	75	55
16	7/1.70	92	69	100	75
25	7/2.12	120	91	130	100

续表

截面积 (mm^2)	线芯规格 (mm)	明线装置			
		橡皮		塑料	
		铜	铝	铜	铝
35	7/2.50	148	115	160	125
50	19/1.83	185	143	200	155
70	19/2.14	230	185	255	200
95	19/2.50	290	225	310	240
120	37/2.00	355	270		

注 1. 适用的导线型号：单芯聚氯乙烯塑料绝缘导线有 BV、BLV、BVR；单芯橡皮绝缘导线为 BX、BXF、BLXF、BXR。

2. 导线线芯最高允许的工作温度为+65℃。

3. 周围环境温度为+25℃。

三、常用导线型号和截面的选择

1. 导线型号选择

一般优先使用塑料绝缘线，家庭照明可用塑料护套线，同时它适宜使用在潮湿、有腐蚀性场所。严寒地区和户外宜用橡皮绝缘线。在户外敷设时最好采用氯丁橡皮绝缘线。

管配线要用额定电压 500V 的绝缘导线，且下列场所一定要使用铜芯线：

(1) 易燃、易爆场所。

(2) 重要的建筑，重要的资料室、档案室、库房。

(3) 人员聚集的公共场所、娱乐场所、舞台照明。

(4) 计量等二次回路。

2. 规格

选择导线时一定要按标称截面等级的规格选择。

(1) 电流计算。

单相电流 $$I=\frac{P}{U\cos\varphi}\quad (\text{A})\quad (\text{其中}\,U=220\text{V})$$

三相电流 $$I=\frac{P}{\sqrt{3}U\cos\varphi}\quad (\text{A})\quad (\text{其中}\,U=380\text{V})$$

式中 P——电器额定功率，kW；

$\cos\varphi$——功率因数。

对于电动机，上面公式还应除以效率；对于用电电气设备多的，还要乘以同时需用系数。一般简单的客户可按表 6-3 估算。

表 6-3 简单客户的电流估算

用电设备	估算电流
白炽灯、电热设备	4.5A/kW
家用电器（单相）	5A/kW
荧光灯	按白炽灯算得电流后除以 0.4～0.7 的功率因数，一般可按 9A/kW 估算
三相电动机	2A/kW
三相电热设备	1.5A/kW
电器较多时，按上述方法算出的总和电流再乘以 0.6～0.9 的同时需用系数估算	

（2）导线截面选择。导线截面的确定由发热条件、电压损失条件、经济电流密度条件和机械强度条件等几方面决定。

满足发热条件就是要求导线在通过最大负荷电流时，其发热温度不超过正常运行时的最高允许温度，其中最大负荷电流指计算电流。因此也可以这样描述：按照敷设方式、环境温度及使用条件确定导体的截面，其额定载流量不能小于预期负荷的计算电流。

满足电压损失的条件就是要求导线在通过计算电流时，在其上所产生的电压损失不超过电能质量指标中允许的电压偏差值。一般规定自变压器低压侧出口至电源引入处的室外线路，在最大负荷时的允许电压损失值可以按其额定电压的4%计算；室内线路（至最远端配电盘或最大负荷力矩点）可按3%计算。

对于架空线路来说，由于导线要承受自重及各种外力的作用，因此要求导线有一定的机械强度，也就是要保证一定的导线截面积。对于不同电压等级的输配电线路、不同类型的线路、不同级别的负荷、不同导线材质的线路，导线截面积应不小于其最小允许截面积。

一般，低压动力线路因电压低、负荷电流较大，应按发热条件选择，以电压损失条件和机械强度条件进行校验；低压照明线路虽电流不大，但因线路较长，则应按电压损失条件选择，以发热条件和机械强度条件进行校验。

按计算电流大小再留一些裕度，检查导线的安全载流量。要求所选截面积不得小于导线的最小允许截面积。

表6-4列出了在某一截面积和某一电压损失下的允许负荷矩（负荷矩为负荷和导线长度的乘积）的关系。

表6-4　0.4kV低压线路的允许负荷矩　kW·m

线路电压降 ΔU（%）	导线截面积（mm²）									
	2.5	4	6	10	16	25	35	50	70	90
0.6	69.5	111	167	276	445	695	975	1388	1947	2640
1.0	116	185	278	463	741	1158	1620	2315	3241	4390
1.6	184	296	444	742	1185	1851	2592	3700	5180	7035
2.0	232	370	555	927	1481	2341	1240	4630	6480	8800
2.6	300	482	722	1205	1925	3008	4220	6002	8440	11 430
3.0	347	555	833	1391	2221	3475	4865	6950	9740	13 200
3.2	370	593	889	1484	2370	3700	5190	7402	10 380	14 080
3.4	393	630	944	1576	2520	3938	5515	7865	11 020	14 950
3.6	416	667	998	1670	2668	4170	5840	8340	11 680	15 850
3.8	439	704	1055	1761	2812	4400	6165	8795	12 320	16 705
4.0	463	740	1110	1854	2962	4628	6480	9260	12 960	17 600
4.2	485	778	1160	1947	3110	4865	6810	9720	13 610	18 480
4.4	509	815	1221	2040	3258	5009	7140	10 180	14 260	19 350
4.6	532	852	1278	2132	3408	5325	7460	10 650	14 920	20 210
4.8	555	888	1334	2224	3557	5551	7780	11 100	15 600	21 100
5.0	578	926	1388	2316	3702	5748	8100	11 560	16 230	21 980

【例 6-1】 某三相客户，计算负荷为 20kW，导线长 500m，要求电压损失不超过 5%，要用多大截面的导线？

解： 负荷矩=20×500=10 000（kW·m），查表 6-4，得截面积 $50mm^2$ 的铝导线在 $\Delta U\%=5$ 时的允许负荷矩为 11 560kW·m，故可选用 $50mm^2$ 的铝导线。

四、导线线头的制作

导线线头绝缘层的剖削方法有直削法、斜削法和分段剖削法三种，如图 6-1 所示。直剖削法、斜剖削法适用于单层绝缘导线，如塑料绝缘线。分段剖削法适用于绝缘层较多导线，如橡皮线铅皮线等。而最方便的切削是用剥线钳剥去塑料绝缘层，用钢丝钳或电工刀来切削绝缘层。剖削导线时，必须注意不得损伤线芯。

1. 塑料线绝缘层的剖削

芯线截面积在 $4mm^2$ 及以下的塑料绝缘线，可用钢丝钳剥削，其操作方法如图 6-2 所示。首先应根据线头所需的长度，用钳头刀口轻切塑料层，不可切入芯线；然后用右手握住钳子头部用力向外勒去塑料层；而左手抓紧导线反向用力配合动作。在勒去绝缘层时，不可在钳口处加剪切力，这样会伤及线芯，甚至将导线剪断。

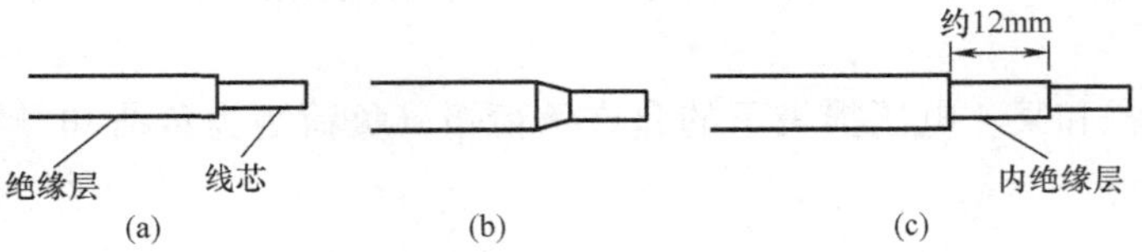

图 6-1　线头的去绝缘方法
(a) 直削法；(b) 斜削法；(c) 分段削法

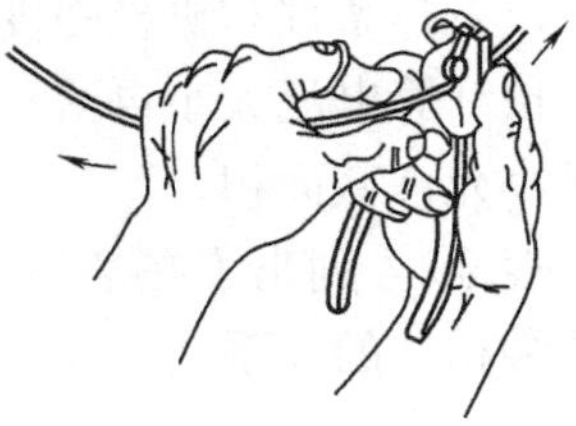

图 6-2　用钢丝钳剥离导线绝缘层

芯线截面积大于 $4mm^2$ 的塑料线，可用电工刀来剖削绝缘层，有斜切削和分段切削两种。前者用于单层绝缘线段的切削；后者用于多层绝缘线段的切削。线头的切削长度一般为 50～100mm。根据连接时的需要，不要太长或太短，太长浪费导线，太短影响连接质量。具体操作方法是：根据所需的线端长度，用刀口以 45°倾斜角切入塑料绝缘层，不可切入芯线；接着刀面与芯线保持 15°角左右，用力向外削出一条缺口；然后将绝缘层剥离芯线，向后扳翻，用电工刀取齐切去，如图 6-3 所示。

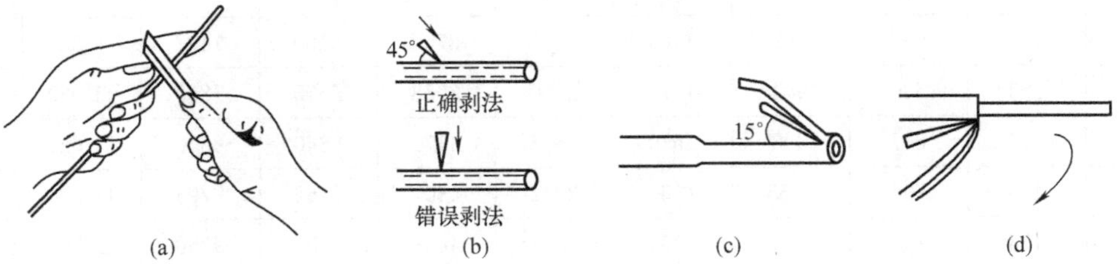

图 6-3　用电工刀剥削导线绝缘塑料层
(a) 握刀姿势；(b) 刀以 45°倾斜切入；(c) 刀以 15°倾斜推削；(d) 扳转塑料层并在根部切去

2. 塑料软线绝缘层的剖削

塑料软线绝缘层要用剥线钳或钢丝钳剥离，不可用电工刀剥离，因其容易切断芯线。

3. 塑料护套线的护套层和绝缘层的剖削

塑料护套层用电工刀来剥离，方法是：按所需长度用刀尖在线芯缝隙间划开护套层，接着扳翻，用刀口切齐，如图 6-4 所示。绝缘层的剖削方法与塑料线相同，但绝缘层的切口与护套层的切口间应留有 5～10mm 距离。

4. 橡皮线绝缘层的剖削

剖削橡皮线绝缘层时，先把编织保护层用电工刀尖划开，与剥离护套层的方法类同，然后用剥削塑料线绝缘层相同的方法剥去橡胶层，最后松散棉纱层至根部，用电工刀切去。

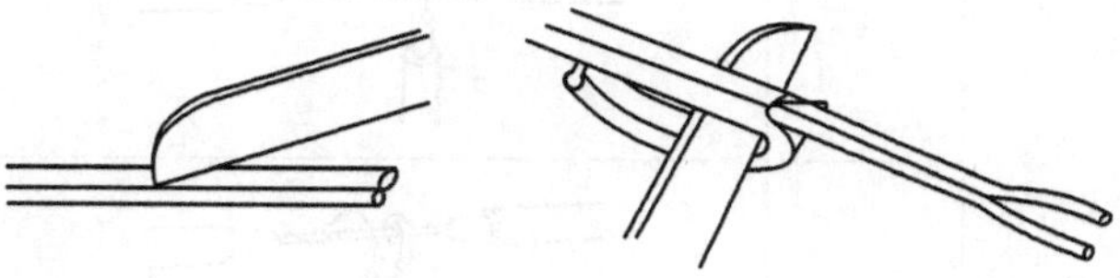

(a)　　(b)

图 6-4　护套层的剥离方法

(a) 刀在两缝隙间划开护套层；(b) 扳转护套层并在根部切去

5. 花线绝缘层的剖削

花线绝缘层因棉纱织物保护层较软，可用电工刀四周割切一圈后拉去，然后按剖削橡皮线的方法进行剖削。

6. 橡套软线的护套层和绝缘层的剖削方法

橡套软线护套层的剥离方法类同塑料护套层，然后按花线的剖削方法剖削绝缘层。

五、导线线头的连接工艺

安装线路时，经常遇到导线不够长或要分接支路，需要把一根导线与另一根导线连接起来，或把导线端头固定于电气设备上。这些连接点通常称为接头。

导线连接方法很多，有绞接、焊接、压接和螺栓连接等，各种连接方法适用于不同导线及不同的工作地点。导线的连接应符合下列要求：连接要紧密，使接触电阻最小，连接处的机械强度和绝缘强度应该与非连接处相同。

1. 导线间的连接

单股导线线头主要有单股导线间、单股导线与软线、单股导线终端头连接等几种形式，见表 6-5。多股导线中用得最多的是 7 芯线的导线，连接方法见表 6-6。

表 6-5　　单股导线的连接方法

连接方式	操作顺序	图　形	连 接 方 式
	1	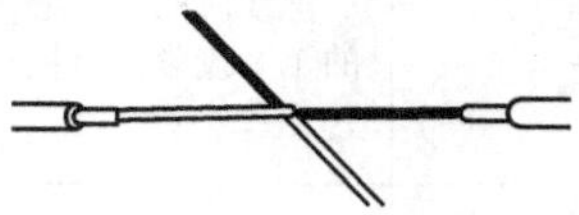	把两个相等长的芯线绞接（顺时针方向）
	2		相互绞绕 2～3 圈
直接绞接	3	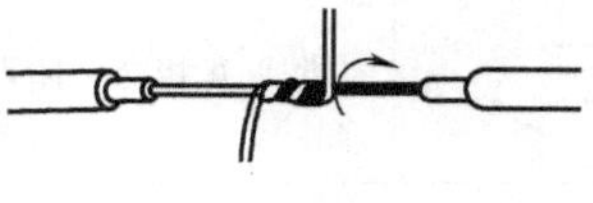	分别把绞绕的线头扳直，把其中一线头按绞绕方向在对应的一方芯线上紧密地缠绕 5～6 圈
	4	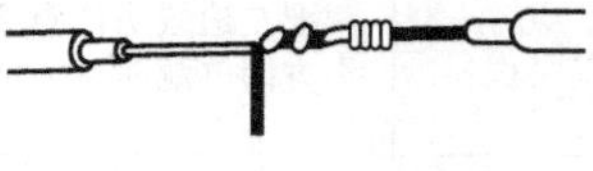	另一线头按绞绕方向在对应的一方芯线上紧密地缠绕 5～6 圈
	5		用钢丝钳剪去余下的线头，并修平芯线的末端

续表

连接方式	操作顺序	图 形	连 接 方 式
T形连接	1	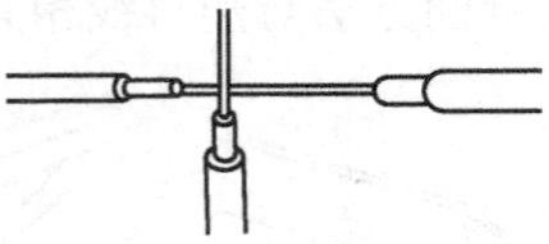	把分支线的芯线垂直放在干线上
	2	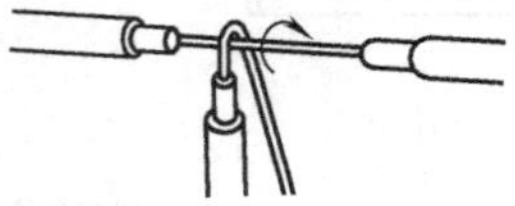	将支线线头按顺时针方向紧密地缠绕在干线上
	3	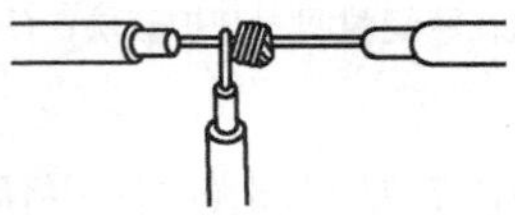	缠绕5～8圈后，用钢丝钳剪去余下芯线，并整平支线芯线的末端，要求支线不能在干线上滑动
与软线连接			先将软线线芯往单股导线上缠绕7～8圈，再把单股导线的线芯向后弯并压紧
终端接头连接	1		单股导线的终端接头为两支导线时，将两线芯互绞5～6圈，然后再向后弯曲
	2	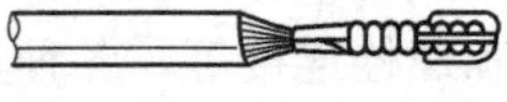	单股导线的终端接头为3～4支导线时：用其中一支线芯往其余线芯上缠绕5～6圈，然后再把其余导线头向后弯曲

表 6-6　　多股导线的连接方法

连接方式	操作顺序	图 形	连 接 方 式
直接绞接	1	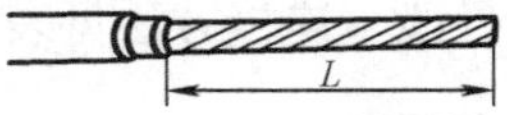	把线头的绝缘层剥去
	2	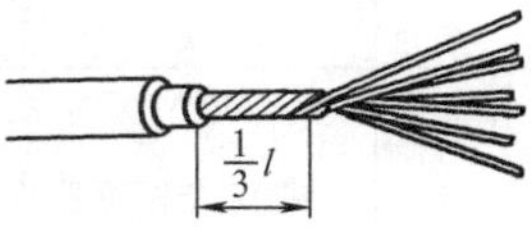	把线芯的2/3松开并扳直，把靠近绝缘层线芯的1/3绞紧，再把松开的芯线扳成伞骨状
	3		把两个伞骨形线芯一根隔一根地交叉插在一起
	4		摆平互相交叉插入的线芯并夹紧
	5	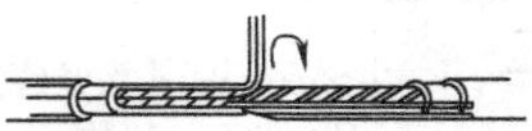	把左边线头任意2根相邻的线芯扳直，并按箭头方向（顺时针方向）缠绕
	6		缠绕2圈后，把余下的线头向右折弯90°（紧靠并平行导线）

续表

连接方式	操作顺序	图　形	连接方式
直接绞接	7	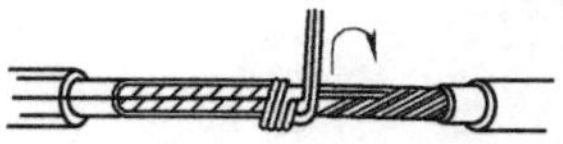	在上两线头的左侧把任意2根相邻的线头扳直，按箭头方向紧紧地压往前两根折弯的线头进行缠绕
	8		缠绕2圈后，把余下的线头向右折弯90°（紧靠并平行导线），再把左边余下的3根线芯扳直，按同样的方法缠绕
	9		缠绕3圈后切除余下的线芯，并整平端头
	10		用5～9的方法再缠绕右边线头的芯线
T形分支绞接	1		将干线剥去绝缘层
	2	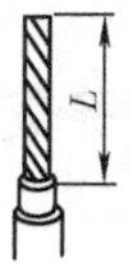	将支线剥去绝缘层
	3		将支线裸线部分的5L/6散开扳直
	4	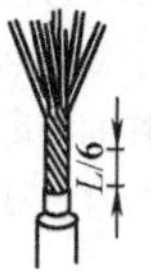	把靠近绝缘层线芯的L/6绞紧，再把松开的芯线扳成伞骨状
	5		把剪去中间的股线，把剩余股线分成相等的两部分并理顺，交叉插到干线的中点上
	6	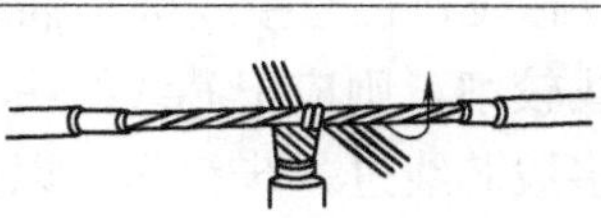	将插接的支线在右边干线上缠绕3～4圈
	7		同样，将支线在左边干线上以相反方向缠绕3～4圈
	8		将支线稍微拧紧

2. 导线线头与接线桩的连接

（1）线头与螺钉平压式接线桩的连接。较小截面积的单股芯线必须将线头按螺钉旋紧方向弯成接线圈，如图 6－5 所示，再用螺钉压接。

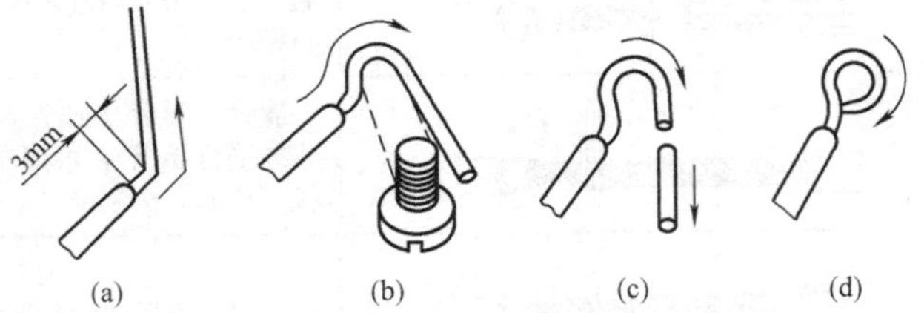

图 6－5　单股芯线压接圈的弯法

（a）离绝缘层根部 3mm 处向外侧折角；（b）按略大于螺栓直径弯圆弧；
（c）剪去芯线余端；（d）修正圆圈至圆

对于截面积不超过 $10mm^2$ 的 7 股及以下导线，应按图 6－6 所示的步骤制作压接圈。对于载流量较大，截面积超过 $10mm^2$ 或股数多于 7 的导线端头，应安装接线端子。

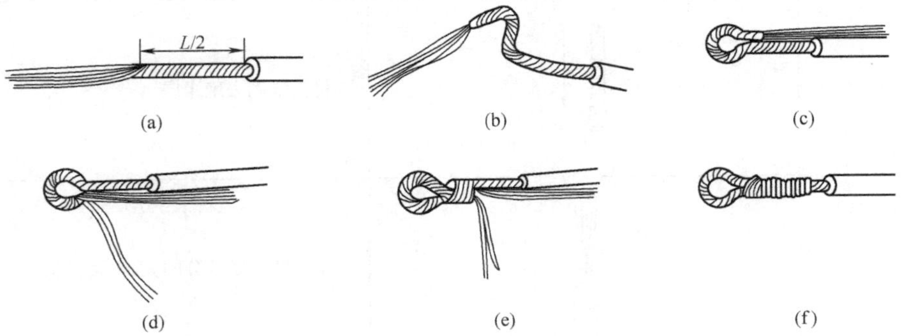

图 6－6　多股芯线压接圈的弯法

（a）芯线近橡胶层 1/2 处绞紧，其余压平拉直；（b）将导线弯成圆弧形；
（c）将导线弯成圆形，且圆孔内径与螺杆的间隙为 0.3mm；
（d）导线芯线分成两组；（e）芯线的一组绕芯线旋紧；（f）做好的螺钉平压式接线桩

螺钉平压式接线桩的连接工艺要求是：压接圈的弯曲方向应与螺钉拧紧方向一致，连接前应清除压接圈、接线桩和垫圈上的氧化层，再将压接圈压在垫圈下面，用适当的力矩将螺丝拧紧，以保证良好的接触。压接时，注意不得将导线绝缘层压入垫圈内。

（2）线头与针孔式接线桩连接。如是单股芯线，且与接线桩头插线孔大小适宜，则把芯线线头插入针孔并旋紧螺钉即可。如单股芯线较细，则应把芯线线头折成双根，插入针孔再旋紧螺钉。连接多股芯线时，先用钢丝钳将多股芯线进一步绞紧，以保证压接螺钉顶压时不致松散。无论是单股还是多股芯线的线头，在插入针孔时应注意：①注意插到底；②不得使绝缘层进入针孔，针孔外的裸线头的长度不得超过 3mm；③凡有两个压紧螺钉的，应先拧紧近孔口的一个，再拧紧近孔底的另一个，如图 6－7 所示。

（3）线头与瓦形接线桩的连接。瓦形接线桩的垫圈为瓦形。为了不致使线头从瓦形接线桩内滑出，压接前应先将已去除氧化层和污物的线头弯曲成 U 形，如图 6－8（a）所示，再卡入瓦形接线桩压接。如果在接线桩上有两个线头连接，应将弯成 U 形的两个线头相重合，再卡入接线桩瓦形垫圈下方，压紧，如图 6－8（b）所示。

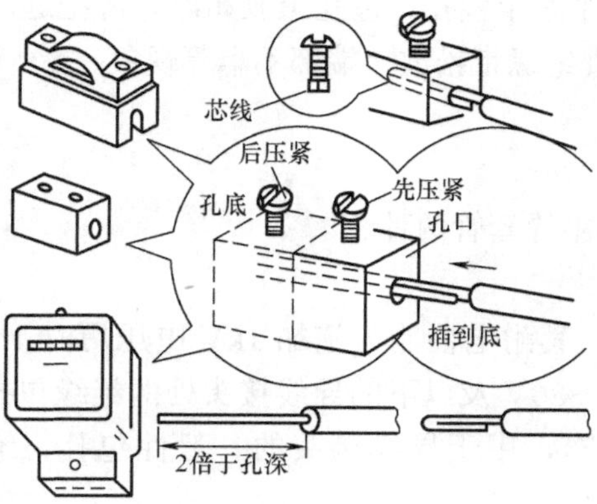

图 6-7　针孔式接线桩连接要求和方法

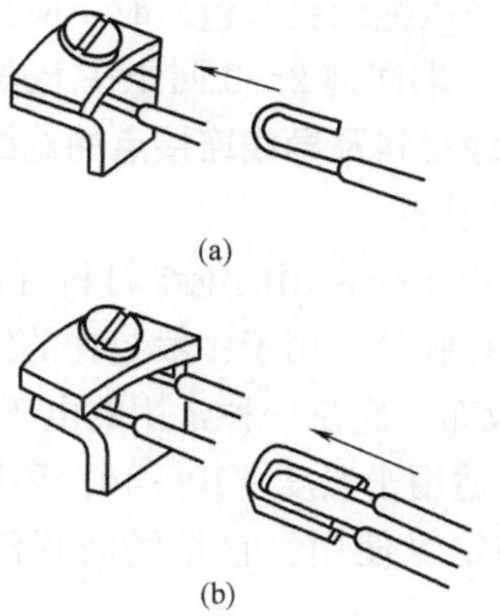

图 6-8　单股芯线与瓦形接线桩的连接
(a) 一个线头连接；(b) 两个线头连接

3. 铜、铝导线的连接

铜、铝导线不能直接相连。因为铜、铝导线直接连接后，由于铝较铜的化学性质活泼，很容易失去电子，遇到空气中的水分、二氧化碳气体后会遭到腐蚀成为负极，而铜较难失去电子而成为正极。这样在两种金属的接触面处便形成了一个原电池，从而不断产生电化腐蚀，使接触电阻不断增大，接头处温度过高，而高温下腐蚀更加严重。如此恶性循环，使导线连接处因高温而发热或烧坏，甚至发生短路事故。

为了防止这种故障发生，常在连接处加装铜铝过渡接头（也称接线耳），如图 6-9 (b) 所示。将铝导线和接线耳铝端内孔清理干净，涂中性凡士林油或导电脂，再将铝导线插入接线耳铝端，用压接钳压接，如图 6-9 (d) 所示。接线耳的铜端再与设备的接线桩连接。

图 6-9 (c) 为铜接线耳，应将多股芯镀锡后插入到接线耳的尾端，再用压接钳压接，另一端接设备。

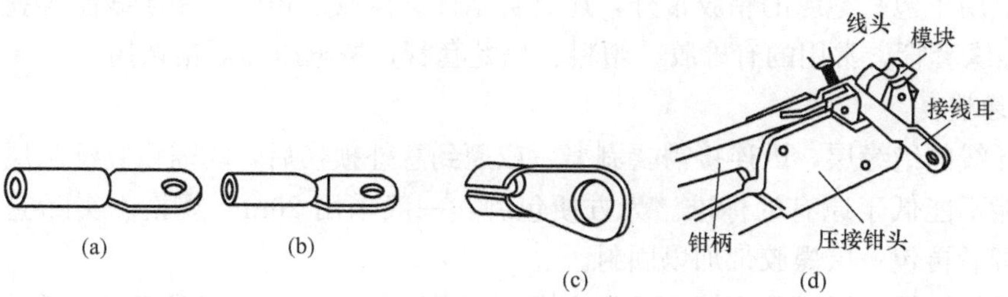

图 6-9　接线耳及导线与接线耳的压接
(a) 大载流量接线耳；(b) 铜铝过渡接线耳；(c) 小载流量接线耳；(d) 导线与接线耳的压接方法

4. 导线连接的其他要求

为了确保导线连接的质量要求，还应注意：

(1) 盒内铜导线并接头连接方法应正确，端部导线应折回压在缠绕线上。

(2) 多股导线与设备、器具连接时应用接线端子；压头时应满圈，使用弹簧垫圈，避免接头松动。

(3) 使用喷灯加热上锡时，既不能脏污加热处导线，造成无法沾锡，也不能伤及导线的绝缘层。

(4) 用高压绝缘胶布包缠时，应拉长 2 倍，半叠半包扎；包扎黑胶布时，应把起端压在里边，把终了端回缠 2～3 回压在上边，防止出现绝缘带松散、端部不牢等现象。

六、绝缘材料及导线连接点的绝缘恢复

1. 绝缘材料

装表接电工作常用的绝缘材料有包扎胶带和绝缘套管两种。

(1) 包扎胶带。用于一般包扎的绝缘胶带有：

1) 黑胶布。它是一种常用的电工绝缘材料，其耐电性能为施加 1kV 电压历时 1min 不会被击穿，适用于温度－10～40℃环境下，电压 380V 及以下的导线接头处的绝缘包扎恢复绝缘导线的绝缘使用。它是经沥青浸渍的棉织布，用于导线接头的一般性包扎，绝缘性较差。

2) 黄、黑蜡布。A 级绝缘，绝缘性能比黑胶布好，但无自粘性。黄蜡带分布纹、斜纹两种，型号有 2010，2012，2015，2016，2017 等，常用于一般低压电机、电器的衬垫绝缘或线圈绝缘包扎。其中 2012、2017 具有耐油性，适用于油中工作的线圈绝缘。

3) 聚乙烯薄粘带。厚度为 0.22～0.26mm，宽度为 20～25mm，其纵向抗张强度为 12.5～15.6N/mm，常态下的击穿强度大于 30kV/mm。它具有一定的电气性能和机械性能，柔软性好，粘接力较强，但耐热性低于 Y 级，可用于一般接头包扎绝缘。

4) 环氧玻璃带。绝缘性能好，E 级绝缘。

5) 粘胶带。绝缘性能好，有自粘性。

6) 聚乙烯薄膜纸粘带。包扎服贴，使用方便，可替代黑胶布使用，厚 0.1mm。

7) 聚氯乙烯薄粘带。具有一定电气、机械性能，较柔软，粘接力强，可用于电压 500～6000V 的接头作包扎绳，厚 0.14～0.19mm。

8) 聚酯薄膜粘带。耐热性好，机械强度高，厚 0.055～0.17mm，可用作电机线圈绝缘。

除以上用于包扎绝缘的粘胶带外，还有自粘性硅橡胶三角带，用于线圈等扎包。

(2) 绝缘套管。常用的有橡胶、塑料、尼龙套管，按电压和规格选用。

2. 绝缘恢复

绝缘导线的绝缘层，因连接需要剥离后或遭到意外损伤后，均需恢复绝缘层，且经恢复的绝缘性能不能低于原有的标准。为方便包缠，一般采用 20mm 规格。实际应用中，均包两层绝缘带后再包一层黑胶带加以固封。

导线直线连接和导线分支接点的绝缘恢复、方法如图 6－10 和图 6－11 所示。

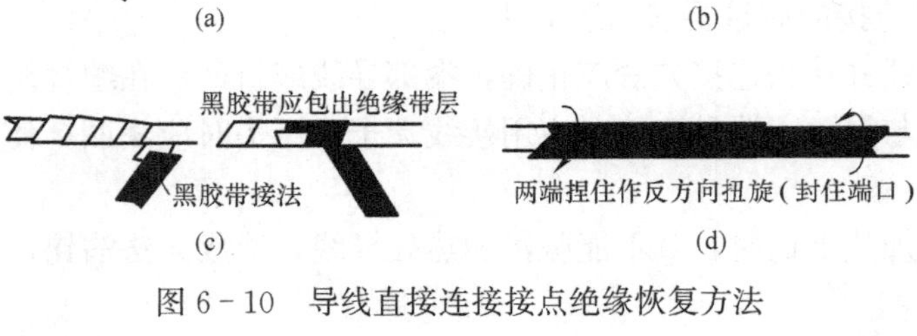

图 6－10 导线直接连接接点绝缘恢复方法

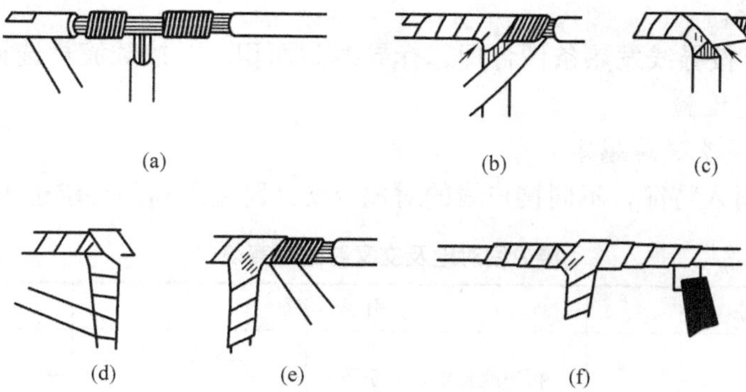

图 6-11 导线分支连接接点绝缘的恢复方法

连接用电设备上的导线端头和接线耳或铜接头的导线端，应以橡胶布带或黄蜡布带先缠绕两层，然后再用黑胶布带缠绕两层。

绝缘恢复包缠时应注意：

(1) 绝缘带（黄蜡带或塑料带）应从左侧的完好绝缘层上开始包缠，应包入绝缘层 30～40mm；起包时，带与导线之间应保持约 45°倾斜。

(2) 进行每圈斜叠缠包，包一圈必须压叠住前一圈的 1/2 带宽。

第二节 接户线与进户线

接户线是指架空绝缘线路与客户建筑物外第一支持点之间的一段线路，它是将电能输送和分配到客户的最后一段线路，也是客户线路的电源引接点。

进户线是指从接户线引至计量装置（电能表或计量互感器）的一段导线，即户外第一支持点到户内第一支持之间的导线。

一、接户线

接户线按电压等级，可分为低压接户线和高压接户线；按引入方式，可分为架空接户线和电缆接户线。

接户线有单相接户线和三相接户线两种。单相接户线一般供住宅小容量电气负荷用，由电杆上经熔断装置引下；三相接户线一般供动力负荷用，由电杆上引下时不设熔断装置。一般当计算负荷电流小于 30A，且无三相用电设备时，采用单相接户线；大于 30A 时，宜采用三相接户线。

低压接户线档距不宜超过 25m，高压接户线档距不宜超过 30m。沿墙敷设的接户线，档距不应大于 6m。超过上述标准的，应按低压配电线路架设。

1. 接户线导线截面积的选择

绝缘接户线导线截面积不应小于下列数值：

(1) 高压：铜芯线 $25mm^2$；铝及铝合金芯线 $35mm^2$。

(2) 低压：铜芯线 $10mm^2$；铝及铝合金线 $16mm^2$。

(3) 在三相四线制中，中性线的截面积不宜小于相线截面积的一半；单相线路或有单台容量比较大的单相用电设备线路，中性线截面积应与相线截面积相同。

(4) 接户线应采用绝缘导线。其导线截面积应按允许载流量和机械强度选择，但最小不应小于上述原则要求。

(5) 接户线也可按导线发热条件合理选择导线截面积。对按载流量选择的导线截面积，必要时应进行热稳定校验。

2. 接户线对地及交叉跨越距离

根据接户线的引入特征，不同接户线的对地及交叉跨越距离的要求也不同，见表 6－7。

表 6－7　接户线对地及交叉跨越距离表　m

<table>
<tr><th>距离类别</th><th colspan="2">引入特征</th><th>距离要求</th></tr>
<tr><td rowspan="4">分相架设的低压绝缘接户线的线间距离</td><td rowspan="2">接户线自电杆上引下</td><td>25 及以下</td><td>≥0.15</td></tr>
<tr><td>25 以上</td><td>≥0.2</td></tr>
<tr><td rowspan="2">接户线沿墙敷设</td><td>6 及以下</td><td>≥0.1</td></tr>
<tr><td>6 以上</td><td>≥0.15</td></tr>
<tr><td rowspan="2">绝缘接户线受电端（引入口处）对地垂直距离</td><td colspan="2">高压</td><td>≥4</td></tr>
<tr><td colspan="2">低压</td><td>≥2.5</td></tr>
<tr><td rowspan="3">跨越街道的低压对地垂直距离（距路面中心的垂直距离）</td><td colspan="2">通车街道</td><td>≥6</td></tr>
<tr><td colspan="2">通车困难的街道、人行道</td><td>≥3.5</td></tr>
<tr><td colspan="2">不通车的胡同（里、弄、巷）</td><td>≥3</td></tr>
<tr><td rowspan="6">中压接户线至地面的垂直距离</td><td colspan="2">繁华市区</td><td>≥6.5</td></tr>
<tr><td colspan="2">一般城区</td><td>≥5.5</td></tr>
<tr><td colspan="2">城市道路</td><td>≥7.0</td></tr>
<tr><td colspan="2">交通困难地区</td><td>≥4.5</td></tr>
<tr><td colspan="2">至河流最高水位</td><td>≥6.0</td></tr>
<tr><td colspan="2">至人行过街桥</td><td>≥4.0</td></tr>
<tr><td rowspan="4">分相架设的低压绝缘接户线与建筑物有关部分的距离</td><td colspan="2">与接户线下方窗户的垂直距离</td><td>≥0.3</td></tr>
<tr><td colspan="2">与接户线上方阳台或窗户的垂直距离</td><td>≥0.8</td></tr>
<tr><td colspan="2">与阳台或窗户的水平距离</td><td>≥0.75</td></tr>
<tr><td colspan="2">与墙壁、构架的距离</td><td>≥0.05</td></tr>
<tr><td rowspan="2">低压绝缘接户线与弱电线路的交叉垂直距离</td><td colspan="2">低压接户线在弱电线路的上方</td><td>≥0.6</td></tr>
<tr><td colspan="2">低压接户线在弱电线路的下方</td><td>≥0.3</td></tr>
<tr><td>低压接户线与永久建筑物（电杆，拉线）的间距</td><td colspan="2"></td><td>≥0.2</td></tr>
<tr><td>中高压接户线与永久建筑物的间距（最大风偏下）</td><td colspan="2"></td><td>≥0.75</td></tr>
<tr><td>需跨越建筑物时与建筑物的垂直距离（最大计算弧垂下）</td><td colspan="2"></td><td>≥2.5</td></tr>
</table>

注　如不能满足表中要求，应采取隔离措施。

3. 接户线的安装要求

(1) 接户线在选择好导线截面积后进行安装时，应严格参照表 6－7 中的距离要求。

(2) 不同金属、不同规格的接户线不应在档距内连接，跨越通车道的接户线不应有接头，铜铝连接必须采取过渡措施。

(3) 在杆上应固定在绝缘子或线夹上，固定时接户线不允许本身缠绕，应用单股塑料铜线绑扎。

(4) 在建筑物墙上使用挂钩、悬挂线夹、耐张线夹和绝缘子固定。

(5) 挂线应固定牢固，可以采用穿透墙的螺栓固定，内墙应有铁垫；混凝土结构的墙壁可使用膨胀螺栓，禁止用塞固定。应固定在墙的主材上，禁止固定在建筑物的抹灰层或木房屋的壁面上。

(6) 对低压接户线的引入还应注意以下要求：

1) 低压架空接户线引入室内时，导线应从装设在建筑物墙壁中的瓷管或塑料管穿入，如图 6－12 所示；低压电缆接户线，从户外配电箱经电缆沟（或穿入塑料管中直埋地下）引至室内电源开关上。

2) 低压接户线装设时不应跨越铁路、公路、城市主要街道以及高压架空配电线路，不允许从高压引下线间穿过。

3) 低压进户线引入室内时不允许直接引入，以防导线绝缘破损发生漏电或造成触电事故。

4) 接户线沿墙敷设时，支架应牢固地装设在墙上，支架间距不大于 3m；沿墙敷设支架间距达 18m 时，选用蝴蝶绝缘子或针式瓷缘子；导线水平排列时中性线应靠墙敷设，垂直排列时中性线应敷设在最下方；线间距离不应小于 150mm；每一路接户线，线长不超过 60m，支持进户点不多于 10 个。

(7) 对高压接户线的引入还应注意以下要求：

1) 高压架空接户线引入室内时，必须采用穿墙套管而不能直接引入，如图 6－13 所示，以防导线与建筑物接触漏电伤人及接地故障事故；高压电缆接户线则从户外架空线路电杆上引下，经电缆沟（或穿管直埋地下）引至室内高压设备上。

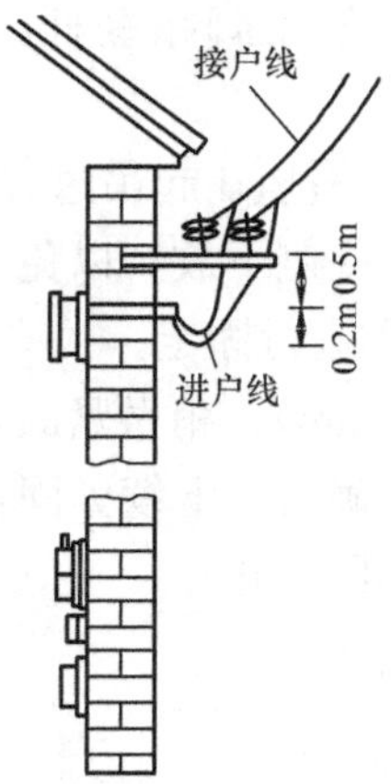

图 6－12　低压接户线第一支持点的安装

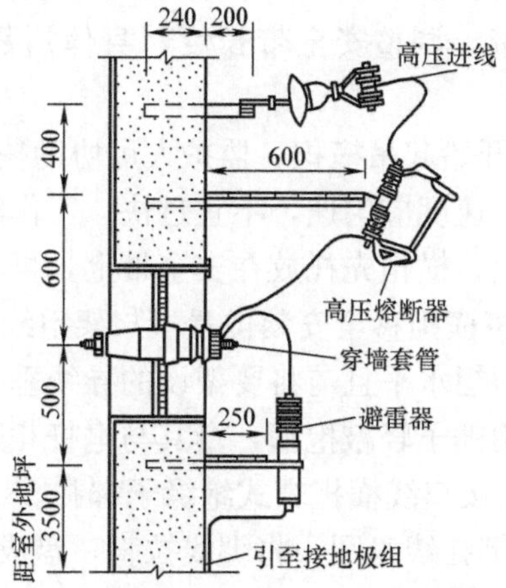

图 6－13　高压接户线第一支持点的安装

2) 高压电力电缆进户时，应在下列地点装设一定机械强度的保护管或加装保护罩：

a. 电缆进入建筑物，隧道穿过楼板及墙壁处；

b. 电缆从地下或电缆沟引出地面时，或从电杆上引入地下时，地面上 2m 的一段应用金属管或保护罩加以保护，其根部应伸入地面下 0.1m；

c. 其他可能受到机械操作损伤的地方。

3）10kV 及以下的由两个不同电源引入的接户线不应同杆架设。

4. 接户线安装工作

(1) 登杆前的准备工作。

1）穿工作服、绝缘鞋，戴安全帽、安全带。工作服必须穿戴整齐，扣好纽扣，且工作服必须是长袖长裤；绝缘鞋带必须绑扎牢固；安全帽必须检查外观是否存在裂痕，衬垫是否牢固，绑带是否完好，生产日期是否过期，安全帽戴端正，绑带系牢同；检查安全带是否出现发霉、抽线，金属钩有否出现裂痕、变形、弹簧失效等现象，安全带围于腰间胯部稍上位置，松紧适中，扣环必须扣牢。

2）检查杆根及杆身。用脚踩杆根的埋土，转一圈，检查泥土是否夯实；目视观看电杆的外观，检验电杆是否存在裂缝、倾斜等现象。

3）登杆工具检查。检查生产日期后，将登杆工具固定在杆上，单脚站上，用力冲击几次，试验工具的强度。

4）登杆要求：①上、下杆过程中位置不应出现蛇行扭转现象，速度应平稳，顺畅；②上、下杆过程中动作必须规范、熟练，不应出现晃动、吃力、滑动、不稳等现象，动作幅度不应过大；③上、下杆过程中登杆工具不得相互碰撞，安全带、登杆工具的金属部件与电杆碰撞声响不应太大。

(2) 接户线横担安装。高空作业必须设立监护人。

1）安装绝缘子。在地面上将蝶式绝缘子放于横担上，针式绝缘子的顶槽应与线路方向一致，螺栓应由下向上穿过蝶式绝缘子后用螺母锁紧。抱箍的螺栓垫片应配备完整。

2）安装横担。接户线横担应安装在接户线档距的外侧，并与接户线垂直。

a. 用倒背扣绑扎横担，系好工作绳。工作人员按规范从安装横担侧登杆，登至要安装横担的位置；调整工作位置，一般令胸部与横担安装点同高，这样安装较为省力；绑好安全带，调整安全带长度，身体后靠，让安全带受力。如用脚扣登杆，下脚应为主受力脚。

b. 开始起吊横担。监护人可协助扶起横担并平稳送出，横担在起吊过程中方向应正确，不碰杆；速度应匀速，不宜过快；工作绳的尾绳应尽量往另一侧下放，以免与上升的横担绞缠在一起；横担先托放在安全带上，再将 U 形抱箍松开后再进行固定。

c. 将横担移至安装位置（与架空线横担垂直距离为 300mm），稍做紧固，用小锤轻敲横担，使横担水平且与将要架设的导线垂直。确认安装位置正确后，继续紧固，到螺母紧不动时，再用锤子轻敲抱箍，令其与电杆相贴，再继续紧固到牢固为止。

(3) 接户线横担蝶式绝缘子绑扎。

1）绑扎线盘圈。将绑线拉直，盘成圆圈。

2）提升导线。接户线横担安装完毕后，提升接户导线并穿绝缘子，并按规定长度回折，短头长度应合适，足够与架空线连接。

3）缠绕绑线。将绑线短头放在两导线中间，用长头顺时针缠绕总长的 1/4 后将短头压倒，继续缠绕到规定尺寸 100mm，收尾拧小辫。小辫扭 2～3 个劲，用力均匀，剪断压平。绑线必须又紧又密，无凸肚鼓起现象。

4）清理现场，绑扎结束下杆。

（4）墙担侧蝶式绝缘子绑扎。

1）将单梯靠在墙担处对地夹角65°左右，监护人用脚尖顶住梯子根部，工作人员爬上单梯，挂好安全带，提升导线并穿过蝶式绝缘子后回折，导线收紧适中。缠绕绑线方法同上，短头长度选择合适，足够与客户设备连接，其余剪去。同样连接另一根导线，须令其松紧度与已架设的相同，即两线弧垂应相同。

2）清理现场，架设完毕下梯。

（5）接户导线与客户设备连接。必须按有关技术规程连接。

（6）接户导线与架空线连接。带好工器具，系好工作绳，工作人员按规范再次登杆，登至适当位置，绑好安全带。

1）缠绕铝包带。在架空导线上离架空线绝缘子绑扎点250mm处，顺导线外层铝股缠向缠绕铝包带。

2）做引流线。将接户线尾线弯曲成一定弧度至架空线上铝包带处，做一滴水弯，留适当长度与并沟线夹连接，余线剪去。

3）并沟线夹连接。用电工刀剥去接户线绝缘，切忌伤及线芯；包铝包带，用并沟线夹将其固定到架空线上铝包带处；铝包带须露出线夹20～30mm。并沟线夹应垂直安置，螺栓应由内向外穿，紧固牢靠，使接户线与架空线连接良好。

4）绑扎固定滴水弯。

注意：安装接户线时，应先接中性线，后接相线；工作结束后必须清理现场。

二、进户线

用于连接接户线与计量装置的进户线，主要形式有：绝缘线穿瓷管进户；电缆进户；加装进户杆、落地杆或短杆；角铁加绝缘子支持单根导线穿管进户。

1. 进户线型号规格选择

进户线可采用橡胶、塑料绝缘线或塑料护套线，用线的品种应视不同的进户方式而定。

导线的绝缘必须良好，橡皮和塑料层应有足够的韧性，不得有老化等现象。如用绝缘电阻表测量时，导线与导线间或导线与钢管间（导线穿在钢管内时）的绝缘电阻，每一伏工作电压不得小于1000Ω，即：相对地0.22MΩ；相对相0.38MΩ。

进户线不应采用软线，因为软线在现场施工中没有条件进行焊锡处理，在总熔丝盒内用螺钉固定时，显然不可靠。进户导线不得有接头，但从修旧利废角度考虑，对客户原有进户铅包线或护套线仅在户外口子处损坏，可允许连接一段。但仅指进户线户外端，损坏不能在护套线的中段处。

2. 截面积选择原则

进户线的截面积应按照导线安全载流量选择。最小截面积规定为：铜芯绝缘线1.5mm^2；铝芯绝缘线2.5mm^2。选择原则如下：

（1）照明及电热负荷：导线截面积安全载流量（A）≥(0.8～1.0)×所有用电器具的额定电流之和。

（2）动力负荷。

1）只有一台电动机时，导线安全载流量（A）≥(1.2～1.5)×电动机的额定电流；

2）多台电动机时，导线安全载流量（A）≥(1.2～1.5)×容量最大的一台电动机的额定电流＋其余电动机的计算负荷电流之和（额定电流总和乘以需用系数）。

【例 6－2】 某工厂有 8 台 380V 电动机，即 30kW 一台，22kW 两台，11kW 三台，5.5kW 两台。问电力进户线截面积应为多大。

解： 最大一台电动机额定电流为

$$I_D = \frac{S_N}{\sqrt{3}U_N\cos\varphi} = \frac{30\,000}{\sqrt{3}\times 380\times 0.8} = 57\ (\text{A})$$

取 $\cos\varphi=0.8$，一般电动机的功率因数在 0.75～0.8 之间变化。

也可以按表 6－3 估算出该电动机的电流为

$$I_D = 30\times 2 = 60\ (\text{A})$$

其他电动机的总装接容量为

$$\sum S = 22\times 2+11\times 3+5.5\times 2 = 88\ (\text{kW})$$

考虑电动机的需要系数（取 0.6），以及发展情况（取系数 1.2），则计算负荷电流估算为

$$\sum I = 88\times 2\times 0.6\times 1.2 = 127\ (\text{A})$$

多台电动机的总电流 I_Z 为

$$I_Z = \sum I + I_D\times 1.2 = 127+60\times 1.2 = 199\ (\text{A})$$

由表 6－2 可知，可选用 50mm^2 塑料绝缘铜线或 70mm^2 的橡皮绝缘铝线。

3. 进户线安装的一般要求

（1）进户线应采用护套线或硬管布线，其长度一般不宜超过 6m，最长不得超过 10m。进户线应选用绝缘良好的铜芯导线。进户线的截面积应满足导线的安全载流量，且应小于客户用电最大的负荷电流或电能表最大载流量。

（2）对于三相四线 380V 进户线，宜在进户线对相线安装熔断器，中性线严禁装设熔断器。熔断器的安装应符合规定，一般应装在检查、维修、操作方便的位置。

（3）熔断器的熔丝一般按电能表额定最大电流的 1.5～2 倍选用。

（4）220V 单相进户线原则上可不安装熔断器。熔断器熔丝一般按数只电能表最大电流之和选配。

（5）进户线穿墙时，其保护套管管径应根据进户线的根数和截面积来确定，且不应小于 3cm；材质可用瓷管、硬塑料管（壁厚不小于 2mm）和钢管。采用瓷管时，应每线一根，以防相间短路或对地短路；采用钢管时，应把进户线都穿入同一钢管内，以免单线穿管产生涡流发热，钢管应良好接地。进户线在穿入管处应先套上软塑料管或包绝缘胶布，然后方可再穿入套管，或在钢管两端加护圈，以防止进户线在穿入套管处磨破引起短路。

（6）进户线穿管进入室内时，管口与接户线第一支持点的垂直距离宜在 0.5m 以内；金属管线塑料管在室外进线口应做防水弯头，弯头或管口应向下；穿墙硬管或 PVC 管的安装应内高外低，以免雨水灌入，硬管露出墙壁外部分不应小于 30mm；导线在穿管内严禁有接头；穿管的管径选择，宜使导线截面积之和不大于管子内截面积的 40%；进户线与通信线、闭路线、IT 线等应分开穿进户。

（7）临时电源应用专用导线，并装设漏电保护器。

（8）进户线应有足够的长度，户内一端一般至少应达到总熔丝盒子板上沿以下 150mm 处。能够接到总熔丝盒内熔断器上桩头，并保留一定的裕度。户外的一端，凡以双瓷管进户

时，一般应为0.8m长；凡以钢管、硬塑料管或护套线进户时，户外的一端管口应放至指定高度处管口外留长0.8m。

(9) 凡以塑料护套线进户的，应使用防锈的金属夹头或其他支持材料固定在木杆或墙壁上，两个支持物间的最大距离为20cm。

进户线穿墙两端的做法如图6-14所示。

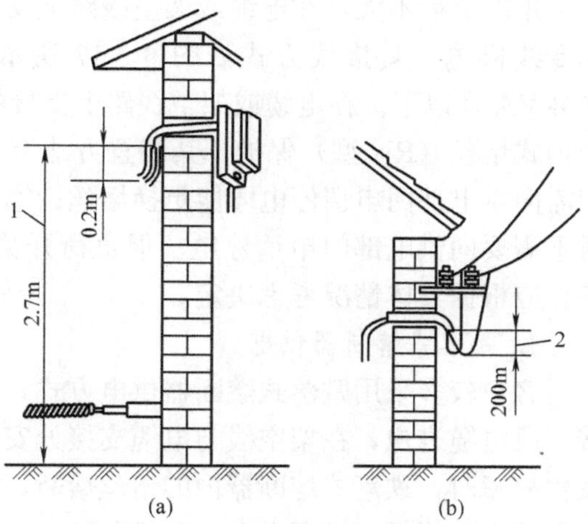

图6-14　进户线穿墙两端的做法

(a) 户内一端为总熔丝盒；(b) 户外一端的导线

1—户外一端导线对地距离；2—弧垂

三、套户线

套户线是指从客户室外配电箱或第一支持点到客户进户点的一段线路。

由于一般一条接户线同时要带一个或几个客户，所以套户线的数量也不等。考虑线路电压损失会影响客户的用电电压，所以规程规定套户线的长度不得超过50m。

对套户线的最小截面积要求与接户线相同。

第三节　电 源 进 户 方 式

一、电源进户方式

客户引进电源的接电方式，按电压的高低分为高压进户和低压进户；按供电相数及用电性质，又可分为照明客户（包括单相电力、电热）的单相进户和电力客户的三相进户。

二、高压电源进户方式

由供电部门的变电所采用专线或从电网线路上支接供电的6～10、35～66、110～220kV电压进入客户的供电方式称为高压电源进户方式。一般有以下4种形式：

1. 专线供电

采用专线电缆或专线架空线供电的进户方式，如图6-15所示。在无人值班时，因要通过系统调度进行操作，时间较长，且易发生带负荷拉隔离开关事故，因此应增加客户处总开关。

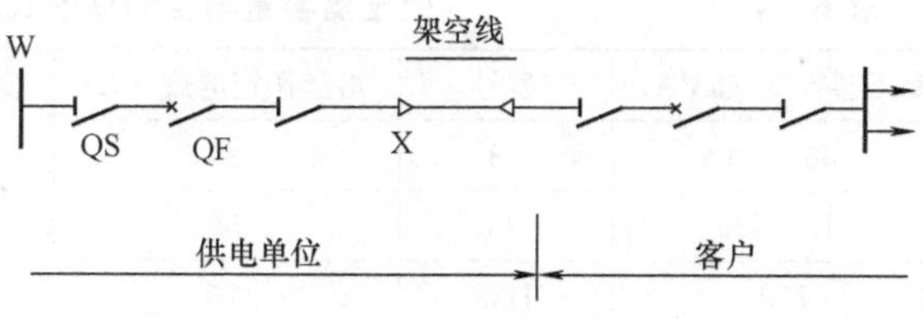

图6-15　专线供电进户方式

W—母线；QS—隔离开关；QF—断路器；X—电缆终端头

2. 专线电缆非专线开关供电

由于城镇征地困难，农村变电所仓位少，不可能一个客户独用一个仓位，因此采用两个4000kW以下的客户合用一个变电所出线开关，仓位内电流互感器的变比一般采用400/5。其缺点是当一个客户停电检修，就要影响另一个客户用电。这样，非专线开关的客户端就一定要加装总开关，如图6-16所示。

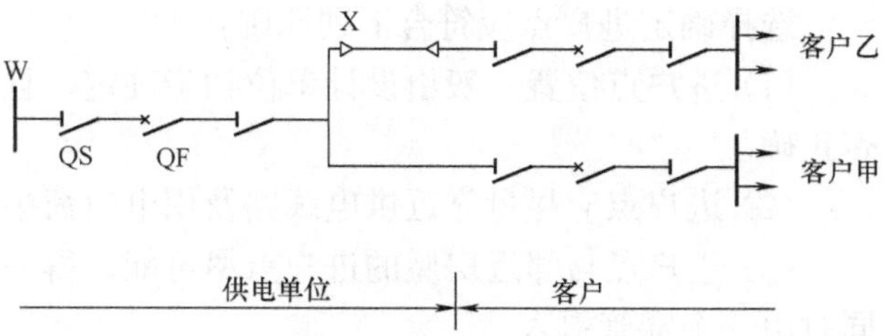

图6-16　专线电缆非专线开关供电进户方式

3. 非专线供电

用电负荷不大，在电缆或架空线路上支接而在连接点上没有保护装置的供电方式，称为非专线供电，其接线方式如图 6－17 所示。在 6～10kV 网络，一般客户变压器容量为 560kVA 及以下。在电缆或架空线路上支接的客户，都需要在客户端加装保护，通常是加装户内式熔丝（RN 型）保护。其装置方法有两种：①户内式熔丝在前端，负荷开关在后端，但需向供电部门申请停电才能更换熔丝；②负荷开关在前端，户内式熔丝在后端，更换熔丝时不需要向供电部门申请停电。但负荷开关故障就要影响系统供电。上述两种方法各有利弊，应根据具体情况考虑决定。

4. 跌落式熔断器供电

客户较多采用跌落式熔断器供电方式，如图 6－18 所示。该方式是从电网架空线路上支接一段电缆进户，在架空线与电缆支接处安装一副跌落式熔断器作为进户保护。当客户内部发生故障时，跌落式熔断器内的熔丝熔断，自动跌落切除电源，比较安全。同时也可作为变电所停电检修时，切断电源的明显断开点。自动跌落式熔断器的熔丝与连接变压器容量有一定的规定，见表 6－8。

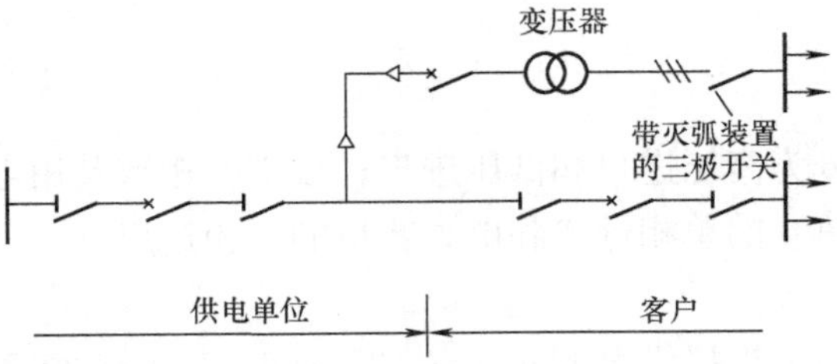

图 6－17　非专线供电进户方式

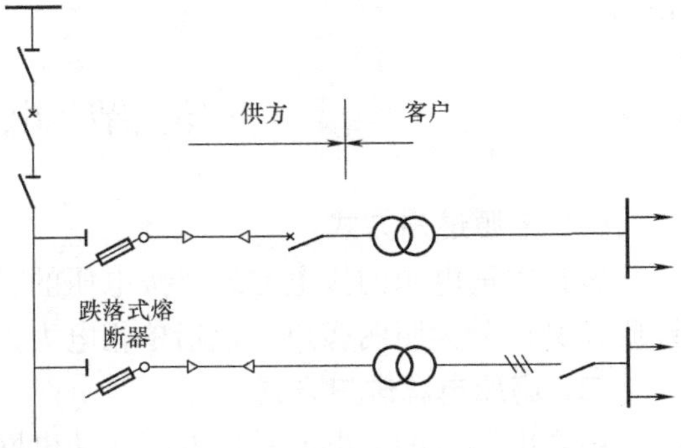

图 6－18　跌落式熔断器供电进户方式

表 6－8　　**变压器容量与自动跌落式熔断器熔丝匹配关系**

变压器容量（kVA）	型号	熔丝额定电流（A）	变压器容量（kVA）	型号	熔丝额定电流（A）
100～240	33	25	1000	H33	100
315～560	33	50	1800	HH33	150
750	H33	75			

三、低压电源进户方式

1. 进户点的确定

选择确定进户点应符合下列原则：

(1) 进户点位置一般由设计单位初步确定，且经供电企业审批，施工中应核查进户点是否正确。

(2) 进户点应尽量靠近供电线路及用电负荷中心。

(3) 进户点与邻近房屋的进户点尽可能取得一致，但进户线不能与电话线、电视闭路线同时由一个穿管引入。

(4) 同一单位的一个建筑物内部相连通的房屋、多层住宅的每一个单元、同一围墙内同一客户的所有相邻独立的建筑物，只设置一个进户点，特殊情况除外。备用电源的设置，虽是同一围墙内非同一客户的大型独立建筑物等，应视作特殊情况。

(5) 进户点的建筑物应牢固、无漏水，以确保设备安全。

(6) 进户点位置应明显易见，便于进行施工、维护及检修。

如果接近供电线路和用电负荷中心不能同时满足，则应以供电线路施放的长短、负荷的大小等，作经济技术比较后决定进户点。

2. 进户方式的要求

进户点选择妥当后，采取什么方式进户，必须视实际情况而定。根据DL/T 499—2001《农村低压电力技术规程》规定，低压接户线的对地距离不应大于2.5m，考虑进户导线0.2m的余度，因此进户点离地高度应为2.7m。

(1) 如进户线离地面低于2.7m，应加装进户杆（如落地杆或短杆），并采用塑料护套线穿瓷管，绝缘线穿钢管或硬塑料管进户，并支撑在墙上放至接户线处搭头。

(2) 如进户线离地面高于2.7m，并且进户管口与接户线的垂直距离在0.5m以内，应取用绝缘瓷管进户。该方式保持了线间距离，可减少故障，比较安全可靠，还可延长使用寿命。

(3) 进户点离地面高于2.7m，但为考虑安全起见必须加高进户线。例如：由于原来的接户线里弄（胡同、巷）线已放高或由通车街道的接户线应在6m高处或出于窗口关系，使接户线与进户管口垂直距离在0.05m以上时，应采用4种方法将进户线放至接户线搭头处，即：①塑料护套线穿瓷管进户；②绝缘线穿钢管或硬料塑管沿墙敷设；③角铁加装绝缘子支持单根绝缘线穿瓷管进户；④加装进户杆。

(4) 接户线跨越街道、电车线或靠近窗户、阳台的最小距离，见表6-9。

表6-9　接户线与交叉跨越物的量小距离　m

交叉跨越物	最小距离	交叉跨越物	最小距离
通汽车、大车的街道	5.0	与窗户或阳台的水平距离	0.75
不通车的人行道	3.0	与墙壁构架的距离	0.05
与接户线下方的垂直距离	0.3	接户线在上方与通信或广播线交叉时	0.6
与接户线上方阳台或窗户的垂直距离	0.8	接户线在下方与通信或广播线交叉时	0.3

四、组合式箱式变电站进户及计量方式

1. 箱式变电站的结构特点

(1) 高压室。高压侧主开关常采用压气式负荷开关或负荷开关—熔断器组合电器。高压侧可装设计量和测量元件，按客户要求可布置成环网供电、终端供电、双电源供电等多种供电方式。高压开关柜体采用型材组合，结构紧凑，分为母线室、仪表室和开关室上下互相隔离的间隔，方便安全检修和更换熔断器。母线经过穿墙套管联结，母线室前部设有仪表室。负荷开关根据不同的进线方式采用倒装式和正装式，可自带接地开关，分断时能可靠接地。柜门设有观察窗，便于观察隔离断口、监视运行状态。高压柜上加装防误操作连锁机构，配有电磁锁，安全可靠。

(2) 变压器室。可选用S9型及其他低损耗油变压器或SC9型干式变压器，以及新型节能变压器。变压器室两侧开门，侧壁有通风孔，底座焊接有轨道，检修时变压器能从

两边推出。变压器采用自然通风和强迫通风两种冷却方式，由温度测控装置自动监测变压器温度并自动启动冷却风扇。门两边装有隔离栅，以防止误入带电变压器室。变压器配备有根据变压器容量、型号及客户要求而定的温度显示器，用以显示和控制变压器运行温度。

(3) 低压室。进线柜开关根据额定电流的大小采用智能型万能式断路器或塑壳式断路器，其体积小、短路分断能力高、零飞弧，设有欠压、过流、负荷监控、远程通信等功能，设有手动和电动操动机构，可进行远方遥控操作，具备遥信、遥测功能。开关布置采用模块化结构，可做成面板式或柜装式。馈线开关一般采用塑壳断路器，其具有分断能力高、体积小、飞弧短、抗振动等优点。

2. 箱式变电站的主要设备和主接线

(1) 高供低计主接线电路图如图 6－19 所示，主要设备有变压器，断路器，隔离开关，熔断器，负荷开关，计量用 TA、TV，电能表，避雷器及电流电压表等。

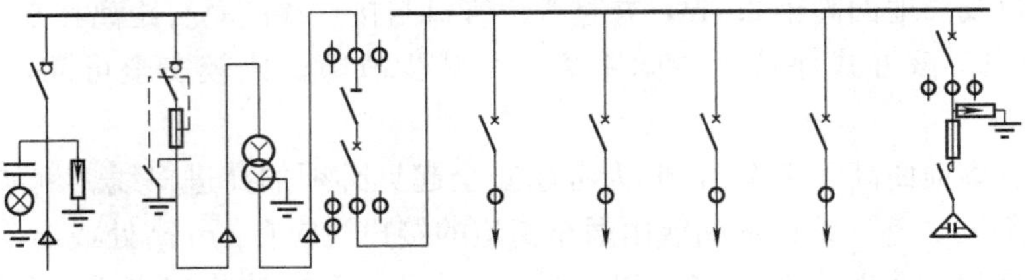

图 6－19　高供低计主接线电路图

(2) 高供高计主接线电路图如图 6－20 所示，主要设备与高供低计基本相同。

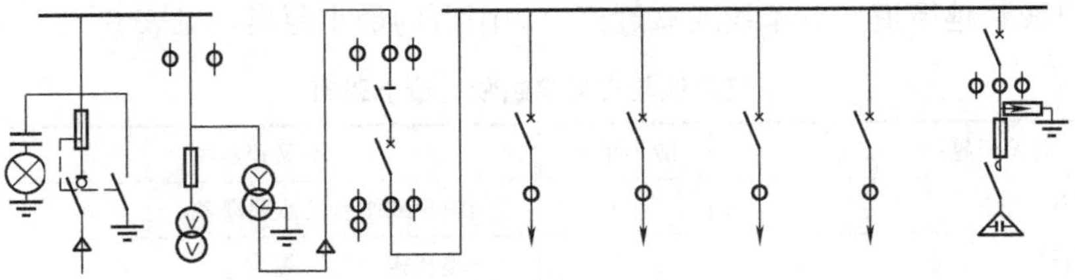

图 6－20　高供高计主接线电路图

第四节　电 源 进 户 装 置

一、进户装置

进户装置是户、内外线路的衔接装置，是客户内部线路的电源引接点，一般由进户杆或角钢支架、进户线和进户套管等部分组成。进户线与供电部门的供电线路搭头连接处是供电部门与客户的责任分界点。常用的低压进户方式如图 6－21 所示。

从接户线与进户线搭头起至客户内部的配电线路装置，除总熔丝盒及电能表（包括电压、电流互感器）外，均由供电部门装备、管理，而由客户负责保管。

二、进户杆

凡因进户点高度不足 2.7m 或其他特殊情况下，由架空供电线路引接户线至进户外，不能安装墙架支持时，需要加装电杆，此杆称为进户杆。

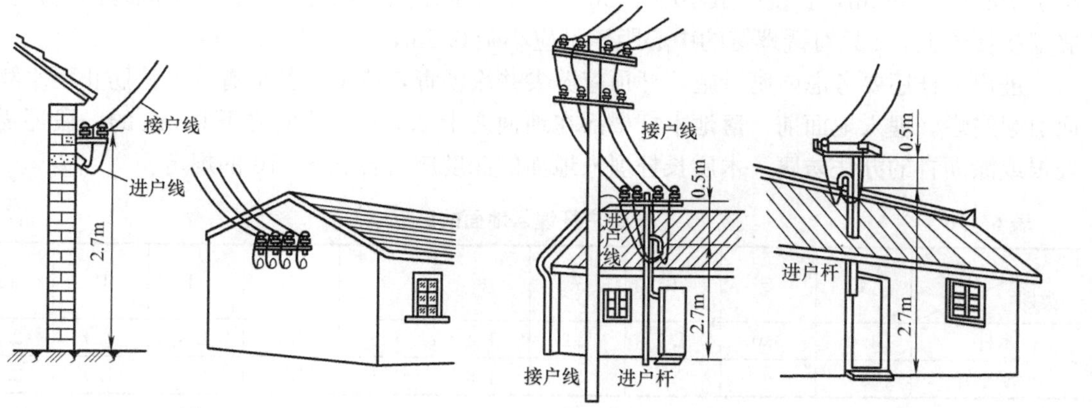

(a)　(b)

图 6－21　低压线接户方式

(a) 绝缘导线穿套管进户；(b) 加装进户杆进户

从线路上引接接户线时，不得在档距的中间从悬挂的导线上引接，应从接户杆上引接。常用的引接形式有直接引接、丁字引接、交叉横担引接、特殊铁架引接及平行横担引接等。接户杆杆顶的安装形式如图 6－22 所示。

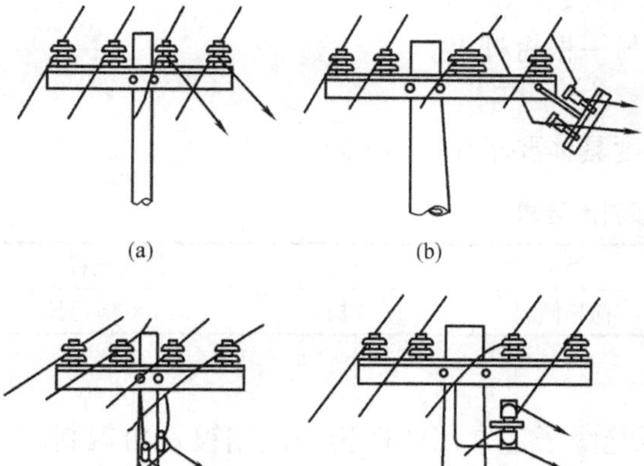

(a)　(b)　(c)　(d)　(e)

图 6－22　接护杆杆顶的安装形式

(a) 直接引接；(b) 丁字铁架引接；

(c) 交叉横担引接；(d) 特殊铁架引接；

(e) 平行横担引接

进户杆分为长杆和短杆两种，如图 6－23 所示。常用的有木杆和混凝土杆两种。对两种杆的材质及安装要求如下：

1. 木质进户杆

进户杆若采用落地木杆，圆木梢径不应小于 100mm，方木不应小于 140mm×140mm，杆高一般为 5～7m，埋深至少 1～1.2m。如采用短木杆，圆木梢径不应小于 80mm，方木不应

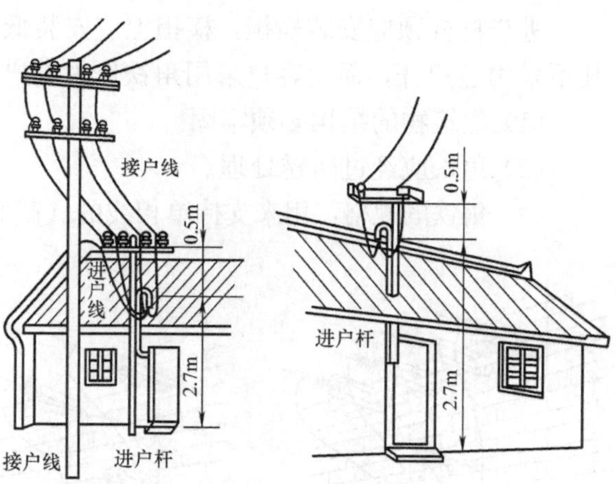

(a)　(b)

图 6－23　进户杆装置

(a) 长进户杆；(b) 短进户杆

小于 75mm×75mm，长度一般不小于 2m。短木杆应采用通墙螺钉或铁箍牢固地固定在房屋墙壁或柱子上，2 只对撬螺钉的中心距离不应小于 0.5m，如图 6-23 所示。

进户木杆还要考虑防腐措施，杆顶应劈尖并涂沥青，或采取其他有效方法防止雨水积聚而引起腐烂。埋入地面前，落地木杆根部在地面之上 0.3m 和地面之下 0.5m 的一段还需用烧根或涂沥青的办法防腐。木质长杆埋入地面的深度应符合表 6-10 的规定。

表 6-10　长进户杆埋入地面的深度　m

类别 \ 杆长	4	5	6	7	8	9	10	11	12	13
木杆	1.0	1.0	1.1	1.2	1.4	1.5	1.7	1.8	1.9	2.0
混凝土杆	—	—	—	1.4	1.5	1.6	1.7	1.8	1.9	2.0

2. 混凝土进户杆

进户杆如采用混凝土杆，应具有足够的机械强度，安装前应检查是否存在弯曲、裂缝、露筋、混凝土松酥剥落等现象。混凝土进户杆埋入地面的深度应符合表 6-10 的规定。

3. 对进户杆的安装要求

(1) 客户出线与进户线最好不要合杆装置。如必须合杆时，客户出线应装在接户线下面，并与接户线至少有 0.7m 距离，导线的排列应能保证接户线在施工时的安全和方便。靠近电杆的两根导线间的水平距离不应小于 0.5m，以便于登杆施工。

(2) 不得将接户线从一根短杆跨越街道接到另一根短杆上。

(3) 所有进户木杆不得倒装。

(4) 电杆及横担的安装不应有倾斜，其倾斜度具体要求见表 6-11。

表 6-11　电杆及横担的倾斜度要求

类别	木杆	混凝土杆	类别	木杆	混凝土杆
电杆倾斜	1/100 杆高	5/1000 杆高	横担倾斜	1/50 横担长	1/100 横担长

三、进户支持角铁

进户杆杆顶应安装横担，横担上应安装低压绝缘子。常用的横担一般用镀锌角钢制成。凡不采用进户杆，而由客户采用角铁作为进户支持物时，对客户自装的角铁提出如下要求：

(1) 建筑物的结构必须牢固。

(2) 角铁应经过防锈处理。

(3) 角铁的规格：用来支持单相线的（截面积在 16mm² 以下），为 40mm×40mm×5mm；用来支持三相四线的（截面积在 16mm² 及以上），为 50mm×50mm×6mm。

(4) 线间距离（两绝缘子在角钢上的距离）：沿墙敷设时不小于 100mm；自电杆引下时不小于 150mm。

(5) 要事先钻好安装螺钉的直径为 17mm 的圆孔。

用角钢支架加装绝缘子来支持接户线的安装形式如图 6-24 所示。

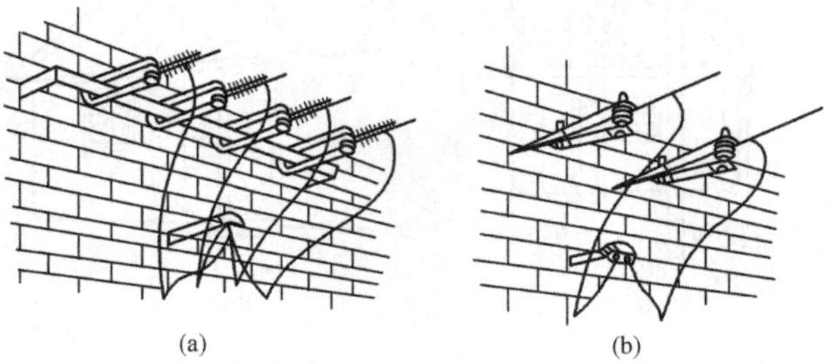

(a)　(b)

图 6-24　进户支持角铁安装方法示意图
(a) 三相四线制；(b) 单相二线制

四、进户管

1．进户管类型

用来保护客户进户线的进户管分为瓷管、钢管和塑料管三种。

（1）瓷管。分为弯口和反口两种，瓷管的内表面及两端应有釉面，全长没有损伤，一般应采用弯头瓷管，但进户线截面积在 50mm^2 及以上时，宜用反口瓷管。瓷管管径用内径标称，常用的有 13，16，19，25，32mm 等多种。

（2）钢管。钢管必须经过涂漆或镀锌处理，管壁厚度不应小于 2.5mm，不应有裂缝或轧伤现象，并保证全长不漏水。

（3）硬塑料管。进户硬塑料管可采用轻型管，不应有裂缝或轧伤现象，并保证全长不漏水。

2．进户管安装方法与要求

（1）管径。进户管管径应根据进户线的根数和截面积来确定，管内导线（包括绝缘层）的总截面积不应大于管子有效截面积的 40%，但最小管径不应小于 15mm。

（2）瓷管。进户瓷管必须每线一根，一般为整根的弯头瓷管，并应以水泥装牢在墙内；穿板壁时，应另用适当方法加固，屋外的一端应稍低，弯口向下，防止积水；屋内一端一般应伸入总熔丝盒子板的圆孔内；当进户线截面积在 50mm^2 以上时，宜采用反口瓷管，户外一端稍低；当一根瓷管的长度不能满足进户墙壁的厚度时，可用两根瓷管紧密连接，相接处不应有凹凸不平的情况，或用硬塑料管代替瓷管，户外一端稍低，一般要求户内端下口与户外端上口成水平位置。

（3）钢管。进户钢管应用白铁管或经过涂漆的黑铁管；钢管两端应安装护圈，户外一端应有防雨弯头，其高度应视接户线设置位置而定，户内的一端应伸入总熔丝盒板的圆孔内，并用六角螺母紧固，或伸进总熔丝盒的槽口内；同一回路的进户线必须全部穿于一根钢管内，钢管应用钩钉或轧头固定在木杆或墙壁上；钢管装置后在杆顶或墙壁上应留有位置，以备安装接户支持物。

（4）硬塑料管。硬塑料管的装置方法可参照上述钢管装置方法，但管口可不用护圈。进户管穿墙安装方法如图 6-25 所示。

作为进户装置组成部分的进户线，其型号规格、导线截面积选择以及进户线的安装要求等在本章第二节已作详细介绍，这里不再叙述。

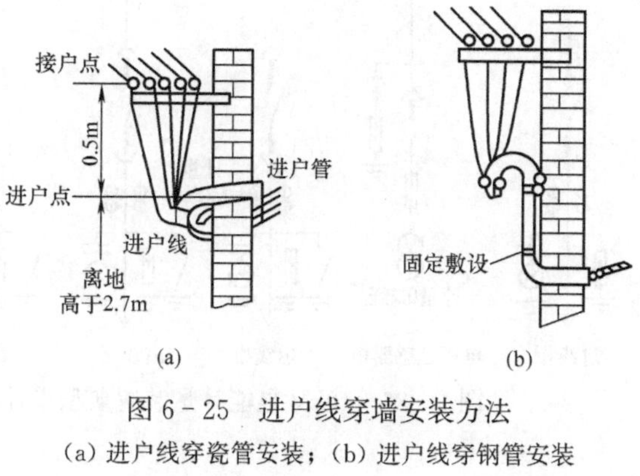

图 6-25　进户线穿墙安装方法

(a) 进户线穿瓷管安装；(b) 进户线穿钢管安装

第五节　电能计量装置设计

Q/GDW 347—2009 规定：电能计量装置应根据变电站类型、系统中性点接地方式、一次主接线形式、互感器安装位置、电能计量屏（柜、箱）的布置方式等设计条件进行设计，其设计文件应包括设计说明、设备材料清册和设计图纸。

电能计量装置设计图纸宜单独成册，应包括以下内容：

（1）一次接线图。

（2）电能计量装置二次回路原理及接线图。

（3）计量电压互感器（专用绕组）接线及端子排图。

（4）计量电流互感器（专用绕组）接线及端子排图。

（5）计量柜（箱）结构图。

（6）电能计量屏（柜、箱）正背面布置及屏后接线图。

（7）电压并列/切换装置（计量部分）原理、屏面布置及屏后接线图。

（8）电能信息采集屏屏面布置及屏后接线图。

（9）交直流电源回路图。

一、10kV 电能计量装置设计

一次接线如图 6－26 所示的 10kV 电能计量装置典型设计，用于户内系统配电站、开关站、单母线接线；电压互感器安装于母线侧，电流互感器安装于出线侧，采用专用二次绕组；三相三线制接线，电压互感器为 Vv 接线；单电能表配置，电能表布置在出线开关柜二次室内。

一次接线如图 6－27 所示的 10kV 电能计量装置典型设计，用于客户电能计量装置改造设计（变压器容量 630kVA 以下），线路变压器组接线；采用计量专用组合互感器；三相三线制接线，电压互感器为 Vv 接线；单电能表配置，电能表布置在计量表箱内；根据需要，选择在组合互感器前侧安装真空断路器；采用电能信息采集终端实现预购电能（也可采用预付费电能表方式）。

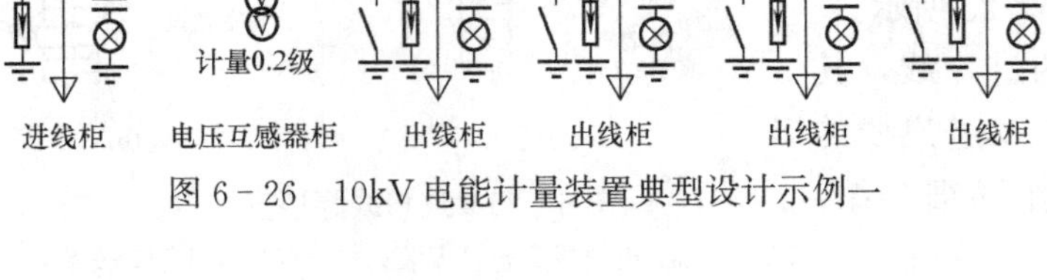

图 6－26 10kV 电能计量装置典型设计示例一

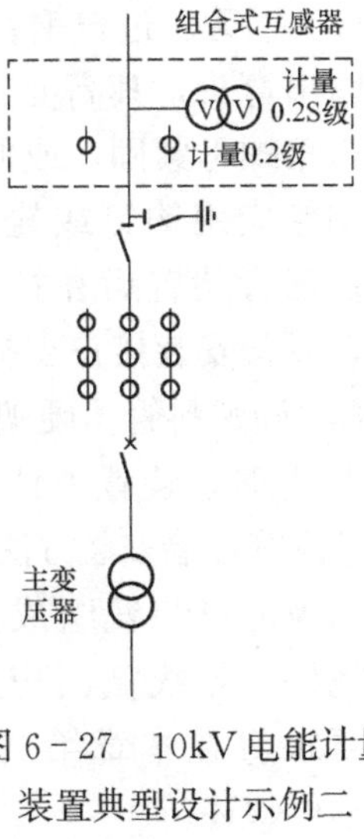

图 6－27 10kV 电能计量装置典型设计示例二

二、380V 电能计量装置的设计

380V 电能计量装置的设计主要有以下四种：

（1）单电源供电，三相四线制总计量，用于变压器容量为 100～630kVA 的高供低计客户，配置专用低压计量柜，进线侧装有断路器，具有管理控制功能。其一次接线如图 6－28 所示。

（2）单电源供电，采用三相四线电能表，用于变压器容量为 100～200kVA 的高供低计客户，计量装置安装在低压配电柜上，出线均装有断路器，具有管理控制功能。其一次接线如图 6－29 所示。

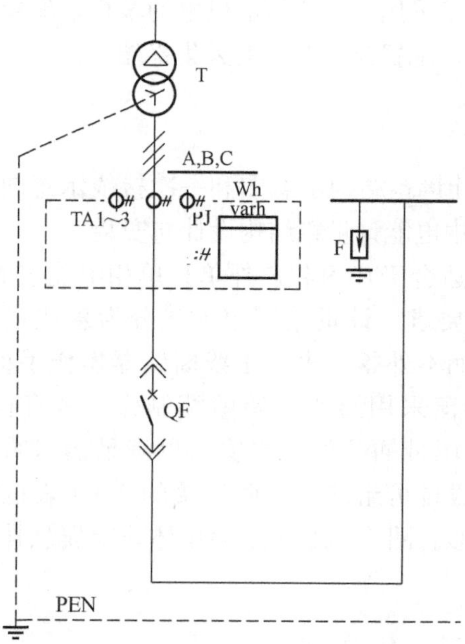

图 6－28　单电源供电，三相四线制总计量，用于变压器容量为 100～630kVA 的高供低计客户设计接线

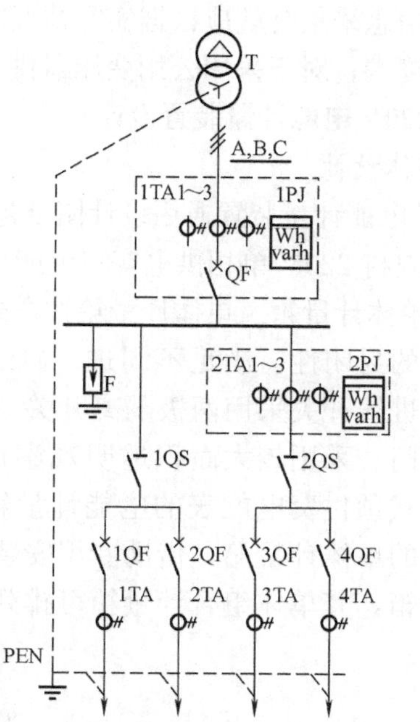

图 6－29　单电源供电，采用三相四线电能表，用于变压器容量为 100～200kVA 的高供低计客户设计接线

（3）单电源供电，三相四线式总计量，用于公用变压器供电容量为 100kVA 以下的三相用电客户或 630kVA 公用变压器台区考核计量装置，装有进线断路器，计量箱安装于户外墙上或电杆上，配电计量综合箱（JP 柜）可采用落地安装或悬挂安装。其一次接线如图 6－30 所示。

（4）单电源供电，三相四线式总计量，用于箱式变电站，容量为 200～630kVA 的高供低计等客户，用电性质单一，具有管理控制功能。其一次接线如图 6－31 所示。

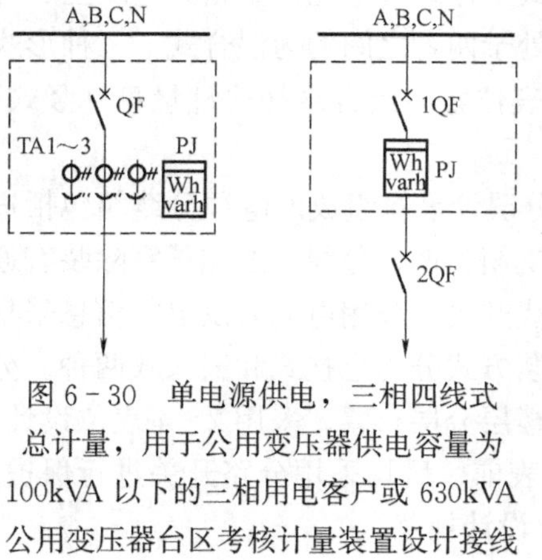

图 6－30　单电源供电，三相四线式总计量，用于公用变压器供电容量为 100kVA 以下的三相用电客户或 630kVA 公用变压器台区考核计量装置设计接线

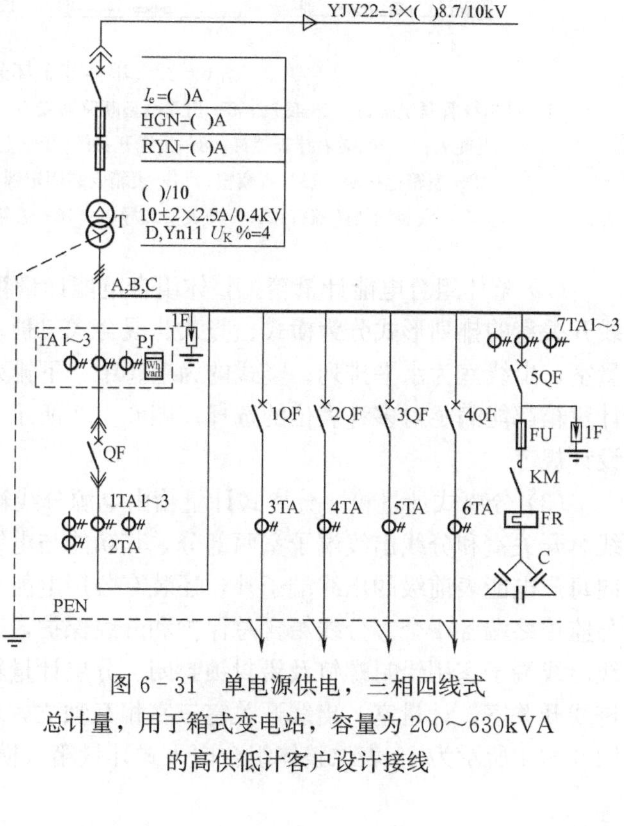

图 6－31　单电源供电，三相四线式总计量，用于箱式变电站，容量为 200～630kVA 的高供低计客户设计接线

电能信息采集终端应根据实际情况配置，对于采用专用变压器供电的客户，配置专用变压器采集终端；对于采用公用变压器供电的客户，配置公用变压器采集终端。

三、220V 电能计量装置设计

1. 整体设计

220V 电能计量装置通用设计图纸包含电能计量箱结构示意图和一次接线示意图。适用于城市和农村 220V 单相供电客户电能计量装置中电能计量箱结构设计与安装。

(1) 单体计量箱。单体计量箱按户外设计，适合于户内和户外单只单相电能表的安装，具有较强的封闭性，满足不同进、出线方位的要求。计量箱固定方式分为悬挂式和嵌入式两种。进线开关采用两极隔离开关，操作手柄不外露。表后出线断路器操作手柄外露，具有防护门。采用较大面积透明观察窗，观察窗采用透明聚碳酸酯制作，带有保护门。安装接触式预付费电能表的电能计量箱采用专用带插孔的观察窗，以满足插卡需要。悬挂式安装的单体计量箱，借助专用安装条和母线排可组装成并联连接的 2～4 表位的单体组合计量箱，其单体组合计量箱可排列成一字形。图 6-32 所示为单体非金属悬挂式表箱设计规范。

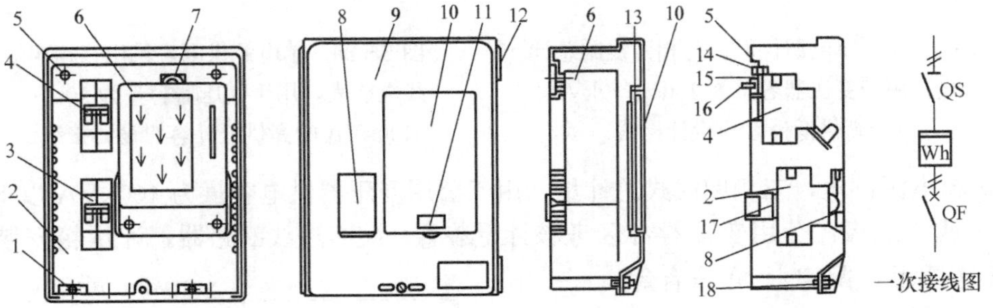

图 6-32 单体非金属悬挂式表箱

1—进出线管紧定螺钉；2—底座；3—出线微型断路器 QF；4—进线隔离开关 QS；5—表箱安装紧固螺母；6—电能表；7—电能表挂表螺钉；8—出线开关门；9—上盖；10—观察窗盖；11—观察窗户号标志；12—表箱连接块；13—观察窗；14—表箱安装固定螺钉；15—表箱安装钢轨；16—固定表箱安装钢轨的螺钉；17—开关安装导轨；18—表箱上下盖连接铅封螺钉或挂锁螺钉

(2) 整体组合电能计量箱。整体组合电能计量箱的设计形式按进线开关室、计量室、出线开关室的排列形式分为横式、竖式、混合式三种。横式整体组合电能计量箱其进线室、计量室、出线室为水平排列；竖式的为上、中、下排列；处于两者之间的为混合式。三种形式计量箱都能满足对多种表位的选择。图 6-33 所示为 8 表位整体组合悬挂式计量箱（竖式）设计规范。

(3) 分离式计量箱。分离式计量箱由电源分线箱和分层计量箱组成。电源分线箱包括进线总开关室和分线出线端子室两部分，其功能与电缆分支箱类似。分线出线端子室除装有通向每户电能表前级的出线端子外，还装有公用电能表出线开关、公用电能表及电能信息采集与监控终端各 1 个。分线箱含总保护和分线保护，其安装方式分为悬挂式和嵌入式两种。分线出线端子室用铅封螺钉及铅封锁封闭。分层计量箱按楼层分层布置，采用 2～4 表位设计，进线开关室、计量室、出线开关室三室相互独立，电能表前、后均采用分路开关进行保护。图 6-34 所示为 10 表位整体组合嵌入式计量箱（横式）设计规范。

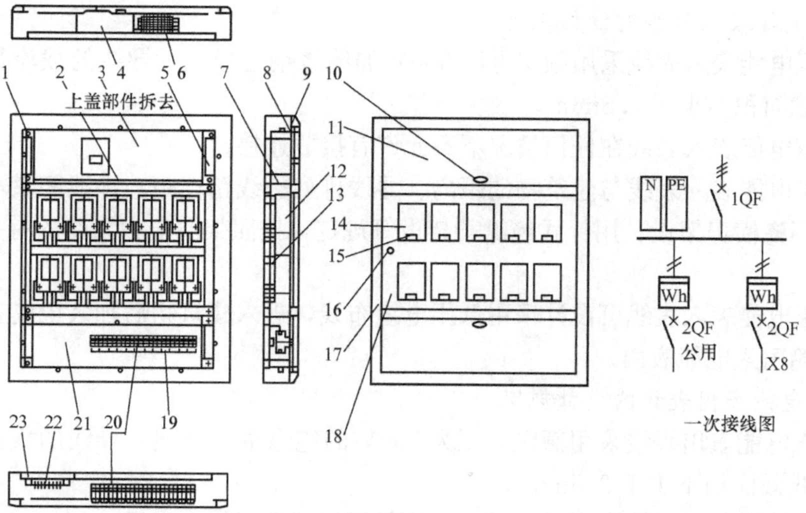

图 6－33　8 表位整体组合悬挂式计量箱（竖式）

1—预埋箱；2—进线室安全挡板插销螺钉；3—进线室安全挡板；4—进线主断路器 1QF；5—框架部件；6—进线主开关分线母排；7—表计室与开关室防窃电隔板；8—安全挡板连接铰链；9—上盖部件与预埋箱连接螺钉；10—可旋转手柄；11—进、出线室门；12—电能表（含低压集中抄表终端 1 只）；13—挂表座；14—观察窗；15—观察窗户号标志；16—表计室门锁；17—上盖部件；18—表计室门；19—出线分开关户号标志；20—出线分断路器 2QF；21—出线室安全挡板；22—导轨垫块；23—出线分开关室接地母排

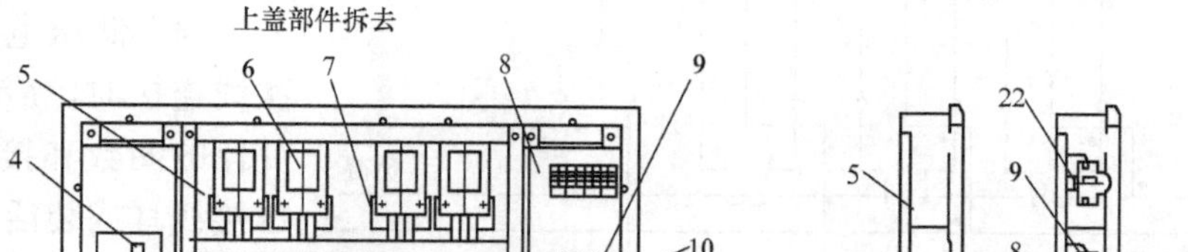

图 6－34　10 表位整体组合嵌入式计量箱（横式）

1—预埋箱；2—进线室安全挡板插销螺钉；3—进线室安全挡板；4—进线主断路器 1QF；5—框架部件；6—电能表（含低压集中抄表终端 1 只）；7—挂表座；8—出线室安全挡板；9—出线分断路器 2QF；10—出线分开关户号标志；11—进线主开关分线母排；12—进、出线室门；13—表计室与开关室防窃电隔板；14—上盖部件；15—上盖部件与预埋箱连接螺钉；16—表计室门；17—表计室门锁；18—安全挡板连接铰链；19—观察窗；20—可旋转手柄；21—观察窗户号标志；22—导轨垫块；23—出线分开关室接地母排

2. 低压电能表入表线的设计规定

(1) 低压电能表入表线采用额定电压500V的绝缘铜芯导线，导线的载流量应与负荷相匹配，导线截面积不小于2.5mm²。

(2) 低压电能表入表线在任何情况下不允许有接驳连接。

(3) 低压电能表入表线与建筑物的距离、导线排列、线路档距、导线间最小距离、用铁衔码架设、用瓷横担架设、用针式绝缘子架设等规定，按照架空电力线路的有关规定进行设计安装。

(4) 低压电能表入表线可设计采用低压电缆布线，进入建筑物后加装电缆接线箱。引线由电缆接线箱引入电能表内。

3. 低压电能表出表线的设计规定

(1) 低压电能表出表线采用额定电压为500V的绝缘铜芯导线，导线的载流量应与负荷相匹配，导线截面积不少于2.5mm²。

(2) 塑料绝缘导线的敷设应采用衔码、塑料槽板或塑料管等敷设。

(3) 三相三线或三相四线电能表出表线的相序应分别采用有黄色、绿色、红色导线标志相序，也可用黄、绿、红色涂在导线绝缘层上以分别相序。中性线为浅蓝色，也可不涂颜色。

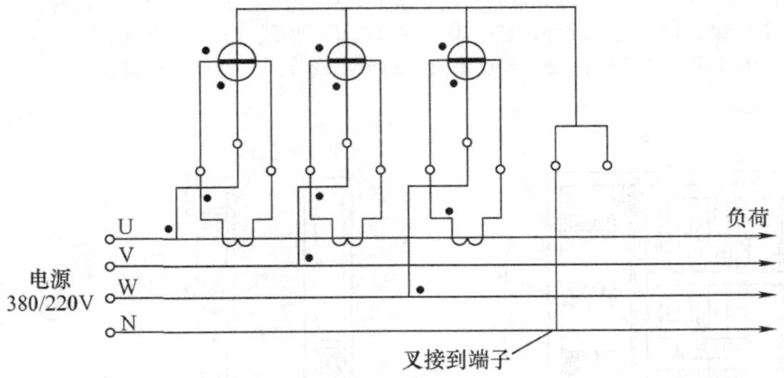

图6-35 低压三相四线有功电能表经电流互感器的接线

(4) 低压电流互感器的一次线连接时，应注意其标志的变比的圈数和接头，出表线应压接线耳或装活动接线夹。

(5) 低压三相四线三元件有功电能表经电流互感器接入采用图6-35所示的六线连接方式。

电流互感器二次不接地主要基于以下考虑：

1) 由于低压电能计量装置中常采用避雷器进行防雷保护，如接地常常会造成计量装置受雷电损坏。

2) 因为电流互感器的对地电压是220V，一次击穿，二次也是220V，所以无论是否接地，都起不到保护作用。

3) 电流互感器二次侧负极接地在接线时容易产生螺钉旋具碰到二次回路造成三相短路而引起爆炸。另外，如天气潮湿、绝缘强度降低，或有操作过电压及雷电感应过电压时，也会发生三相短路事故。

4) 当三相电流不平衡时，公共线对各相电流互感器造成负载阻抗发生变化（增加），随之产生负误差，使电能表计量不准确。

第六节 电能计量装置安装实练

Q/GDW 347—2009规定，选用和安装计量箱应按以下要求：

（1）计量点分散设置的，宜选配单体计量箱。

（2）计量点集中设置的，宜选配整体组合计量箱。

（3）计量点分层设置的，可选用分离式计量箱。

（4）电能计量箱最高观察窗中心线距安装处地面不高于1.8m。

（5）单体电能计量箱下沿距安装处地面不宜低于1.4m。

（6）墙面安装时，整体组合计量箱下沿距安装处地面不宜低于0.8m。

（7）安装在地下建筑（如车库、人防工程等）时，整体组合计量箱下沿距安装处地面不宜低于1.0m。

（8）满足相关的保护接地要求。

下面对电能计量装置的安装进行实例分析。

一、安装工艺

1. 总熔断器盒的安装

常用的总熔断器盒有铁皮盒式和铸铁壳式两种。铁皮盒式分1～4型4个规格，1型最大，盒内能装3只200A熔断器；4型最小，盒内能装3只10A或1只30A熔断器及1只接线桥。铸铁壳式分10，30，60，100，200A 5个规格，每只内均只能单独装1只熔断器。

总熔断器盒有防止下级电力线路的故障蔓延到前级配电干线上而造成更大区域的停电，及能加强计划用电的管理（因低压客户总熔断器盒内的熔体规格，由供电单位置放，并在盖上加封）等作用。

（1）一般将总熔断器盒装在进户管的墙上，而将电流互感器、电能表、控制开关、短路和过载保护电器均安装在同一块配电板上，如图6-36和图6-37所示。

（2）总熔断器盒应安装在进户管的户内侧。其安装方法如图6-38所示。

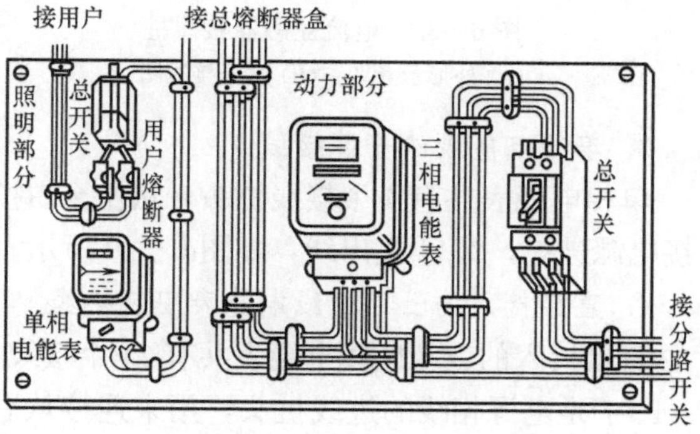

图6-36　小容量配电板的安装工艺示意图

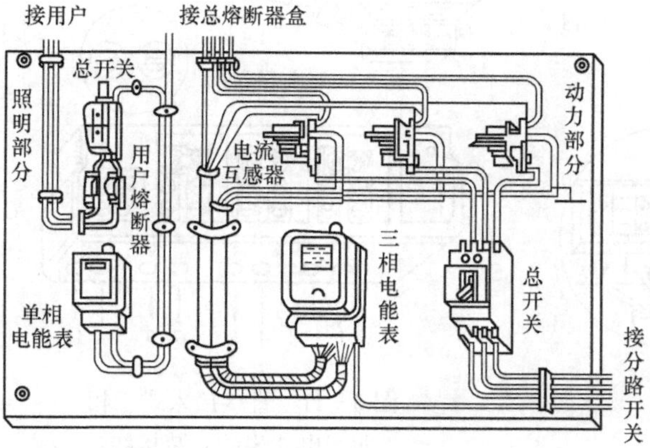

图6-37　大容量配电板的安装工艺示意图

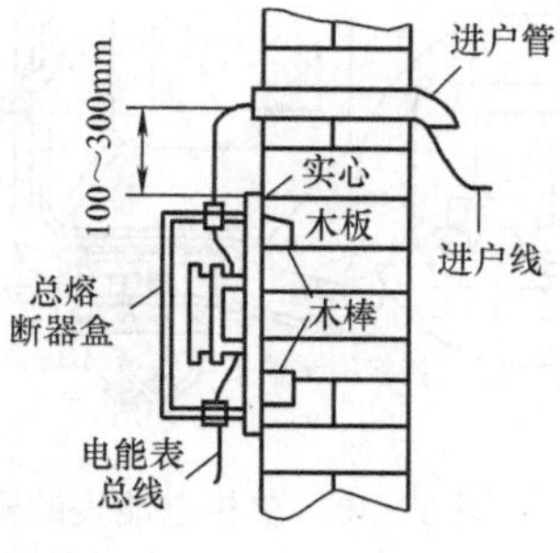

图6-38　总熔断盒的安装方法

(3) 总熔断器盒必须安装在实心木板上，木板表面及四沿必须涂以防火漆。安装时，1型铁皮盒式和200A铸铁壳式的木板，应用穿墙螺钉或膨胀螺钉固定在建筑面上，其余各型木板可用木螺钉固定。

(4) 总熔断器盒内熔断器的上接线桩，应分别与进户线的电源相线连接，接线桥的上接线桩应与进户线的电源中性线连接。

(5) 总熔断器盒后如安装多只电能表，则在每只电能表前应分别安装分熔断器盒。

2. 电流互感器的安装

(1) 电流互感器二次回路标有“K1”或“+”的接线桩要与电能表电流线圈的进线桩连接，标有“K2”或“-”的接线桩要与电能表的出线桩连接，不可接反。电流互感器的一次回路标有“L1”或“+”的接线桩，应接电源进线，标有“L2”或“-”的接线桩应接出线。如图6-39所示。

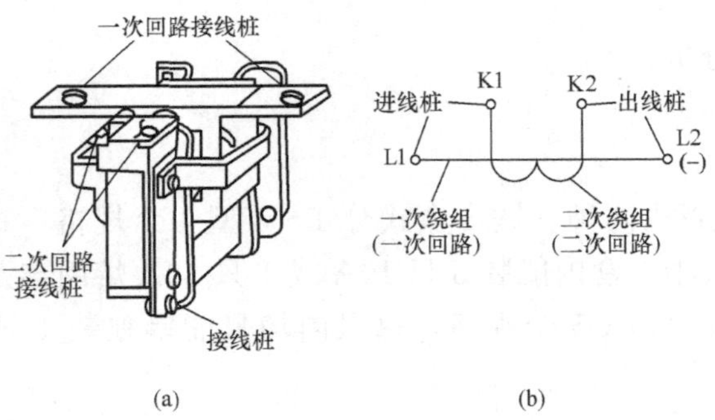

图6-39 电流互感器接线桩

(a) 外形示意图；(b) 端子接线图

(2) 电流互感器二次侧的“K2”或“-”接线桩、外壳和铁芯都必须可靠的接地。

(3) 电流互感器应装在电能表的上方。

3. 单相电能表的安装接线

单相电能表共有4个接线桩头，从左至右按1、2、3、4编号。接线方法一般按号码1、3接电源进线，2、4接出线，如图6-40所示。

4. 直接接入的三相四线电能表安装接线

直接接入的三相四线电能表共有11个接线桩头，从左至右按1、2、…、11编号。其中1、4、7是电源相线的进线桩头，用来连接从总熔断器盒下桩头引来的3根相线；3、6、9是相线的出线桩头，分别接总开关的3个进线桩头；10、11是电源中性线的进线桩头和出线桩头；2、5、8三个接线桩头可空置，如图6-41所示。

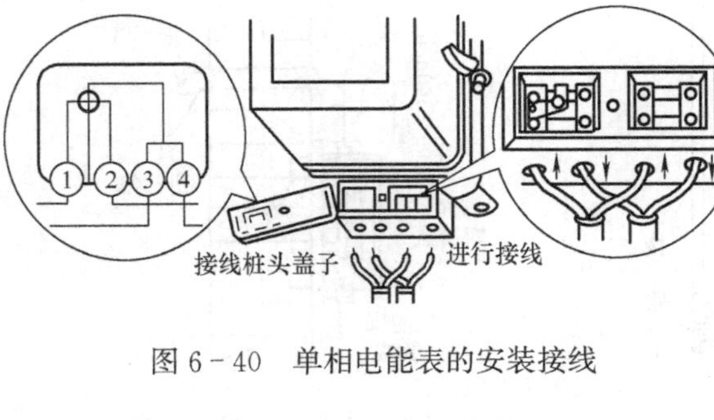

图6-40 单相电能表的安装接线

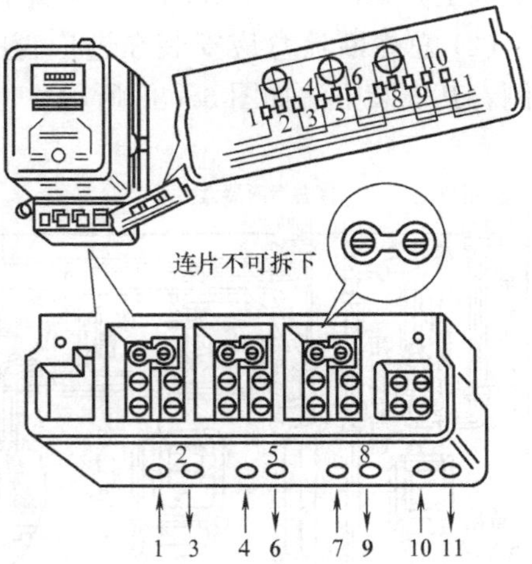

图6-41 直接接入式三相四线电能表的安装接线

5. 经电流互感器接入的三相四线电能表安装接线

接线时，把从总熔断器盒下接线桩头引来的3根相线，分别与3只电流互感器一次侧“L1”接线桩头连接，同时用3根绝缘导线从这3个“L1”接线桩引出，穿过钢管后分别与电能表2、5、8接线桩连接。接着用3根绝缘导线，从3只电流互感器二次侧的“K1”接线桩头引出，穿过另一根钢管与电能表1、4、7进线桩头连接，然后用3根绝缘导线穿过后一根保护钢管，与3只电流互感器二次侧的“K2”接线桩头，另一端连接电能表的3、6、9出线桩头。最后用3根绝缘导线，把3只电流互感器一次侧的“L2”接线桩头分别与总开关3个进线桩头连接起来，并把电源中性线穿过前一根钢管与电能表进线桩10叉接。接线桩11悬空，如图6-42所示。接线时，应先将电能表接线盒内的3块连片都拆下。

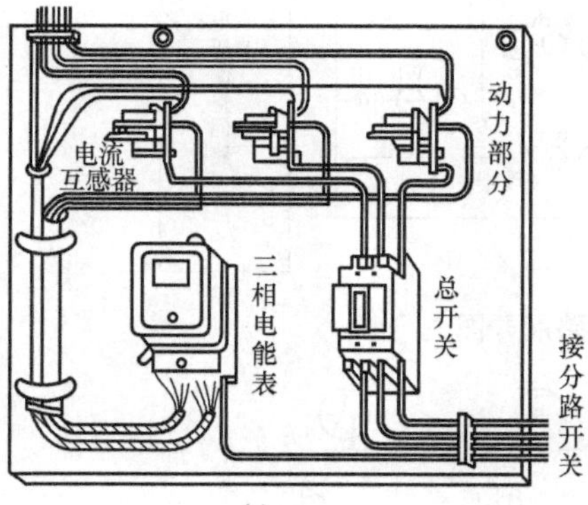

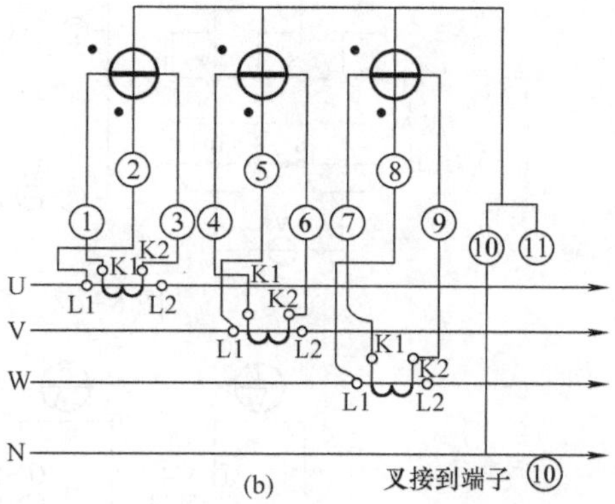

图6-42 经互感器接入的三相四线电能表的安装接线

(a) 外形示意图；(b) 端子接线示意图

6. 电能表总线的敷设要求

(1) 电能表总线必须采用铜芯塑料硬线，其最小截面积不得小于1.5mm²，中间不准有接头。

(2) 自总熔断器盒到电能表之间的导线长度不应超过10m。

(3) 电能表总线必须明敷设，当采用线管敷设时，线管也必须明装。

(4) 按“左进右出”的原则布线。

二、安装实练

【例6-3】 某企业一车间内装有3台电动机，其容量分别为4kW、11kW和22kW；由低压配电380/220V三相四线电源供电。请为该车间安装电能计量装置和电流、电压测量监视装置。

电动机总容量为35kW，额定电流达到70.2A，因此应选用电流互感器、DT1型三相四线有功电能表和DX1型三相无功电能表。电流电压的测量和监视可选用3块电流表和1块电压表，用电压换相开关分别测量线电压。

一次系统简图如图6-43所示，二次回路图和端子接线图如图6-44和图6-45所示。

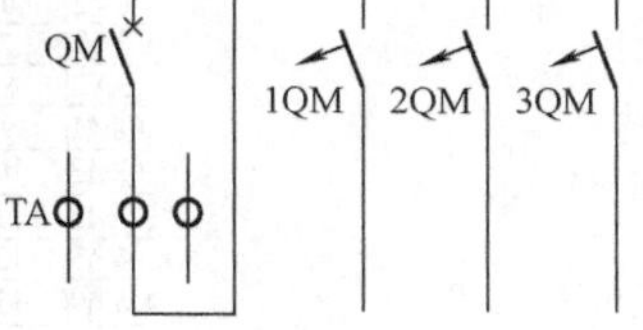

图6-43 一次系统简图

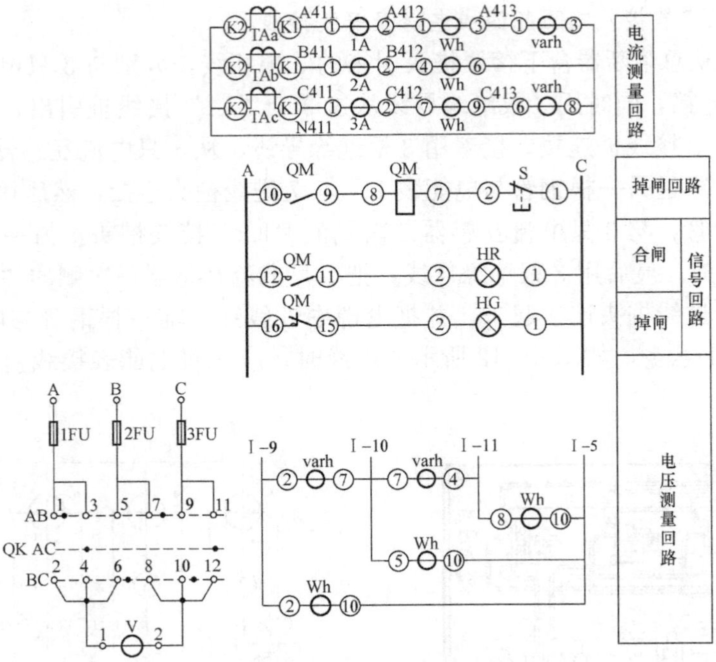

图 6-44 二次回路展开图

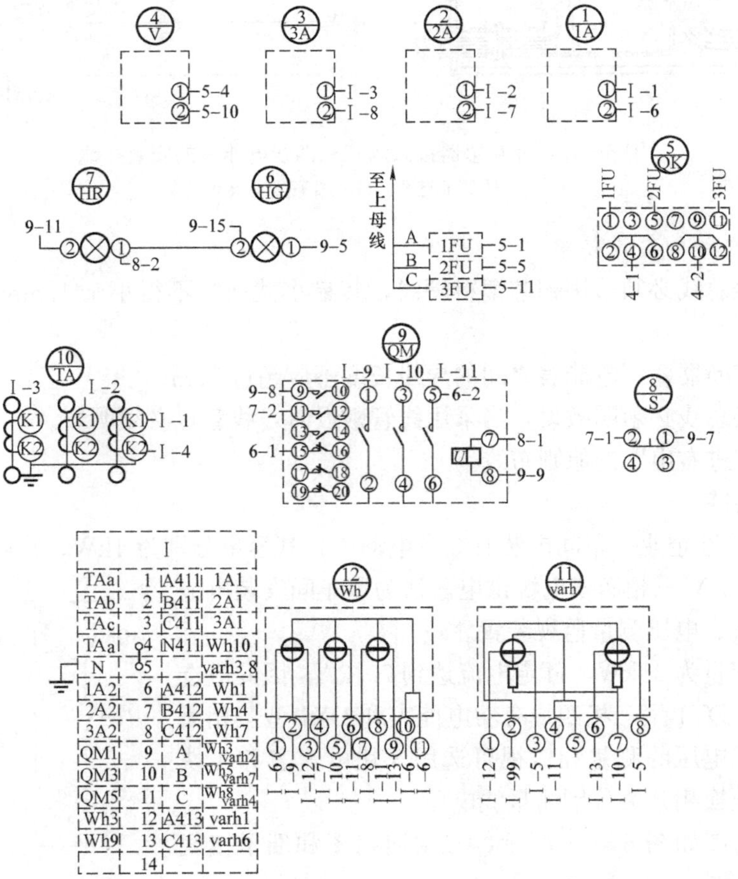

图 6-45 端子接线图

小　　结

1. 导线连接包括剥切绝缘层、导线的线芯连接、接头焊接或压接以及包缠绝缘 4 个步骤。

2. 常用导线一般分为硬导线和软导线两大类。硬导线中又有单股、多股以及多股混合等不同形式。根据不同的配线方式，导线分为裸导线、绝缘导线和电缆。软线多为绝缘线，其芯线是多股细铜丝。

3. 导线截面的确定由发热条件、电压损失条件、经济电流密度条件和机械强度条件等几方面决定。

4. 导线线头绝缘层的剖削方法有直削法、斜削法和分段剖削法三种。分段剖削法适用于绝缘层较多导线，如橡皮线铅皮线等。剖削导线时必须注意不得损伤线芯。而最方便的切削是用剥线钳剥去塑料绝缘层、用钢丝钳或电工刀来切削绝缘层。

5. 导线连接方法有绞接、焊接、压接和螺栓连接等多种，各种连接方法适用于不同导线及不同的工作地点，但都应符合下列基本要求：连接紧密，接触电阻最小，连接处的机械强度和绝缘强度应该与非连接处相同。

6. 绝缘导线的绝缘层，因连接需要剥离后或遭到意外损伤后，均需恢复绝缘层，且经恢复的绝缘性能不得低于原有的标准。装表接电工作常用的绝缘恢复材料有包扎胶带和绝缘套管。

7. 接户线按电压等级可分为低压接户线和高压接户线，按引入方式可分为架空接户线和电缆接户线，要根据使用场所的具体要求正确选择绝缘接户线导线截面，并注意接户线对地及交叉跨越距离要求正确安装。进户线的主要形式有：绝缘线穿瓷管进户，电缆进户，加装进户杆、落地杆或短杆，角铁加绝缘子支持单根导线穿管进户。进户线不能用软线，应根据相关原则正确选择和进户安装。

8. 客户引进电源的接电方式，按电压高低分为高压进户和低压进户，按供电相数及用电性质分为照明客户（包括单相电力、电热）的单相进户和电力用电的三相进户。高压电源进户方式有四种形式，即专线供电、专线电缆非专线开关供电、非专线供电和跌开式熔断器供电。低压进户要应根据原则选择好确定进户点，采取什么方式进户必须视实际情况而定。

9. 进户装置是户内外线路的衔接装置。从接户线与进户线搭头起至客户内部的配电线路装置，除总熔丝盒及电表（包括电压、电流互感器）外，均由供电部门装备、管理，而由客户负责保管。进户杆分为长杆和短杆两种，常用的有木杆进户杆和混凝土杆进户杆，进户杆杆顶应安装横担，横担上应安装低压绝缘子。用来保护客户进户线的进户管有瓷管、钢管和塑料管三种。

10. 电能计量装置应根据变电站类型、系统中性点接地方式、一次主接线形式、互感器安装位置、电能计量屏（柜、箱）的布置方式等设计条件进行设计，其设计文件应包括：设计说明、设备材料清册、设计图纸。

习　　题

6-1　额定电压交流 500V 及以下的绝缘导线有哪些种类？

6-2 分析说明常用的绝缘软线型号、名称及用途。

6-3 什么叫导线的安全载流量？在空气中敷设的截面 $25mm^2$ 绝缘铜导线的安全载流量为多少？

6-4 哪些场所一定要使用铜芯线？

6-5 简述绝缘导线截面的选择原则。

6-6 导线线头绝缘层的剖削方法有哪些？

6-7 单股导线线头主要有几种连接形式？举例说明。

6-8 什么叫接户线？什么叫进户线？

6-9 接户线导线截面是怎样规定的？

6-10 低压接户线在跨越街道时对地垂直距离（距路面中心的垂直距离）是如何规定的？

6-11 中压接户线至地面的垂直距离是如何规定的？

6-12 低压绝缘接户线与弱电线路的交叉垂直距离是如何规定的？

6-13 分析说明低压接户线引入时的安装要求。

6-14 分析说明高压接户线引入时的安装要求。

6-15 接户线安装工作的主要内容有哪些？

6-16 如何选择进户线型号规格？

6-17 进户线截面积选择原则是什么？为什么进户线不能选用软线？

6-18 进户线安装的一般要求有哪些？

6-19 什么叫套户线？对套户线的最小截面积是怎样规定的？为什么套户线的长度不应超过 50m？

6-20 电源进户方式有哪些？

6-21 选择确定低压进户点应符合哪些原则？

6-22 低压电源进户时对进户方式有具体要求？

6-23 什么叫进户装置？什么叫进户杆？

6-24 进户杆有哪些形式？举例说明不同形式进户杆的具体安装要求。

6-25 接户杆杆顶的安装形式有哪几种？

6-26 什么叫进户管？进户管安装方法与要求有哪些？

6-27 举例说明电能计量装置的典型设计。

6-28 低压三相的电流互感器二次侧为什么不接地？

第二篇 内 线 安 装

第七章 电气技术与安全

第一节 电气技术基础

一、电路

电路即电流流过的路径。构成电路有四个要素是电源、负载、导线、控制及保护设备。

(1) 电源。指将各种形式的能量转换成电能的装置，即提供电能或输出电压、电流的设备，如发电机、供电变压器、电池、整流电源及某种状态下的储能电容器等。

(2) 负载。将电能转换成其他能量的设备，如电动机、白炽灯、日光灯、电炉等各种用电器。

(3) 导线。将负载与电源接通，构成闭合回路，产生电流，输送电能。

(4) 控制及保护设备。是对电路的状态（通、断、过载等）进行控制和保护的设备，如开关、接触器、继电器、熔断器等。

图 7-1 所示为简单的照明电路，也同样包含四个要素：电源是来自电网的 220V 交流电 G；负载是照明灯 E；导线是塑料铜芯线；控制及保护设备是开关 QS 和熔断器 FU。

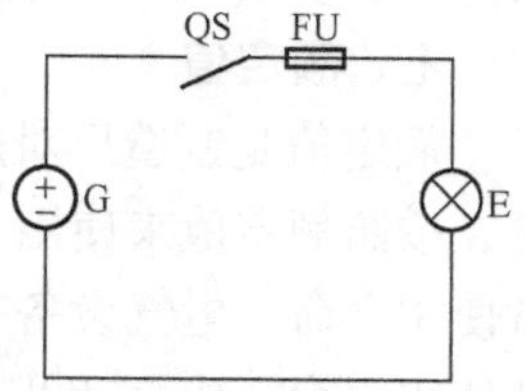

图 7-1 电路的四个要素

二、电流

大量电荷有规则的定向移动，称为电流。以符号 I（或 i）表示，单位是安培（简称安），以字母 A 表示，1A=1000mA。

电流可分为直流与交流。方向不随时间变化的电流叫脉动直流电；大小和方向都不随时间变化的电流叫恒定直流电（简称直流电）；大小和方向随时间作周期变化的电流叫交流电。电流的方向在习惯上规定由正极流向负极，但实际方向是电子从负极流向正极。交流电中电流的方向是不断变化的，电气图上标明的电流方向是人为规定的，这一规定方向称为正方向。

三、电位与电压

当一个物体带有电荷时，这个物体就具有一定的电位。一般以大地为零电位，故任何带正电荷的物体，都具有比大地高的电位；带负电荷的物体，其电位比大地电位低。

导体两点之间的电位差叫电压。电位差在电路中促使电荷运动形成电流。

电位和电压的符号为 U，单位是伏特（简称伏），用字母 V 表示，工程上通常用 kV 表示，1kV=1000V。

四、电阻

电阻是导体流过电流时存在阻碍作用的大小。电阻与导体材料、长度、截面积和温度有关。电阻的符号为 R，单位是欧姆（Ω）或千欧（kΩ），1kΩ=1000Ω。绝缘体的电阻值很大，一般在 MΩ 级，$1M\Omega=10^6\Omega$。

五、正弦交流电

正弦交流电的大小和方向随时间作正弦变化，简称交流电。描述交流电变化规律的参数主要有最大值、相位和频率，即交流电三要素。

交流电在大小变化过程中所能达到最大数值称为最大值。工程上和生活中一般不采用最大值表示，而采用有效值表示。有效值是根据电流的热效应来确定的。正弦交流电的有效值等于0.707乘最大值，即$I=0.707I_m$。电工仪表所测得的电流和电压值均为有效值，电气工程图上标明的电流和电压也指有效值，常用的交流电压有380V和220V；其最大值为537V和311V。

交流电每秒钟变化的周数叫频率，用f表示，单位是赫兹（Hz）；每变化一周所需时间称为周期，用T表示，单位是秒（s）。我国电力系统使用的标准频率是50Hz，这一频率为工频，周期为0.02s。

正弦交流电的起点（$t=0$）称为初相位。

六、三相电路和单相电路

发电厂的交流发电机都是三相的，它有三个大小相等、频率相同、相位互差120°的电动势。电源的这三个电动势按一定方式连接起来，共同向负荷供电，这样的电路叫三相交流电路。某些设备只需要电源的一个电动势供电，只接一相的电路，称为单相电路。

七、额定值

额定值是制造厂对产品的使用规定与限额，如额定电压、额定电流、额定功率、额定频率等。按照额定值来使用是最经济合理、安全可靠的，既能充分发挥设备能力，又能保证设备正常使用寿命。电气设备在运行时，电压过高、电流过大或负载过大，都会使电气设备损坏或降低使用寿命。电气工程图上标注的设备、元件及线路等的规格、参数一般是指额定值。

设备在额定功率下工作称为满载。超过额定功率的情况称为过载。一般少量过载是允许的，因为产品设计时已考虑了一定的安全系数和过载能力，但严重过载是危险的。反之，低于额定功率工作，虽然安全，但设备的能力没有得到充分利用。额定功率是指负载在额定工作情况下，所输出的功率。

八、功率

交流电路中反映功率关系的量有三个，即有功功率、无功功率和视在功率。

有功功率是电气设备（如电灯、电炉、电动机）真实消耗的功率，用符号P表示，单位是瓦（W）或千瓦（kW）。

电磁类设备（如线圈、电动机等）靠电流来建立磁场，进行能量交换，这一部分功率称为无功功率，符号用Q表示，单位是乏（var）或千乏（kvar）。

视在功率包括有功功率和无功功率，它由电压和电流的乘积决定，符号为S，单位是伏安（VA）或千伏安（kVA）。

交流电路中，有功功率P、无功功率Q和视在功率S三者的关系可用功率三角形来描述，如图7-2所示。S、P、Q满足下列关系式：

$$S^2 = P^2 + Q^2$$

$$P = S\cos\varphi$$

$$Q = S\sin\varphi$$

$$Q = P\tan\varphi$$

九、三相负荷的星形接法和三角形接法

在三相供电线路中，如果负荷接在两个相线之间，如图7-3（a）所示，称为三角形接法。在三角形接法中，线电压等于相电压。在三相四线制系统中，如果负载接在相线和中性

线之间，如图 7-3（b）所示，称为三相负载星形接法。在星形接法中，线电流等于相电流，若三相对称，线电压是相电压的$\sqrt{3}$倍。三相对称电路的功率为 $S=\sqrt{3}U_1I_1$。

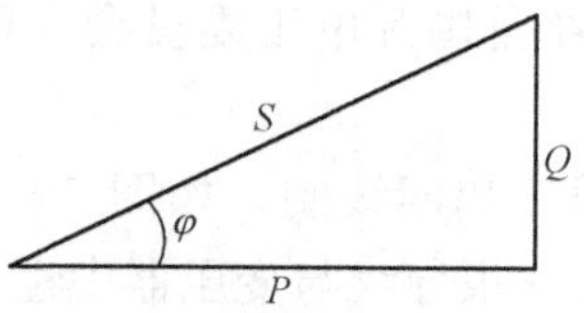

图 7-2　功率三角形

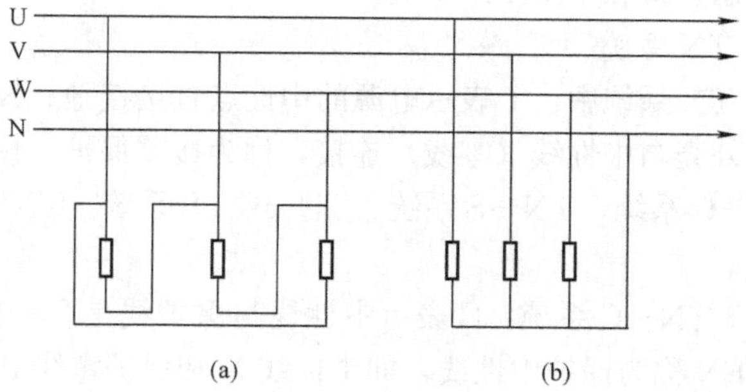

图 7-3　Y、△形接法

（a）△形接法；（b）Y形接法

十、电压等级

在 DL 493—2001《农村安全用电规程》中规定：低压为设备对地电压在 250V 及以下者。我国的供电系统中一般规定 1kV 以上的电压为高压。我国常用电压等级有 0.38、6、10、35、110、220、330、500、750kV。工厂、住宅用的电压等级为 380/220V，矿山井下现在常用的电压等级为 660V/380V。

在潮湿场所（地下室）或金属容器内的照明灯，一般要用安全电压。在 GB 3805—1983《安全电压》中规定安全电压为 42、36、24、12、6V。

十一、低压配电系统的保护形式

低压配电系统中有接地保护和接零保护两种方式，常用的保护形式有 IT 系统、TT 系统和 TN 系统。

1. IT 系统

在 IT 系统中：I 表示电源端带电部分不接地或经高阻抗接地；T 表示电气设备的外露可导电部分直接接地。IT 系统如图 7-4 所示。该系统适用于环境条件不良，易发生一相接地或火灾爆炸的场所，如煤矿、化工厂、纺织厂等。

2. TT 系统

在 TT 系统中：第一个 T 表示电源端中性点直接接地；第二个 T 表示电气设备的外露可导电部分直接接地，此接地点在电气上独立于电源端的接地点，又称保护接地。TT 系统如图 7-5 所示。

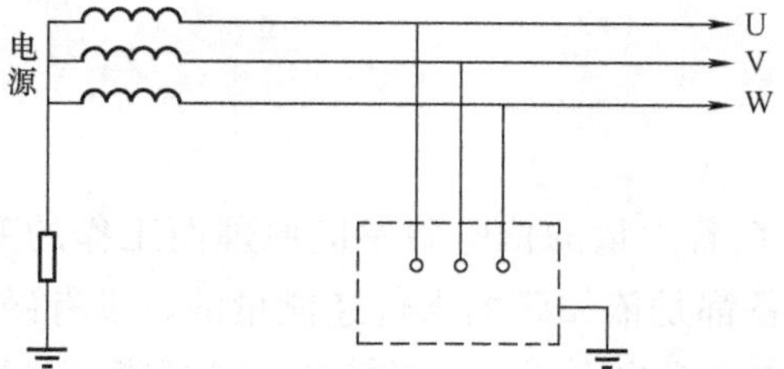

图 7-4　IT 系统

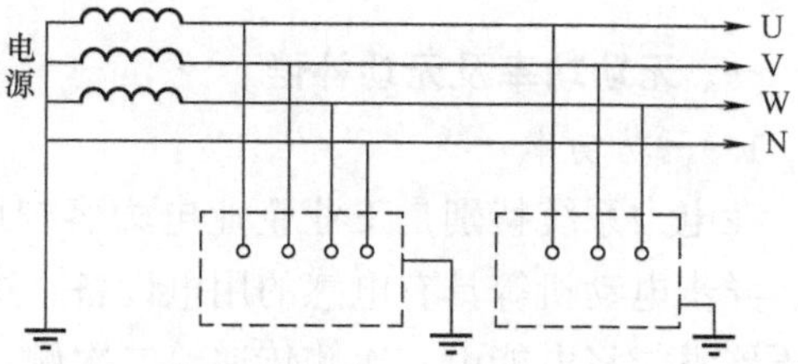

图 7-5　TT 系统

当系统中有大量的220V用电设备，线路敷设环境容易造成一相接地或零线断裂，从而引起零线电位上升，电气设备外壳不宜接零而采用TT接地。适用于城镇、农村居住区、分散的民用建筑和小型工厂企业。

3. TN系统

在TN系统中：T表示电源的中性点直接接地；N表示电气设备不带电（正常运行时）的金属外壳与中性线（零线）连接，称为接零保护。按工作零线与保护零线的组合，又可分为TN—C系统、TN—S系统、TN—C—S系统。TN—S系统是国际电工委员会（IEC）所提倡的。

(1) TN—C系统：C表示中性线与保护线是合一的，即三相四线制，如图7-6所示。此时PEN称为保护中性线，即中性线N和保护零线PE合用一根导线与变压器中性点相连。

(2) TN—S系统：S表示整个系统中性线与保护线分开，即三相五线制，如图7-7所示。

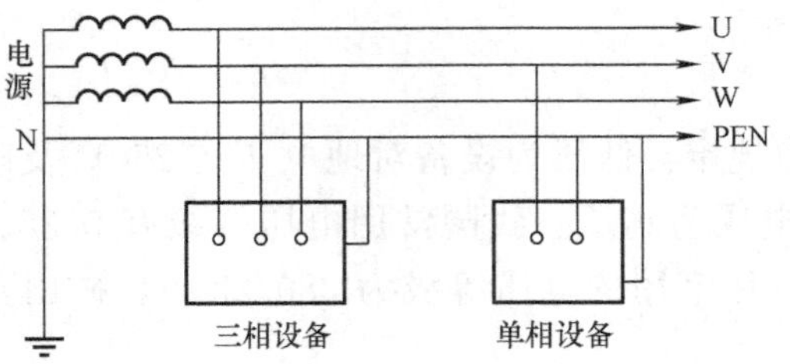

图7-6 TN—C系统

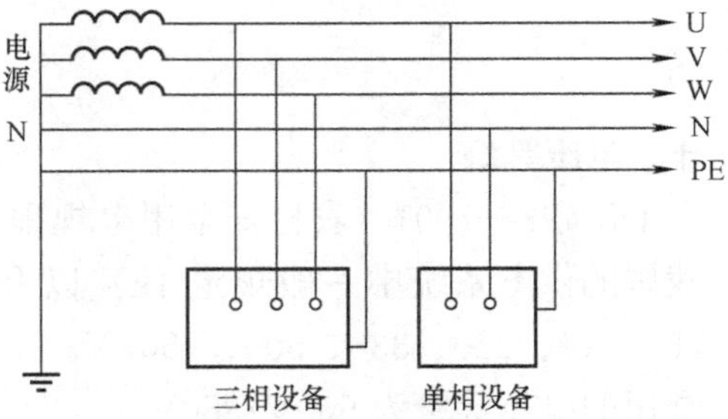

图7-7 TN—S系统

(3) TN—C—S系统：系统中一部分中性线与保护线是合一的，另一部分中性线与保护线是分开的，如图7-8所示。

一般，工业厂房有专用变压器的电力用户应采用TN—C系统；有附设变电所的高层建筑和重要的民用建筑，国家的政治、经济和文化中心及各要害部位应采用TN—S系统；科研单位、邮电通信、电子行业、有大规模可控硅整流装置及电路中含有二次谐波电流的场合，有火灾或爆炸危险的工业厂房应采用TN—S或TN—C—S系统。

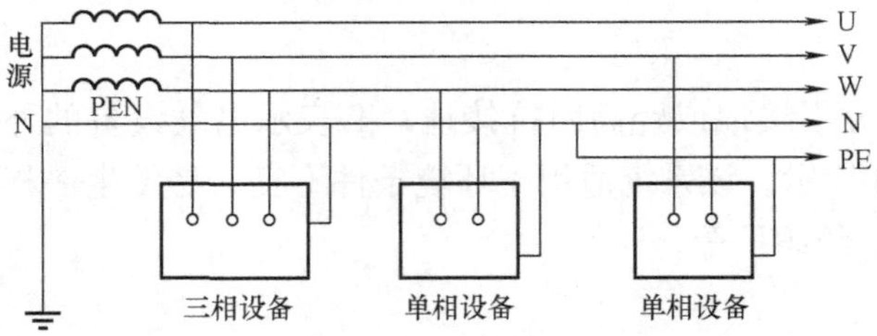

图7-8 TN—C—S系统

第二节 无功功率及无功补偿

一、无功功率及无功补偿

1. 无功功率

在电力系统特别是工业企业电力客户中，存在着大量的依电磁感应原理而工作的变压器、异步电动机等具有电感的用电设备。这些设备都是依靠磁场来传递能量的，没有磁场，变压器不能将电能由一次侧传递给二次侧，异步电动机也不能把电能转换为机械能，并拖动各种机械设备运转。

也就是说，绝大部分用电设备都具有电感性，需要从电力系统吸取无功功率。除白炽灯、电阻电热器等设备负荷的功率因数接近于1以外，其他如三相交流异步电动机、三相变压器、电焊机、电抗器、架空线等的功率因数均小于1，特别是在轻载情况下，功率因数将更低。

2. 功率因数低的危害

用电设备功率因数降低之后，在有功功率需要量保持不变情况下，无功功率需要量便增加。这将带来以下不良后果：

(1) 增加供电线路的有功功率损耗和电能损耗。若设备的功率因数降低，在保证输送同样的有功功率时，无功功率（$Q=P\tan\varphi$）就要增加，这样势必就要在供电线路中传输更大的电流，使线路上有功功率损耗$\left(\Delta P=\dfrac{P^2+Q^2}{U^2}\right)$和电能损耗增大。另外，为减少这种损耗，必须增大供电线路的截面，这又增加了投资。

(2) 降低了发、供电设备的利用率。因为发电机或变压器都有一定的额定电压和额定容量（亦即额定电流），在正常情况下，这些参数是不容许超过的。根据$P=\sqrt{3}UI\cos\varphi$，若功率因数$\cos\varphi$降低，则有功出力P也将随之降低，设备容量将不能得到充分利用。

(3) 功率因数过低还将使线路的电压损耗增大（由于无功功率Q增加，从$\Delta U=\dfrac{PR+QR}{U}$可知，电压损耗$\Delta U$也将增加），结果负荷端的电压就要下降，甚至会低于容许偏移值，从而严重影响异步电动机及其他用电设备的正常运行。特别在用电高峰季节，功率因数太低，会出现大面积地区的电压偏低，将给生产和市民日常生活造成损失和不便。

(4) 增加了企业的电费支出，加大了成本。目前，供电部门征收电费，将客户的功率因数高低作为一项重要的经济指标，供电营业规则要求客户无功功率就地平衡，《供用电规则》还规定：100kVA（kW）及以上高压供电的工业客户，功率因数为0.9以上；其他电力客户和大、中型电力排灌站，趸售转售电企业功率因数达到0.85以上；农业用电功率因数达到0.8以上。供电部门将根据客户执行的情况，在收取电费时分别作出奖励、不奖不惩、罚款等处理。

功率因数低会给系统、设备及客户等造成很大的影响，因此必须采用一定的措施进行无功补偿，以改善功率因数，降低功率损耗和电能损失，改善电压质量。

二、功率因数的计算

一般用电负荷的功率因数是随着负荷性质的变动和电源电压的波动而变化的，常用的功率因数计算方法有瞬时功率因数、均权功率因数、最大负荷功率因数计算。

1. 瞬时功率因数

瞬时功率因数可以反映客户某一时刻的实际功率因数值，计算公式为

$$\cos\varphi=\frac{P}{\sqrt{3}UI} \tag{7-1}$$

式中　P——有功功率表的读数，kW；

U——电压表的读数，kV；

I——电流表读数，A。

监视瞬时有功功率的变化情况，可以帮助客户分析和判断无功功率的变化规律，以采取相应的补偿措施。同时，还可为以后的同类工程设计提供参考资料。

2. 均权功率因数

工业企业的功率因数通常随着负荷的变化与电压的波动而经常变化，所以供电部门实际上是要求工业企业的“均权功率因数”不得低于《全国供用电规则》的规定。所谓“均权功率因数”，是以有功电能和无功电能为参数计算得到的功率因数，其计算公式为

$$\cos\varphi_{\text{wav}} = \frac{A}{\sqrt{A^2 + W^2}} = \frac{1}{\sqrt{1 + \left(\frac{W}{A}\right)^2}} \tag{7-2}$$

式中 A——有功电能，kWh；

W——无功电能，kvarh。

式（7-2）主要用以计算已投入生产的工业企业的功率因数。当式（7-2）中 A 与 W 为工业企业1个月内从有功电能表与无功电能表所记录的读数，代入计算所得的均权功率因数，就是供电部门用来调整电费的“月平均功率因数”。

3. 最大负荷时的功率因数 $\cos\varphi_1$、$\cos\varphi_2$

对于正在进行设计的工业企业，则根据功率因数的定义

$$\cos\varphi = \frac{P}{S}$$

（1）补偿前最大负荷时的功率因数 $\cos\varphi_1$ 为

$$\cos\varphi_1 = \frac{P_{\text{calc}}}{S_{\text{calc}}} = \frac{P_{\text{calc}}}{\sqrt{P_{\text{calc}}^2 + Q_{\text{calc}}^2}} \tag{7-3}$$

（2）补偿后最大负荷时的功率因数 $\cos\varphi_2$ 为

$$\cos\varphi_2 = \frac{P_{\text{calc}}}{S'_{\text{calc}}} = \frac{P_{\text{calc}}}{\sqrt{P_{\text{calc}}^2 + (Q_{\text{calc}} - Q_{\text{C}})^2}} \tag{7-4}$$

式中 P_{calc}——客户的有功功率计算负荷，kW；

Q_{calc}——客户的无功功率计算负荷，kvar；

Q_{C}——客户的无功补偿容量，kvar；

S_{calc}、S'_{calc}——客户补偿前、后的视在计算负荷，kVA。

4. 总平均功率因数 $\cos\varphi_{\text{av}}$

（1）补偿前总平均功率因数（亦称自然总平均功率因数）$\cos\varphi_{1\text{av}}$ 为

$$\cos\varphi_{1\text{av}} = \frac{P_{\text{av}}}{S_{\text{av}}} = \frac{\alpha P_{\text{calc}}}{\sqrt{(\alpha P_{\text{calc}})^2 + (\beta Q_{\text{calc}})^2}} = \frac{1}{\sqrt{1 + \left(\frac{\beta Q_{\text{calc}}}{\alpha P_{\text{calc}}}\right)^2}} \tag{7-5}$$

（2）补偿后总平均功率因数 $\cos\varphi_{2\text{av}}$

$$\cos\varphi_{2\text{av}} = \frac{P_{\text{av}}}{S'_{\text{av}}} = \frac{\alpha P_{\text{calc}}}{\sqrt{(\alpha P_{\text{calc}})^2 + (\beta Q_{\text{calc}} - Q_{\text{C}})^2}} = \frac{1}{\sqrt{1 + \left(\frac{\beta Q_{\text{calc}} - Q_{\text{C}}}{\alpha P_{\text{calc}}}\right)^2}} \tag{7-6}$$

其中

$$P_{\text{av}} = \alpha P_{\text{calc}},\ Q_{\text{av}} = \beta Q_{\text{calc}}$$

式中 P_{av}——客户的有功平均计算负荷，kW；

Q_{av}——客户的无功平均计算负荷，kvar；

α、β——有功及无功的月平均负荷系数；

S'_{av}——客户补偿后的视在平均计算负荷，kVA。

补偿后的总平均功率因数 $\cos\varphi_{2av}$，是全企业的有功平均计算负荷与视在平均计算负荷之比。如果考虑到全企业一个月实际工作小时数，则 $\cos\varphi_{2av}$ 亦可用式（7-7）来表达。

因此，用平均有功功率和平均无功功率计算的总平均功率因数 $\cos\varphi_{2av}$ 与电力部门有功电能和无功电能计算的均权功率因数 $\cos\varphi_{wav}$ 是统一的。所以在设计时，应以补偿前、后的总平均功率因数是否达到设计规范要求值来计算无功补偿容量，而不是以补偿前、后的最大负荷时功率因数是否达到设计规范要求值来计算补偿容量。如果设计时所计算的无功补偿容量偏小，则当企业变电所投入运行后，功率因数将达不到规定标准。

$$\cos\varphi_{2av} = \frac{P_{av}}{S'_{av}} = \frac{P_{av}t}{S't}\frac{\alpha P_{calc}t}{\sqrt{(\alpha P_{calc})^2t^2 + (\beta Q_{calc} - Q_C)^2t^2}}$$

$$= \frac{A}{\sqrt{A^2 + W^2}} = \frac{1}{\sqrt{1 + \left(\frac{W}{A}\right)^2}} \tag{7-7}$$

$$A = \alpha P_{calc}t$$

$$W = (\beta_{calc} - Q_C)t$$

式中 t——客户一个月实际工作小时数；

A——客户一个月的有功电能消耗量，kWh；

W——客户一个月的无功电能消耗量，kvarh。

三、改善功率因数的方法

1. 提高自然功率因数

无需安装专用补偿设备，合理地选择供电设备和用电设备的容量，减少无功消耗和传输是提高功率因数的基本措施。常用的措施有：

（1）合理选择电动机容量，以减少电动机无功消耗。一般工矿企业电动机无功消耗占总无功消耗的 70%，而异步电动机的功率因数和效率在额定负荷的 70%至满载运行时较高，如在额定负荷时 $\cos\varphi_{wav}$ 为 0.85～0.89，在空载时 $\cos\varphi$ 只有 0.2～0.3。所以应合理地调整好电动机的配置，防止“大马拉小车”，并尽可能减少空载或轻载运行现象发生。

（2）对于平均负荷小于 40%额定负荷的轻载电动机，可将其定子绕组由三角形改为星形连接，或采用星形—三角形自动转换的接线方式。

（3）合理地选配变压器的容量，更换轻载运行的变压器。电力变压器一次侧功率因数不仅与负荷的功率因数有关，而且与负荷率（规定时间内平均负荷与最大负荷的百分比）有关。若变压器满载运行，一次侧功率因数仅比二次侧降低 3%～5%；若变压器轻载运行，当负荷率小于 0.6 时，一次侧的功率因数显著下降，可达 11%～18 %（因为变压器的励磁损耗是不随负荷变动而变化的）。所以电力变压器在负荷率为 0.6 以上运行时才较经济，一般负荷率在 75%～80%比较合适。为了充分利用设备和提高功率因数，电力变压器不宜作轻载运行，当变压器负荷率小于 30%时，应更换容量较小的变压器。

（4）改进工艺流程，调整生产班次，均衡用电负荷，提高用电负荷率。如改善电气设备的运行状况，限制电焊机、机床电动机等设备的空载运转。对于负荷率不大于 0.7 及最大负荷不大于 90%额定负荷的线绕式异步电动机，必要时可使其同步化运行，即当绕线式异步电动机在启动完毕后，向转子绕组中送入直流励磁，以产生转矩将异步电动机牵入同步，其运转状态与同步电动机相似。在此励磁的情况下，电动机将向电力网反送无功功率，从而达到改善功率因数的目的。

2. 采用人工补偿法

当采用提高用电设备自然功率因数的方法后，功率因数仍不能达到《供用电规则》所要求的数值时，就需要设置专门的无功补偿设备来提高功率因数。如在电力系统中装设并联电容器、调相机等设备，就近提供给客户用电设备所需的无功功率，此方式也称为人工补偿。

同步电动机在过励磁方式运行（功率因数为 0.8～0.9 超前）时，可向电力系统提供无功功率；但同步电动机结构复杂，附有启动控制设备，维护工作量大，用"同步电动机作无功补偿"方案的价格明显高于"用异步电动机加电力电容器补偿"的价格，所以客户在满足工艺条件的情况下，是否采用同步电动机来提高功率因数，要通过技术经济比较综合决定。一般小容量的高速同步电动机是不经济的，不宜采用；而对低速、恒速且长期连续工作的容量较大（250kW 以上）的电动机，如轧钢机的电动发电机组、球磨机、空气压缩机、送风机、水泵等设备，因环境和启动条件均可满足同步电动机的要求，而且停歇时间较小，因而对改善功率因数起很大作用，宜采用同步电动机。

目前，在用电客户内部以装设备并联电容器补偿较为常用。由于增加了并联电容器，使功率因数角发生变化，即使总电流的相位角发生了位移，如果电容器补偿恰当，就可以把功率因数角减少到零，功率因数提高到 1，电网只需传输有功功率，这就是无功补偿的原理。但需强调的是：考虑到电力系统存在大量消耗无功的设备和系统的稳定性要求，一般系统功率因数不宜恰好等于 1。

四、并联电容器

1. 电容器的结构

并联电容器高压多为单台单相，低压多为单台三相，都是由若干个元件串并联组成，低压电容器内部接成三相三角形。并联电容器可分为油浸式和自愈式两种。

(1) 油浸式电容器。其外壳是钢质材料，电容元件由薄铝箔作为电极，中间隔以极薄的固体介质（电容器纸），卷绕成单元电容元件，并将若干个电容元件并联在一起，以提高电容量；高压电容则串联在一起，提高耐压水平。所有元件是浸在绝缘油内，用钢质金属外壳密封。油浸式电容器容易发生元件内部短路、内部过热、油箱膨胀、漏油等故障。

(2) 自愈式电容器。其主要由芯子、浸渍剂、端子、壳体、保险装置、自放电装置等部分组成。芯子由聚丙烯金属化膜绕制而成，其自愈功能就是由于金属化膜的特殊性能实现的，两端面的金属层通过喷金连接成电极，每台电容根据容量不同由若干个芯子组合而连接。三相低压并联电容一般以三角形连接。浸渍剂是电容器内部的充填物，选用石蜡作为浸渍剂，有效地解决了芯子边缘的局部放电问题，并且与液体浸渍剂相比，石蜡更加稳定，不燃烧，不漏电。保险装置的作用是当自愈功能失效时，能够及时切断电源保护整个装置。自放电装置能够在电容器退出运行 10min 后把残压降至 75V 以内，以保证维护和检修安全。

2. 电容器补偿容量的确定

用静电电容器无功补偿的补偿容量由式（7-8）计算

$$Q_C = P_{av}(\tan\varphi_1 - \tan\varphi_2) = \alpha P_{calc}(\tan\varphi_1 - \tan\varphi_2) \tag{7-8}$$

式中　P_{calc}——最大有功计算负荷，kW；

α——月平均有功负荷系数；

$\tan\varphi_1$、$\tan\varphi_2$——补偿前、后均权功率因数角的正切值。

在计算补偿用电力电容器容量和个数时，应考虑到实际运行电压可能与额定电压不同，电容器能补偿的实际容量将低于额定容量，此时需对额定容量作修正。由电工原理可知

$$Q_C = U^2 \omega C = \frac{U^2}{X_C} \tag{7-9}$$

电容器铭牌上的额定容量是在额定电压时的无功容量。电容器实际运行电压只能低于或等于额定电压，在电容器实际运行电压低于额定电压时，应按式（7－10）进行换算

$$Q'_N = Q_N \left(\frac{U}{U_N}\right)^2 \tag{7-10}$$

式中　Q_N——电容器铭牌上的额定容量，kvar；

Q'_N——电容器在实际运行电压下的容量，kvar；

U_N——电容器的额定电压，kV；

U——电容器的实际运行电压，kV。

3. 并联电容器电流计算

已知电容器电压和电容值，求电流的公式为

$$I_N = \frac{0.314CU}{\sqrt{3}} \tag{7-11}$$

式中　I_N——电容器额定电流，A；

C——电容器电容值，F；

U——电容器上所加的电压，kV。

已知电容器标称容量和额定电压，求额定电流的公式为

$$I_N = \frac{Q_N}{\sqrt{3}U_N} \tag{7-12}$$

式中有　I_N——额定电流，A；

Q_N——额定容量，kvar；

U_N——额定电压，kV。

4. 并联电容器的补偿方式

客户处的并联电容器补偿方式如图7－9所示。

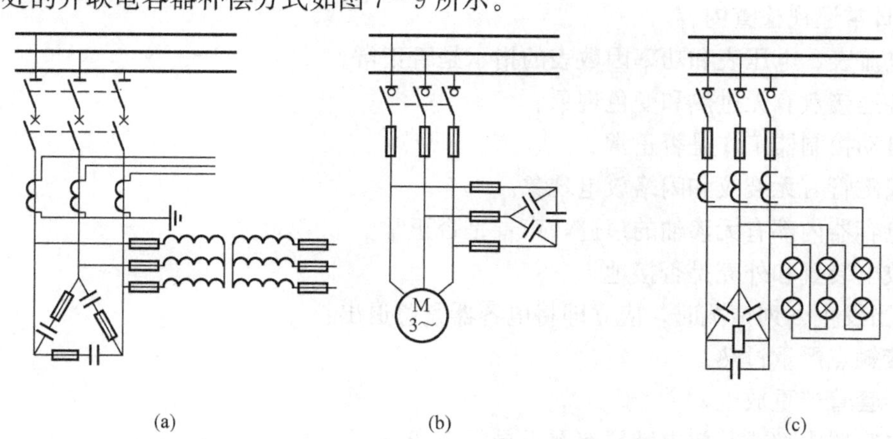

图7－9　并联电容器的几种补偿方式

（a）高压补偿；（b）低压分散补偿；（c）低压集中补偿

根据 GB 50227—1995《并联电容器装置设计规范》要求："采用移相电容器补偿时，应尽量靠近吸取无功功率大的地方。低压移相电容器组宜分布在环境正常的车间内；高压移相电容布置在各配变电所内集中补偿"。

对于补偿容量相当大的工厂，宜采用高压侧集中补偿和低压侧分散补偿相结合的方法；对于用电负荷分散及补偿容量较小的工厂，一般仅采用低压补偿。低压移相电容器组分散在车间内补偿，虽然能减小电气设备及线路的容量，降低电能损耗，但分散操作不够方便，初期投资增大，同时有爆炸危险的车间及有腐蚀性的车间也不允许安装电容器。故目前设计中低压移相电容器柜亦有集中装设在低压配电室内的方式，且和低压配电屏并列安装。

5. 并联电容器组及维护管理

一般在用电单位多采用集中补偿的方式，将恰当容量的电容器组装成成套装置，集中安装低压母线上。选用电容器柜时，要与低压配电装置相配套，以便于安装、维护和使用。当选用低压配电柜为 PGL1 或 PGL2 时，通常选用 PGJ 型低压电容柜；当选用低压配电柜为 GGD 或 JK 时，可选用 GGJ 型低压电容柜；当选用动力中心 GCD 或控制中心 GCK 时，可选用 GCJ 型低压电容柜；当选用抽出式低压配电柜 BFC 时，通常选用 BFJ 型低压电容柜。

在正常情况下，客户投切手动并联电容器组时，要根据其负荷和电压的变动及时投入和切除，防止无功电力倒送电网。全站停电操作时，应先拉开电容器支路的断路器，再拉其他各支路的断路器；全站恢复送电时，应先合各支路断路器，后合电容器组断路器。

低压电容器成套装置内部安装有无功补偿自动控制器，由控制器来控制交流接触器的分、合，以实现并联电容器的投入或退出。自动补偿可以避免过补偿，避免轻载时电压过高，可以满足各种负荷情况下电压稳定的要求。

(1) 油浸式电容器运行中常见故障及处理。

1) 油箱渗透漏油，最好更换电容器。

2) 瓷套管表面闪络放电，应停电清扫。

3) 外壳膨胀变形，原因是介质局部放电或过电压，可以降压使用。

4) 电容器内部有异常声响，多为电容器内部或外部有局部放电现象，要加强巡视。

5) 电容器屏温升过高，应检查各接触触点、连接点，同时加强配电室通风，改善环境。

(2) 日常巡视检查内容。

1) 电流表、电压表和功率因数表的指示是否正常。

2) 各连接点有无过热和变色现象。

3) 自动控制器工作是否正常。

4) 瓷磁管有无裂纹和闪络放电现象。

5) 电容器内部有无渗油的痕迹，声音是否正常。

6) 放电装置和外壳是否接地。

(3) 当发生下列情况时，应立即将电容器紧急退出：

1) 接触点严重过热。

2) 瓷套管严重放电。

3) 电容器内部或其放电装置有严重异常声音。

4) 电容器外壳严重膨胀变形。

5) 电容器发生爆炸。

6）电容器起火冒烟。

7）当电容器室温度超出±40℃范围时，高压电容器应立即退出运行。

第三节　接　地

所谓接地，就是把设备的某一部分通过接地装置同大地作良好的电气连接。接地的种类很多，不同的情况应采用不同的接地方式和不同的接地措施。

一、电气“地”、对地电压

1. 电气“地”

当一根带电的导体与大地接触时，由于大地内含有自然界中的水分等导电物质，此时，接地电流 I_d 便经导体由接地点流入大地内，并向四周呈半球形流散（见图 7－10）。因此，便会形成以接触点为球心的半球形“地电场”。

在大地中，因球面积与半径的平方成正比，半球形的面积将随着远离接地点而迅速增大。所以越靠近接地点，电流通路的截面积越小，电阻就越大；而相距越远，其截面积便越大，电阻就越小。通常在距离接地点约 20m 左右处，半球形面积已达 2500m²，土壤电阻已小到可以忽略不计。这就是说，可以认为在远离接地点 20m 以外时，便不再会产生电压降 U_d，即实际上已是“零电位”了（见图 7－11）。而这些为零电位的地方，也就是电气上通常所说的“地”，其含义实际上是泛指零电位的地方。

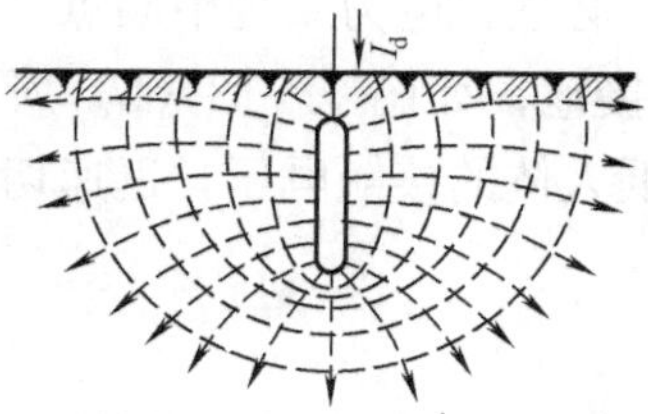

图 7－10　地中电流呈半球形流散

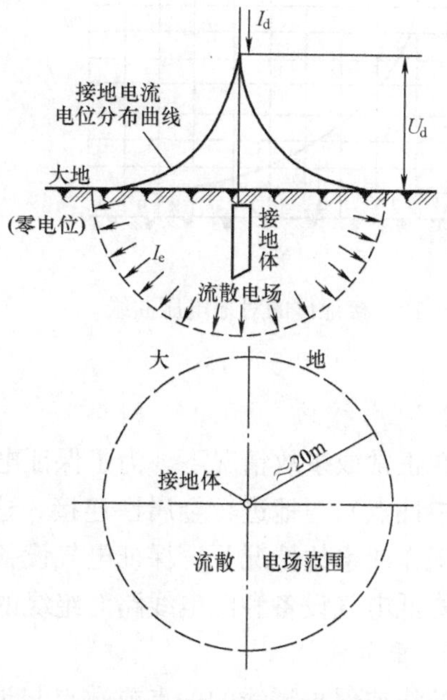

图 7－11　接地流散电场颁布示意图

I_e—地中电流；U_d—对地电压

由于地球非常大，相比于一般物体来讲，可认为大了无限倍。因此无论多少电荷也可经它流散，而不会使整个地球的电位升高。正因为如此，电气上便常以大地的电位作为参考零电位。

2. 对地电压

一般所说的对地电压，就是指带电体的接地部分与电气“地”之间的电位差。对地电压在数值上等于接地电流与接地电阻的乘积。

当电流通过接地体流入大地时，接地体本来具有相对来讲是最高的电位，也即具有最高对地电压。离开接地体后，各点的对地电压便逐渐下降；直至 20m 外，对地（零电位点）之间的电压便降为零。若用曲线来表示接地体及其周围各点的对地电压，这种曲线就叫对地电压曲线，也称接地电流电位分布曲线，如图 7-12 所示。

图 7-12 中，纵坐标为各点实际对地电压与接地体对地电压的比率（U_{dn}/U_d），横坐标是各点离接地体上最远点的实际距离对接地体自身宽度的比值（S/S_d）。由图可见，越远离接地体，对地电压曲线的变化就越趋平缓（曲线陡度变小）。这说明各点的对地电压逐渐下降，也即土壤（流散）电阻不断减小。

二、接地的分类

根据接地的用途不同，可分为下列几种方式：

1. 保护接地

电气设备正常运行时不带电的裸露金属外壳、钢筋混凝土电杆、金属杆塔，由于绝缘损坏有可能带电。为了防止这种电压危及人身安全而用接地装置与大地可靠连接，这种接地称为保护接地，如图 7-13（a）所示。

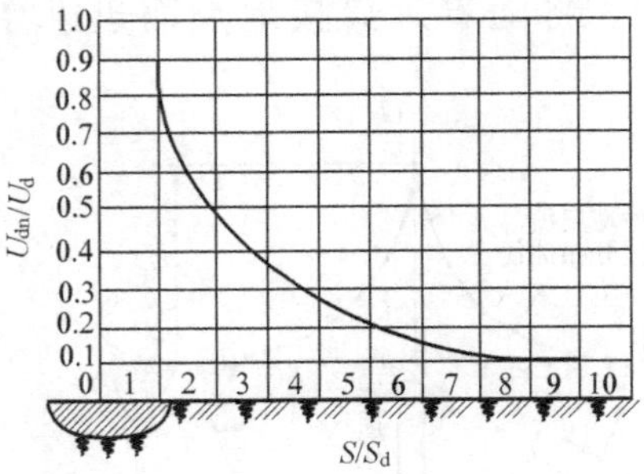

图 7-12 接地体的对地电压曲线

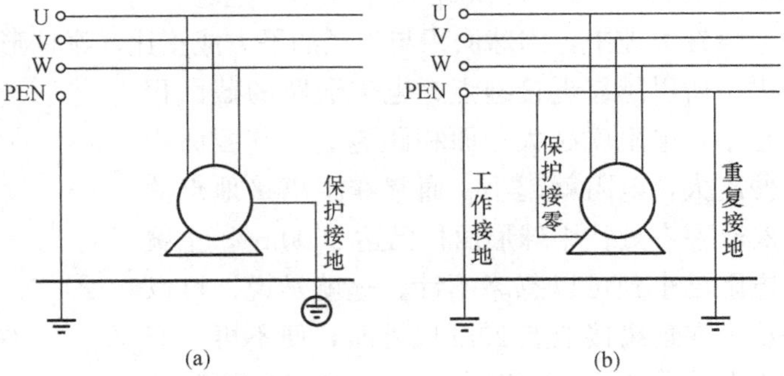

图 7-13 保护接地及工作接地、重复接地和接零示意图

（a）保护接地；（b）工作接地、重复接地和接零

2. 工作接地

在正常或事故情况下，为了保证电气设备可靠运行，必须在电力系统中某点（例如变压器的中性点）与地进行金属性连接，这种接地称为工作接地，如图 7-13（b）所示。它可以在工作或事故情况下，保证电气设备可靠地运行，降低人体的接触电压，迅速切断故障设备，降低电气设备和配电线路对绝缘的要求。

3. 重复接地

零线或保护零线的一点或数点与地再作连接称为重复接地，如图 7-13（b）所示。采用重复接地后，当系统中发生碰壳或接地短路时，可以降低零线或保护零线的对地电压；当零线或保护零线发生断裂时，可以减轻故障的严重程度。

4. 保护接零

电气设备在正常情况下不带电的金属部分与电网的零线紧密连接，或与直流回路中的接地中线相连，称为保护接零，如图 7-13（b）所示。它的作用是当低压线路中发生碰壳短路时，可形成单相短路，使保护装置能可靠迅速地动作，切断电源，保护人体免受触电的危险。

5. 静电接地

为防止可能产生或聚集静电荷，对设备、管道和容器等进行的接地，称为静电接地。设备在移动或物体在管道中流动，因摩擦产生的静电，聚集在管道、容器、储罐或加工设备上，形成很高电位，对人身安全和对设备及建筑物都有危害。静电接地的作用是静电一旦产生，就流入地中，以消除电荷聚集的可能。

6. 防雷接地、防雷电感应接地

为限制雷电直击时地电位的升高而作的接地称为防雷接地；为防止雷电感应而产生高电位、产生火花放电或局部发热，造成易燃易爆品燃烧爆炸而作的接地称为防雷电感应接地。

7. 屏蔽接地

为了防止外来的电磁波的干扰和侵入，造成电子设备的误动作或通信质量的下降，也为了防止电子设备产生的高频向外部泄放，需将线路的滤波器、变压器的静电屏蔽层、电缆的屏蔽层、屏蔽室的屏蔽网等进行接地，称为屏蔽接地。高层建筑为了减少竖井内垂直管道受雷电流感应产生的感应电动势，将竖井混凝土壁内的钢筋予以接地，也属于屏蔽接地。

三、接地电流与接地短路电流

凡从带电体流入地下的电流即为接地电流，有正常接地电流与故障接地电流之分。正常接地电流指正常工作时，通过接地装置流入地下、借用大地形成回路的电流；故障接地电流指系统发生故障时出现的接地电流。

若系统接地而导致系统发生短路，这时的故障接地电流称为接地短路电流。在高压系统中，接地短路电流可能会很大。因此规定：凡接地短路电流在500A及以下，称小接地短路电流系统；大于500A则称为大接地短路电流系统。

可见，接地电流与接地短路电流是不同的两个概念。它们各有其含义，不应混淆。

四、接地装置

接地装置是接地体与接地线的统称，如图7-14所示。埋入土壤内并与大地直接接触的金属导体或导体组叫作接地体，也叫接地极。它按设置结构可分为人工接地体与自然接地体两类；按具体形状可分为管形与带形等多种。连接接地体与电气设备应接地部分的金属导体叫作接地线。接地线通常又可分为接地干线与接地支线。

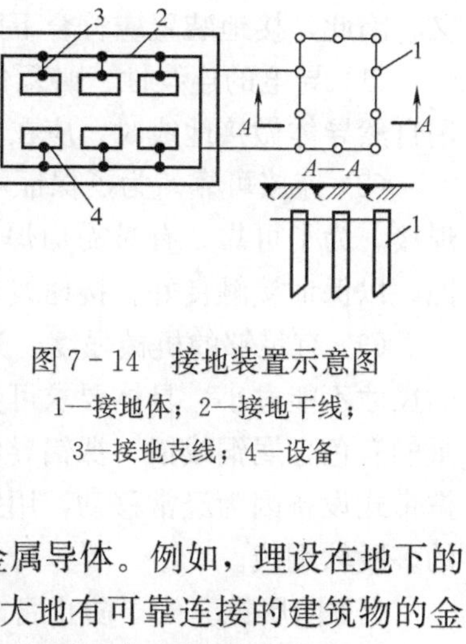

图7-14 接地装置示意图
1—接地体；2—接地干线；
3—接地支线；4—设备

1. 自然接地体

自然接地体是用于其他目的，且与土壤保持紧密接触的金属导体。例如，埋设在地下的金属管道（有可燃或爆炸性介质的管道除外）、金属井管，与大地有可靠连接的建筑物的金属结构、水工构筑物及类似构筑物的金属管、桩等自然导体，均可用作自然接地体。

利用自然接地体不但可以节约材料，节省施工费用，还可以降低接地电阻和等化地面及设备间的电位。如果有条件，应当优先利用自然接地体。当自然接地体的接地电阻符合要求时，可不敷设人工接地体（发电厂和变电所除外）。自然接地体至少应有两根导体在不同地点与接地网相连（线路杆塔除外）。利用自来水管及电缆的铅、铝包皮作接地体时，必须取得主管部门同意，以便互相配合施工和检修。

2. 人工接地体

人工接地体可采用钢管、角钢、圆钢、扁钢或废钢铁等材料制成。人工接地体宜采用垂直接地体，多岩石地区可采用水平接地体。垂直埋设的接地体长度一般以2.5m为宜。太短会增加接地电阻；太长了施工困难，又耗费钢材，而且接地电阻减少甚微。接地体截面积一般是按相应长度打入地下时所需的机械强度来选择的。角钢为 40mm×40mm×4mm～50mm×50mm×5mm，钢管直径为 40～50mm。垂直接地体一般由两根以上的钢管或角钢组成，以提高其可靠性。可以把它们成排布置，也可以环形布置。相邻钢管或角钢之间的距离以不超过 3～5m 为宜，并在上端用扁钢或圆钢将它们联成一体。

水平埋设的接地体的长度和根数，主要按接地电阻的要求来决定，而其截面积主要是考虑在相当长时间内不致腐蚀断开为准。一般可采用 40mm×4mm 的扁钢或直径为 16mm 的圆钢。水平接地体多采用放射形布置，也可成排布置或环形布置。

接地线应采用有足够截面的扁钢或铜线。也可以利用自然导体，如建筑物的金属结构（梁、柱、构架等）及设计规定的混凝土结构内部的钢筋、生产用的金属结构（行车轨道、配电装置的外壳、设备的金属构架等）、配线的钢管、电缆的金属构架及铅、铝包皮（通信电缆除外）等均可用作自然接地线。上、下水管、暖气管等各种金属管道（流经可燃液体或气体及爆炸介质的除外）可用作低压设备的自然接地线。

有爆炸危险的场所，应使用专门接地线。

由于直流电流对土壤中的接地体有电解作用，使自然接地体容易受到腐蚀而造成严重损坏，故直流电力回路不应采用自然体作接地体、接地线和回路的零线。

3. 接地装置施工安全要求

接地装置本身就是安全装置。接地装置的安全可靠对防止电气事故的发生有着重要的意义。因此，接地装置应符合下列要求：

(1) 导电的连续性。必须保证电气设备和接地体之间的导电连续性，不能有间断。在采用自然导体做接地线时，应在其伸缩缝或接头处应另加跨接导线，以保证连续可靠。

(2) 连接可靠。为了保证可靠的电气接触，接地装置之间的连接一般要采用扁钢、圆钢焊接。为了可靠，有时需加焊卡板。不能焊接时，可采用螺栓或卡箍连接，但必须防止锈蚀，以保证接触良好。接地线最好用中间没有接头的整线。

(3) 有足够的机械强度。为了保证有足够的机械强度和防腐蚀的要求，接地体和接地线的尺寸不能过小，具体要求可参见有关接地的施工资料。接地线一般应选用钢材，而不用贵重的有色金属铜或铝。裸铝导体很容易腐蚀开断，所以不要利用它做接地体或地下接地线。携带式设备因为经常移动，用钢制接地线容易折断，所以要用截面积在 0.75～1.5mm^2 以上的多股软铜线。

(4) 防腐蚀。为了防止腐蚀，接地装置最好采用镀锌或镀铅的钢制元件，焊接处涂沥青油，明设的接地线可涂防腐漆（地下接地体不能涂漆）。在有强烈腐蚀性的土壤中，接地体还应适当加大截面积。

(5) 防损伤。接地线应尽量安装在人不易接触到的地方，以免意外损坏，但又必须是在明显的地方，以便于检查。

(6) 埋设深度适当。为了减少季节及其他因素对接地电阻的影响，接地体最高点离地面深度一般不应小于 0.6m（农田地带不应小于 1m）；也不宜太深，因为太深了施工困难效果也有限，但应在大地冰土层以下。

(7) 与其他物体间的距离。接地体与建筑物的距离一般不应小于 1.5m，接地体与独立避雷针的接地体之间的地下距离不应小于 3m，接地装置的地上部分与独立避雷针的接地线之间的空间距离不应小于 5m。

(8) 接地线不得串联。为了提高接地的可靠性，设备的接地线不得经设备本身串联，即不得将用电设备本身作为接地线的一部分，而必须并排分别接向接地干线或接地体。变电所的接地，既有变压器低压侧中性点的工作接地，又有变、配电装置的重复接地，二者都应有自己的接地线与接地体相连，不允许串联连接。此外，变、配电装置最好有两条接地线与接地体相连，以提高可靠性。

对于大接地短路电流系统的接地装置，还必须根据热稳定性条件验算接地线的最小截面积。

五、接地电阻

在接地体上，电流自接地体向四周大地流散时所遇到的全部电阻，称作流散电阻（或散流电阻）。

接地电阻是指整个接地装置的电阻值，它是接地体的流散电阻与接地线本身电阻之和。由于接地线的电阻（包括接地线与接地体间的连接电阻）一般都很小，故常忽略不计。因此，可近似认为接地电阻就等于流散电阻。

通常说的接地电阻值都是对工频电流而言。当雷电流通过接地装置时，由于雷电流有着强烈的冲击性，这时接地电阻值便会发生很大的变化。为了区别起见，将这种情况下的接地电阻称为冲击接地电阻。

1. 接地电阻的计算

接地电阻主要与接地体的结构形式、土壤电阻率 ρ 有关。

(1) 单一接地体。分为垂直接地体和水平接地体两种情况。

1) 垂直接地体。当 $l \gg d$ 时，可依据式 (7-13) 计算

$$R_c = \frac{\rho}{2\pi l}\ln\frac{4l}{d} \tag{7-13}$$

式中　R_c——垂直接地体（见图 7-15）的接地电阻，Ω；

ρ——土壤电阻率，Ω·m；

l——垂直接地体长度，m；

d——钢质接地体的等效直径，m。

关于钢质接地体的等效直径 d：接地体用圆钢时为圆钢直径 d；若用其他形式钢材（见图 7-16），其等效直径为

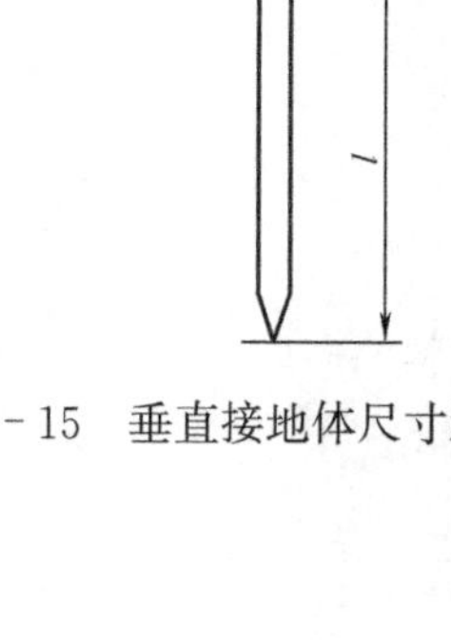

图 7-15　垂直接地体尺寸示意

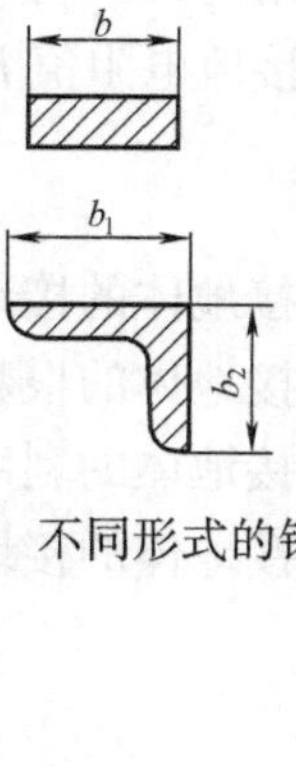

图 7-16　不同形式的钢材截面

钢管：$d=d'$

扁钢：$d=2/b$

等边角钢：$d=0.84b$

不等边角钢：$d=0.71\sqrt[4]{b_1b_2(b_1^2+b_2^2)}$

2）水平接地体可按式（7－14）计算

$$R_P=\frac{\rho}{2\pi l}\left(\ln\frac{l^2}{hd}+K\right) \tag{7-14}$$

式中 R_P——水平接地体的接地电阻，Ω；

l——水平接地体总长度，m；

h——水平接地体的埋设深度，m；

d——水平接地体的直径或等效直径，m；

K——水平接地体的形状系数（见表 7－1）。

表 7－1　　水平接地体的形状与系数

形状								
K	0	0.378	0.867	2.14	5.27	8.81	1.68	0.48

实际计算时，由于对上述算式及系数等进行了简化与归类，因此，可以直接采用表 7－2 中相应的简化算式来计算人工接地体的（工频）接地电阻值。

表 7－2　　人工接地体接地电阻值简易算式表

接地体形式	简易计算式	备　注
垂直式	$R\approx0.3\rho$	ρ 为土壤电阻率（Ω·m），长度为 3m 左右的接地体
单根水平式	$R\approx0.03\rho$	长度 60m 左右的接地体
复合式（接地网）	$R\approx0.28\frac{\rho}{r}$ 或 $\approx\frac{\rho}{4r}+\frac{\rho}{l}$	R 为接地网面积等值的圆半径，即等效半径（m）；l 为接地体总长度（m），包括垂直接地体在内

（2）复合接地体。单一接地体的接地电阻往往不能满足要求，因此，要求埋设两个以上的接地体，并互相连接起来，组成复合接地体。由若干单一接地体组成的复合接地体，由于地中电流线互相排挤，从每一单一接地体流散的电流受到限制，使得总流散电阻大于各单一接地体流散电阻的并联值，因此，计算时必须考虑一个利用系数 η。利用系数 η 是各单一接地体流散电阻的并联值与复合接地体流散电阻的比值，其总是小于 1。单一接地体间的距离越近，相互屏蔽作用越大，利用系数就越低。

复合接地体总接地电阻值 R_n 可按式（7－15）计算

$$R_n=\frac{R_0}{\eta n}\quad(\Omega) \tag{7-15}$$

式中 R_0——单一接地体的接地电阻，Ω；

n——单一接地体的根数；

η——复合接地体的利用系数（可查阅有关资料）；

R_n——复合接地体的接地电阻，Ω。

在已知接地电阻要求值的前提下，所需单一接地体的根数可按下述方式选择：

如果各单一接地体之间采用 12×4（mm）的扁钢连接，一般无需单独计算扁钢的接地电阻，但考虑到扁钢在地中也具有一定的散流作用，故垂直接地体的根数可适当减少 10%左右，再根据复合接地体的总接地电阻 R_n 的算式，可得到所需的根数 n 为

$$n \geqslant \frac{0.9R_0}{R_n \eta} \tag{7-16}$$

2. 接地电阻的允许值

保护接地的基本原理是限制漏电设备外壳对地电压在安全限值 U_j 以内，即漏电设备对地电压 $U_d = I_d R_d \leqslant U_j$。各种保护接地的接地电阻就是根据这个原则来确定的。

(1) 低压供电系统。在 380V 不接地低压系统中，单相接地电流一般很小，为限制设备漏电时外壳对地电压不超过安全范围，一般要求保护接地电阻为

$$R \leqslant 4\Omega$$

当电源容量＜100kVA 时，单相接地电容电流更小，可以放宽对接地电阻的要求，接地电阻取

$$R \leqslant 10\Omega$$

(2) 高压供电系统。分为小接地短路电流和大接地短路电流系统两种情况。

1) 小接地短路电流系统。如果高低压设备共用接地装置，要求设备对地电压不超过 120V，其接地电阻为

$$R \leqslant 120/I_{jd} \quad (\Omega) \tag{7-17}$$

式中　R——考虑到季节影响的最大（工频）接地电阻，Ω；

I_{jd}——单相接地时的故障（电容）电流，A。

如果高压设备单独装设接地装置，对地电压可放宽到 250V，其接地电阻为

$$R \leqslant 250/I_{jd} \quad (\Omega) \tag{7-18}$$

小接地短路电流系统高压设备的保护接地电阻除应满足以上式（7－17）和式（7－18）要求外，还应不超过 10Ω。

2) 大接地短路电流系统。在大接地短路电流系统中，由于接地短路电流很大，要把设备对地电压限制在某一范围内是很难的。实际上，此时线路上的保护会动作而迅速切除接地故障，设备外壳上不会长期出现危险的对地电压。故要求其接地电阻为

$$R < 2000/I_d \quad (\Omega) \tag{7-19}$$

式中　R——考虑季节影响的最大（工频）接地电阻，Ω；

I_d——流经接地装置的最大单相稳态短路电流，A。

但当接地短路电流 I_d＞4000A 时，可采用

$$R \leqslant 0.5 \quad (\Omega)$$

(3) 其他各类常用接地电阻的允许值。为确保接地装置在运行中能发挥应有的作用，其接地电阻均应符合规程要求。对各类常用的接地装置，其允许接地电阻值如下：

1) 100kVA 及以下低压配电系统的零线重复接地，$R \leqslant 10\Omega$；当重复接地有 3 处以上时，$R \leqslant 30\Omega$。

2) 低压线路杆搭的接地或低压进户线绝缘子脚的接地，高土壤电阻率地区，$R \leqslant 30\Omega$。

3) 变、配电所母线上避雷器的接地，$R \leqslant 4\Omega$。

4）线路进线段避雷器接地，独立避雷针接地（个别可取 $R\leqslant300\Omega$），工业电子设备（包括X光机）的保护接地，均为 $R\leqslant10\Omega$。

5）烟囱的防雷保护接地，$R\leqslant30\Omega$（包括水塔或料仓的防雷接地均同此项要求）。

6）冲击接地电阻值视防雷种类、建筑物和构筑物类别而定。防直击雷的接地电阻，对于第一类工业、第二类工业和第一类民用建筑物和构筑物，不得大于10Ω；对于第三类工业建筑物和构筑物，不得大于20～30Ω；对于第二类民用建筑物和构筑物，不得大于10～30Ω。防雷电感应的接地电阻不得大于5～10Ω。防雷电侵入波的接地电阻一般不得大于5～30Ω。

3. 接地电阻的测量

接地装置投入使用前和使用中都需要测量接地电阻的实际值，以判断其是否符合要求。目前常用的测量方法有电流表—电压表法（即伏安法）和接地电阻测量仪法两种。

伏安法测量接地电阻的接线如图7-17所示。

图7-17中：T为测量用电源变压器；R_X 表示被测接地装置；S_2 和 S_1 分别为电压极和电流极与 R_X 的距离。接通电源后，电流沿 R_X 和电流极成回路。如果 S_2 和 S_1 都足够大，使 R_X 和电流极的对地电位互不影响，并使电压极处于零电位处，则可根据电压表和电流表读数求得接地电阻。R_X 为两表读数的比值。

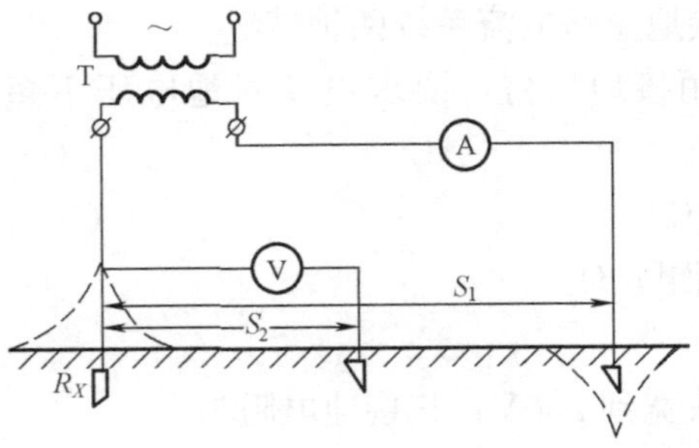

图7-17　伏安法测量接地电阻

为了测量工作的安全和消除电网可能给测量带来的影响，测量用电源变压器应用双绕组变压器，使测量回路和电网隔离。为了使测量结果更接近实际运行状态，测量时的接地电流应保持在实际接地电流的20%以上。测量时，应尽量减小电流接地极的电阻，以满足测量电流的需要和使电压表有较高的示值。

伏安法测量准确度较高，测量范围可达0.1～100Ω；缺点是需用专用交流电源和敷设接地极，准备工作量较大。

伏安法测量过程中接地极附近地面有分布电位，应注意防止跨步电压触电。

接地电阻测量仪的使用参见第一章。

在接地装置电阻达不到要求时，一般采取以下方法：

（1）如电气装置附近的土壤电阻率较低，可装设外引接地体。

（2）如果地下深处土壤电阻率较低，可装设深地接地体。

（3）如果不能采用其他方法或达不到必要的效果，可以采用人工处理土壤的方法，包括使用降阻剂等来降低接地电阻。

第四节　防　　雷

一、防雷装置基本知识

常见的防雷装置有避雷针（线、带、网）、避雷器及防雷接地等。避雷针、避雷线（也称架空地线）、避雷带及避雷网都是经常采用的防护直击雷装置。一套完整的防雷装置包括接闪器、引下线和接地装置。上述针、线、网、带实际上都是接闪器。

避雷针主要用来保护露天变配电设备及建筑物；避雷线主要用来保护输电线路；避雷带和避雷网主要是用来保护建筑物。它们都是利用其高出被保护物的突出位置，把雷电引向自身，然后通过引下线和接地装置把雷电流泄入大地，使被保护物免受雷击。

氧化锌避雷器，特别是无间隙复合绝缘MOA（一种集金属氧化物避雷器和硅橡胶材料的优异特性于一体的新产品），具有结构简单，体积小、质量轻、耐污染、防爆性好、密封性好、生产、安装和维护方便等突出优点。

氧化锌避雷器优越的保护性能体现在：①陡波响应特性好；②在同样的雷电冲击波作用下，残压更低；③通流能力更大，动作负载能力更强；④比较适合用于SF_6全封闭组合电器，还适合用于直流系统。基于此，氧化锌避雷器已基本取代另外三种传统型避雷器，即保护间隙、管型避雷器和阀型避雷器。

二、变、配电所的防雷

变、配电所可能遭受的雷害来自两方面：①雷电直击于变、配电所；②雷击输电线路后沿线路向变、配电所入侵的雷电波（简称雷电侵入波）。

(1) 采用避雷针或避雷线防直击雷。为了使变、配电所免遭直击雷袭击，可以在所内的适当位置装设适当数量和适当高度的避雷针（线）作为保护，所有被保护设备必须处于避雷针或避雷线的保护范围之内。此外，还应采取措施防止雷击避雷针时的反击事故。运行经验表明，凡按规程要求正确装设了避雷针（或线）的变、配电所，遭受直击雷的事故概率是很低的。

(2) 变、配电所内装设氧化锌避雷器，以限制雷电波入侵时的过电压幅值。

(3) 所外装设进线段保护，即在靠近变、配电所1～2km的一段输电线路上采取加强防雷的措施。

三、3～10kV架空配电线路的防雷

3～10kV配电系统的中性点通常采用不接地或经消弧线圈接地的运行方式。配电线路在发生单相接地故障时，绝大多数情况下都不会建立起稳定电弧而引起线路跳闸，因此，防止相间短路是配电线路防雷保护的一个基本原则。运行经验表明，3～10kV配电线路采用下列措施可以保证线路供电的质量：

(1) 提高线路本身的绝缘水平。在架空线路上采用瓷横担、木横担或更高一级的绝缘子，以提高线路的耐雷水平。

(2) 装设自动重合闸装置。线路上因雷击放电而产生的短路是由电弧所引起的。线路断路器跳闸后，电弧也就熄灭了。如果采用一次自动重合闸装置，断路器经0.5s或更长一点的时间自动合闸，电弧一般都不会重燃，从而恢复供电。

(3) 采用多回线路或电缆线路供电。对重要客户，可用环形供电或不同杆架设的双回线路供电，必要时采用电力电缆供电，以提高防雷效果，保证供电的可靠性。

(4) 装设线路型氧化锌避雷器或保护间隙。这是用来保护线路上个别绝缘最薄弱的部分，包括个别特别高的杆塔、带拉线的杆塔、木杆线路中的个别金属杆塔或个别铁横担电杆以及线路的交叉跨越处等。

四、3～10kV柱上配电开关的防雷

对经常处于断路状态运行而又带电的柱上断路器、负荷开关或隔离开关，应在其带电侧装设 MOA 避雷器。其接地线应与柱上断路器等的金属外壳连接，接地电阻不宜超过 10Ω，如图 7－18 所示。

五、配电变压器的防雷

3～10kV 配电变压器绝大多数为 Yyn 接线，在遭受雷电波时易损坏。配电变压器高压侧用 MOA 避雷器保护，避雷器应尽量靠近变压器安装。避雷器、变压器低压侧中性点、变压器金属外壳连在一起，形成三点共同接地，如图 7－19 所示。这样一来，避雷器动作后变压器绝缘上所承受的电压仅为避雷器上的残压，接地装置上的电压降不会作用在变压器绝缘上。这样能减少高、低压绕组间或高压绕组与变压器外壳间发生击穿的危险。但是，这种接法，会将变压器接地装置上由雷电流产生的压降通过低压侧零线（中性线）传递到低压客户中去，因此必须注意接户线的防雷。

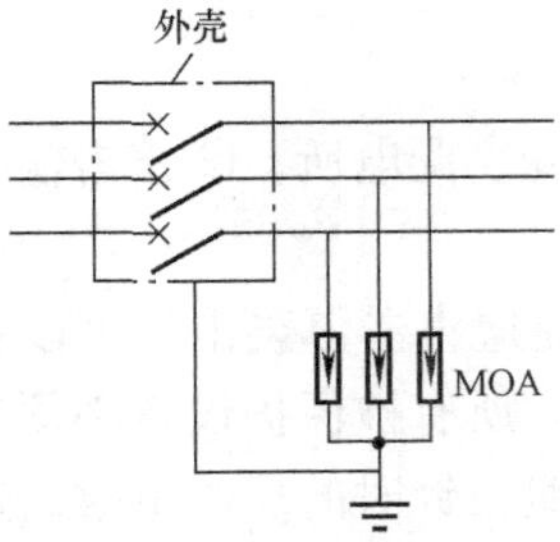

图 7－18 柱上开关的防雷接线

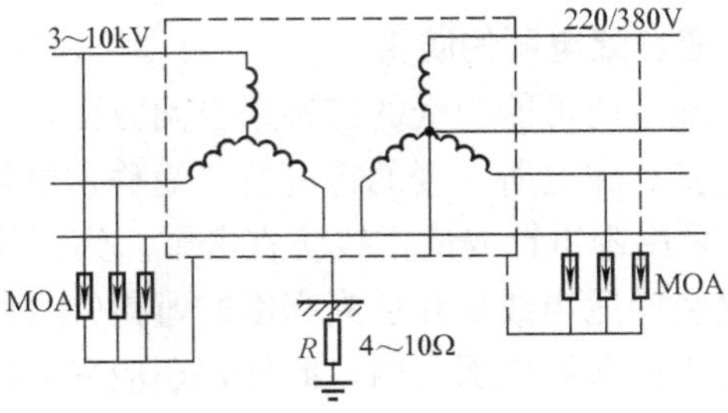

图 7－19 配电变压器的防雷接线

在低压侧加装低压 MOA 避雷器，限制低压绕组两端的过电压值，不仅能保护低压绕组，而且能保护高压绕组。尤其是在多雷区，更应如此。低压侧避雷器的连接方式与高压侧类似，如图 7－19 中的虚线所示。

变压器容量为 100kVA 及以上时，接地电阻不宜超过 4Ω；变压器容量小于 100kVA 时，因变压器内电阻较大，限制了短路电流，因此允许其接地电阻不超过 10Ω。

在年雷电日超过 90 天的强雷区，如果配电变压器低压侧避雷器的残压不够低，不足以保护高压侧绝缘时，可选用 YZn11 接线的配电变压器。因为在强雷区，低压侧落雷仍可能会直接损坏低压绕组绝缘，Z 型接线的配电变压器低压侧仍需装设低压避雷器。但是变压器绕组 Z 型连接浪费了变压器约 16%的容量，相应地增加了配电网的投资。

六、低压架空接户线的防雷

220～380V 低压架空接户线在遭受雷击时，其雷电侵入波可能沿线路侵入室内，使人身和设备安全受到威胁，所以接户线应采取一定的防雷措施。

(1) 将接户线入户前的电杆瓷绝缘子脚接地。为了降低雷电侵入波的幅值，可把引入室内的接户线上的绝缘子铁脚接地，接地电阻≤30Ω。当遇有雷电波侵入时，绝缘子相当于保护间隙的作用。

通常，可沿低压配电主干线上，每隔 100～200m 将线路绝缘子铁脚接地，这样可以避免接地点过多。当接户线入口距主干线的一个接地点小于 50m 时，其铁脚可不再接地。

对于人员密集的公共场所，如机关、学校、影剧院、饭店、医院等重要客户的接户线以及由木杆塔或木横担引下的接户线，其绝缘子铁脚应接地。

(2) 在低压线进入建筑物前 50m 处安装低压避雷器。在低压线进入建筑物前 50m 处安装一组低压 MOA 避雷器，并设验电专用的人工接地装置。进入建筑物后，再安装一组低压 MOA 避雷器，如图 7-20 所示。

（3）在室内安装电能表常用的低压避雷器保护。在多雷区或易遭雷击的地区，直接与低压配电线路相连的电能表宜装设放电间隙，间隙距离一般采用 1.5～2mm，或采用真空放电器、小型低压氧化锌避雷器保护。

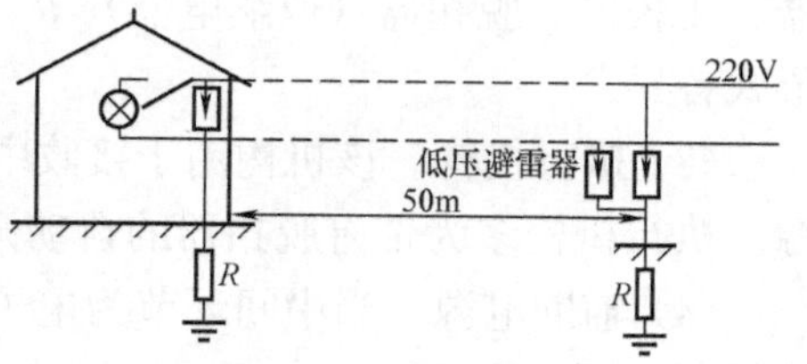

图 7-20　低压接户线的防雷接线

第五节　漏　电　保　护

保护接地要求很小的接地电阻，困难很多，特别是移动式或手持式电具，难以实现接地保护；保护接零则要求专用保护零线，而目前我国多采用工作零线与保护零线共用的接零系统。在这种系统中，保护接零并不完全可靠。例如：①线路负荷大，线路较长时不能可靠切断单相接地故障；②因不平衡电流，零线在正常时对地也会出现电压；③零线危险电位“蔓延”等。

采用漏电电流保护器既弥补了这些缺陷，还可作为间接触电的后备保护和漏电火灾的防护，同时也可用作三相电动机的缺相保护。由于其以漏电电流或由此产生的中性点对地电压变化为动作信号，所以灵敏度高，动作后能有效地切断电源，保障人身安全。

一、漏电保护器的工作原理

漏电保护器按工作原理分为电压型、电流型和脉冲型等。其中电流型漏电保护器是最常用的，故本书只对电流型漏电保护器（以下简称漏电保护器）进行介绍。

1. 漏电保护器的组成

图 7-21（a）所示为漏电保护器的组成框图。其构成主要有三个基本环节，即检测元件、中间环节（包括放大元件和比较元件）和执行机构。此外，还具有辅助电源和试验装置。

（1）检测元件。它是一个零序电流互感器，如图 7-21（b）所示。图中，被保护主电路的相线和中性线穿过环形铁芯构成了互感器的一次绕组 N_1，均匀缠绕在环形铁芯上的绕组构成了互感器的二次绕组 N_2。检测元件的作用是将漏电电流信号转换为电压或功率信号输出给中间环节。

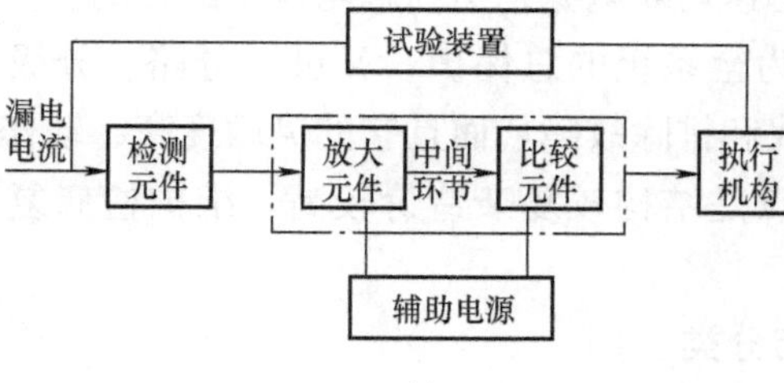

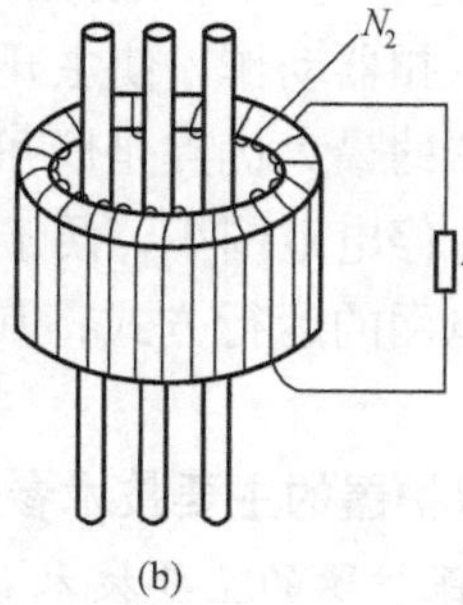

图 7-21　漏电保护器及检测元件

(a) 漏电保护器的组成框图；(b) 零序电流互感器

(2) 中间环节。该环节对来自零序电流互感器的信号进行处理。中间环节通常包括放大器、比较器、脱扣器（或继电器）等。不同形式的漏电保护装置，在中间环节的具体构成上形式各异。

(3) 执行机构。该机构用于接收中间环节的指令信号，实施动作，自动切断故障处的电源。执行机构多为带有脱扣器的自动开关或交流接触器。

(4) 辅助电源。当中间环节为电子式时，辅助电源的作用是提供电子电路正常工作所需的低压电源。

(5) 试验装置。这是对运行中的漏电保护装置进行定期检查时所使用的装置。通常是用一只限流电阻和检查按钮相串联的支路来模拟漏电的路径，以检验装置是否正常动作。

2. 漏电保护器的工作原理

如图 7-22 所示，漏电保护器主要由零序电流互感器、脱扣机构及主开关组成。

有环形铁芯的零序电流互感器是个检测元件，它的作用是把检测到的触电、漏电故障信号 I_d 变换成二次回路的工作电压 E_2，使 E_2 加在漏电脱扣器线圈上，产生二次回路的工作电流 I_2，从而推动脱扣器动作，或者通过放大器将 E_2 和 I_2 放大，再推动脱扣器动作。脱扣机构是判断元件，它根据零序电流互感器的输出信号或经过放大后的信号来决定漏电保护器是否应该动作。主开关是漏电保护器的执行元件，脱扣器动作后主开关即切断电源而起到保护作用。

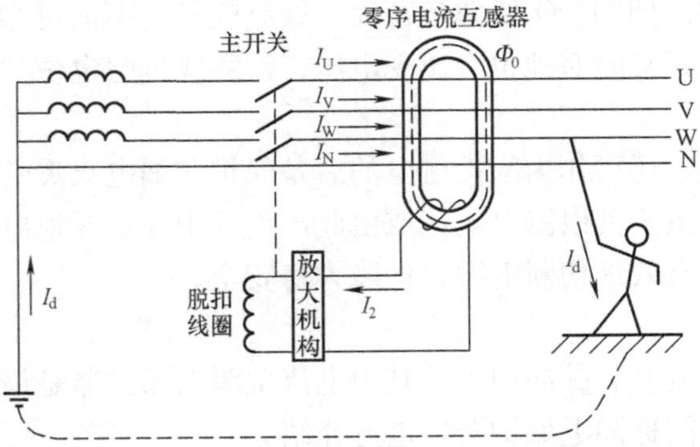

图 7-22 漏电保护器工作原理图

在正常情况下，无论负荷平衡与否，由于各相负荷电流的相量和等于零，即

$$\dot{I}_U + \dot{I}_V + \dot{I}_W + \dot{I}_N = 0$$

则零序电流互感器中的磁通也等于零，其二次绕组没有感应电压输出，主开关保持接通状态。

当外部线路有人触电或碰壳漏电时，三相电流的相量和将不再等于零，即

$$\dot{I}_U + \dot{I}_V + \dot{I}_W + \dot{I}_N = \dot{I}_d$$

I_d 会在零序电流互感器中产生感应磁通 Φ_0。这样，就在零序电流互感器二次绕组两端产生感应电压 E_2，E_2 加在脱扣器线圈产生励磁电流 I_2，当故障电流达到整定值时，I_2 就增加到足以推动脱扣器动作，使主开关迅速切断电源，达到触电保护的目的。

漏电保护器的最大优点是既可作为全系统的总保护，又可以分路、分级安装，实现分路、分级保护，停电范围小，便于查找和排除故障，而且它的灵敏度高、动作时间短、动作可靠，不改变电网的运行方式；其缺点是结构较复杂造价较高，维护检修复杂，灵敏度变化大。

二、漏电保护器的主要技术参数与分类

（一）漏电保护器的主要技术参数

(1) 额定电压（U_N）。规程推荐的优选值为 220、380V。

(2) 额定电流（I_N）。指允许长期通过的负荷电流。

(3) 额定漏电动作电流（$I_{\Delta N}$）。是制造厂规定的漏电保护器必须动作的漏电电流值。推荐采用10，15，30，50，100，300，500，1000，3000mA等。

(4) 额定漏电不动作电流（$I_{\Delta N0}$）。是制造厂规定的漏电保护器必须不动作的漏电电流值。额定漏电不动作电流的优选值为$0.5I_{\Delta N}$。

漏电保护器应该在电网漏电电流达到$I_{\Delta N}$时保证动作，同时在漏电电流小于或等于$I_{\Delta N0}$时必须保证不动作，这是保护器投入的必要条件。

(5) 保护器与电源开关组合为漏电开关时，还有保护器分断时间、额定短路接通能力、过电流能力、极数和线数等特性参数。

（二）漏电保护器的分类

漏电保护装置的种类很多，可以按照以下的方式分类：

1. 按中间环节的结构特点

(1) 电磁式漏电保护器。其中间环节为电磁元件，有电磁脱扣器和灵敏继电器两种。电磁式漏电保护器因全部采用电磁元件，使得其耐过电流和过电压冲击的能力较强；由于没有电子放大环节而无需辅助电源，当主电路缺相时仍能起漏电保护作用。但其不足之处是灵敏度不高，额定漏电动作电流一般只能设计到40～50mA，且制造工艺复杂，价格较高。

(2) 电子式漏电保护器。其中间环节使用了由电子元件构成的电子电路，有的是分立元件电路，也有的是集成电路。中间环节的电子电路用来对漏电信号进行放大、处理和比较。它的主要优点是灵敏度高，其额定漏电动作电流不难设计到6mA；动作电流整定误差小，动作准确；容易取得动作延时，动作电流和动作时间容易调节，便于实现分级保护；利用电子器件的机动性，容易设计出多功能的保护器；对各元件的要求不高，工艺制作比较简单。其不足之处是应用元件较多，可靠性较低；电子元件承受冲击能力较弱，抗过电流和过电压的能力较差；当主电路缺相时，电子式漏电保护器可能失去辅助电源而丧失保护功能。

2. 按结构特征

(1) 开关型漏电保护器。它是一种将零序电流互感器、中间环节和主开关组合安装在同一机壳内的开关电器，通常称为漏电开关或漏电断路器。其特点是：当检测到触电、漏电后，保护器本身即可直接切断被保护主电路的供电电源。这种保护器有的还兼有短路保护及过载保护功能。

(2) 组合型漏电保护器。它是一种由漏电继电器和主开关通过电气连接组合而成的漏电保护装置。当发生触电、漏电故障时，由漏电继电器进行信号检测、处理和比较，通过其脱扣器或继电器动作，发出报警信号；也可通过控制触点去操作主开关切断供电电源。漏电保护器本身不具备直接断开主电路的功能。

3. 按安装方式

可分为固定位置安装、固定接线方式和带有电缆的可移动使用的三种。

4. 按运行方式

可分为不需要辅助电源和需要辅助电源两种。

5. 按极数

可分为四极（用于三相四线制）、三极（用于三相三线制及单相三线制）和两极（用于单相两相制度）三种。

6. 按动作时间

可分为 0.01s 以内的快速型、0.1～0.2s 的延时型和反时限型三种。

7. 按动作灵敏度

可分为高灵敏度（漏电动作电流在 30mA 以下）、中灵敏度（漏电动作电流在 30～1000mA 之间）和低灵敏度（漏电动作电流大于 1000mA）三类。

三、漏电保护器的选用

（一）动作特性的选用

漏电保护器的动作电流和动作时间是其动作特性指标，由使用目的、安装场所、电压等级、被控制电路的漏电流及用电设备的接地电阻等因素确定。

1. 按使用目的选择

安装漏电保护器的主要目的是防止人身触电伤亡事故，但是对应于直接触电保护和间接触电保护的不同要求，在选择漏电保护器的动作特性时也有所不同。

（1）直接接触保护。对于经常要与操作人员接触的电动工具及移动式用电设备，如电钻、电锤、脱粒机、潜水泵、送风机、吸尘器、移动式粉碎机及临时架设的供电线路等，因为在使用时往往容易发生带电体和人体接触的直接触电事故，当额定工作电压在 110 V 以上时触电伤亡的危险性很高，所以在上述用电设备的供电回路中应安装动作电流为 30mA 并能在 0.1s 内动作的漏电保护器。

对额定电压为 220V 的家用电器，因其经常与没有经过安全用电专业培训的居民接触，且这些电器都带有频繁的插进、拔出的插头，也容易发生直接触电的危险。另外，根据 IEC 有关家用电气设备安全标准的规定，这些家用电器的金属外壳都要有接地保护，因此必须用带有接地专用线的三脚插头。但是，目前我国一般居民住宅，均未考虑敷设接地装置、一般都不装三相插座。所以客户购买符合 IEC 安全标准的家用电器后，仍然将带有接地保护的三脚插头改为两脚插头用。这样当用电设备发生漏电时，设备外壳就会出现和工作电压相等的危险电压，人体触及时危险程度和直接触电相同。而且在实际应用中，有些客户还因为把与外壳相连的接地保护线和电源相线接错而发生触电事故。可见，目前我国的家用低压电器往往处于不够安全的使用状态之中，因此当家用电器较多、经济条件许可时，宜在家庭进户线的电能表后面安装动作电流为 30mA 和 0.1s 以内动作的小容量漏电保护器。

对于额定电压在 220V 以上的手持电动工具，当进行接地保护有困难，或者在发生人身触电的同时会发生二次伤害的地方，如高空作业或河边使用的用电设备等，可以在供电回路中安装动作电流为 15mA 并在 0.1s 以内动作的漏电保护器。

医院里使用的医疗电气设备，因为要与病人接触，而病人心室颤动的阈值比正常人低，可在供电回路中选用动作电流值 6mA 和 0.1s 以内动作的保护器。特别值得注意的是，人体和带电体直接接触时，在漏电保护器动作之前，通过人体的触电电流和漏电保护器的动作电流选择无关，它完全由接触电压和人体电阻所决定。所以用于直接接触保护的漏电保护器具有 0.1s 的快速动作性能是保证安全的必要条件。

（2）间接接触保护。漏电保护器作为间接接触保护的目的，是为了防止用电设备在发生绝缘损坏时其金属外壳上呈现危险的对地电压。所以动作电流 $I_{\Delta n}$ 的选择与用电设备的接地电阻 R 及允许的接触电压有关，原则上为

$$I_{\Delta n} \leqslant \frac{U}{R}$$

一般对于额定电压为220V的固定用电设备，如水泵、碾米机、磨粉机、排风扇、传送机、压缩机及其他人容易触及并以电动机为动力的机械设备，当其接地电阻在500Ω以下时，单机配用的漏电保护器可以选用30mA和0.1s以内动作的漏电保护器。对额定电流在100A以上的大型用电设备，或者带有多台用电设备的供电回路，可以选用50～100mA的漏电保护器。当用电设备的接地电阻在100Ω以下时，可选用动作电流为200～500mA的保护器，其动作时间可以用0.1s的快速动作型，也可以选用0.2s的延时型。

2. 根据工作电压和使用场所来选择

一般在380/220V的低压电网中，如果用电设备的金属外壳、支架等金属部件容易被人触及，且这些用电设备又不能按照接地设计规程的要求使其接地电阻小于4Ω或10Ω时，则宜于按间接接触保护要求在用电设备的供电回路中安装漏电保护器。同时，还应根据不同的使用场所合理地选用不同的动作电流。

如果在潮湿的场所，如水田里、坑道里、工厂的电镀车间、清洗工场、建筑工地以及在可能会受到雨水影响的露天或充满水蒸气的地方，因为人体容易沾湿或出汗，使人体电阻明显下降，一旦发生触电事故，通过人体的电流必然比干燥场所大，危险性高。为此宜选用15～30mA并能在0.1s内动作的漏电保护器。

在有些用电设备的使用场所，当人体的大部分要浸没在水中时，如游泳池里照明电路，因为考虑到发生触电后不仅会引起心室颤动，而且还伴有溺水的危险，所以即使工作电压很低（36V），也应安装漏电保护器，并且应选用16mA以下和0.1s以内能动作的保护器。

对具有双重绝缘的380/220V用电设备，由于其内部除主绝缘外还有附加绝缘，绝缘性能良好，基本上可以避免间接触电事故，一般不需装设保护器。但是当用电设备使用在露天、潮湿场所，并且带有一段经常要移动位置的电缆，操作人员又难免要触及这部分电缆时，为防止擦破电缆绝缘或因用电设备受雨水、露水的影响而发展成触电事故，也应按直接接触保护的要求选用15mA或30mA并在0.1s内动作的保护器。

当操作人员在铁板、构架、基座等金属物上工作，或在锅炉、坑道中工作时，因为人体大部分与导电性物体接触，在这种情况下使用的手持式电动工具、照明等供电回路，即使工作电压较低，当大于24V时，仍应按直接接触要求安装15mA和0.1s内动作的保护器，也可选用最小动作电流10mA并具有反时限特性的保护器。

3. 根据电网和用电设备的正常漏电流选择

漏电保护器的灵敏度越高，也就是动作电流越低，就能提供更安全的保护。但是当动作电流小于低压电网正常漏电流时，保护器就不能投入运行，或者由于保护器频繁动作而破坏供电连续性。因此，为了保证低压电网的稳定运行和提供不间断供电，保护器的动作电流选择要受到电路正常漏电流的限制，不能无限制地提高灵敏度。

（二）漏电保护器的分级保护方式选用

低压电网采用漏电保护器作为安全防护措施，首先要涉及额定动作电流值的选定问题。而额定动作电流值的选定又取决于被保护低压电网的绝缘状况，即各相漏电流、三相不平衡电流的大小。额定动作电流值的选取与保护人身安全和保证电网稳定运行有着密切关系。为保护人身安全，额定动作电流值应小于人体摆脱电流（一般为10mA）；而为保证电网稳定，连续供电，则要求额定动作电流值应大于低压电网的三相不平衡漏电流。当低压电网的三相不平衡电流大于10mA时，要同时满足上述两个条件是不可能的。这时，采用漏电保护器分级保护方式可大大缓解上述矛盾，既能提高低压电网供电的可靠性和连续性，又能确保人身安全。分级保护一般由系统总保护（或支干线保护）保护组成，如图 7-23 所示。图中，第一级设在变压器低压出线侧作配电总保护。当发生倒杆、断线碰地时，能及时切断总电源。第三级用于保护单独的用电设备或车间，当设备碰壳或发生触电事故时，第三级保护动作只切断该支路电源，保障了人身安全，同时也未影响其他非故障分支线路的供电。第二级则设在分支干线出口处，作为第三级的后备保护，当第三级保护失灵时，第二级保护动作，仍能保证人身安全。

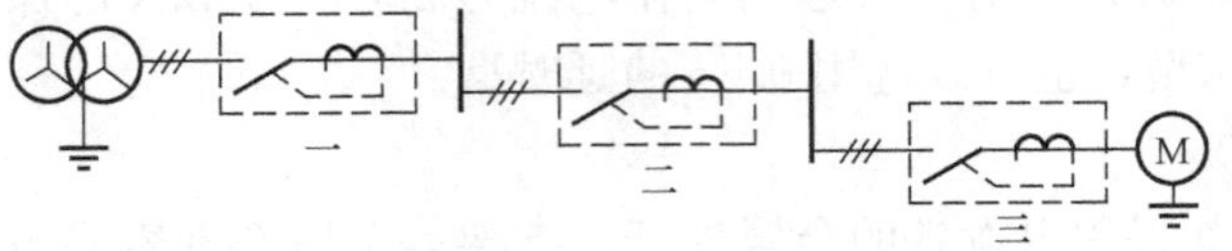

图 7-23 低压电网的漏电分级保护

系统总保护的保护原则应以间接保护为主，保护范围是整个低压系统（或支干线路），其保护器的额定动作电流值可从两方面来确定：

(1) 为了安全，额定动作电流应小于线路或用电设备单相接地故障电流值（其值一般可达 200～300mA 以上），如果保护器的额定动作电流小于该值，即可避免间接触电事故。

(2) 为防止误动作，额定动作电流应大于低压电网三相不平衡漏电流。不同的低压电网除线路密度、客户户数外，还受架设标准、季节气候、电网接线方式及负荷组成等条件的影响，其三相不平衡漏电流不完全相同。一般住宅的漏电流不超过 8mA，有较多日用电器的住宅不超过 15mA，大型建筑及工厂的漏电流可达数十至数百毫安，农村低压电网的三相不平衡漏电流的变化范围更大。因此，正确测定或估计漏电流是选择漏电保护器灵敏度的依据。

电网分支线的保护原则应以直接接触保护为主，保护范围为分支路线、用电设备及居民生活用电部分。额定动作电流值也可由两方面来确定：

(1) 额定动作电流值应小于人体直接触电电流的上限值。在气温较高的 6～9 月，空气潮湿，人易出汗，人体电阻为 0.8～2kΩ，人身直接触电电流可达 100～200mA 以上。如果额定动作电流值小于该值，则可以避免直接触电事故。

(2) 额定动作电流应小于人体安全电流。国际上公认 30mA 为人体安全电流，如果额定动作电流不大于该值，则在其保护范围内的触电事故基本上可以避免。所以，分支线上保护器的额定动作电流值可取 30mA。由于保护范围小，也能满足不小于三相不平衡漏电流的要求而正常投入运行。

可见，当低压系统采用漏电保护器的分级保护方式时，其低压系统总保护或支干保护可采用 50、100、200mA 分级可调式；分支线（动力或生活用电）保护可采用 30、50mA 分级可调式；级间协调应保证分支线发生触漏电故障时不越级跳闸。所以除动作电流外，尚需保证动作时间的协调。一般分支线保护应为瞬动型，即动作时间小于 0.1s；而总保护应为延时型，即动作时间应大于 0.2s。

四、漏电保护器的安装、接线和注意事项

要使漏电保护器发挥其保护作用，首先要选用符合国家标准、质量稳定、性能良好的合格产品，同时必须正确安装。

1. 安装漏电保护器前对低压电网的整修

(1) 零线不得重复接地。中性点直接接地的配电变压器都在零线末端作重复接地，但装设漏电保护器后，不能再在系统中将零线重复接地。因为低压电网在正常运行情况下，三相负荷不可能完全平衡，若零线末端作重复接地，将有一部分三相不平衡电流经重复接地极流入大地返回电源。当不平衡电流的绝对值达到保护器额定动作电流值时，保护器就产生误动作。

(2) 安装漏电保护器和不安装漏电保护器的用电设备不要共用一个接地装置。如图 7-24 所示，当未装保护器的电动机 M1 绝缘损坏时，其外壳上出现对地电压 U_d。由于装有保护器的电动机 M2 与 M1 共用一个接地装置，所以 M2 的外壳上也出现对地电压。人一接触 M2 带电的外壳即遭电击，触电电流 ΔI_d 的流向为 A1→M1 外壳→M2 外壳→触电者→大地→电源零点。触电电流未经过保护 M2 用的漏电保护器，保护器不动作，失去保护作用。正确的接法是 M1、M2 各用各自的接地装置，并根据现场条件尽可能使两接地体的距离相隔远些。

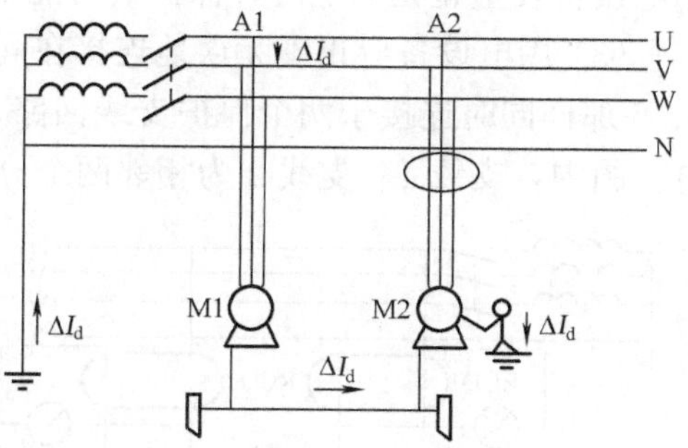

图 7-24 共同接地体和危害

目前，有些客户将家用电器的外壳接到自来水管、暖气管上。如果同一幢楼每户的各种家用电器都连接到这些金属管上，当某户用电设备碰壳漏电时，就会使危险的对地电压传到每一户的各个用电设备上去，安装了漏电保护器的客户也不能避免这种危险。因此，这种接地方法是不安全的。

(3) 保护支路应有各自的专用零线。分级保护或分支保护的每一分支线路必须有自己的专用零线。两相邻分支线路的零线不能相连，也不能就近支接，否则会造成误动作而不能正常运行。

(4) 单相负荷应尽可能均衡分布。为所选保护器能正常运行，三相四线线路上的单相负荷应当均衡分布。因为当某一相线路偏长，设备集中时，必然会出现该相漏电流偏大于其他两相的情况，结果造成主干线三相不平衡漏电流值增大。当其发展到等于或大于保护器额定动作电流值时，就引起保护器误动。

2. 安装漏电保护器前的检查

漏电保护器有各种形式，购买一台漏电保护器必须检查铭牌标志和使用说明书，以便核对和使用的要求是否一致。检查要点如下：

(1) 额定工作电压。漏电保护器的额定工作电压应与所保护低压电网或用电设备的额定电压一致，以保证其正常运行。如果将 220V 的保护器用于 380V 的电路，可能会烧毁保护器；而将 380V 的保护器接入 220V 的电路，就可能不动作而失去保护作用。另外，有些产品的主回路工作电压和辅助电源电压不同，应加以注意。

(2) 极数和接线方式。开关式漏电保护器有单相两线式、三相三线式和三相四线式。三相四线式中又有中性极能断开和不能断开之分。要弄清相线极和中性线极的区分，保护器的极数和接线应与使用场所相符。

(3) 手柄、按钮的标志。漏电保护器手柄对应的开、闭位置应与实际相符。

(4) 明确主回路和辅助电源的接线端。

(5) 检验动作电流和动作时间应与设计选用的特性相符。

(6) 接通电源并在空载状态下按动试验按钮，检查保护器是否能正常动作。

3. 漏电保护器的接线

漏电保护器在安装接线中应注意：

(1) 漏电保护器进出线的排列应尽可能避免磁场的影响。因为保护器的零序电流互感器会由于磁场作用而误动作。

(2) 安装漏电保护器时，电路中用电设备的接零保护线不应穿过零序电流互感器。否则用电设备发生碰壳漏电时，保护器可能不动作。

(3) 用电设备应正确无误地连接在同一个保护支线回路内，不能像图 7－25 中的 3、4、5、6 那样同时连接于两个保护支线回路、跨接于保护器进出线两端或采用一线一地制供用电。图中，支线 1、支线 2 为相邻两个分支线回路。用电设备 1、2 投入时，支线 1、支线 2 正常运行。当用电设备 3、4 投入时，相当按下保护器试验按钮而有一试验电流（即用电设备的负荷电流）通过漏电保护器 RCD1、RCD2，使保护器动作，切断支线 1、支线 2 电源。当用电设备 5 投入时，漏电保护器 RCD1、RCD2 中都通过用电设备 5 的负荷电流，保护器动作。当用电设备 6 投入时，相当于支线 2 发生接地故障，故障电流为用电设备 6 的负荷电流，保护器动作。可见，用电设备 3、4、5、6 投入时，都将造成保护器误动作。

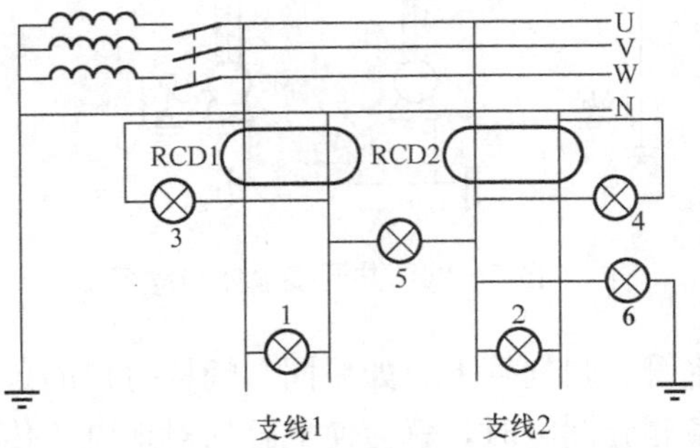

图 7－25 用电设备正误接线

1、2—正确；3～6—错误

(4) 漏电保护器对接地的要求。目前常用的额定漏电动作电流 30mA，额定动作时间 0.1s 的漏电保护器所保护的电器，应设接地装置。因为若不设接地装置，发生触电时，漏电流必须通过人体才能使保护器动作，即使不危及生命，但麻电也令人恐惧。有接地装置后，用电设备发生漏电时，保护器动作自行切断电源，保护了人身安全。对于额定动作电流超过 30mA 的保护器，因为只能作为间接接触保护，必须设接地装置。只有额定动作电流 15mA 以下及动作时间 0.1s 以下的高灵敏、高速型的漏电保护器所保护的电气设备，如果接地有困难，允许不设接地装置。

另外，对于接零保护系统的用电设备，采用保护器后，其金属外壳最好改接零保护为接地保护。

4. 漏电保护装置的运行管理

(1) 对使用中的漏电保护装置，应定期试验其可靠性。检查方法是：按下试验按钮，观察漏电保护器的动作情况。

(2) 为检验漏电保护装置使用中动作特性的变化，应定期对其动作特性（包括漏电动作电流值、漏电不动作电流值及动作时间）进行试验。

(3) 运行中漏电保护器跳闸后，应认真检查其动作原因，排除故障后再合闸送电。

第六节 电业安全规程规定

一、安全措施规定

(一) 保证电气工作人员人身安全的组织措施

《电业安全工作规程》规定了保证电气工作人员人身安全的组织措施，包括：工作票制度，工作许可制度，工作监护制度，工作间断、转移和终结制度。

1. 工作票制度

在电气设备上工作，必须得到许可或按命令进行。工作票就是准许在电气设备上工作的书面命令，通过工作票还可明确安全职责，履行工作许可、工作间断、转移和终结手续，以及作为完成其他安全措施的书面依据。因此，除一些特定的工作以外，凡在电气设备上进行工作的，均必须填用工作票。

工作票分为第一种工作票和第二种工作票两种。

工作票必须专人签发，工作票签发人不得兼任该项工作的工作负责人。一个工作负责人只能发给一张工作票。在工作期间，工作票应始终保留在工作负责人手中，工作终结后应交签发人保留3个月。

2. 工作许可制度

在电气设备上进行工作，必须事先征得工作许可人的许可，未经许可，不准擅自进行工作。

工作许可人必须在作好规定的安全措施，确保工作人员安全的情况下，才允许发出允许工作的命令，严禁约时停、送电。

3. 工作监护制度

执行工作监护制度，可使工作人员在工作过程中受到监护人一定的指导和监督，及时纠正一切不安全的动作和其他错误做法。这是必须执行的。

对有触电危险、施工复杂容易发生事故的工作，应设专人监护。

4. 工作间断、转移和终结制度

在工作中遇雷、雨、大风等任何威胁到工作人员安全的情况时，工作负责人或监护人应根据情况，临时停止工作，但应作好规定的安全措施；工作跨天间断时，也应根据情况作好安全措施。

同一工作票依次在几个工作地点转移工作时，工作负责人应向工作人员交待带电范围、安全措施和注意事项，尤其应该提醒新的工作条件的特殊注意事项。

完工后，工作负责人必须检查检修地段的状况及在检修地点、设备上无遗留的工具、材料等；通知并查明全部工作人员由设备上撤下后，再命令拆除接地线；接地线拆除后，应即认为设备带电，不准任何人再进行任何工作。

工作终结后，工作负责人应向许可人报告工作终结。

（二）保证电气工作人员人身安全的技术措施

在全部停电或部分停电的电气设备上工作时，必须完成的安全技术措施包括停电、验电、装设接地线、悬挂标示牌和装设遮栏。

（1）停电。将停电工作设备可靠地脱离电源，也就是必须正确地将有可能给停电设备或向停电设备倒送电或邻近停电设备的各方面电源断开。断开电源，要求必须要有一个明显的断开点。

（2）验电。在停电的设备上挂接地线前，要先验电，验明设备确无电压。验电要用合格的相应电压等级的专用验电器。高压验电时，应戴绝缘手套，并有专人监护。

验电应分相进行，检修联络用断路器（开关）或隔离开关（刀闸）时，应在其两侧验电。

（3）装设接地线。装设接地线的原则是：对于可能送电到停电设备的各个电源侧（包括感应电），均应装设接地线。

设备经过验明确实无电压后，各工作班（组）应立即按规定挂接地线。

(4) 装设遮栏和悬挂标示牌。

1) 装设遮栏是为了防止人身或停电设备对邻近带电设备的危险接近，须在停电部分和带电设备间加装临时遮栏，并挂“止步，高压危险”的标示牌。

2) 悬挂标示牌可提醒有关工作人员及时纠正将要进行的错误操作和做法。如“禁止合闸，有人工作”、“禁止合闸，线路有人工作”、“止步，高压危险”等。

二、安全距离规定

安全距离就是在各种工况条件下，带电导体与附近接地的物体、地面、不同相带电导体之间，必须保持的最小空气间隙。这个间隙不仅应保证在各种可能的最大工作电压或过电压的作用下，不发生闪络放电，还应保证工作人员在对设备进行维护检查、操作或检修时的绝对安全。

1. 人身安全距离

电气工作人员进入变电所等场所，不论高压设备是否带电，与电气设备必须保持一定的安全距离。

(1) 设备不停电的安全距离见表 7－3。

表 7－3 设备不停电的安全距离

电压等级（kV）	安全距离（m）	电压等级（kV）	安全距离（m）
10 及以下（13.8）	0.70	154	2.00
20～35	1.00	220	3.00
44	1.20	330	4.00
60～110	1.50	500	5.00

(2) 工作人员工作中正常活动范围与带电设备的安全距离见表 7－4。

表 7－4 工作人员工作中正常活动范围与带电设备的安全距离

电压等级（kV）	安全距离（m）	电压等级（kV）	安全距离（m）
10 及以下（13.8）	0.35	154	2.00
20～35	0.60	220	3.00
44	0.90	330	4.00
60～110	1.50	500	5.00

(3) 人身与带电体的安全距离见表 7－5。

表 7－5 人身与带电体的安全距离

电压等级（kV）	安全距离（m）	电压等级（kV）	安全距离（m）
10	0.4	220	1.8（1.6）
35	0.6	330	2.6
63（66）	0.7	500	3.6
110	1.0		

2. 线路保护区距离

(1) 架空线路。导线边线向外侧水平延伸并垂直于地面所形成的两平行面内的区域，在一般地区各级电压导线的边线延伸距离见表 7－6。

表 7－6　一般地区各级电压导线的边线延伸距离

电压等级（kV）	安全距离（m）	电压等级（kV）	安全距离（m）
1～10	5	154～330	15
35～110	10	500	20

(2) 电力电缆线路。地下电缆线路地面标桩两侧各 0.75m 所形成的区域；海底电缆为线路两侧各 2n mile（海里），港内为两侧各 100m；江河电缆不小于线路两侧面各 100m（中、小河流一般不小于各 50m 所形成的区域）。

小　结

1. 构成电路有四个要素是电源、负载、导线、控制及保护设备。描述交流电变化规律的参数最大值、相位和频率为交流电三要素。交流电路中反映功率关系的量有三个，即有功功率、无功功率和视在功率。

2. 在三角形接法中，线电压等于相电压，三相对称时的线电流是相电流的$\sqrt{3}$倍；在星形接法中，线电流等于相电流，三相对称时的线电压是相电压的$\sqrt{3}$倍。

3. 功率因数低的危害主要包括增加供电线路的有功功率损耗和电能损耗、降低了发供电设备的利用率、线路的电压损耗增大、增加了企业的电费支出和成本。功率因数计算方法有瞬时功率因数计算、均权功率因数、最大负荷功率因数计算等。改善功率因数的方法主要有提高自然功率因数和采用人工补偿法。客户处的并联电容器补偿方式可分为个别补偿、分组（分散）补偿和集中补偿三种。

4. 接地是指把设备的某一部分通过接地装置同大地作良好的电气连接。而一般所说的对地电压，就是指带电体的接地部分与电气"地"之间的电位差。根据接地的用途不同，接地可分为保护接地、工作接地、重复接地、保护接零、静电接地、屏蔽接地、防雷接地及防雷电感应接地等形式。

5. 凡从带电体流入地下的电流即为接地电流，有正常接地电流与故障接地电流之分。接地短路电流在 500A 及以下，称小接地短路电流系统；大于 500A，则称为大接地短路电流系统。

6. 接地装置是接地体与接地线的统称。人工接地体可采用钢管、角钢、圆钢、扁钢或废钢铁等材料制成。为防止电气事故的发生，接地装置应满足导电的连续性、连接可靠、有足够的机械强度、防腐蚀、防损伤、埋设深度适当、与其他物体间的距离以及接地线不得串联等技术要求。

7. 接地电阻是指整个接地装置的电阻值，它是接地体的流散电阻与接地线本身电阻之和。接地装置投入使用前和使用中都需要测量接地电阻的实际值，以判断其是否符合要求。目前常用的测量方法有电流表—电压表法（即伏安法）和接地电阻测量仪法两种。

8. 常见的防雷装置有避雷针（线、带、网）、避雷器及防雷接地等。避雷针、避雷线（也称架空地线）、避雷带及避雷网都是经常采用的防护直击雷装置。一套完整的防雷装置包括接闪器、引下线和接地装置。防止相间短路是配电线路防雷保护的一个基本原则。220～380V 低压架空接户线应采取一定的防雷措施。

9. 最常用的漏电保护器是电流型漏电保护器，其构成主要有检测元件、中间环节（包括放大元件和比较元件）和执行机构三个基本环节。它的动作电流和动作时间是其动作特性指标，应由使用目的、安装场所、电压等级、被控制电路的漏电流及用电设备的接地电阻等因素确定。采用电流型漏电保护器分级保护方式，可有效解决额定动作电流值难以选定问题。要使漏电保护器发挥其保护作用，首先要选用符合国家标准、质量稳定、性能良好的合格产品，同时必须正确安装。

10. 保证电气工作人员人身安全的组织措施有工作票制度，工作许可制度，工作监护制度，工作间断、转移和终结制度。技术措施有停电、验电、装设接地线、悬挂标示牌和装设遮栏。为保证工作人员在对设备进行维护检查、操作或检修时的绝对安全，必须满足安全距离的要求。

习 题

7-1 何谓电路的四要素？

7-2 什么叫电气设备的额定值？

7-3 三相负载星形接法和三角形接法之间有何关系？

7-4 什么叫 TN 系统？分析说明 TN—C 与 TN—S 系统的异同点。

7-5 功率因数低有何危害？

7-6 常用的功率因数计算方法哪些？

7-7 什么叫均权功率因数？如何计算？

7-8 分析说明改善功率因数的方法。

7-9 并联电容器有哪些补偿方式？采用并联电容器补偿时的补偿容量如何计算？

7-10 分析油浸式电容器运行中的常见故障。如何处理？

7-11 何谓电气“地”？

7-12 什么叫接地？接地与接零有何区别？

7-13 接地的类型有哪些？

7-14 什么叫接地装置？接地装置应符合哪些要求？

7-15 对接地线的使用有何要求？

7-16 水平接地体的形状系数如何选择？

7-17 什么叫小接地短路电流系统和大接地短路电流系统？它们对接地电阻有何规定？

7-18 常见的防雷装置有哪些？氧化锌避雷器有何优越的保护性能？

7-19 低压架空接户线如何防雷？

7-20 试画出漏电保护器的组成框图。

7-21 分析漏电保护器的工作原理。

7-22 画图说明漏电保护器的分级保护方式。

7 - 23　安装漏电保护器和不安装漏电保护器的用电设备为什么不能共用同一个接地装置?

7 - 24　漏电保护器在安装接线中应注意什么问题?

7 - 25　保证电气工作人员人身安全的组织措施有哪些?

7 - 26　保证电气工作人员人身安全的技术措施有哪些?

7 - 27　什么叫安全距离?举例说明对安全距离大小的规定。

第八章

配线设计

第一节 负荷分析

一、电力负荷分级及对供电电源的要求

用电设备所需用的电功率或电流称为电力负荷。按照用电设备对供电可靠性要求的不同，以及中断供电产生的影响和损失的大小，一般把电力负荷分为三级。具体分级属性以及对供电电源的要求见表8-1。

表8-1 负荷级别及对电源要求

负荷级别	分级属性	供电电源要求	特别说明
一级负荷	凡中断供电将造成人身伤亡，或在政治上、经济上将造成重大损失的电力负荷。 如发生重大设备损坏，产品出现大量废品，引起生产混乱，重要交通枢纽、干线受阻，广播通信中断或城市水源中断，环境严重污染等。其中，涉及救生、通信、安全报警、消防设施的电力负荷尤为重要	应采用两个彼此独立、互不影响的电源供电	一级负荷中特别重要的负荷，除有两个独立电源供电外，还必须另外设置应急电源，构成应急供电系统
二级负荷	凡中断供电将造成政治上、经济上较大损失的电力负荷。 如造成重要设备损坏、大量产品报废、引起公共场所秩序混乱或严重影响人民的正常生活等	应采用两条彼此独立的线路（又称双回路）供电	在负荷较小或地区供电条件困难时，二级负荷可由一条6kV以上的专用架空线供电
三级负荷	凡不属于一级和二级负荷的电能客户。 此类负荷短时停电造成的损失不大	对供电电源没有特殊要求，一般都采用单回路供电	

二、用电负荷及其特性

用电负荷（用电设备在某一时刻向电力系统取用的总电功率）是电力总负荷中的主要部分，其主要种类及负荷特性见表8-2。

表8-2 用电负荷种类及特性

种　类	大约比例	负荷特性
城乡居民生活用电负荷	6.2%	一天内变化大（尤在晚高峰期间集中）。 季节影响大
工业用电负荷	80%	日负荷变化起伏最大：一般一天内早午晚三个高峰，中午和午夜后两个低谷。 月负荷变化：一般上旬低，中旬较高。 季负荷变化：一般季初低，季末较高。 年负荷变化：北方年负荷曲线略呈两头高中间低的马鞍形；南方夏季高于冬季负荷。 年末用电负荷持续上升

续表

种 类	大约比例	负荷特性
农、林、牧、渔、水利业用电负荷	7%	季节影响：春夏季用电较多，秋季有所减少，冬季相对减少。 气候影响：风调雨顺年，排灌水利用电较少；大旱时排灌用电很大。 用电负荷不稳定
交通运输电信业	1.7%	
商贸饮食物储业	1.2%	
建筑业	0.76%	
地质勘探业	0.07%	
其他事业单位	3.07%	

三、重点负荷的供电保证

根据国民经济各个时期的政策和季节的要求，用电负荷还可分为优先保证供电的重点负荷、一般性供电的非重点负荷及可以暂时限电或停电的负荷。

对重点负荷，为保证其供电可靠性，一般应采取以下措施：

(1) 双电源供电。在具备电源条件的地方，变电所一般均采用双电源进线供电的方式。在规模较小或不具备双电源条件的地方，也可采用所谓的高供低备的供电方式，如图 8-1 所示。即以一路 10kV 高压电源作为电源，另外用 380/220V 低压电源（如用柴油发电机组）作为备用电源。

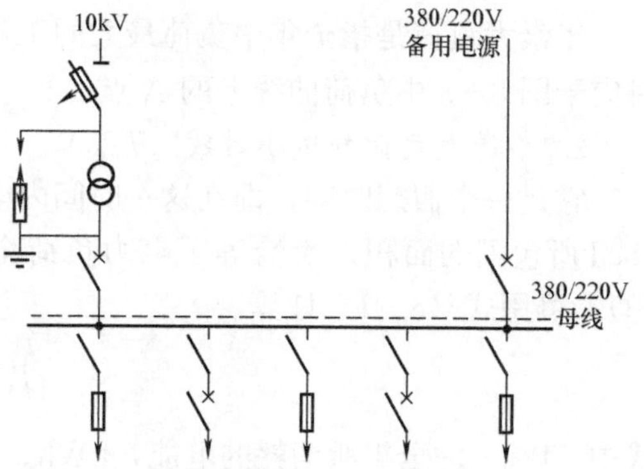

图 8-1 高供低备供电方式

(2) 用电负荷分组配电。根据负荷分类及对供电可靠性的不同要求，采取分组配电的供电方式。即把重要负荷单独分出，在配电室集中由一段母线供电，备用电源仅对此段母线提供临时供电。这样可减小备用电源的容量，节省投资，并可提高备用回路的可靠性。

四、负荷曲线及相关特征量

(一) 负荷曲线

负荷曲线是反映一组用电设备的电功率随时间变化的曲线，它反映客户用电的特点和规律。它以横坐标表示时间，纵坐标表示负荷的绝对值，曲线所包含的面积代表一段时间内客户的用电量。根据横坐标表示的时间长短不同，可分为日负荷曲线、月负荷曲线及年负荷曲线等；根据纵坐标表示的负荷性质不同，可分为有功负荷曲线和无功负荷曲线等。常见的有日用电负荷曲线、日平均负荷曲线、年用电负荷曲线等。图 8-2 和图 8-3 所示分别为日有功负荷曲线和年有功负荷曲线。

日负荷曲线可用测量的方法绘制。一般是以半小时为间隔，读取功率表读数。将每一时间间隔内功率的平均值，对应于横坐标相应的时间间隔绘制在图上。很明显，日负荷曲线与坐标轴所包围的面积代表全日消耗的电能数。同理，年负荷曲线与坐标轴所包围的面积代表年消耗的电能数。

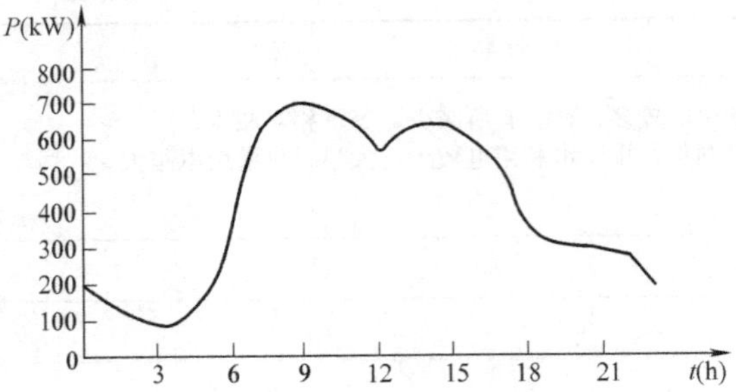

图 8-2　日有功负荷曲线

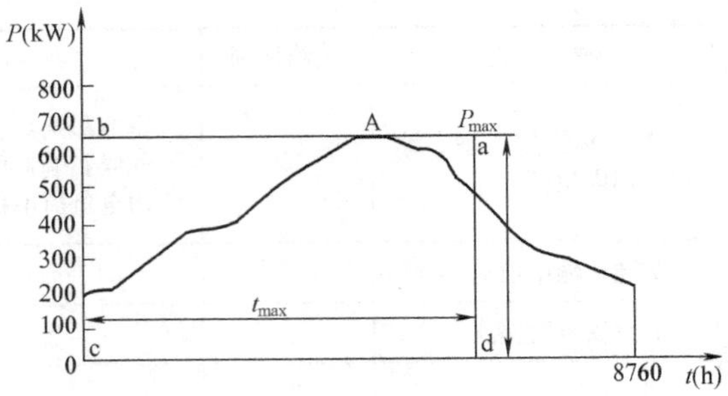

图 8-3　年有功负荷曲线

由于电能的生产与消费是同时进行的，通过负荷曲线可以分析出电能消耗的特点，对负荷用电的大小和时间进行统一规划，使供电设备发挥更大的效益。

（二）负荷曲线相关特征量

1. 年最大负荷（P_{max}）

年最大负荷是指全年中负荷最大的工作班内消耗电能最大的半小时的平均功率（P_{30}），对应于图 8-3 中负荷曲线上的 A 点。

2. 年最大负荷利用小时数（T_{max}）

它是一个假想时间，即在这一时间内电力负荷按年最大负荷持续运行消耗的电能（矩形 abcd 所包围的面积）恰恰等于电力负荷全年实际消耗的电能（曲线和时间轴所包围的面积）。可用式（8-1）计算

$$T_{max}=\frac{W_a}{P_{max}} \tag{8-1}$$

式中　W_a——全年所消耗的电能，kWh。

3. 负荷率

为了衡量在规定时间内负荷变动的情况及考核电气设备的利用程度，引入负荷率（也称为负荷系数）概念。负荷率是指在规定时间（日、月、年）内的平均负荷与最大负荷之比的百分数，用 K_L 表示。

对日有功负荷曲线来说，可通过式（8-2）计算日负荷率

$$K_L=\frac{P_{av}}{P_{max}}\times 100\% \tag{8-2}$$

式中　K_L——日负荷率；

P_{av}——日平均负荷，kW；

P_{max}——日最大负荷，kW。

根据国家规定，企业日负荷率的最低指标值见表 8-3。

表 8-3　企业日负荷率最低指标值

企业类型	连续生产企业	三班制生产企业	二班制生产企业	一班制生产企业
日负荷率最低指标值	0.95	0.85	0.60	0.30

对负荷曲线来说，负荷系数也称为负荷曲线的填充系数，它表征了负荷曲线的不平坦程度，也就是实际负荷变化的均匀程度。如果负荷曲线越平坦，负荷系数就越接近 1，说明用

电负荷的用电配置较为合理，可以更有效地发挥供电设备的效率。反之，负荷系数 K_L 越小，说明用电负荷配置越不合理，设备效率不能有效地发挥，应采取适当的措施加以调整。

五、负荷计算

计算负荷的目的是为了正确合理地选择工厂变、配电所的电气设备和导线、电缆，在工程上为方便计算，亦可作为电能消耗量及无功补偿的计算依据，并用来计算电压损失和功率损耗。

若计算负荷确定过大，将造成投资和有色金属的浪费；而确定过小，又将使供电设备和导线在运行中发生过热问题，引起绝缘过早老化，甚至烧毁，给国家造成重大损失。所以电力负荷计算是供电系统设计中的一项基础的、重要的工作，是具体方案设计的依据和出发点。

（一）计算负荷概念

通常，为了按发热条件选择供电系统元件而需要计算的负荷功率或负荷电流称为计算负荷。其计算步骤应从计算用电设备开始，然后进行车间变电所（变压器）、高压供电线路及总降压变电所（或配电所）等的负荷计算。

1. 用电设备的工作制

我国低压电器行业采用了 IEC 34—1 规定的 8 种工作制中的 3 种，即长期连续工作制 S1、短时工作制 S2 和断续周期工作制 S3。

(1) 长期工作制 S1。在恒定负荷（如额定功率）下连续运行相当长时间，可以使设备达到热平衡的工作条件。这类工作制的用电设备长期连续运行，负荷比较稳定，如通风机、水泵、空气压缩机、机床、电弧炉、电阻炉、电解设备和某些照明装置等。

(2) 短时工作制 S2。设备在额定工作电流恒定的一个工作周期内不会达到允许温升，而在两个工作周期之间的间歇时间又很长，能使设备冷却到环境温度值，如金属切削机床辅助机械（横梁升降、刀架快速移动装置等）的驱动电动机、启闭水闸的电动机等。

(3) 断续周期工作制 S3。这类工作制的用电设备周期性地工作、停歇，反复运行，而且工作和停歇的时间都很短，周期一般不超过 10min，使设备既不能在一个工作时间内升温到额定值，也不能在一个停歇时间内冷却到环境温度，如吊车用电动机、电焊机和电焊用变压器等。

必须注意：断续周期工作制的用电设备的设备容量，一般是对应于某一标准负荷持续率的。同一设备，在不同的负荷持续率工作时，输出功率是不同的。因此在计算负荷时，必须考虑设备容量所对应的负荷持续率，而且要按规定的负荷持续率对设备容量进行统一换算。

2. 设备容量确定

设备容量一般是指用电设备的额定输出功率，用 P_N 或 S_N 表示。对一般电动机来说，P_N 是指铭牌容量，其确定方法如下：

(1) 一般用电设备容量。包括长时、短时工作制用电设备及照明设备，如长期工作制的电动机，其设备容量 P_N 是指该设备上标明的额定输出功率。

(2) 反复短时工作制用电设备容量。包括反复短时工作制电动机和电焊变压器两种。反复短时工作制用电设备的工作周期，是以 10min 为计算依据。吊车电动机标准暂载率分为 15%、25%、40%、60% 4 种；电焊设备标准暂载率分为 20%、40%、50%、100% 4 种。这类设备在确定计算负荷时，首先要进行换算。

确定反复短时工作制电动机容量，当采用需要系数法或二项式系数法计算时，其设备容量 P_N 是指暂载率 ε=25%时的额定容量。如 ε 值不为 25%，则可按式（8－3）进行换算，使其变为 25%时的额定容量。

$$P_{N25}=\sqrt{\frac{\varepsilon_N}{\varepsilon_{25}}}P_N=2\sqrt{\varepsilon_N}P_N \tag{8-3}$$

式中 ε_N——铭牌上与 P_N 对应的设备暂载率；

ε_{25}——暂载率为 25%；

P_N——暂载率 $\varepsilon=\varepsilon_N$ 时的额定设备容量，kW。

【例 8－1】 有一台 10t 桥式吊车，额定功率 P_N=40kW（ε_N=40%），试求该设备的容量 P_{N25}。

解：

$$P_{N25}=\sqrt{\frac{\varepsilon_N}{\varepsilon_{25}}}P_N=2\sqrt{\varepsilon_N}P_N=2\times\sqrt{0.4}\times 40=50\ (\mathrm{kW})$$

即该设备的设备容量为 50kW。

确定电焊变压器容量时，其设备容量 P_N 是指 ε=100%的额定容量。当 $\varepsilon\neq$100%时应进行换算，换算公式为

$$S'_N=\sqrt{\frac{\varepsilon_N}{\varepsilon_{100}}}S_N=\sqrt{\varepsilon_N}S_N \tag{8-4}$$

或

$$P'_N=\sqrt{\frac{\varepsilon_N}{\varepsilon_{100}}}S_N\cos\varphi=\sqrt{\varepsilon_N}S_N\cos\varphi \tag{8-5}$$

式中 S_N——电焊机的铭牌额定容量，kVA；

$\cos\varphi$——与式中 S_N 相对应（电焊机满负载）时的功率因数。

（二）确定计算负荷的方法

在确定计算负荷时，可以不考虑短时间出现的尖峰负荷，如电动机的启动电流等。但对于持续时间超过 0.5h 的最大负荷，必须考虑在内。

确定计算负荷的常用方法有需要系数法、二项式系数法和单耗法。

1. 需要系数法

用电设备在实际使用中，有些因素，如工人操作的熟练程度、材料的供应情况、工具质量等，是无法计算的，所以通常将所有影响负荷计算的因素归并成一个系数，称为需要系数，也称为需用系数。一般需要系数 K_x 由经验资料确定，可参考附录 C。住宅用电负荷计算的需要系数按 JGJ 16—2008 规定选择，部分可参考附录 C 表 C－4。

按需要系数法确定计算负荷比较简单，是目前确定客户车间变电所和全厂变电所负荷的主要方法。其确定计算负荷的公式如下：

有功计算负荷
$$P_{calc}=K_x\sum P_N \tag{8-6}$$

无功计算负荷
$$Q_{calc}=P_{calc}\tan\varphi \tag{8-7}$$

视在计算负荷
$$S_{calc}=\sqrt{P_{calc}^2+Q_{calc}^2} \tag{8-8}$$

计算电流
$$I_{calc}=\frac{S_{calc}}{\sqrt{3}U_N} \tag{8-9}$$

$$I_{calc}=\frac{P_{calc}}{\sqrt{3}U_N\cos\varphi} \tag{8-10}$$

式中　K_x——该组用电设备的需要系数；

$\cos\varphi$——功率因数；

$\sum P_N$——用电设备组的设备容量总和，kW；

$\tan\varphi$——功率因数角 φ 的正切值；

U_N——三相用电设备的额定电压，kV。

（1）单个用电设备的计算负荷。对一般单台电动机来说，铭牌额定功率即为计算负荷；对单个白炽灯、电热器、电炉等，设备标称容量即为计算负荷。对单台反复短时工作制的用电设备，若吊车电动机的暂载率不是25%，电焊变压器的暂载率不是100%，则都应按式（8-4）和式（8-5）进行换算。换算后得到的设备容量（也称额定持续功率）即为计算负荷。

（2）成组用电设备的计算负荷。工作性质相同的一组用电设备有很多台，其中有的设备满载运行，有的设备轻载或空载运行，还有的设备处于备用或检修状态。在最大负荷时，接于线路中的某组工作着的用电设备容量与该组全部用电设备总容量的比值，称为同时系数。

也可根据所有装置的设备容量和查得需要系数，依式（8-6）求得计算负荷。

【例8-2】 已知小批量生产的冷加工机床组拥有电压为380V的三相交流电动机，其中功率7kW的4台、功率4.5kW的8台、功率2.8kW的17台、功率1.7kW的10台，试求该机床组计算负荷。

解： 由附录C表C-6查得

$K_x=0.14\sim0.16$，取 $K_x=0.15$，$\cos\varphi=0.5$，$\tan\varphi=1.73$ 则

$$P_{calc}=7\times4+4.5\times8+2.8\times17+1.7\times10=128.6\ (\text{kW})$$

由式（8-6）求得其有功计算负荷为

$$P_{calc}=K_x\sum P_N=0.15\times128.6=19.29\ (\text{kW})$$

由式（8-7）求得其无功计算负荷为

$$Q_{calc}=P_{calc}\tan\varphi=19.29\times1.73=33.37\ (\text{kvar})$$

由式（8-8）求得其视在计算负荷为

$$S_{calc}=\sqrt{P_{calc}^2+Q_{calc}^2}=\sqrt{19.29^2+33.37^2}=38.54\ (\text{kVA})$$

由式（8-9）或式（8-10）求得其计算电流为

$$I_{calc}=\frac{P_{calc}}{\sqrt{3}U_N\cos\varphi}=\frac{19.29}{\sqrt{3}\times0.38\times0.5}=58.62\ (\text{A})$$

上述用电设备组的 $\cos\varphi$、$\tan\varphi$ 是由附录C表C-6查得，并非电动机的实际额定功率因数和 φ 的正切值。

（3）多组用电设备的计算负荷。对于多组用电设备（如 M 组），由于其各组需要系数不尽相同，各组最大负荷出现的时间也不相同，因此在确定多组用电设备的计算负荷时，除了将各组计算负荷累加之外，还必须乘以一个需要系数的“同时使用系数”。

2. 二项式系数法

前述需要系数法把需要系数看作与用电设备台数及功率都无关的常数，这对确定整个企业（如台数多、总功率大）或一定规模车间变电所的计算负荷是可以的。但在确定连接设备台数不太多的车间干线或支干线的计算负荷时，其中 N 台大功率设备对电力负荷变化影响

很大，需要系数法就不再符合要求。为了反映这种变化，可采用二项式系数法。它用两个系数 b、c 表征负荷变化的规律，见附录C表C-6。二项式系数法的基本计算公式为

$$P_{calc}=b\sum P_N+c\sum P'_N \tag{8-11}$$

式中 c、b——二项式系数；

$\sum P_N$——该组所有用电设备的总额定功率，kW；

$b\sum P_N$——用电设备组的平均负荷，kW；

$\sum P'_N$——该组中 N 台功率最大的用电设备的总额定功率，kW；

$c\sum P'_N$——表示用电设备组中，N 台容量最大功率设备运行时的附加负荷。

不同工作制的不同类用电设备，取用大功率设备的数量 N 应有所不同。一般规定：金属切割机床采用 $N=5$；反复短时工作制采用 $N=3$；加热炉采用 $N=2$；电焊设备采用 $N=1$。

【例8-3】 已知某矿井有电压为380V的通风机：20kW 3台，15kW 4台，7kW 8台。试用二项式法求该通风机组的计算负荷。

解：查附录C表C-6，取 $b=0.65$，$c=0.25$，$N=5$，$\cos\varphi=0.80$，$\tan\varphi=0.75$，则

$$\sum P_N=20\times3+15\times4+7\times8=176\ (\text{kW})$$

$$\sum P'_N=20\times3+15\times2=90\ (\text{kW})$$

因此可求得有功计算负荷为

$$P_{calc}=b\sum P_N+c\sum P'_N=0.65\times176+0.25\times90=136.9\ (\text{kW})$$

其计算电流为

$$I_{calc}=\frac{P_{calc}}{\sqrt{3}U_N\cos\varphi}=\frac{136.9}{\sqrt{3}\times0.38\times0.80}=260\ (\text{A})$$

即该通风机组的计算负荷为136.9kW，计算电流为260A。

3. 单耗法

用单耗法进行负荷计算的方法是：用单位耗电量 P_0 乘以产品总量（或单位面积 S）或用单位总电量 W 除以该类产品负荷的最大利用小时数 T_{max}，即

$$P=P_0S\ 或\ P=W/T_{max}$$

在缺乏资料的情况下，可对用电量进行估算。部分单位建筑面积照明耗电量的参考值见表8-4。

表8-4 照明负荷单位建筑面积耗电参考值 W/m²

名 称	单位耗电量	名 称	单位耗电量
医院	20～25	一般宾馆	20～30
托儿所	15～20	小型工厂	15～20
学校	20～30	仓库	2～6
图书馆	15～25	公共食堂	25
商店	20～40	厨房、走廊、厕所	6～10
行政办公楼	15～25		

【例 8-4】 某商店建筑面积共 400m²，求照明负荷。

解： 由表 8-4 可查取 $P_0=30\text{W/m}^2$，则

$$P_{calc}=30\times400=12\ 000=12\ (\text{kW})$$

由单耗法指标的确定与经济形势、电力政策及人民消费水平的高低有直接关系，导致这一数据变化频繁，数据的确定有很大的不稳定性，这里不再详细分析。

（三）工厂企业总计算负荷的确定

为了确定全厂的需用电力和电量，或者为了合理选择工厂变、配电所的变压器容量和电气设备，以及导线、电缆的规格型号，都必须先确定工厂总计算负荷。

确定工厂计算负荷的方法一般有需要系数法、逐级相加计算法和单耗估算法三种。

1. 需要系数法

将全厂用电设备的总设备容量 ΣP_N（不计备用设备容量）乘以一个全厂需要系数 K_x，得出全厂的计算负荷，即

$$P_{calc}=K_x\Sigma P_N$$

2. 逐级相加计算法

结合工厂用电情况，如图 8-4 所示，采用从用电端开始，逐级向电源推移计算的方法计算工厂总负荷。其计算步骤如下：

(1) 先确定各用电设备的计算负荷，然后计算车间干线和车间变电所低压母线 1 处的计算负荷，包括电力照明。

(2) 车间变电所低压侧总计算负荷，加上车间变电所变压器 2 处的损耗功率，得到车间变电所高压侧 3 处的计算负荷。

(3) 所有车间变电所高压侧的计算负荷，加上厂区高压配电线 4 的损耗功率，就得到工厂总降压变电所低压侧 5 处的计算负荷。

(4) 工厂总降压变电所低压侧的计算负荷，加上主变压器 6 的损耗功率，得到总降压变电所高压侧 7 处的计算负荷，即为全厂进线处的总计算负荷。

应当注意的是，当供电系统中某个环节装设有无功功率补偿设备（如移相电容器）时，应在确定此装设地点的计算负荷前将无功补偿考虑在内。

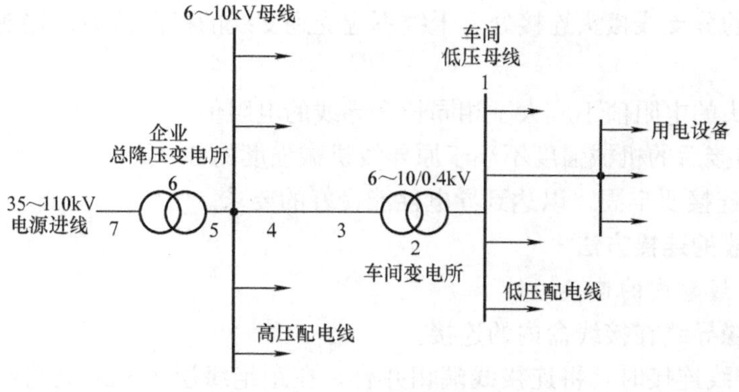

图 8-4　工厂用电示意图

3. 单耗估算法

用单耗计算工厂的计算负荷有两种方法：①用单位产品耗电量来确定计算负荷；②用单

位产值耗电量来确定计算负荷。有固定产品的工厂可采用第一种方法，无固定产品的工厂（如修理厂等）可采用第二种方法。具体计算方法不作详细分析。

第二节 室内配线工艺

室内配线是指敷设在建筑物内接到用电器具的供电线路的控制线路。在第六章介绍的导线连接要求及工艺等同样适用于室内配线。本节只对室内配线导线连接的其他要求和工艺进行介绍。

一、室内配线连接的基本要求

(1) 当设计无特殊规定时，导线的芯线应采用焊接、压板压接或套管连接。铜、铝线间的连接应用铜铝过渡接头或铜线上搪锡，以防电化学腐蚀。

(2) 导线与设备、器具的连接应符合下列要求：

1) 截面积为 $10mm^2$ 及以下的单股铜芯线和单股铝芯线，可直接与设备、器具的端子连接。

2) 截面积为 $2.5mm^2$ 及以下的多股铜芯线的线芯，应先拧紧搪锡或压接端子后再与设备、器具的端子连接。

3) 多股铝芯线和截面大于 $2.5mm^2$ 的多股铜芯线的终端，除设备自带插接式端子外，应焊接或压接端子后再与设备、器具的端子连接。

(3) 熔焊连接的焊缝，不应有凹陷、夹渣、断股、裂缝及根部未焊合的缺陷。

(4) 锡焊连接的焊缝应饱满，表面光滑，焊剂应无腐蚀性，焊接后应清除残余焊剂。

(5) 压板或其他专用夹具，应与导线线芯规格相匹配，紧固件应拧紧到位，防松装置应齐全。

(6) 套管连接器和压模等应与导线线芯规格相匹配，压接深度、压口数量和压接长度应符合产品技术文件的有关规定。

(7) 剖开导线绝缘层时，不应损伤线芯；线芯连接后，绝缘带应包缠均匀紧密，其绝缘强度不应低于导线原绝缘层的绝缘强度；在接线端子的根部与导线绝缘层间的空隙处，应采用绝缘带包缠严密。

(8) 在配线的分支线接头连接处，干线不应受到支线的横向拉力；接头处也不应受到大的拉力。

(9) 连接接头的电阻值不应大于相同长度导线的电阻值。

(10) 接头连接后的机械强度不小于原导线机械强度的 80%。

总之，导线连接要牢固，以达到导电性能良好的要求。

二、室内配线的连接方法

1. 导线在接线盒内的连接

(1) 单股绝缘导线在接线盒内的连接。

1) 两根铜导线连接时，将连接线端相并合，在距绝缘层 15mm 处将线芯捻绞 2 圈，留适当长度余线剪断折回压紧，防止线端部插破所包扎的绝缘层，如图 8-5 (a) 所示。3 根及以上单芯铜导线，可采用单芯线并接方法进行连接，将连接线端相并合，在距绝缘层 15mm 处用其中一根线芯，在其连接线端缠绕 5 圈剪断。把余线头折回压在缠绕线上，如

图 8-5（b）所示，并应包扎绝缘层。

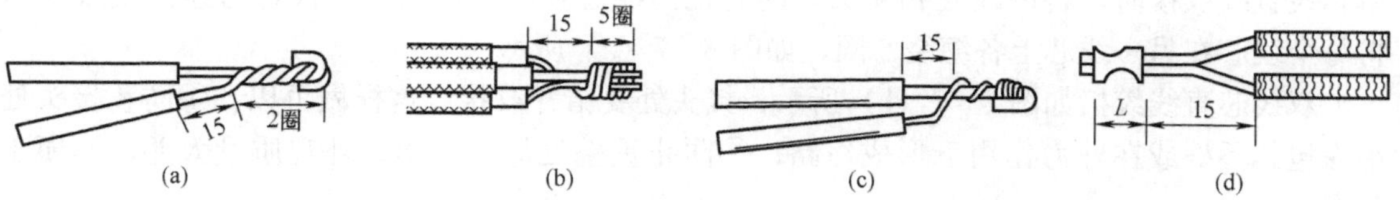

图 8-5 单芯线并接头

（a）单芯 2 根铜导线并接头；（b）单芯 3 根及以上铜导线并接头；

（c）单芯不同线径铜导线并接头；（d）单股铝导线并头管压接

2）对不同直径铜导线接头，如软导线与单股相线连接，应先进行挂锡处理。并将软线端部在单股粗线上距离绝缘层 15mm 处交叉，向粗线端缠 7～8 圈，再将粗线端头折回，压在软线上，如图 8-5（c）所示。

3）两根铝导线剥削绝缘层一般为 30mm，将导线表面清理干净，根据导线截面和连接根数，选用合适的端头压接管，线芯插入适合线径的铝管内，用端头压接钳将铝管线芯压实两处，如图 8-5（d）所示。

（2）多股绝缘绞线在接线盒内的连接。

1）铜绞线并接时，将绞线破开顺直并合拢，芯导线分支连接缠卷法弯制绑线，在合拢线上缠卷。其缠卷长度（A 尺寸）应为双根导线直径的 5 倍，如图 8-6（a）所示。

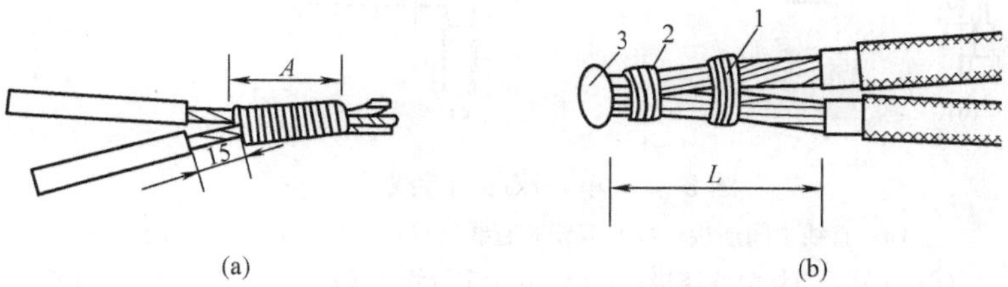

图 8-6 多股绞线的并接头

（a）多股铜绞线并接头；（b）多股铝绞线气焊接头

1—石棉绳；2—绑线；3—气焊；L—长度（由导线截面确定）

2）气焊是多股铝导线在接线盒内并头连接时采用的方法，如图 8-6（b）所示。焊接前，应在靠近导线绝缘层部分缠以浸过水的石棉绳，以避免焊接时烧坏绝缘层。焊接时加热焊点，待熔化时加入铝焊粉（焊药），借助焊粉的填充和搅动，使端面的金属线芯熔合并连接起来。接头焊好后，要趁热用棉纱沾水清除残渣和焊粉，防止残留的焊粉对铝本身产生腐蚀作用。

（3）盒内分支电线的连接。在接线过程中，导线需要分支时，应在器具中、盒内导线利用接线桩头分支。其导线分支不宜过多，导线直径也不宜太大，且分支（路）电流应与总电流相匹配（导体载流量）。

2. 室内铜导线的直线和分线连接

铜导线的连接可采用绞接、焊接或压接等方式。单芯铜芯线常用绞接、缠卷法进行连接。

(1) 绞接法。小截面（4mm² 及以下）单芯直线连接和分支连接，常采用绞接法连接。单芯线直线绞接时，将两线互相交叉，同时把两线芯互绞 2 圈后，再扳直与连接线成 90°，将每个线芯在另一线芯上各缠绕 5 圈，如图 8－7（a）所示。

双线芯直线绞接如图 8－7（b）所示，接头处要错开绞接，这样做可以：①防止接头处绝缘包扎不好或在外力作用下形成短路；②防止重叠处局部突出，外观质量太差，不便于敷设。

单芯丁字分线绞连时，将导线的芯线与干线上交叉，先粗卷 1～2 圈或先打结以防松脱，然后再密绕 5 圈，如图 8－7（c）、（d）所示。单芯线十字分线绞接方法如图 8－7（e）、（f）所示。

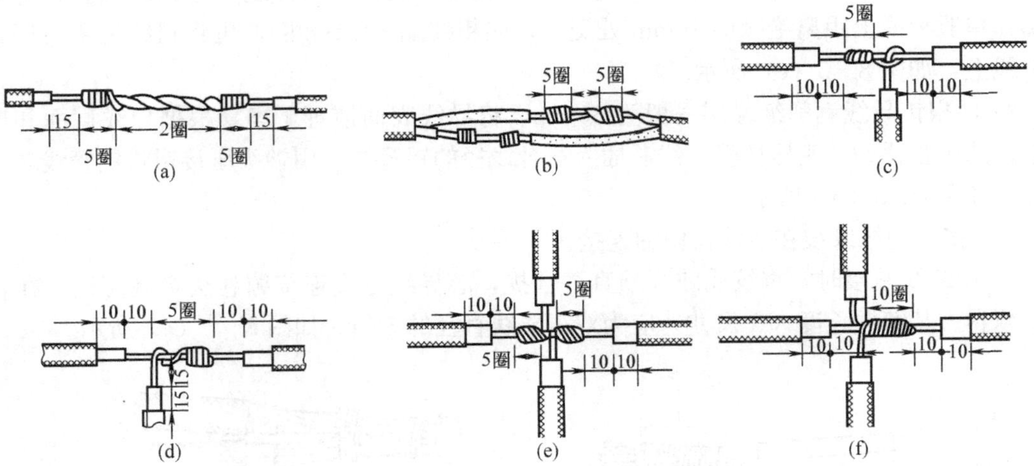

图 8－7 单、双芯铜导线绞接连接

（a）直线中间连接；（b）双线芯直线连接；（c）丁字打结分线连接；

（d）丁字不打结分线连接；（e）二式十字分线连接；（f）一式十字分线连接

(2) 缠绕绑接。

1) 对于较大截面（6mm² 及以上）的单芯直线连接和分支连接。单芯直线缠绕是将两线相互并合，加辅助线，如图 8－8（a）所示；用绑线在并合部位中间向两端缠卷（即公卷），长度为导线直径的 10 倍，然后将两线芯端头折回，在此向外再单卷 5 回与辅助线捻绞 2 回，如图 8－8（b）所示。

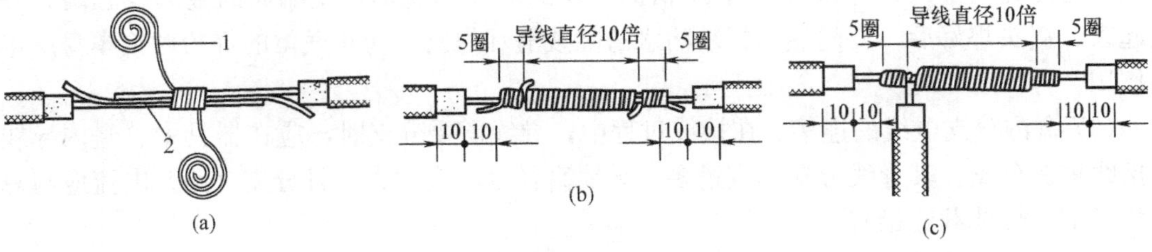

图 8－8 单芯导线缠绕绑接法

（a）加辅助线示意图；（b）大截面直线连接；（c）大截面分线连接

1—绑线（裸铜线）；2—辅助线（填一根同径线）

2）单线丁字分线缠绕是将分支导线折成 90°紧靠干线，其公卷长度为导线直径 10 倍，再单卷 5 圈，如图 8-8（c）所示。

3. 导线接头包缠绝缘

绝缘带有黄、绿、红等多种颜色，亦可作为相色带用。具体性能和绝缘恢复方法见第六章第一节。

第三节　内　线　设　计

一、室内配线的组成

1. 照明线路的组成

一般室内照明线路的组成如图 8-9 所示。线路首先进入配电箱（或配电盘），然后由分支线接到各个电灯或插座上。在接线时应注意把熔丝和开关接在相线上，使开关断开后，开关以下的导线、插座和灯头等部件均不带电。

2. 动力线路的组成

室内动力线路的组成如图 8-10 所示。室内是人们经常活动的场所，为了保证用电安全，在配线时必须考虑到接地和接保护中性线。

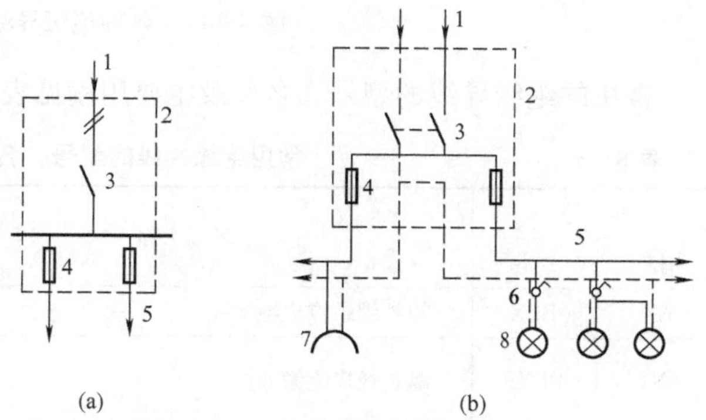

图 8-9　照明线路的组成

（a）单线圈；（b）电路组成示意图

1—电源引入线；2—配电箱；3—总开关；4—支路熔断器；5—支路线；6—电灯开关；7—插座；8—电灯

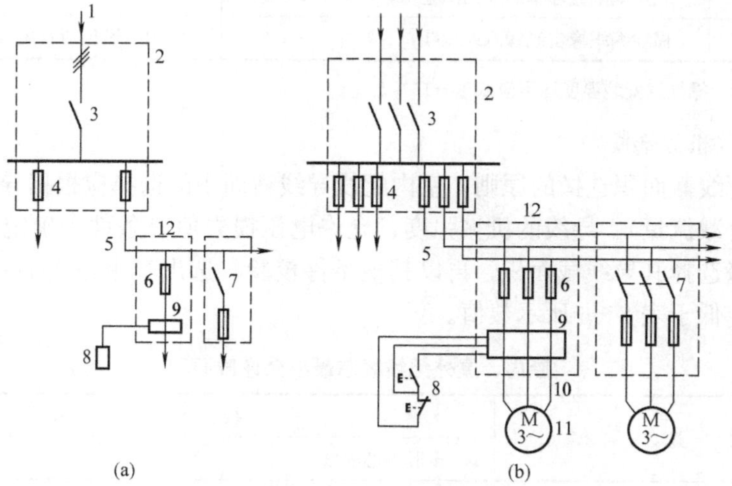

图 8-10　动力线路的组成

（a）单线图；（b）电路组成示意图

1—电源引入线；2—配电盘；3—总开关；4—分支熔断器；5—分支线；6—电动机熔断器；7—电动机开关；8—控制按钮；9—磁力启动器；10—电动机支路；11—电动机；12—电动机电源控制盘

二、配线种类和截面积选择

1. 配线种类

室内配线均应采用绝缘导线，目前导线的种类有很多，如图 8-11 所示。按绝缘材料，分为橡皮绝缘线和聚氯乙烯塑料绝缘线。

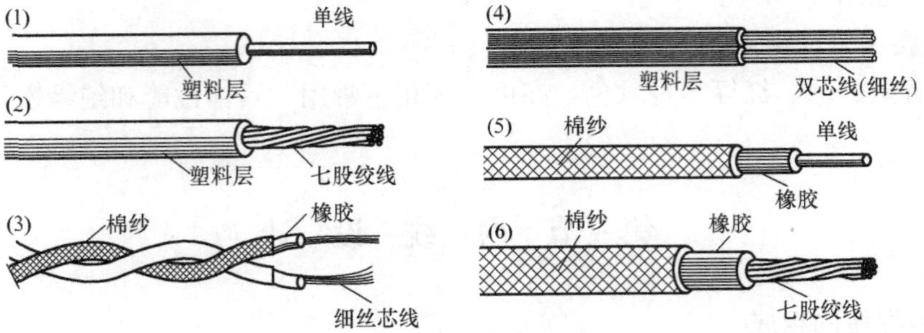

图 8-11 各种绝缘导线结构示意图

常用的绝缘导线的型号、名称及主要用途见表 8-5，绝缘软线可参考表 6-1。

表 8-5 常用绝缘导线的型号、名称及主要用途

型号		名称	主要用途
铜芯	铝芯		
BX	BLX	棉纱编织橡皮绝缘线	固定敷设用，可明敷、暗敷
BXF	BLXF	氯丁橡皮绝缘导线	固定敷设用，可明敷、暗敷，尤其适用于户外
BV	BLV	聚氯乙烯绝缘导线	室内外电器、动力及照明固定敷设
	NLV	农用地下直埋铝芯聚氯乙烯绝缘导线	直埋地下，最低敷设温度不低于−15℃
	NLVV	农用地下直埋铝芯聚氯乙烯绝缘护套导线	
	NLYV	农用地下直埋铝芯聚乙烯绝缘聚乙烯护套导线	
BXS		棉纱编织橡皮绝缘双绞软线	室内干燥场所日用电器用

注 凡聚氯乙烯绝缘导线安装温度均不应低于−15℃。

2. 配线截面积的选择

(1) 室内配线截面积选择的原则。室内配线导线截面积的选择应根据导线的连续允许通过电流（即允许载流量）、导线的机械强度、允许电压损失值等条件来确定。一般先按导线的允许载流量来选择其导线截面积，再以其他条件校验，选出其中最大的一个截面积即可。但其截面积不应低于表 8-6 所示数值。

表 8-6 屋内、屋外配线线芯最小允许截面积 mm^2

用途		线芯最小允许截面积		
		多股铜芯软线	铜线	铝线
灯头引下线		屋内：0.4 屋外：1.0	屋内：0.5 屋外：1.0	屋内：1.5 屋外：2.5
移动式用电设备引线		生活用：0.2 生产用：1.0	不宜使用	不宜使用
固定敷设的导线支持点间距离	1m 以内 2m 以内 6m 以内 12m 以内	—	屋内：1.0；屋外：1.5 屋内：1.0；屋外：1.5 2.5 2.5	屋内：1.5；屋外：2.5 2.5 4.0 6.0

(2) 各种绝缘导线在不同敷设方式时的允许载流量。500V 橡皮、塑料绝缘导线在空气中敷设时长期连续负荷允许载流量，见表 6－2；500V 单芯橡皮绝缘导线穿钢管时，在空气中敷设长期连续负荷的允许载流量见表 8－7；500V 单芯橡皮绝缘导线穿塑料管时，在空气中敷设长期连续负荷的允许载流量见表 8－8；500V 单芯聚氯乙烯绝缘导线穿塑料管时，在空气中敷设长期连续负荷的允许载流量见表 8－9；500V 单芯聚氯乙烯绝缘导线穿钢管时，在空气中敷设长期连续负荷的允许载流量见表 8－10。

(3) 照明配线导线截面积的选择。220V 照明线路应使用额定电压不低于 250V 的绝缘导线，农村客户照明负荷容量一般都不大，因此可按机械强度要求的最小允许截面积来选用导线。室内干线的导线截面积可按表 8－6 中所列的数据来选用。对于负荷较大的照明线路，导线截面积可按照表 6－2、表 8－7 中所列的数据进行选择。

表 8－7　500V 单芯橡皮绝缘导线穿钢管时在空气中敷设长期连续负荷的允许载流量　A

截面积（mm²）	长期连续负荷的允许载流量					
	穿 2 根导线		穿 3 根导线		穿 4 根导线	
	铜线	铝线	铜线	铝线	铜线	铝线
1.0	15	—	14	—	12	—
1.5	20	15	18	14	17	11
2.5	28	21	25	19	23	16
4	37	28	33	25	30	23
6	49	37	43	34	39	30
10	68	52	60	46	53	40
16	86	66	77	59	69	52
25	113	86	100	76	90	68
35	140	106	122	94	110	83
50	175	133	154	118	137	105
70	215	165	193	150	173	133
95	260	200	235	180	210	160
120	300	230	270	210	245	190
150	340	260	310	240	280	220
185	385	295	355	270	320	250

注 1. 适用的导线型号有 BX、BLX、BXF、BLXF；
2. 导电线芯最高允许工作温度为＋65℃；
3. 周围环境温度为 25℃。

(4) 动力配线导线截面积的选择。380/220V 动力线路使用额定电压不低于 500V 的绝缘导线。导线截面积同样根据上述原则来考虑，即：先按允许载流量和机械强度进行选择，然后按电压损失进行校验。电压损失一般不应超过电动机额定电压的 5%，对于个别远处的电动机，不应超过额定电压的 8%～10%。

对额定电压为 380V 的电动机，可先按表 8－11 初步估选绝缘铝导线的截面积，然后按表 8－9 或表 8－10 进行校核。

表 8-8 500V 单芯橡皮绝缘导线穿塑料管时在空气中敷设长期连续负荷的允许载流量 A

截面积（mm^2）	长期连续负荷的允许载流量					
	穿 2 根导线		穿 3 根导线		穿 4 根导线	
	铜芯	铝芯	铜芯	铝芯	铜芯	铝芯
1.0	13	—	12	—	11	—
1.5	17	14	16	12	14	11
2.5	25	19	22	17	20	15
4	33	25	30	23	26	20
6	43	33	38	29	34	26
10	59	44	52	40	46	35
16	76	58	68	52	60	46
25	100	77	90	68	80	60
35	125	95	110	84	98	74
50	160	120	140	108	123	95
70	195	153	175	135	155	120
95	240	184	215	165	195	150
120	278	210	250	190	227	170
150	320	250	290	227	265	205
185	360	282	330	255	300	232

注 1. 适用的导线型号有 BX、BLX、BXF、BLXF；
2. 导电线芯最高允许工作温度为+65℃，周围环境温度为 25℃。

表 8-9 500V 单芯聚氯乙烯绝缘导线穿塑料管时在空气中敷设长期连续负荷的允许载流量 A

截面积（mm^2）	长期连续负荷的允许载流量					
	穿 2 根导线		穿 3 根导线		穿 4 根导线	
	铜芯	铝芯	铜芯	铝芯	铜芯	铝芯
1.0	12	—	11	—	10	—
1.5	16	13	15	11.5	13	10
2.5	24	18	21	16	19	14
4	31	24	28	22	25	19
6	41	31	36	27	32	25
10	56	42	749	38	44	33
16	72	55	65	49	57	44
25	95	73	85	65	75	57
35	120	90	105	80	93	70
50	150	114	132	102	117	90
70	185	145	167	130	148	115
95	230	175	205	158	185	140
120	270	200	240	180	215	160
150	305	230	275	207	250	185
180	355	265	310	235	280	212

注 1. 适用的导线型号有 BV、BLV；
2. 导电线芯最高允许工作温度为+65℃，周围环境温度为 25℃；
3. 实际环境温度下载流量的校正系数，与地埋线适用的校正系数相同。

表 8-10　500V 单芯聚氯乙烯绝缘导线穿钢管时在空气中敷设长期连续负荷的允许载流量　A

截面积（mm^2）	长期连续负荷的允许载流量					
	穿 2 根导线		穿 3 根导线		穿 4 根导线	
	铜芯	铝芯	铜芯	铝芯	铜芯	铝芯
1.0	14	—	13	—	11	—
1.5	19	15	17	13	16	12
2.5	26	20	24	18	22	15
4	35	27	31	24	28	22
6	47	35	41	32	37	28
10	65	49	57	44	50	38
16	82	63	73	56	65	50
25	107	80	95	70	85	65
35	133	100	115	90	105	80
50	165	125	146	110	130	100
70	205	155	183	143	165	127
95	250	190	225	170	200	152
120	290	220	260	195	230	172
150	330	250	300	225	265	200
185	380	285	340	255	300	230

注　1. 适用的导线型号有 BV、BLV；
　　2. 导电线芯最高允许工作温度为+65℃，周围环境温度为 25℃。

表 8-11　额定电压为 380V 电动机用绝缘铝导线截面积估算表

截面积（mm^2）　电动机容量（kW） 电动机与变压器之间的距离（m）	2.8	4.5	7	10	14	20	28	40	55	75	100
50	6	6	10	10	16	16	25	35	50	95	120
100	6	10	10	16	16	25	35	50	70		
200	10	10	16	16	16	25	50	70			
300	10	16	16	16	16	25	70				
500	16	16	16	16	25	35					
1000	16	16	25	35	50	70					

三、照明负荷计算

1. 照明线路计算负荷

民用建筑照明负荷计算宜采用需要系数法。当采用气体放电光源时，还应计及电感式镇流器的功率损耗，一般用电设备的插座划入照明负荷。未知使用设备者，日用插座的设备容量按每个 100W 计算。每条支路的设备容量确定之后，其计算容量即按照明用电设备容量选取。

照明分支线路计算容量 $P_{calc}=\sum P_N(1+\alpha)$

照明主干线计算容量 $P_{calc}=K_x\sum P_N(1+\alpha)$

照明负荷分布不均匀时计算容量 $P_{calc}=K_x\times 3\sum P_{N1.max}(1+\alpha)$

照明变压器低压侧计算容量（只供给照明用电负荷的供电系统）

$$S_{calc}=K_t\left(K_x\sum P_N\frac{1+\alpha}{\cos\varphi}\right)$$

式中 P_{calc}——计算容量，kW；

$\sum P_N$——正常照明或事故照明的光源容量之和，kW；

α——镇流器及其附件损耗系数，见表 8-12；

K_x——需要系数，见附录 C 表 C-1；

$\sum P_{N1.max}$——最大一相照明光源容量之和，kW；

S_{calc}——照明变压器低压侧计算负荷，kVA；

K_t——照明负荷同时系数，见附录 C 表 C-1；

$\cos\varphi$——照明负荷的计算功率因数，取值为：白炽灯取 1；日光灯带有无功功率补偿装置时取 0.95，日光灯不带无功功率补偿装置时取 0.5（在公共建筑物内不宜使用）；高光强气体放电灯带有无功功率补偿装置时取 0.9，高光强气体放电灯不带无功功率补偿装置时取 0.5。

表 8-12　　气体放电光源镇流元件功率损耗系数 α

光源种类	损耗系数	光源种类	损耗系数
荧光灯	0.2	涂荧光质的金属卤化物灯	0.14
荧光高压汞灯	0.07～0.3	低压钠灯	0.2～0.8
自镇流荧光高压汞灯		高压钠灯	0.12～0.2
金属卤化物灯	0.14～0.22		

城乡建筑电气设计的低压供电系统，变压器低压侧只供给照明用电负荷时，按照明变压器低压侧计算容量计算；当一台变压器供电给若干幢建筑物的照明用电（如小区照明、全厂照明）时，应先按每幢建筑物的照明总容量取需要系数 K_x。得出计算容量，算术相加后乘以同时系数 K_t，结果为变压器低压侧的计算容量；变压器低压侧计算容量算出后，按有关规定选择变压器和配电设备。

计算照明容量时，各计算公式中照明负荷的设备容量 P_N 应按下式计算，即

$$P_{calc}=\sum P_N(1+\alpha)\quad (kW)$$

2. 照明线路电流计算

(1) 白炽灯和卤钨灯。

单相线路 $$I_{calc}=\frac{P_{calc}}{U_{ph}}=\frac{K_xP_N}{U_{ph}} \tag{8-12}$$

三相线路 $$I_{calc}=\frac{P_{calc}}{U_{pp}}=\frac{K_xP_N}{\sqrt{3}U_{ph}} \tag{8-13}$$

(2) 荧光灯及带有镇流器的气体放电灯。

单相线路 $$I_{calc}=\frac{P_{calc}}{U_{ph}}=\frac{K_xP_N}{U_{ph}\cos\varphi} \tag{8-14}$$

三相线路
$$I_{calc}=\frac{K_xP_N}{\sqrt{3}U_{N1}\cos\varphi} \tag{8-15}$$

(3) 混合线路（既有白炽灯，又有气体放电灯）。

$$I_P=\frac{P_N}{U_{Nph}} \tag{8-16}$$

$$I_Q=I_P\tan\varphi \tag{8-17}$$

每相线路的工作电流和功率因数

$$I_W=\sqrt{(\sum I_P)^2+(\sum I_Q)^2} \tag{8-18}$$

$$\cos\varphi=\sum\frac{I_P}{I_W} \tag{8-19}$$

(4) 总计算电流。

$$I_{calc.c}=K_xI_W \tag{8-20}$$

式（8-12）～式（8-20）中 U_{ph}——相电压，V；
U_{pp}——线电压，V；
P_{calc}——计算容量，W
P_N——线路额定安装容量，W；
U_{Nph}——线路额定相电压，一般为220V；
U_{N1}——线路额定线电压，一般为380V；
K_x——照明负荷需要系数，查附录C表C-1；
I_{calc}——线路计算电流，A；
I_P——线路有功电流，A；
I_Q——线路无功电流，A；
I_W——线路工作电流，A；
$\cos\varphi$——线路功率因数。

照明线路和动力线路熔丝的选择、三相380V异步电动机熔丝选择等，将在第十章介绍。

第四节 室内外配线的敷设方式和要求

一、室内外配线导线敷设方式

1. 明敷

导线沿墙壁、天花板表面、屋梁、屋柱等处敷设的方法称为明敷。常用的明敷方式如下：

(1) 瓷夹板配线。导线用瓷夹板固定，适用于用电量较小，周围空气干燥、清洁的场所。导线用BX型铜芯橡皮导线或BLX型铝芯橡皮导线。安装简单，经济实用。

(2) 瓷珠配线。导线固定在绝缘子上，适用于用电量较大、气候干燥的场所。导线使用BX型铜芯橡皮导线、BLX型铝芯橡皮导线、BLV型铝芯塑料导线等。

(3) 槽板配线。导线敷设在木槽板和塑料槽板内，适用于干燥和人体易接触导线的场所。所用导线类型与瓷珠配线相同。这种布线方式的导线不外露，比较整齐、美观，又安全。

(4) 绝缘子配线。和瓷珠配线一样，导线绑扎在绝缘子上，适用于用电量较大且潮湿的场所，如生产厂房、伙房、牲畜圈等。

(5) 铝片卡配线。适用于水泥顶棚等场所；配电盘和配电箱内布线也常采用铝片卡配线；还适用于室内通信线路的布线。工艺简单、美观，经济性好。

(6) 管内配线。导线穿在铁管和塑料管内。在易发生火灾、潮湿、有爆炸危险和腐蚀性气体等的场所，采用铁管配线安全、可靠，但费用较大。在不易发生火灾的场所宜采用塑料管配线，目前农村使用较多。一般在电动机进线处常安装一段管线，以利安全。导线可使用BX型铜芯橡皮导线、BLX型铝芯橡皮导线、BLXG型铝芯穿管橡皮导线、BXG型铜芯穿管橡皮导线等。

2. 暗敷

暗敷有直埋和穿管两种方式。如电动机的室内配线，靠近地面部分宜采用塑料管暗敷，或者使用地埋线直埋均可。这种配线方式线路不外露，使用安全可靠。缺点是：一旦发生故障，不易查找，检修不便。

室内外配线常用布线方式的适用范围和使用环境见表8-13。

表8-13 常用布线方式适用范围及使用环境

布线方式	适用范围	使用环境					
		干燥	潮湿	室外	可燃	腐蚀	易燃易爆
护套线直敷布线	负荷较小的干燥环境，要求整洁美观的场所	√		√			
木（塑料）槽板布线	负荷较小的干燥环境，要求整洁美观的场所	√					
瓷（塑料）夹板布线	负荷较小的干燥环境，如车间、办公室、宿舍内照明线路的明线路的布线	√					
鼓形绝缘子布线	负荷较大的干燥或潮湿车间内明布线或暗布线	√	√	√	√		
针式（蝶式）绝缘子布线	负荷较大、线路较长而且受机械拉力较大的干燥或潮湿车间明布线	√	√	√	√	√	
金属管布线明敷设或暗敷设	导线易受机械损伤、易发生火灾及易爆炸环境	√	√	√	√	√	√
塑料管布线明敷设或暗敷设	潮湿或有腐蚀性的环境	√	√	√	√	√	√
钢索布线	屋架较高、跨度较大的大型厂房，多数应用的照明线上，用于固定导线和灯具	√					
电缆线	移动电器，临时用电	√	√	√			

注 表中√表示布线方式可适用的环境。

二、室内外配线的一般要求

1. 基本要求

无论采用哪种布线方式，都必须保证其安全可靠、经济合理、整齐美观、使用方便和便于维修，质量应符合 GB 503033—2002《建筑电气工程施工质量验收规范》的要求。

2. 导线截面积和敷设间距要求

室内外布线中，导线的最小截面积和敷设间距见表 8－14。选择导线截面积时，除应考虑安全载流量外，还应考虑允许的电压损失和机械强度。

表 8－14　室内、外明配线导线的最小截面积和敷设间距

配线方式		绝缘导线最小截面积（mm^2）		敷设间距要求					
				绝缘导线截面积（mm^2）		前后支持物间的最大距离（mm）	线间最小距离（mm）	与地面最小距离（m）	
		铜芯	铝芯	铜芯	铝芯			水平敷设	垂直敷设
室内	塑料护套线	0.5	1.5			200		0.15	0.15
室内	木槽板线	0.5	1.5			300 或 500（底钉间）		0.15	0.15
室内	瓷夹板明线	1.0	2.5	1.0～2.5		600		2.2	1.3
				4.0～10.0		800			
室内	鼓形绝缘子明线	1.0	2.5	1.0～2.5		1500	35	2.2	1.3
				4.0～10.0		2000	50		
				16.0～25.0		2500	50		
室内	针式（蝶式）绝缘子明线	2.5	4.0		4.0	6000	100	2.2	1.3
				2.5 及以上	6.0 及以上	10 000	150		
室外	塑料护套线	1.0	2.5			200		2.2	1.3
室外	鼓形绝缘子明线	在雨雪不能落到导线的地方，允许采用。其要求与客户内瓷柱明线相同							
室外	针式（蝶式）绝缘子 装在墙铁板上	2.5	6.0	2.5 及以上	6.0 及以上	10 000	150	与进户线规定相同	
室外	针式（蝶式）绝缘子 装在电杆横档上	2.5	6.0	2.5	6.0	10 000	200		
				4.0 及以上	10.0 及以上	250 000	200		

3. 其他技术要求

(1) 车间照明和动力线路应分开设置，不同电压、不同电价的线路应十分明显地分开敷设，以方便维修和检查。

(2) 严禁利用大地作相线或中性线。

(3) 导线不得直接贴在木质构件、墙壁或其他建筑物上，也不得裸露。

(4) 除花灯及壁灯等线路外，一般照明第一支路的最大负荷电流不应超过 15A，插座数一般不超过 15 只；使用电热设备时，每一支路的最大负荷电流不应超过 30A，装接插座数不超过 6 只。

(5) 布线过程中应尽量减少导线间的连接；导线接头应采用压接或焊接工艺；铜、铝间的连接应使用铜铝过渡接头或铜线上镀锡，以防电化学腐蚀；所有接头与分支处应尽量使其不受大的机械拉力；所有明布线的接头应放在便于检查和检修的位置上；导线与电器端子的连接应压实，牢固可靠。

(6) 布线完工后，通电前应测试其绝缘电阻，其值不小于下列数值：①相对地为0.22MΩ；②相对相为0.38MΩ；③对于36V低压线路为0.22MΩ；④潮湿、有腐蚀性蒸汽和气体的场所，绝缘电阻值标准可降低一半。

三、室内外配线工程的检验

配线工程结束后，在试送电前必须进行检验，以确定全部配线和线路施工是否正确，确保安全送电。

检验方法如下：

(1) 对整个工程外部进行检查。外部检查主要是靠经验，用眼力来判断配线质量和缺陷。检查人员必须是配线工程的直接参加者，或是有一定经验的技术人员与老工人。

(2) 用仪器进行检验。一般用500V的绝缘电阻表来测量导线之间的绝缘电阻，以及导线与大地间的绝缘电阻，同时用绝缘电阻表也可以测定导线是否断线。测导线的绝缘电阻时，必须将跨接在线路上的电动机、电器和仪表等切除。

小 结

1. 用电设备所需用的电功率或电流称为电力负荷。按照用电设备对供电可靠性要求的不同，以及中断供电产生的影响和损失的大小，一般把电力负荷分为三级，不同的负荷等级对供电电源有不同的要求。对重点负荷，一般采取双电源供电和用电负荷分组配电，以保证其供电可靠性。

2. 负荷曲线是反映一组用电设备的电功率随时间变化的曲线，它反映客户用电的特点和规律。由于电能的生产与消费是同时进行的，通过负荷曲线可以分析出电能消耗的特点，对负荷用电的大小和时间进行统一规划，使供电设备发挥更大的效益。

3. 计算负荷的目的是为了正确合理地选择工厂变、配电所的电气设备和导线、电缆，在工程上为方便计算，亦可作为电能消耗量及无功补偿的计算依据，并用来计算电压损失和功率损耗。确定计算负荷的常用方法有需要系数法、二项式系数法和单耗法。

4. 室内配线导线连接要求和工艺较为复杂，应注意各种连接的工艺要求。为了确保导线连接的质量要求，还应注意盒内铜导线并接头连接、铜铝线连接的过渡处理、喷锡时既不能脏污导线又不能伤及绝缘层、正确使用高压绝缘胶布或黑胶布包缠等。

5. 一般室内照明线路在接线时应注意把熔丝和开关接在相线上，使开关断开后，开关以下的导线、插座和灯头等部件均不带电。室内动力线路在配线时必须考虑到接地和接保护中性线。

6. 室内配线导线截面积的选择应根据导线的连续允许通过电流（即允许载流量）、导线的机械强度、允许电压损失值等条件来确定。一般先按导线的允许载流量来选择其导线截面积，再以其他条件校验，选出其中最大的一个截面积。220V照明线路应使用额定电压不低于250V的绝缘导线，农村客户照明负荷容量一般都不大，因此可按机械强度要求的最小允许截面积来选用导线。380/220V动力线路使用额定电压不低于500V的绝缘导线，导线截面积同样根据上述原则来考虑，即：先按允许载流量和机械强度进行选择，然后按电压损失进行校验，电压损失一般不应超过电动机额定电压的5%，对于个别远处的电动机不应超过额定电压的8%～10%。

7. 民用建筑照明负荷计算宜采用需要系数法。

8. 室内外配线导线敷设方式有明敷和暗敷两种。无论采用哪种布线方式，都必须保证其安全可靠、经济合理、整齐美观、使用方便和便于维修，质量应符合GB 503033—2002《建筑电气工程施工质量验收规范》的要求。

9. 配线工程结束后，在试送电前必须进行检验，必须对整个工程外部进行检查，并采用仪器进行必要的检验，以确定全部配线和线路施工是否正确，确保安全送电。

习 题

8-1 什么叫电力负荷？按照用电设备对供电可靠性要求电力负荷可分为几级？

8-2 各级电力负荷对供电电源有何具体要求？

8-3 什么叫用电负荷？其主要种类及负荷特性怎样？

8-4 对重点负荷，为保证其供电可靠性一般应采取什么措施？

8-5 什么叫负荷曲线？分析负荷曲线有何意义？

8-6 什么叫年最大负荷和年最大负荷利用小时数？

8-7 负荷率有何意义？

8-8 什么叫计算负荷？计算负荷的目的是什么？

8-9 举例分析需要系数法求解计算负荷。

8-10 举例分析二项式系数法求解计算负荷。

8-11 室内配线连接的基本要求有哪些？

8-12 举例说明室内配线的连接方法。

8-13 室内配线导线截面积选择的原则有哪些？

8-14 民用建筑照明负荷如何计算？

8-15 室内外配线的导线敷设方式有几种？

8-16 什么是明敷？常用的明敷方式有几种？

8-17 什么是暗敷？常用的暗敷方式有几种？

8-18 室内外配线常用布线方式的适用范围和使用环境是什么？

8-19 室内外配线的一般要求是什么？

8-20 配线工程结束后如何确保安全送电？

第九章

电气照明

第一节 电气照明的基本概念

电气照明是利用电光源将电能转换为光能的人工照明。电气照明的发展趋势主要是提高电光源的光效、寿命，改善光色，减少附件及配置合适的灯具等。简单地讲，就是提高照明质量，节约用电，减轻光污染，减少购置与维护费用。

电气照明安装是内线安装的主要工作之一，掌握照明方式、光电参数及基本计算公式、照明质量等有关知识是电气照明安装质量的重要保证。

一、常用照明方式

按其用途不同，电气照明分为生活照明、工作照明和事故照明三种方式。

1. 生活照明

生活照明指人们日常生活所需要的照明，属于一般照明。它对照度要求不高，可选用光通量较小的光源。但应能比较均匀地照亮周围环境。

2. 工作照明

工作照明指人们从事生产劳动、工作学习等所需要的照明，它要求有足够的照度。在局部照明、光源和被照物距离较近等情况下，可用光通量不太大的光源；在公共场合，则要求有较大光通量的光源。

3. 事故照明

在可能因停电造成事故且较大损失的场所，必须设置事故照明装置，如医院急救室、矿井、学校、公众密集场所等。事故照明的作用是，一旦正常的生活照明或工作照明出现故障，它能自动接通电源，代替原有照明。事故照明是一种保护性照明，可靠性要求很高，决不允许在运行时出现故障。

二、光电参数及计算公式

照明光源的光电参数是选择和使用光源的依据，其光电参数如下：

(1) 光通量。表征照明光源的发光能力，是光源在单位时间内，在空间各方向发出人眼所能感觉的光能，称为光通量 Φ，单位为流［明］(lm)。

光通量其计算公式为

$$光通量(\Phi)=\frac{辐射的光能}{时间}$$

(2) 照度。照度 E 是受光面上光通量的面密度，即物体表面单位面积上的光通量照射的程度，单位为勒［克斯］(lx)，$1lx=1lm/m^2$。

(3) 光效。照明光源每消耗 1W 功率，其所能发出的光通量称为光效，单位为 lm/W。光效越高，照明光源的电能利用率就越高。

(4) 发光强度。用来反映光通量的空间密度，即单位立体角内的光通量，称为发光强度 I。单位为坎［德拉］(cd)，$1cd=1lm/1^{\circ}$。

发光强度 I 的计算公式为

$$发光强度=光通量/立体角，即 I=\Phi/\vartheta \quad 或 \quad I=\Phi/\omega$$

(5) 色温。光源发出的光与黑体（能吸收全部光源的物体）加热到在某一温度所发出光的颜色相同时，称该温度为光源的颜色温度，简称色温。色温以绝对温度 K 表示（摄氏温度值+273）。光源中含有短波蓝紫光多，色温就高；含有长波红橙色光多，色温就低。

(6) 色表。指光源颜色给人的直观感觉，照明光源的颜色质量取决于光源的表观颜色及其显色性能。

(7) 亮度。通常把光源表面沿线方向上发光强度 I 与发光面 S' 的投影面积 S 之比，称为光源的亮度，单位为 cd/m^2。

光亮度（L）其计算公式为

$$光亮度(L)=发光强度(I)/发光投影面积(S)$$

(8) 显色性。是显色性能的定量指标。同一颜色的物体在具有不同光谱功率分布的光源照射下，会显出不同的颜色，光源显现被照物体颜色的性能称为显色性。

(9) 光源的启燃时间与再燃时间。电光源启燃时间是指正常工作的光源熄灭后再将其点燃所需要的时间上，电光源的再燃时间是指正常工作着的光源达到额定光通量输出所需的时间。从使用角度，要求启燃与再燃时间越短越好。

(10) 电特性。电源电压波动对灯参数会产生影响，灯泡只有在额定电压值时，才能获得规定的各种特性。如灯的电功率为其电流值与使用的额定电压值的乘积，电压越低，则功率下降。

(11) 寿命。电灯的寿命以小时计，通常有两种指标：

1) 有效寿命。电灯从开始使用至光通量衰减到初始额定光通量的某一百分比（通常是70%～80%）所经过的点燃时数，超过有效寿命的灯继续使用就不经济了。白炽灯、荧光灯多采用有效寿命指标。

2) 平均寿命。一组试验样灯从点燃到有 50%的灯失效所经历的时间，称为这批灯的平均寿命。高强放电灯常用平均寿命指标。

三、照明的质量要求

照明质量是指视觉环境内的亮度分布，以有利于视觉功能、舒适感、安全与美观的亮度要求。

1. 限制眩光

眩光是由于亮度的分布和范围不适宜，或在空间或时间上存在着极端的亮度对比，而引起不舒适和降低目标可见度的视觉强光。限制眩光通常采取下列措施：

(1) 限制直接眩光。直接眩光是在视野内存在高亮度或未曾充分遮蔽的光源形成的眩光。室内照明眩光的限制应从光源的亮度、光源和灯具的表观面积大小、背景亮度及照明灯具安装的位置等因素来考虑。

1) 一般控制 γ 角（最远灯具和视线的连线与该灯具下垂线间的夹角）在 45°～85°范围内的灯具亮度，如图 9-1 所示。

为了保护视力不受或少受眩光的影响，眩光的强弱与视角的关系可由图 9-2 表示。随着视角的增加，眩光对视度的影响较小，这也可从限制不同光源的悬挂高度来达到。

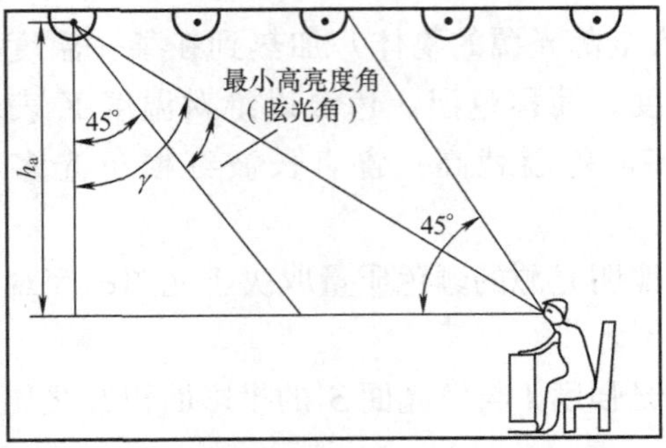

图 9-1 限制灯具亮度的范围

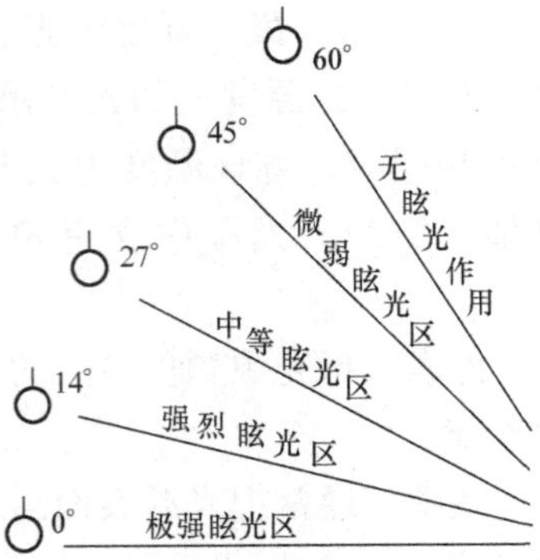

图 9-2 眩光与视角的关系

2）减小光源的亮度，特别是γ角 45°～85°区域内亮度。该区域是人的视野内较敏感的部位，若采用大面积发光顶棚和间接照明时，该区域内的亮度应限制在 500cd/m² 以内。

3）适当增加眩光源的背景亮度，减少二者的亮度对比。

（2）限制反射眩光。反射眩光是由视野内光泽表面反射所产生的眩光。这种反射容易引起视觉不舒适，分散人的精力。常采用以下措施限制反射眩光。

1）使用发光表面积大、亮度低、扩散性能好的灯具。

2）在选择照明方式或布线方案时，力求使照明光源处于适宜的方位。

3）视觉工作对象和工作房间内尽量采用无光泽表面。

4）采用在视线方向反射光通量小的特殊配光灯具或采用间接照明方式。

2. 照度均匀度

照度均匀度是按在给定的工作面上的最低照度与其平均度的比值来衡量的。

为了保证工作区的照明所需要的照度，选择适当的照明灯具布置方案，且使工作区的照度均匀度不小于 0.7，非工作区的照度不低于工作区照度的 1/5。

3. 阴影的限制和应用

阴影可分为由遮挡形成的阴影和为表现立体物体的立体感所需要的阴影。

由遮挡形成的阴影会减弱工作物件上的亮度和对比，在要求避免阴影的场合宜采用漫反射照明，如采用一般照明的绘图室。

需要的阴影，如为了表现物件的立体感和材质感，需要有适当的阴影，可分别设定局部定向照明和点光照明或壁面照明。

4. 消除环境因素影响

为了获得一定的亮度对比，使眼睛功能达到最舒适和最佳效率，必须使室内各表面具有适当的反射系数。照明房间内亮度与照度分布宜按下列比值选定：

（1）工作区亮度与工作区相邻环境的亮度比值不宜低于 3∶1；工作区亮度与视野周围（如顶棚、墙、窗等）的平均亮度比值不宜低于 10∶1；灯的亮度与工作区亮度之比不应大于 40∶1。

（2）当照明灯具采用暗装时，顶棚的反射系数宜大于 60%，且顶棚的照度不宜小于工作区照度的 1/10。

（3）在长时间连续工作的房间（如办公室、阅览室等），室内表面反射系数和照度比宜按表 9-1 选取。

表 9-1 室内表面反射系数与照度比的关系

表面名称	反射比	照度比
顶棚	0.7～0.8	0.25～0.9
墙面、隔墙	0.5～0.7	0.4～0.8
地面	0.2～0.4	0.7～1.0

注 照度比系数指装修或家具设备表面的照度与工作面水平照度之比。

5. 提高照度的稳定性

可通过照度补偿、控制电压波动和灯具摆动等来提高照度的稳定性。

6. 消除频闪效应

由于交流电源供电的电流周期性交变，则电光源的光通量也随之周期性变化。当光通量的变化频率与物体运动的频率存在一定的关系时，使人眼观察到的物体运动显现出不同于实际运动的闪烁感觉，这种现象称为频闪效应。

交流电源供电的光源所发射的光通量是波动的，一般当光通量波动深度在25%以下时，频闪效应即可避免。

7. 选用适宜的光源颜色、色温与显色性

选择照明光源要考虑使用条件、光效及光源的颜色质量等因素。

(1) 光源颜色的选择宜与室内表面的配色互相协调，以形成相应于房间功能要求的色彩环境。

(2) 照明光源的颜色质量取决于光源本身的表面颜色及其显色性能。

(3) 光谱能量分布同完全辐射体相近的光源，其颜色可以用相关色温表示。室内常用照明光源的颜色外观效果，其相关色温见表9-2。

表 9-2 光源的颜色外观效果

光源的颜色外观效果	光源相关色温的近似值（K）	适用场所示例
暖	＜3300	居室、餐厅、宴会厅、多功能厅、四季厅（室内花园）、酒吧、咖啡厅、重点陈列室
中间	3300～5300	教室、办公室、会议室、阅览室、一般经营厅、普通餐厅、一般休息厅、洗衣房
冷	＞5300	设计室、计算机房

(4) 光源颜色的外观效果还与照度有关。在不同照度下，光的不同颜色外观效果是不一样的。在低照度时，采用低色温光源（＜3300K）为佳。随着照度的增加，光源色温也相应提高。

四、绿色照明工程与节电

1. 绿色照明工程

“绿色照明”是指高效、舒适、有益环境的照明系统。绿色照明是推广使用效率高、寿命长、安全和性能稳定的电光源、照明电器附件以及调光控制器件组成的照明系统，节约照明用电“以节约能源，保护环境，提高照明质量”。

“中国绿色照明工程”计划推广的高效照明器具，主要包括：

（1）光效高、光色好、寿命长、安全和性能稳定的电光源，包括紧凑型荧光灯、细管荧光灯、高压钠灯、金属卤化物灯、硫灯等。

（2）自身功耗小、噪声低，对环境与人体无污染和影响的照明电器附件，包括电子镇流器、高效感应镇流器、高效反射罩等。

（3）光能利用率高、耐久性好、安全、美观适用的照明灯饰。

（4）传输效率高、使用寿命长、电能损耗低、安全的配线器材以及调光装置，红外、感应、触摸开关和遥控等控制器件。均匀发光与局部照明相结合，节省非照明区耗电；充分利用天然采光，减少人工照明用电等。

（5）选用高反射材料和改进配光设计以提高灯具效率；发展节能光源灯具品种，如大功率高光效光源的室内照明灯具、配电子镇流器的一体化灯具、局部照明的不同光束角灯具等。

（6）如采用白炽灯，可通过涂覆介质层反射红外线加热灯丝，减少灯丝电耗，或充入惰性气体和蒸铝内表壳；光源外配反光碗，提高光的定向利用率。

绿色照明工程的核心是节电，因此采用国家推广的新型节能照明器具来替代老式器具，以达到节能和环保的双重目的。

实施绿色照明工程一般做法如下：

1）各宾馆、饭店、商场、写字楼、机关、学校、新建住宅楼、营业网点等非工业用电单位，取消白炽灯和电感式镇流器，使用紧凑型荧光灯和配电子镇流器的细管荧光灯等节能照明器具。

2）工厂企业的车间、体育场馆、车站码头、广场道路的照明，选用适宜的日光色镝灯，金属卤化物灯，高、低压钠灯等照明节电产品，取消高压汞灯和管形卤钨灯。

3）大力提倡和鼓励城乡居民住宅使用紧凑荧光灯和配电子镇流器的细管荧光灯，取代白炽灯和电感式镇流器。电子镇流器无音频噪声、无闪烁、无光污染。启动快，系统光效高，比常规的电感式镇流器的光效有很大的提高，因此被列为推广应用的优质节电产品。

4）从组织上协调落实绿色照明工程的有关政策和日常推广工作。凡新建、扩建的单位，在设计、选用照明器具时，必须选择符合国家《节电产品推广应用许可证》的照明节电产品，其型号、规格、生产厂家应与许可证相符。当选用国家公布淘汰的照明器具时，不应审查其扩初设计，也不得验收和接电等。

2. 照明节电

（1）合理选定照度。选择适当的照度，有利于保护工作人员的视力，提高产品质量和劳动效率。进行厂房设计和电气照明设计时，严格按国家工业企业采光设计标准和工业企业照明设计标准进行，确定适当的照度值，选用合适的照明方式。在房间布置已经确定的场所，应尽量采用局部一般照明；在照度标准较高的场所，可增设局部照明等。

（2）合理选用光源。

1）尽量采用高效光源，同时应考虑高效光源的光色、初始投资和维护运行费用。

2）推广使用紧凑型荧光灯、细管径荧光灯。目前国内外主要节能电光源有三基色日光灯及节能荧光灯两大类。一般房间应优先采用荧光灯；在显色性要求较高的场所，宜采用三基色荧光灯、稀土节能荧光灯、小功率高显钠灯等高效光源。

3）白炽灯属淘汰型电器，如有需要，可选用双螺旋（双绞丝）白炽灯或光效较高的小功率高效卤钨灯。

4）高大房间和室外场所的一般照明宜采用金属卤化物灯、高压钠灯等高光强气体放电光源。

5）在需要有高照度或有辨色要求的场所，应尽量采用两种以上光源组成的混光照明。

6）充分利用天然光，合理开窗。

（3）合理选择照明灯具。灯具除能较好地起支撑、防护和装饰等作用外，更重要的是提高光能的利用率。在保证照明质量的前提下，应优先采用开启式灯具。

1）除有装饰需要外，应优先选用直射光通比例高、控光性能合理的高效灯具。

2）灯具的结构和材质应易于维护清洁和更换光源。

3）采用功率损耗低、性能稳定的灯用附件。

（4）合理确定照明方案。

1）照明与室内装修设计应有机结合，避免片面追求形式和不适当选取照度标准及照明方式，在不降低照明质量的前提下，应有效控制单位面积的安装功率。

2）室内表面宜采用高反射率的饰面材料，应尽量用浅色的墙面、顶棚和地面，以便能够更加有效地利用光能。还应注意在高照度情况下，对照明房间反射率的特殊要求。

3）当条件允许时，可采用照明灯具与家具组合的照明形式。

4）在有集中空调而且照明容量大的场所，宜采用照明灯具与空调回风口结合的形式。

5）正确选择照明方案，优先采用分区一般照明方式。

6）对于气体放电光源，宜分散进行无功功率补偿。

（5）改善照明器的控制和管理。

1）合理选择照明控制方式，根据天然光的照度变化，决定电气照明点亮的范围。

2）根据照明使用特点，可采取分区控制灯光或适当增加照明开关点。

3）采用各种类型的节电开关和管理措施，如定时开关、调光开关、光电自动控制器、节电控制器、限电器、电子控制门锁节电器以及照明自控管理系统等。公共场所照明、室外照明，可采用集中遥控管理的方式或采用自动控光装置。

灯具配备自动开关器，随着室外天然光的高低自动开闭照明灯具，并实行分组控制，以便按不同需要分别开闭灯具。

4）合理有效地配线，减少线路上的电能损失。

5）低压照明配电系统设计，应便于按经济核算单位装表计量，避免浪费电能。

在进行照明设计时，照明方式的选择、光源和灯具的选择及安装，需考虑易于维护管理。

第二节 照明电光源

一、概述

1. 照明电光源的分类

按发光原理，照明电光源可分为热辐射光源和气体放电光源两大类。具体分类情况如下：

- 电光源
  - 热辐射光源
    - 钨丝白炽灯
    - 卤钨循环白炽灯
  - 气体放电光源
    - 金属
      - 贡灯
        - 低压贡灯，如荧光灯（俗称日光灯）
        - 高压贡灯，如荧光高压贡灯
      - 钠灯
        - 高压钠灯
        - 低压钠灯
    - 惰性气体
      - 氙灯
      - 贡仙灯
    - 金属卤化物灯，如钠铊铟灯，管形镝灯

2. 常用电光源及特点

(1) 白炽灯。因其电力消耗大（所耗电力相当于球形荧光灯的 5 倍左右）、能源利用率低（耗能中只有 12%～18%可转化为光能）、使用寿命短、不利于绿色照明及环保工程等，故属于被淘汰的照明光源。

(2) 低压汞灯（又称荧光灯，日光灯）。具有应用最广、发光效率高、寿命长、光色柔和等优点。带有无功补偿装置的节能型荧光灯被广泛用于照明度要求较高的室内照明，如表面处理、计量和仪表装配场所，以及主控制室、设计室、阅览室、办公室等。但是其附件多，故障率相对较高。

(3) 高压汞灯。主要依赖高压汞气放电而发光。所谓的“高压”，是指灯管内在工作状态下的气体压力，以区别于一般低气压荧光灯。适用于大型机械加工车间、主要道路、广场、车站、码头、仓库等场所。

(4) 卤钨灯。这种灯可用于加热干燥，其特点是受热温度均匀、体积小、寿命长、使用方便。灯管表面的工作温度可达 500～700℃，所以在使用中要注意安全。适用于装配车间、精工机械加工车间及礼堂、广场、会场、体育场、机场、建筑物、游泳池、广告宣传栏等。

(5) 氙灯。广泛用于广场、体育场、公园等大面积照明，具有光效极高、光色接近日光、功率大、体积小、功率因数高等优点。但其启动装置复杂，需用触发器启动，灯在点燃时有大量紫外线辐射。适用于广场、港口、机关、大中型建筑工地等露天工作场所和大型厂房、体育馆及模拟日光的大型温室等大面积高亮度的照明场所。

(6) 高压钠灯。多用于城市道路等户外照明，室内不宜使用。适用于道路、港口、广场、车站等照明，也可用于显色要求不高的室内的体育馆、工业照明。其特点是：①光效高，寿命长，紫外线辐射少，透雾性好，可有限识别光色；②启动时间约 4～8min，再启动时间约 10～15min，正常点燃情况下，若瞬时停电而熄灭，1min 内可再启动。适用于铸钢车间、铸钢车间的熔化工段及清理工段等高大厂房和主要道路、广场、机场、车站、港口、建筑工地、体育馆、游泳池等露天工作场地等。

(7) 低压钠灯。多用于城市道路等户外照明，室内不宜使用。其特点是：①光效很高、省电，寿命长，紫外线辐射少，透雾性好，视觉敏感度高，分辨颜色的性能差，功率因数低；②启动时间约 7～15min，再启动约需 5min。

二、照明电光源的结构及原理

下面介绍照明工程中常用的白炽灯、卤钨灯（碘钨灯、溴钨灯）、低压汞灯的结构及原理。

1. 白炽灯的构造和原理

白炽灯泡是利用钨丝通过电流时被加热而发光的一种热辐射光源。

白炽灯由灯头（有螺口和插口两种）、灯丝和玻璃外壳组成。灯丝是用钨丝制成的，其两端通过支架连接到灯头，以便与中性线和相线相连，如图 9－3 所示。

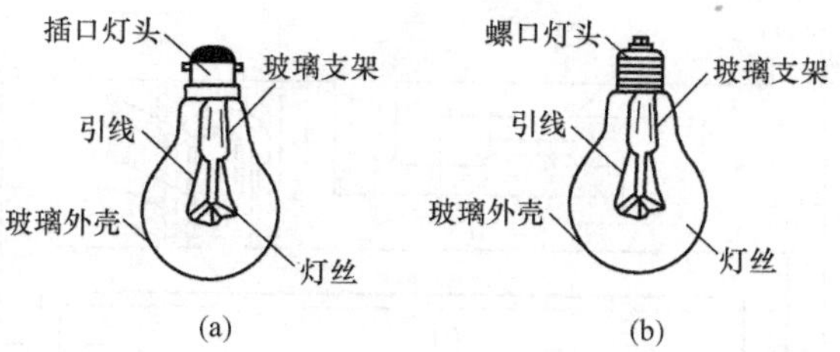

图 9－3 白炽灯结构
(a) 插口式；(b) 螺口式

2. 卤钨灯的结构和原理

卤钨灯是一种在石英玻璃泡内充有卤元素的白炽光源。灯管用石英玻璃或含硅量高的硬玻璃制成，充入压力较大的微量卤素（如碘、溴等）及氩气，以抑制钨丝蒸发。卤钨灯管外形如图 9－4 所示。

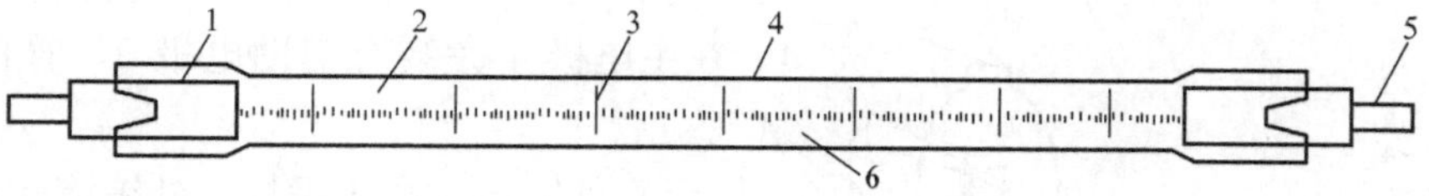

图 9－4 卤钨灯管的外形
1—封套；2—灯丝；3—支架；4—石英管；5—电极；6—碘或溴蒸气

按充入卤元素的不同，卤钨灯可分为碘钨灯和溴钨灯。其利用高温分解原理，将卤化钨分解为钨原子和卤原子，从而形成卤钨循环，有效地抑制钨的蒸发，使灯的使用寿命有所提高。

3. 低压汞灯的结构和原理

荧光灯是预热式阴极低压汞弧光放电灯。

日光灯是气体放电光源，其由灯管、镇流器、启辉器和灯座组成，而灯管由灯头、灯丝和玻璃管壳组成，如图 9－5 所示。

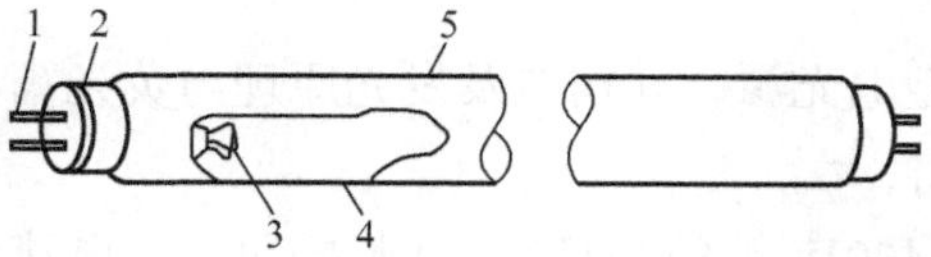

图 9－5 日光灯管结构
1—灯脚；2—灯头；3—灯丝；
4—荧光粉；5—玻璃管

日光灯接通电源后，电源电压加到启辉器的定触片和动触片之间。两触片间的距离很小，在电压作用下，两触片之间的气体被电离，形成辉光放电。启辉器的动触片受热膨胀发生伸张，与定触片接触形成通路，1～2s 后，电流通过灯丝预热，并使灯丝受热而发射出大量电子。启辉器动、静触片接通后，辉光放电即停止，触片温度下降，动触片因而恢复原来状态，使两触片分开，电路被切断。这时，镇流器因电流突然消失而产生较高的自感电动势，此电动势与电源电压叠加，在灯管两端形成很高的脉冲电压。在高电压作用下，灯管内已存在的大量电子形成电子流，电子流与汞蒸气分子碰撞，使汞蒸气电离而放电。放电过程中辐射出的紫外线激发了灯管内壁的荧光物质，从而发出可见光。因这种光的光色接近日光，故称为日光灯，其电路原理如图 9－6 所示。高频电子镇流器由低频滤波器、整流器、缓冲器、高频功率振荡器、高频稳压线圈组成，图 9－7 所示为电子镇流日光灯原理接线图。一般有 6 根出线，其中 2 根接电源，另外 4 根分为两组，分别接单灯管两边灯丝。

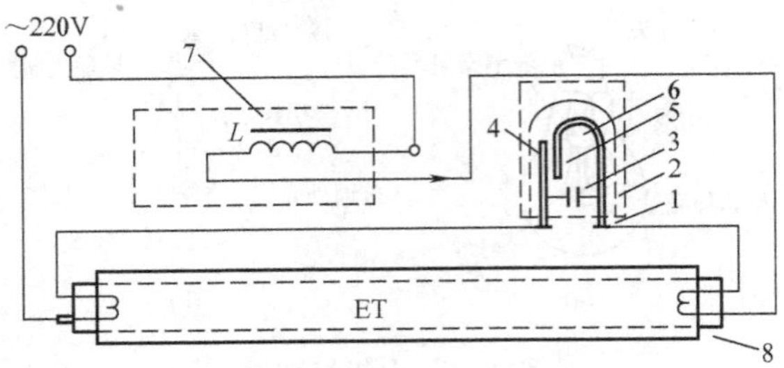

图 9-6　日光灯的电路原理图

1—底座；2—外壳；3—电容器；4—静触头；5—双金履属片；6—壳内充惰性气体；7—镇流器；8—灯管

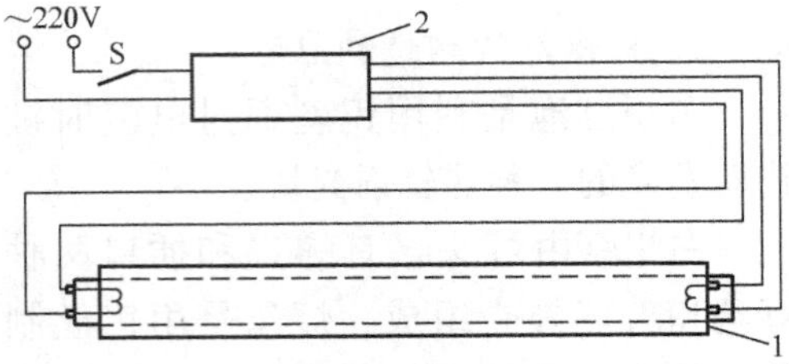

图 9-7　电子镇流日光灯的电路原理图

1—荧光灯管；2—电子镇流器；S—开关

4. 高压汞灯（又称高压水银灯）的结构和原理

高压汞灯是一种气体放电光源，其结构如图 9-8 所示。主要部分是放电管，其管壳由石英玻璃制成，两端各装有用钨丝制成的主电极 3、4，在主电极 4 旁装有辅助电极 5，管内充有汞和氩气。

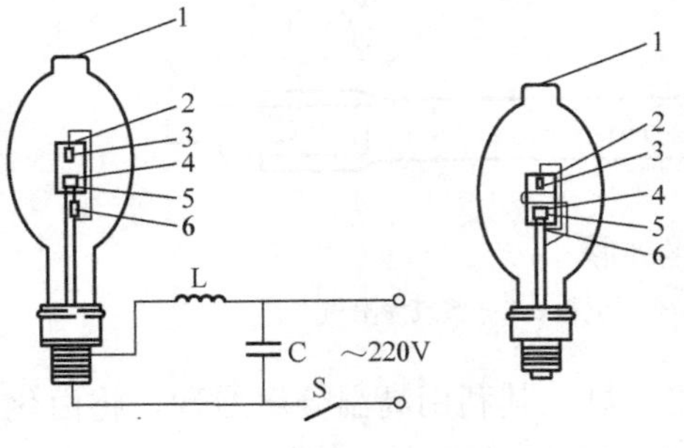

(a)　　(b)

图 9-8　高压汞灯原理电路图

(a) 外镇流式；(b) 自镇流式

1—外泡壳；2—放电管；3、4—主电极；5—辅助电极；6—自镇流灯丝；L—镇流器；C—补偿电容器；S—开关

(1) 外镇流式高压汞灯。外镇流式高压汞灯需要通过镇流器接入电源，其接线如图 9-8 (a) 所示。

(2) 自镇流式高压汞灯。如图 9-8 (b) 所示，它是利用水银放电管、白炽体及荧光材料三种发光要素同时发光的一种复合光源。在石英管外绕一根钨丝，这根钨丝与放电管串联，利用它起镇流作用，即钨丝兼作镇流器，且在使用时不需在电路中安装镇流器，使用方便。

5. 金属卤化物灯的结构和原理

金属卤化灯是为改善光色而发展起来的一种新型电光源。其构造及发光原理与荧光高压汞灯相似，常用的金属卤化物灯有钠铊铟灯和管形镝灯。

(1) 钠铊铟灯的工作原理如图 9-9 (a) 所示（400W 钠铊铟灯）。电源接通后，电流流经加热线圈 1 和双金属片 2 受热弯曲而断开，产生高压脉冲，使灯管放电点燃；点燃后，放电的热量使双金属片一直保持断开状态，钠灯进入稳定的工作状态。1000W 钠铊铟灯工作

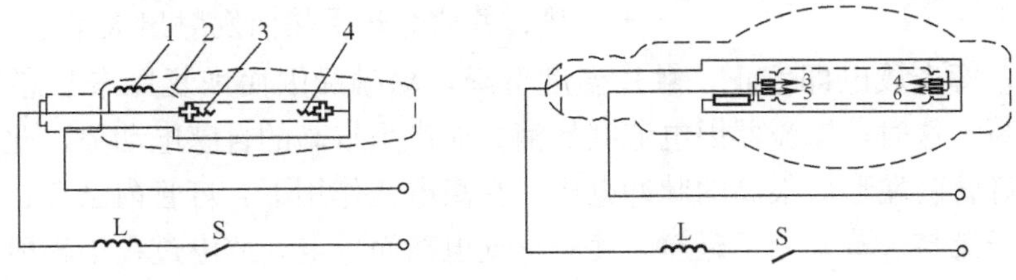

(a)　　(b)

图 9-9　金属卤化物灯原理电路图

(a) 钠铊铟灯；(b) 管形镝灯

1—加热线圈；2—双金属片；3、4—主电极；5、6—辅助电极；S—开关；L—镇流器

线路比较复杂，必须加专门的触发器。

(2) 管形镝灯的工作原理如图 9-9 (b) 所示。因在管内加了碘化镝，所以启动电压和工作电压升高。这种镝灯接在交流线路中，要增加两个辅助电极（引燃极）5 和 6，使得接通电源后，首先在电极 5、3 与 6、4 之间放电，再过渡到主电极 3、4 间的放电。

6. 高压钠灯的结构和原理

高压钠灯也是气体放电光源之一，它由陶瓷放电管、玻璃灯泡、加热线圈、双金属片等组成，灯泡外壳由玻璃制成，灯头与高压汞灯一样，制成螺口形，如图 9-10 所示。高压钠灯利用高压钠蒸气放电的原理进行工作。它的发光管（放电管）既细又长，故采用荧光灯的启动原理。启动起初的光色为暗红色，稳定后发出金白色光，光色较好。

直筒型等其他型高压钠灯，显色指数比普通高压钠灯高。该类型高压钠灯的启动需外接电子触发器，给电极加上脉冲高压，将灯点燃，如图 9-11 所示。

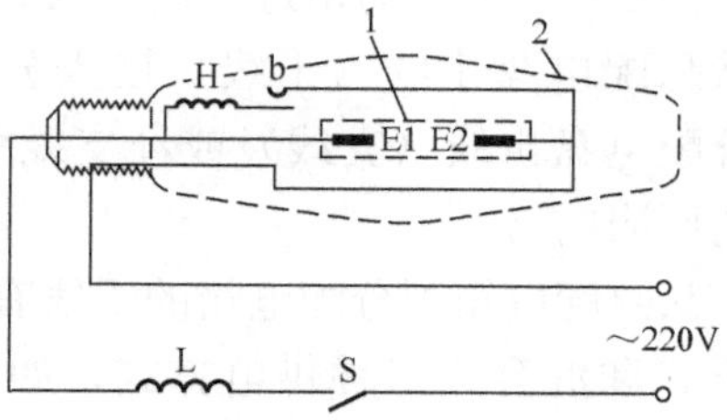

图 9-10 高压钠灯的原理电路图

S—开关；L—镇流器；H—加热线圈；
b—双金属片；E1、E2—电极；
1—陶瓷放电管；2—玻璃外壳

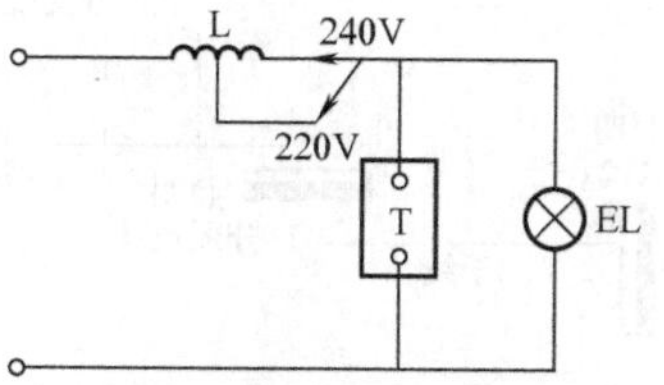

图 9-11 直筒型等其他型高压钠灯的接线图

L—镇流器；T—触发器；EL—灯泡

7. 低压钠灯的结构和原理

低压钠灯利用在低气压钠蒸气放电中钠原子被激发而辐射共振谱线这一原理制成，其结构如图 9-12 (a) 所示，原理如图 9-12 (b) 所示。放电管的两端有两个自热式氧化物电极和一个帮助启动的辅助电极，放电管内充惰性气体和金属钠。

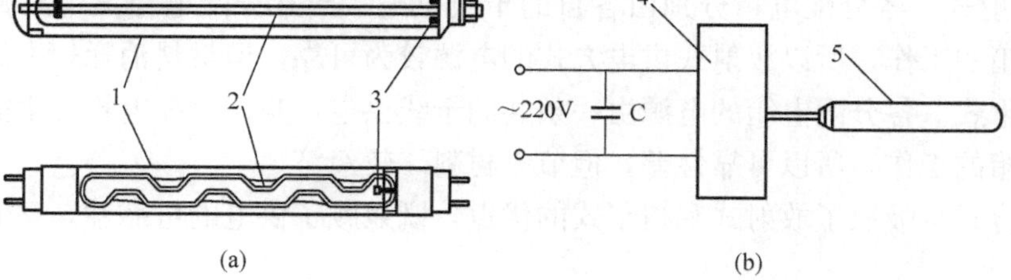

图 9-12 低压钠灯的结构原理图

(a) 结构图；(b) 原理图

1—外玻泡；2—放电管；3—电极系统；4—镇流器；5—钠灯灯泡；C—补偿电容器

低压钠灯启动时，首先在主电极和辅助电极之间形成辉光放电，然后很快在两个主电极间形成弧光放电。低压钠灯点燃后，其电气特性变化很小，但在运用中工作特性会受线路电压变化的影响。

低压钠灯具有极高的发光效率，但它不宜作为室内的一般照明，而一般用在显色性要求不高的场所和一些特殊的场合（如运动场、多雾的户外地区）。

第三节 照 明 线 路

一、照明供电网络

1. 照明供电网络的构成

照明供电网络由馈电线、干线和分支线组成。馈电线是将电能从配电盘送至一个照明配电盘（箱）的线路；干线是将电能从照明配电盘送至各个照明配电箱的线路；分支线是由干线分出而将电能送至一个照明配电箱的线路，或从照明配电箱分出接至各个灯的线路。所有的馈电线、干线和接至配电箱的分支线统称为供电线路，而从配电箱分出的接至照明器的分支线通常称为配电线路。

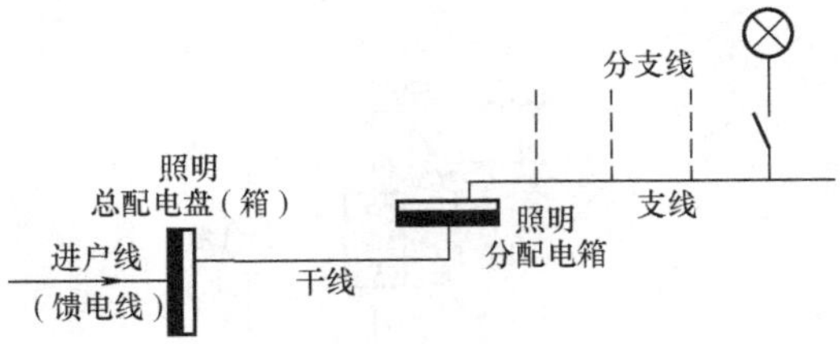

图 9－13 照明线路的基本配电方式

图 9－13 所示为由进户线接入总配电盘，再从总配电盘出线（干线）接入分配电盘，从分配电盘出线（支线）或经支线引至照明器的照明电路。

从总配电箱到分配电箱的干线有放射式、树干式和混合式三种供电方式，如图 9－14 所示。

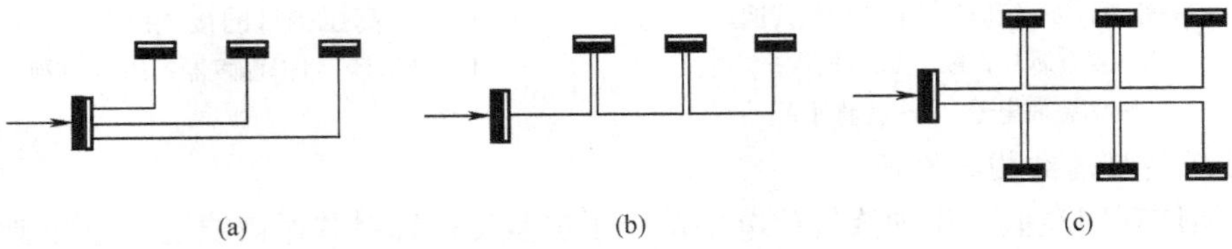

图 9－14 照明干线的供电方式
(a) 放射式；(b) 树干式；(c) 混合式

(1) 放射式。各分配电箱分别由各自的干线供电。当某分配电箱发生故障时，不影响其他分配电箱的工作，所以放射式供电方式的电源较为可靠，但材料消耗较大。

(2) 树干式。各分配电箱的电源由一条共同干线供电。当某分配电箱发生故障时，影响其他分配电箱的工作，所以可靠性差，但节省材料，较经济。

(3) 混合式。吸取了放射式和树干式的优点，既兼顾了供电的可靠性，又兼顾了材料的经济性。

2. 典型的低压配电接线方式

图 9－15 (a)、(b)、(c) 所示为混合式配电，又称为分区树干式配电系统，每回路干线对 1 条供电回路配电，可靠性较高。其中：图 9－15 (b) 增加一条公用的备用回路，备用回路也采用树干式配电方式；图 9－15 (c) 增加了 1 个中间配电箱，各个分层配电箱的前端都有总的保护装置，从而提高了配电可靠性；图 9－15 (d) 适用于楼层数量多、负荷大的大型建筑物，采用大树干式配电方式，安装维修方便，寻找故障容易。分层配电箱置于竖井内，通过专用插件与母线呈 T 形连接。

采用分区树干式配电方式时，一般采取电缆配线。配电分区的楼层数量，根据用电负荷性质、负荷密度、防火要求和维护管理等条件确定。当负荷密度为 50W/m² 左右时，一般每个配电分区的楼层宜为 5～6 层，对于一般高层住宅可适当增加分区层数，但最多不超过 10 层；当负荷密度达到 70W/m² 时，对于 20 层及以上的高层建筑物，宜采用变压器—母干线配电。

高层建筑低压干线配电方式一般都采用放射式系统，楼层配电则为混合式系统，而且较普遍采用插接式绝缘母线槽沿竖井敷设。水平干线因走线困难，多采用全塑电缆与竖井的母线相接。图 9－16 所示为集中变配电方式的高层建筑供电系统，图中：变配电室设在底层；高压母线分为两段，2 台变压器分别接在各段母线上；低压侧干线沿专设的垂直井道向上敷设，分层支接供电。各层配电盘（箱）由两路来自不同变压器的干线支接。正常工作时，负荷由两路干线承担，或根据用电情况采用手动或自动切换。故障时，两线路可互为备用。

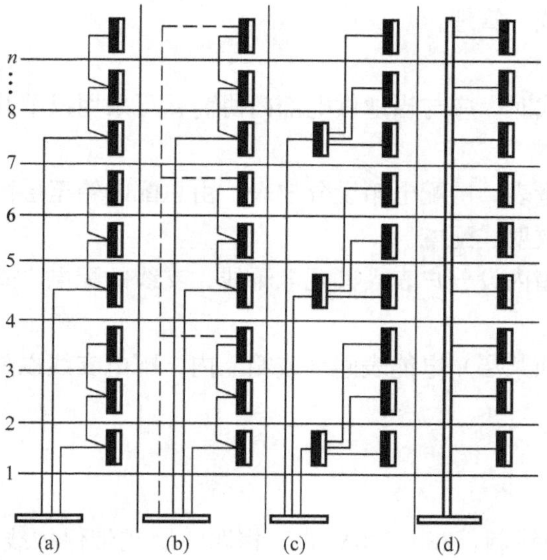

图 9－15 典型的低压配电接线方式

(a)、(b)、(c) 分区树干式（混合式）；(d) 大树干式

1，2，3，…，n—各层配电盘（箱）

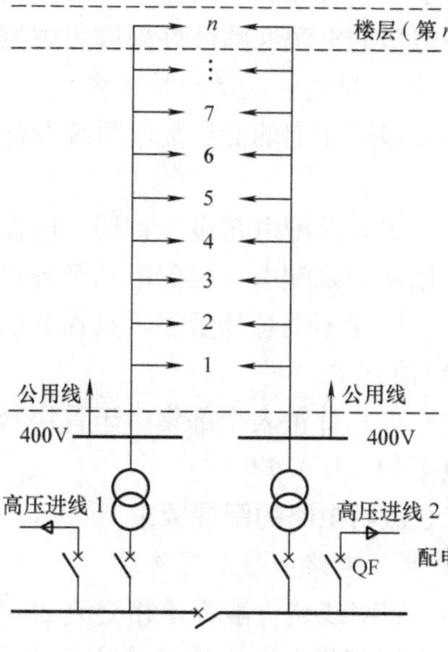

图 9－16 集中变配电的高层供电系统

1，2，3，…，n—各层配电盘（箱）

对于高层住宅，用电量不大的可采用两路 380V 低压电缆进线，低压电网根据需要，可采用树干式、放射式等形式。用电量大的应采用两路 10kV 高压进线的供电系统，并应设置自备应急电源。

3. 楼层的配电方式

(1) 照明与插座分开配电。将楼层各房间照明和插座分别分成若干个支路，再接到配电箱内，这样照明和插座互不干扰；若照明回路发生故障，房间内还可以临时利用插座回路照明。

(2) 每套房间内设置一熔断器盒的配电方式。整套房间为一配电支路，各层配电箱以树干式方式向各个套房间配电。这种配电方式常用于旅馆客房，其优点是故障时客房之间互不影响。还有一种常用的配电方式，即节电钥匙开关，其效果与设置熔断器盒方式相当。

(3) 对于大型的高层建筑物，多采用放射式和干线式相结合的混合式配电系统。

高层建筑上部各层的工作电源宜采用分区树干式配电，就是将整个楼层依次分成若干个供电区，分区层数一般为2～6层，每区可以是一个配电回路，也可分成照明、动力等几个回路。电源线路引至某层后，通过分线箱再分配至各层总配电箱，各层的总配电箱直接用T接线方式连接。工作电源也可采用由底层至顶层垂直的大树干式向所有各层供电。各层的总配电箱通过接触器、断路器接到母线上，以便在配电室或消防控制中心进行遥控，在发生事故时切断事故层的电源。为了可靠供电，通常设置一回路备用的母干线，各层总配电箱内装设双投开关，并与安装在竖井内的两路母干线相连接。这样，可以实现常用电源与备用电源手动互投或装设自动互投装置。

各层事故照明也可用分区树干式或垂直大树干式供电。其电源直接引自低压配电屏事故照明回路。楼顶电梯回路不能与同楼层用电回路共用，应由变电所低压配电屏单独回路供电。消防用电设备应由双回路（其中有一备用回路）供电，并在末级配电箱内实现自动切换。

为了安全可靠和节约能源，大型旅馆各层配电和各种用电设备的分支线路宜采用钢管配线，各客房的电源回路最好采取集中控制，统一管理。

4. 住宅配电系统及计量方式

确定多层住宅的低压配电系统及计量方式时，应与当地供电部门协商，可采用以下几种方式：

(1) 单元总配电箱设于首层，内设总计量表，层配电箱设分户表，由总配电箱至层配电箱宜采用树干式配电，层配电箱至各户采用放射式配电。

(2) 单元不设总计量表，只在分层配电箱内设分户表，其配电干线、支线的配电方式同第（1）种方式。

(3) 分户计量表全部集中于首层（或中间某层）电能表间（或箱）内，配电支线以放射式配电至各（层）户。

二、照明电路的配置要求

1. 照明电路一般配置要求

(1) 照明线路一般为单相交流220V的两线制、380/220V的三相四线制或带保护线PE的三相五线制供电。由地区公用低压电网供电的220V照明线路电流不超过30A时，可用220V单相供电；超过30A以上的多层、多单元建筑，应以三相四线制或三相五线制供电，宜使三相负荷均衡分配。在每个分配电盘中的最大与最小相的负荷电流差不宜超过30%。每条支路上的负荷不应过大，一般支路上的电流不宜超过15A，灯具的单独回路数不超过25个。大型建筑组合灯具每一单相回路不宜超过25A。光源数不超过60个。

(2) 舞台照明每一回路的可载容量不应小于20A，并与所选用的调光设备形式相适应，使用容量一般可按2～4kW考虑。

(3) 若采用动力和照明合一的方式供电时，照明电源应接在动力总开关之前，以保证一旦动力总开关跳闸时仍有照明电源。

(4) 重要场所和负载为气体放电灯的照明线路，其中性线截面积应与相线规格相同。由晶闸管调光装置配出的舞台照明线路宜采用单相配电。当采用三相配电时，可采用三相六线或三相四线配电，后者的中性线截面积不应小于相线截面积的1/2倍。

(5) 为改善气体放电光源的频闪效应，可将其同一或不同灯具的相邻灯管分接在不同相别的线路上。

(6) 不应将线路敷设在高温灯具的上部。接入高温灯具的线路应采用耐热导线配线或采取其他隔热措施。

(7) 观众厅、比赛场地等的照明灯具，当顶棚内设有人行检修通道以及室外照明场所，宜在每盏灯具处设置单独的保护。

(8) 障碍标志灯电源应按主体建筑中最高负荷等级要求供电，并应采用自动通断其电源的控制装置。

(9) 应急照明电路应有独立的供电电源，并与工作照明电源分开，或者应急照明电路接在工作照明电路上，一旦后者发生故障，借助自动换接开关，接入备用的应急照明电源。

(10) 备用照明应用两路电源或两回线路供电，当备用照明作为正常照明一部分同时使用时，其配电线路及控制开关应分开装设。

(11) 插座宜由单独的回路配电，并且一个房间内的插座宜由同一回路配电。当灯具和插座混为一回路时，其中插座不宜超过 5 个（组）；单独回路的插座不宜超过 10 个（组），但住宅可不受上述规定限制。住宅内每户一般宜将照明和插座分开配线。

(12) 对固定式日用电器的电源线，应装设隔离电器和短路、过载及接地故障保护电器；对移动式日用电器的电源线及插座线路，应增设漏电保护电器。功率为 0.25kW 及以下的电感性负荷或 1kW 及以下的电阻性负荷的日用电器，可采用插头和插座作为隔离电器，并兼作功能性开关。

(13) 插座线路的载流量，若已知使用设备的插座供电时，应大于插座的额定电流；若未知使用设备的插座供电时，应大于总计算负荷电流。

2. 照明器开关的控制方式

从配电箱引出的接用照明器的线路，需要用开关对照明器进行控制，开关应接在相线上，以保证安全。常用照明器开关的控制方式见表 9-3。

表 9-3　　照明器开关的控制方式

序号	线路名称和用途	接线图	说明
1	一只开关控制一盏灯	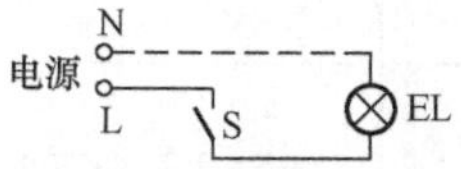	1. 相线进开关，中性线进灯头； 2. 配电线路中间不应有接头； 3. 在方式 3 中，连接多盏灯时，开关容量应够用； 4. 方式 4 适用类似于楼上、楼下同时控制一盏灯的场合
2	一只单联开关控制一盏灯并与插座连接	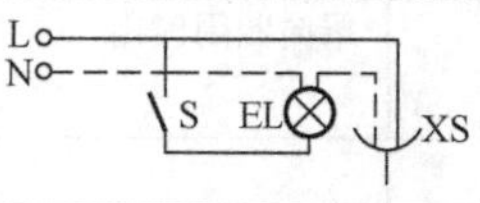	
3	一只单联开关控制两盏灯或两盏以上的灯	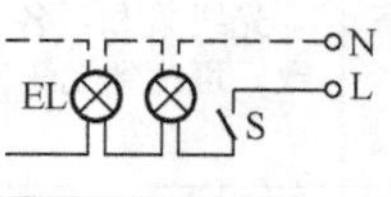	
4	两只双联开关在两地控制一盏灯	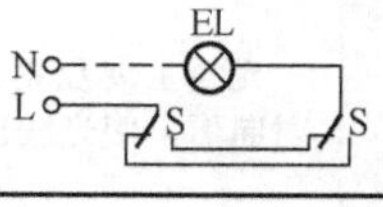	

第四节　照明设备选择与安装

照明设备是由包括灯泡（管）、灯座和灯罩等在内的照明器具等组成的。其灯泡（管）

提供光源；灯座固定灯泡（管），并提供电源通道；灯罩对光源光通量作重新分配，以合理地利用光通量，并避免由光源引起的眩光，达到固定光源、保持光源强度免受外界环境影响和装饰美化的效果。

一、照明灯具的分类

1. 按光通量分配的比例分类

照明灯具按光通量照射在空间上、下半球的比例的分类情况见表 9－4。按光通量照射在空间的分配比例的不同，照明灯具可分为：

（1）直射型。其灯罩由反光性能良好的不透明材料制成，如搪瓷、铝和镀银镜面等。它发光效率高，但在灯具以上的空间几乎没有光线，因此顶棚很暗；又由于光线比较集中，方向性强，产生阴影比较深。

（2）半直射型。这种灯具将较多的光线照射到工作面上，使室间环境得到适当亮度。其灯罩常用半透明材料制成下面开口的样式。

（3）漫射型。这种灯具的灯泡是乳白玻璃球，用漫射透光材料制成封闭式的灯罩，造型美观、光线柔和均匀，但光损失较多。

（4）半间接型。这种灯具的灯罩上半部用透明材料，下半部用漫射透光材料制成。由于上半球光通量增加，增强了室内反射光的照明效果，使光线更加均匀柔和。但在使用中，上部很容易积灰，影响发光亮度，多用于教室和试验室的照明。

（5）间接型。这种灯具的全部光线由上半球射出，经顶棚反射到室内，光线均匀柔和，无大的阴影和眩光，但光的损失较大，不经济，多用于剧场、展览馆和医院的一般照明。

表 9－4　　照明灯具按光通量照射在空间上、下半球的分配比例分类表

照明灯具类型	光通量分配的比例（%）		特　点	示 意 图
	上半球	下半球		
直射型	0～10	100～90	光线集中，工作面上可得到充分的照度	
半直射型	10～40	90～60	光线主要向下射出，其余的透过灯罩向四周射出	
漫射型	40～60	60～40	光线柔和，各方向光的照度基本一致，可达到无眩光，但光损失较多	
半间接型	60～90	40～10	光线主要反射到顶棚或墙上，再反射向下，使光线比较柔和均匀	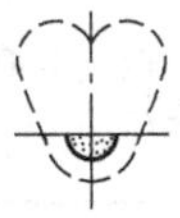
间接型	90～100	10～0	光线全部反射，能够大限度削弱阴影和眩光，但光能利用率低	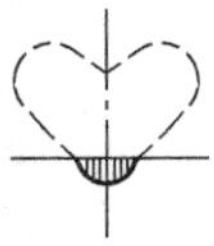

2. 按照明灯具的结构特点分类

（1）分类。按照明灯具的结构，可分为开启式、闭合型、封闭型、密闭型、防爆型等。

（2）特点。

1）开启式。特点是光源与外界空间直接接触（无罩包合）。

2）闭合型。特点是透光罩将光源包合起来，但内外空气仍能自由流通。

3）封闭型。特点是透光罩固定处加以一般封闭，与外界隔绝比较可靠，但内外空气仍可有限流通。

4）密闭型。特点是透光罩固定处加以严密封闭，与外界隔绝相当可靠，内外空气不能流通。

5）防爆型。特点是透光罩本身及其固定处和灯具外壳能承受要求的压力，符合《防爆电气设备制造检验规程》的规定，能安全使用在有爆炸危险性介质的场所。

二、照明灯具的选择

1. 光源的选择及适用

光源要根据使用场所的环境条件和光源的特征进行综合选用，可参照表 9-5 选择光源。

表 9-5　　常用电光源的主要技术参数

光源名称	普通照明灯泡	卤钨灯	荧光灯	荧光高压汞灯	管形氙灯	高压钠灯	金属卤化物灯
额定功率范围（W）	10～1000	500～2000	6～1000	50～1000	1500～100 000	250～400	400～1000
光效（lm/W）	6.5～19	19.5～21	25～67	30～50	20～47	90～100	60～80
平均寿命（h）	1000	1500	2000～3000	2500～5000	500～1000	3000	2000
一般显色指数 R	95～99	95～99	70～80	30～40	90～94	20～25	65～85
启动稳定时间	瞬时	0.1s	1～3s	4～8min	1～2s	4～8min	4～8min
再启动时间（min）	瞬时	瞬时	瞬时	5～10	瞬时	10～20	10～15
功率因数 $\cos\varphi$	1	1	0.33～0.7	0.44～0.67	0.4～0.9	0.44	
频闪效应	不明显		明显	明显			
表面亮度	大	大	小	较大	大	较大	大
电压变化对光通的影响	大	大	较大	较大	较大	大	较大
环境温度化对光通的影响	小	小	大	较小	较小	较小	较小
耐振性能	较差	差	较好	好	好	较好	好
所需附件	无	无	镇流器、启辉器	镇流器	镇流器、触发器	镇流器	镇流器、触发器

光源的具体适用场所参见本章第二小节的介绍。

2. 选择灯具

照明灯具有按配光特性选择，也可按环境条件选择。根据配光特性选择灯具，应满足以下要求：

（1）一般生活用房和公共建筑物内多采用半直射型、均匀扩散型灯具或荧光灯，使顶棚和墙壁均有一定的亮度。

（2）在选择灯具时，应考虑灯具的允许距高比（灯具的间距与计算高度之比）。

（3）一般生产场所采用直射型灯具。若工作位置集中或灯具悬挂高度较高时，宜采用深照型灯具。

（4）大厅、门厅、会议室、礼堂、宾馆等处的照明，除采用较高亮度灯具以满足照明要求外，还应考虑照明灯具的装饰艺术效果。

（5）当要求垂直照度时，可采用倾斜安装的灯具，或选用不对称配光的灯具。如教室照明宜采用蝙蝠翼式和非对称配光灯具，并且布灯原则应采取与学生主视线相平行原则，安装在课桌间的通道上方。

（6）为了满足照度的均匀度，要求实际布灯的距高比应小于最大允许距高比。

（7）特殊用房，如舞台、手术室等，应根据需要选配专用灯具。

（8）灯具的遮光格栅的反射表面应选用难燃材料，其反射系数应不低于70%，遮光角宜在25°～45°之间。

三、照明灯具的布置

灯具的布置是确定灯具在房间内的空间位置，通常要保护照度最低地方的照明，灯具的位置和光的投射方向、工作面的照度及其均匀性、眩光的限制，以及阴影等都有直接的影响。灯具的布置是否合理，还关系到照明安装容量和投资费用，以及维护检修方便与安全。

（1）合理布灯。灯具的布置要根据现场情况而定，布灯时要求整个工作面照度分布均匀，灯具间隔和行距都要保持一定的均匀性，保证局部有足够亮度。

1）在一个场所内，各点照度差别不能过大，一般不低于或高于平均照度的1/6。从节能方面考虑，工厂车间内工作面与通道的照度之比可以为3：1或4：1，住宅为10：1。

2）灯具离墙的距离不能太远，一般要求灯具到墙的距离为灯具间距L的1/2～1/3。

3）灯具布置的合理性。灯具的距高比L/h，主要取决于灯具的间距L和计算高度h［即从距离地面的悬挂高度，减去工作面高度，如图9-17（a）所示］的比值是否恰当。L/h比值小，照度均匀度好，但投资多、经济性差；L/h值过大，布灯就稀少，照度均匀度就差。

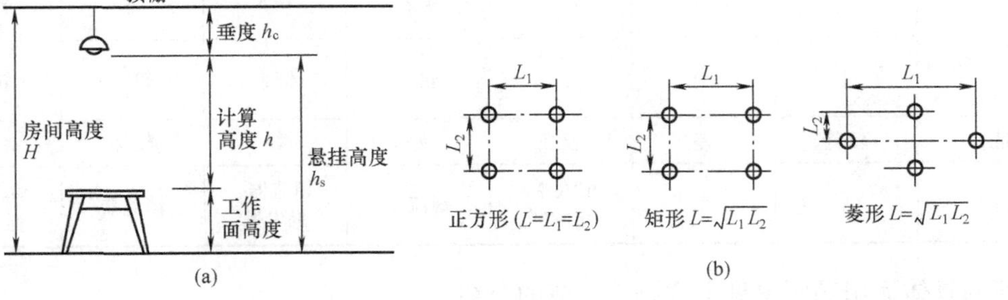

图9-17 灯具的距高比

（a）h值的确定；（b）L值的确定

距高比中，灯距 L 值可根据几种布灯形式按图 9－17（b）进行计算。

4）灯具悬挂高度。以减少发生眩光作用为目的，还应考虑防止碰撞和触电等安全要求。

（2）均匀布灯。指不考虑室内设施的摆设位置，而将灯具均匀地有规律地排列，以使工作面上获得均匀的照度。

（3）选择布灯。指根据工作场所设施布置情况，有选择地布灯，使光照方向和尽可能避免工作面上的阴影，以减少灯具数量，节省投资和运行费用。

四、照明装置的安装

（一）安装的一般要求

（1）为确保施工质量，在进行电气照明装置施工时，应按已批准的设计图纸进行，不得随意更改。

（2）加强管理，文明施工。在电气照明装置施工中，为确保整个建筑安装工程的质量，要把施工造成的损伤部位进行修复完好，方可交工。

（3）确保装置固定牢固、可靠，在砖混结构中安装时，应采用预埋吊钩、螺栓、膨胀螺栓、尼龙塞或塑料塞固定。当设计无规定时，上述固定件的承载能力应与电气照明装置的质量相匹配。

为防止灯具超重发生坠落，当软线吊灯灯具质量大于 1kg 时，应增设吊链；当吊顶灯具质量大于 3kg 时，应采用预埋吊钩或螺栓固定。图 9－18 所示为在不同结构楼板上的预埋件。

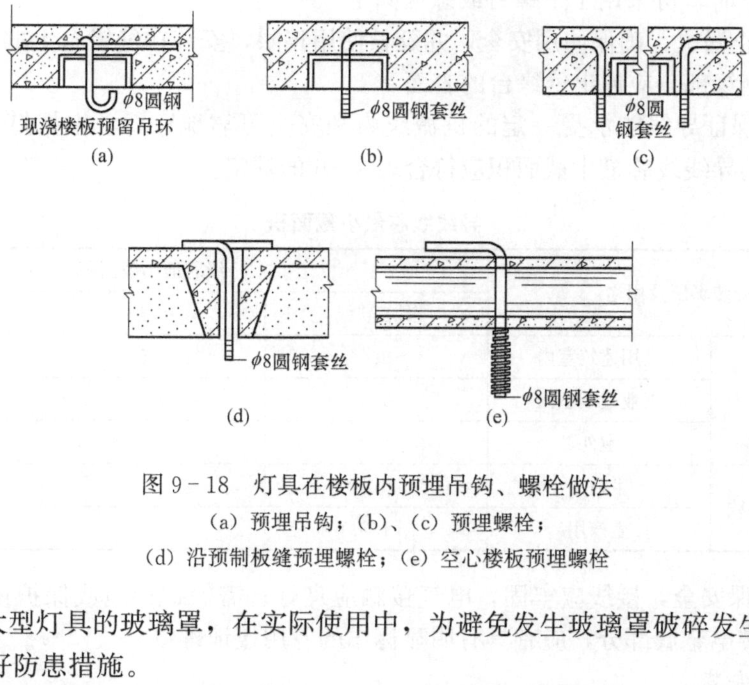

图 9－18　灯具在楼板内预埋吊钩、螺栓做法

（a）预埋吊钩；（b）、（c）预埋螺栓；
（d）沿预制板缝预埋螺栓；（e）空心楼板预埋螺栓

（4）安装大型灯具的玻璃罩，在实际使用中，为避免发生玻璃罩破碎发生伤人事故，应按设计要求做好防患措施。

（5）灯具不得直接安装在可燃构件上，当灯具表面高温部位靠近可燃物时，应采取隔热、散热措施，以防止火灾发生。

（6）为确保维修安全，在变电所内高压、低压配电设备及母线的正上方，不应安装灯具。

（7）为防止更换灯泡时触电，螺口灯头的接线要求：

1）相线应接到中心触点的端子上，中性线应接在灯头螺纹的端子上。

2）灯头的绝缘外壳不应有破损和漏电。

3）对带开关的灯头，开关手柄不应有裸露的金属部分。

（8）嵌入顶棚的装饰灯具的安装要求如下：

1）电源线不能贴近灯具的发热表面；导线在灯盒内应留余量；灯具应固定在专设的框架上，边框应紧贴在顶棚面上。

2）矩形灯具的边框与顶棚面的装饰直线平行，其偏差不应大于5mm。

3）日光灯管组合的开启式灯具，灯管排列应整齐。

（9）为了保证安装的灯具机械性能牢固可靠、用电安全、检修方便，灯具的安装应符合下列要求：

1）采用钢管作灯具的吊杆时，钢管内径不应小于10mm；钢管壁厚度不应小于1.5mm。螺纹连接要求牢固可靠，至少旋入5～7牙，灯架和吊管内的导线不得有接头。

2）吊链灯具的灯线不应受拉力，灯线应与吊链编叉在一起。

3）软线吊灯的软线两端应打保险扣；两端芯线应搪瓷。每盏灯应有一只吊线盒（多管日光灯和特殊灯具除外），吊灯线绝缘必须良好，不得有接头。

4）同一室内或场所成排安装的灯具，其中心线偏差不应大于5mm。

5）日光灯和高压汞灯及其附件应配套使用，安装位置应便于检查和维修。

6）灯具固定应牢固可靠。每个灯具固定用的螺钉或螺栓不应少于2个；当绝缘台直径为75mm及以下时，可采用1个螺钉或螺栓固定。

（10）为防止漏电，确保使用安全，并延长使用年限，安装在绝缘台上的电气照明装置，其导线的端头绝缘部分应伸出绝缘台的表面。

（11）为了保证导线能承受一定的机械应力和安全可靠地运行，根据灯具的安装场所，引向每个灯具的导线线芯最小截面积应符合表9-6的规定。

表9-6　导线线芯最小截面积　mm^2

灯具的安装场所及用途		线芯最小截面积		
		铜芯软线	铜线	铝线
灯头线	民用建筑室内	0.4	0.5	2.5
	工业建筑室内	0.5	0.8	2.5
	室外	1.0	1.0	2.5
移动用电设备的导线	生活用	0.4	—	—
	生产用	1.0	—	—

（12）为确保安全，接线应牢固，电气接触应良好；需保护接地或保护接零的灯具、开关、插座等非带电金属部分，应有具有明显标志的专用接地螺钉。

（二）灯具安装

由于在部分地区和特殊环境仍少量使用白炽灯，在此对白炽灯的安装也作一介绍。

1. 白炽灯安装方式

白炽灯的安装方式有悬吊式、嵌顶式、壁式等，如图9-19所示。其中悬吊式可分为吊线式、吊链式和吊管式，嵌顶式又可分为吸顶式和嵌入式等。

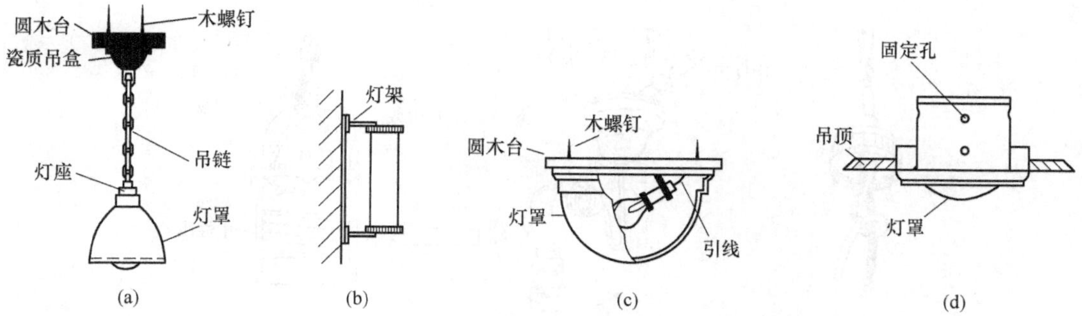

图 9-19 白炽灯的安装方式

(a) 悬吊式；(b) 壁式；(c) 嵌顶式（吸顶式）；(d) 嵌顶式（嵌入式）

2. 悬吊式的安装方法

(1) 圆木台的安装。首先在准备安装挂线盒的地方打孔，预埋木榫或膨胀螺钉，如图 9-20（a）所示。然后在圆木台底面用电工刀刻两道线槽，如图 9-20（b）所示。将两根导线嵌入圆木台线槽内，并将两根导线端头分别从两个穿线孔中穿出，用木螺钉将圆木台固定在木榫上，如图 9-20（c）所示。

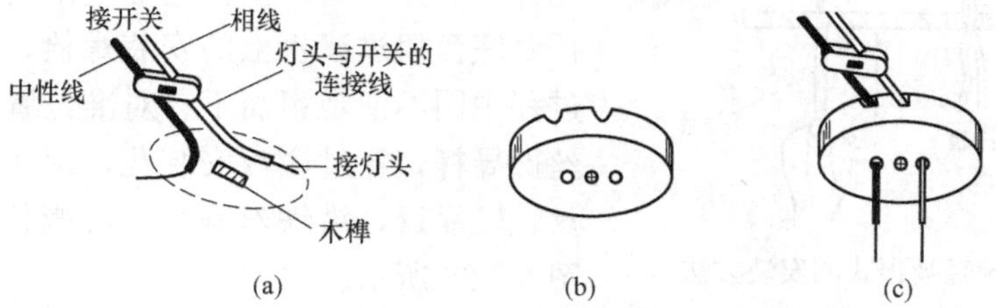

图 9-20 木台的安装

(2) 挂线盒的安装。将电源线由吊线盒的引线孔穿出，确定好吊线盒的位置，用螺钉将其固定在圆木台上，如图 9-21（a）所示。然后将电源线接在吊线盒的接线桩上，如图 9-21（b）所示。再取一段铜芯软导线做吊线盒与灯头之间的连接线，导线上端接吊线盒内的接线桩，下端接灯头接线桩。为了不使接头处承受灯具重力，吊灯电源线在进入吊线盒盖后，在离接线端头 50mm 处打一个保险扣，如图 9-21（c）所示。

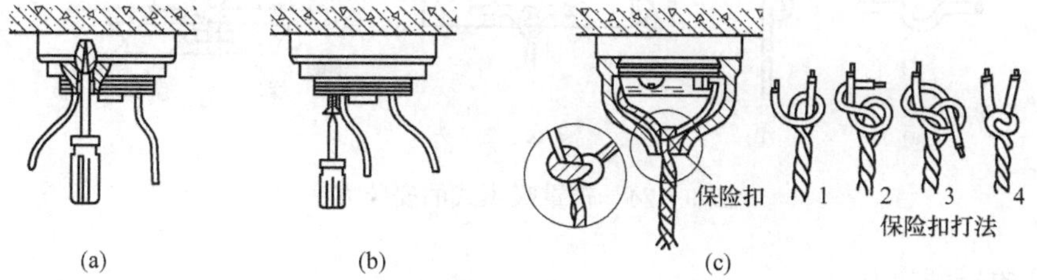

图 9-21 挂线盒的安装

(3) 灯头的安装。将软吊灯导线下端穿过灯头盖孔，在下端约 30mm 处打一个保险扣，如图 9-22（a）所示。然后把两根导线下端剥去绝缘层的芯线，分别接在灯头的两个接线桩上。旋上灯头盖，如图 9-22（b）所示。如果是螺口灯头，相线应接在与中心铜片相连的接线桩上，中性线应接在与螺口相连的接线桩上，如图 9-22（c）所示。

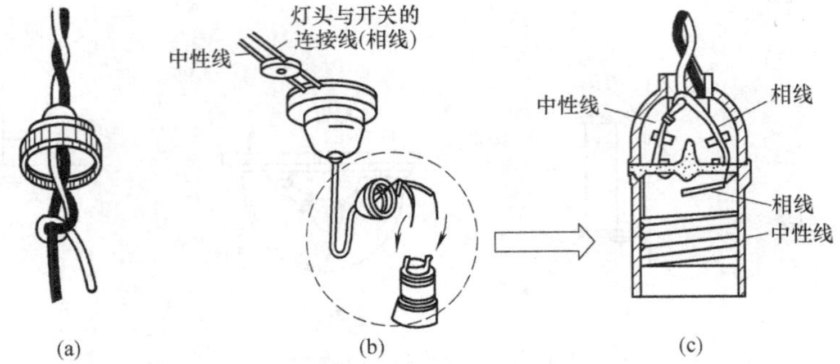

图 9-22 灯头的安装

(4) 平灯头在圆木台上安装与挂线盒在圆木台上的安装方法基本相同，不同的是平灯头的安装不需要用软吊线，由穿出的电源线直接与平灯座两个接线桩相连。

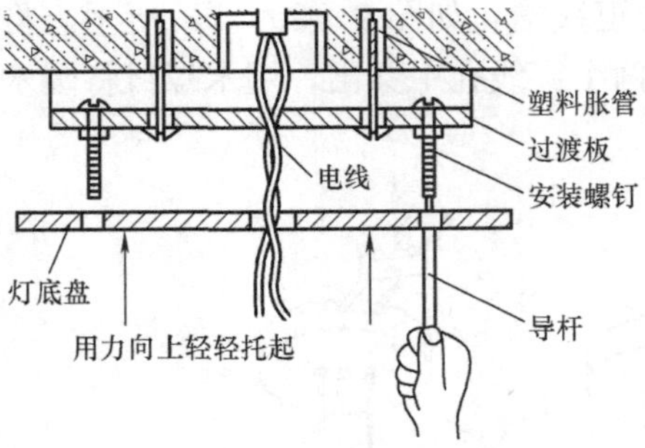

图 9-23 较轻吸顶式的安装方法

3. 吸顶式的安装方法

(1) 较轻吸顶式的安装方法。首先用膨胀螺栓或塑料胀管将过渡板固定在顶棚预定位置。在底盘元件安装完毕后，再将电源线由引线孔穿出，然后托着底盘找过渡板上的安装螺栓，上好螺母。安装过程中因不便观察而不易对准位置时，可用一根铁丝做导杆，穿过底盘安装孔，顶在螺栓端部，使底盘轻轻靠近，沿铁丝顺利对准螺栓并安装到位，如图 9-23 所示。

(2) 较重吸顶式的安装方法。首先用直径为 6mm，长约 8cm 的钢筋做一个如图 9-24 (a) 所示形状的弯条。再做一个如图 9-24 (b) 所示形状的钩子，钩子的下段铰 6mm 螺纹。接着用钩子勾住弯条后送入空心楼板内，如图 9-24 (c) 所示。用一块和吸顶灯座大小相似的木板，在中间打个孔，套在钩子的下段上并用螺母固定。在板上另打一个孔，将电源线穿出。然后用螺钉将吸顶灯底座板固定在木板上，接着将灯座装在钢圈内木板上。经通电试验合格后，最后将玻璃罩装入钢圈内，用螺母固定，如图 9-24 (d) 所示。

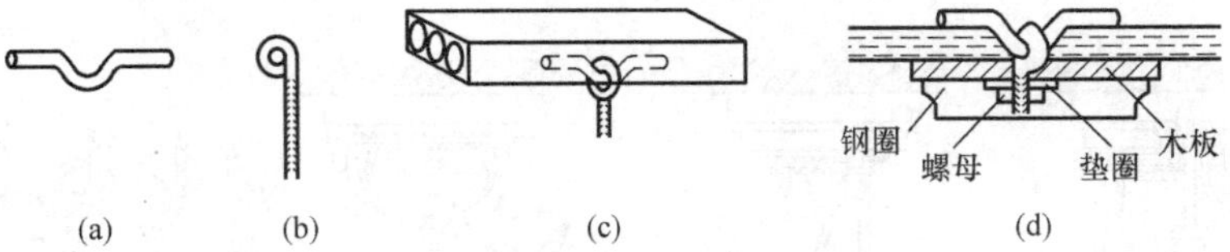

图 9-24 较重吸顶式的安装方法

4. 壁灯的安装方法

(1) 壁灯固定件的埋设。壁灯安装在砖墙上时，应在砌墙时预埋木块或金属构件，如图 9-25 (a)、(b) 所示。壁灯下沿距地面的高度为 1.8～2.0m，室内四面的壁灯安装高度可以不相同，但同一墙上的壁灯高度应一致。

(2) 壁灯的安装。壁灯为明线敷设时，将木榫固定在木块或金属构件上，然后再将灯具基座固定在木块上，如图 9-25 (c) 所示。壁灯为暗线敷设时，用膨胀螺栓直接将灯具基座固定在墙内的塑料胀管中，如图 9-25（d）所示。壁灯装在柱子上时，可直接将灯具基座安装在柱子的金属构件上或用抱箍固定的金属构件上，如图 9-25（e）所示。

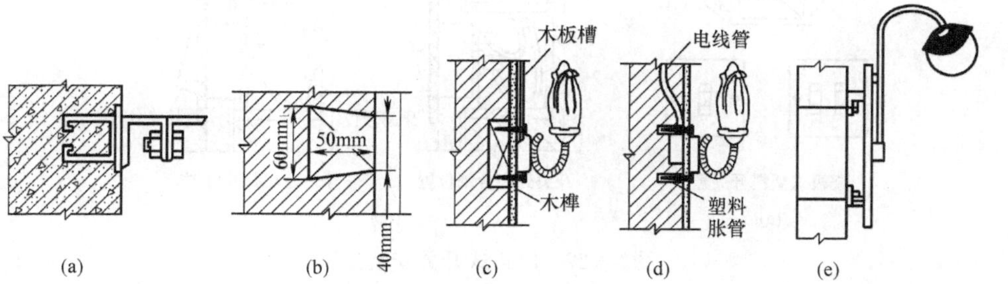

图 9-25 壁灯的安装方法

（a）预埋焊接角钢；（b）预埋木块；（c）明线安装；（d）暗线安装；（e）柱上安装

（三）开关安装

1. 电灯开关安装方式

电灯开关有多种，常见的有拉线开关、扳把式开关和跷板式开关等。

2. 开关安装位置

开关通常装在门的旁边或其他便于操作的地方。拉线开关距地面高度为 2～3m，若室内净高低于 3m 时，拉线开关可安装在距天花板 0.2～0.3m 处。扳把开关离地面高度应不小于 1.3m。拉线开关和扳把开关与门框的距离以 150～200mm 为宜。

3. 拉线开关安装

安装拉线开关时，应先在绝缘的方（或圆）木台上钻三个小孔，穿进导线后，用一只木螺钉将木台固定在木榫上。然后拧下拉线开关盖，把两根导线头分别穿入开关底座的两个穿线孔内，用两根直径不大于 20mm 的木螺钉将开关底座固定在绝缘木台上，把导线分别接到接线桩上，然后拧上开关盖。明装拉线开关拉线口应垂直向下，以不使拉线和开关底座发生摩擦，防止拉线磨损断裂，如图 9-26 所示。

4. 跷板式开关安装

跷板式开关应与配套的开关盒一起安装。常用的跷板式塑料开关盒如图 9-27（a）所示。开关接线时，应使开关切断相线，并根据跷板式开关面板上的标志确定面板的装置方向，即装成跷板下部按下时，开关处在合闸的位置，跷板上部按下时，开关应处在断开位置，如图 9-27（b）所示。

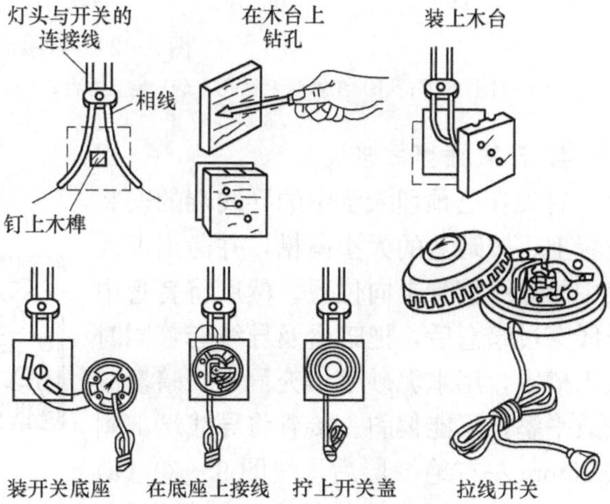

图 9-26 拉线开关安装方法

（四）插座安装

在照明电路安装中，插座的种类主要有空调、家用电器（如微波炉、冰箱、消毒柜、电饭煲、电视等）所用的双眼、三眼单相插座居多。

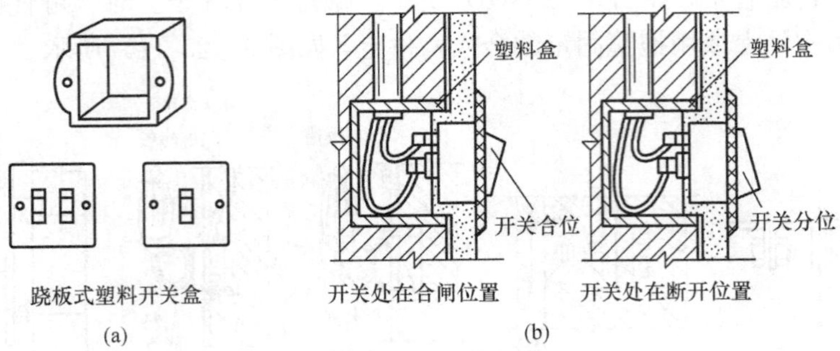

图 9-27 跷板式开关安装方法

1. 插座安装方式

插座安装方式有明装和暗装两种，在住宅电气装饰中，尤以暗装插座居多。

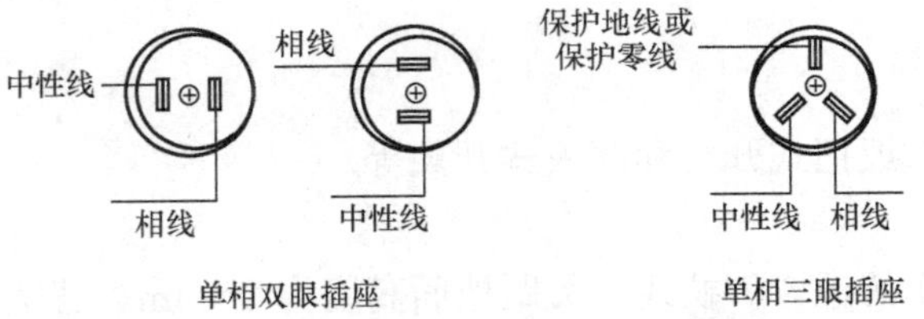

图 9-28 插座插孔电极连接法

2. 插座插孔的极性连接

为了保证用电安全，安装插座时，其插孔的极性连接应严格按图 9-28 所示的要求进行，切勿乱接。当交、直流或不同电压的插座安装在同一场所时，应有明显区别，并且注意插头和插座均不能相互插入。

3. 双眼插座的明装

双眼插座明装一般用于明敷线路上，在绝缘木台上要用两只木螺钉固定，安装步骤如图 9-29 所示，按 (a)→(f) 顺序进行。

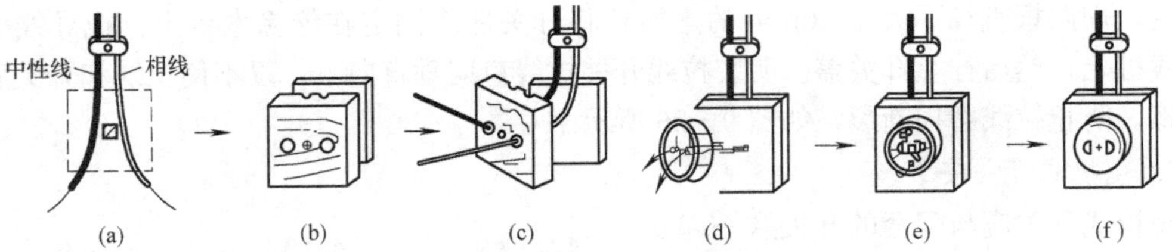

图 9-29 双眼插座的明装法

(a) 钉上木榫；(b) 在木台上钻孔；(c) 装上木台；(d) 装插座底座；(e) 在底座上接线；(f) 拧上插座盖

4. 三眼插座的暗装

首先在已预埋入墙中的导线端的安装位置上，按暗盒的大小凿槽，并凿出埋入墙中的导线套管走向位置。然后将套管中导线穿过暗盒后，把暗盒及导线套管同时放入槽中，用水泥砂浆填充固定。暗盒应安放平整，不能偏斜。接着将导线端部剥去 15mm 左右绝缘层后，按图 9-30 (a) 所示分别接入插座接线桩中，拧紧螺钉。最后将插座用平头螺钉固定在开关暗盒

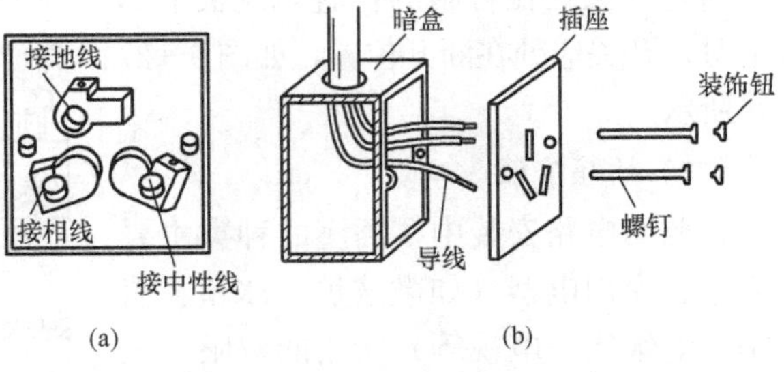

图 9-30 三眼插座的暗装

上，压入装饰钮，如图 9－30（b）所示。

5. 插座安装注意事项

（1）插座的安装位置距地面高度：明装时一般应不小于 1.3m。

（2）对于电视、电脑、音响设备、电冰箱等，为了方便插接需要，插座一般安装在距地面高度不小于 200mm 处。

（3）住宅安装窗式空调、分体空调时，一般就近安装明装单相插座（250V/16A）。

（4）豪华住宅客厅安装柜式空调时，一般就近明装三相四孔插座。

（5）微波炉应单独安装插座。

（6）电饭煲、电炒锅、电水壶等电炊具一般设在厨房灶台上，其插座一般安在灶台的上方，且距离台板面不小于 200mm。

（7）为了确保用电安全，插座接线颜色必须加以区分，相线（火线）用黄、绿、红色，中性线（零线）用黑、淡蓝色，接地线用黄、绿双色。

五、电气照明装置安装后的自查

电气照明验收自查内容主要包括：

（1）检查工程施工情况是否符合设计要求。

（2）工程安装的电气照明设备是否完好。

（3）施工方法和内容是否符合规范要求，包括：①配线的连接情况是否良好可靠；②配线与其他管路、建筑构件的距离是否符合标准；③检查安装的电气照明器具的安全性能等。

自查后必须对设备和线路进行严格的试验，参见第十一章。

第五节　照　明　供　电

一、照明电源

照明电源应符合下列要求：

（1）低压供电系统一般采用 380/220V 三相四线制中性点直接接地系统，电源电压应符合单相供电为 220V，三相供电为 380V 的规定。照明用电容量在 5kW 以下者，可以单相供电；5kW 及以上的高层多单元建筑，应采用三相供电。

（2）需要采用直流应急照明电源时，其电压可根据容量大小、使用要求确定。

（3）对下列特殊场所应使用安全电压照明器：

1）隧道、人防工程，有高温、导电灰尘或灯具离地面高度低于 2.4m 等场所的照明，电源电压应不大于 36V。

2）在潮湿和易触及带电体场所的照明电源电压不得大于 24V。

3）在特别潮湿的场所、导电良好的地面（如金属或其他特别潮湿的土、砖、混凝面等）、锅炉或金属容器内工作的照明电源电压不得大于 12V。

4）使用干式照明变压器降压的 380/220/36～12V 供电电源，必须使用双绕组变压器，严禁使用自耦变压器。

（4）照明配电箱的设置应尽量靠近负荷中心，并保证用电安全和运行维护方便。

此外，照明供电电压的选择还与动力网络的供电电压有关。

二、照明配电系统

照明电源配电系统应根据照明的类别，结合客户供电方式统一考虑。

照明配电系统由外部电源供电如图 9-31 所示。图 9-31（a）适用于不设变电所的重要或较大的建筑物，几个建筑物的正常照明可共用一路电源线，但每个建筑物进线处应装带保护的总断路器；图 9-31（b）适用于次要的或较小的建筑物，照明接于动力配电箱总断路器前。多层（6 层及以下）建筑低压供电如图 9-32 所示。其配电特点是在多层建筑物内，一般采用干线式供电，总配电箱（含电能表）多设在底层。

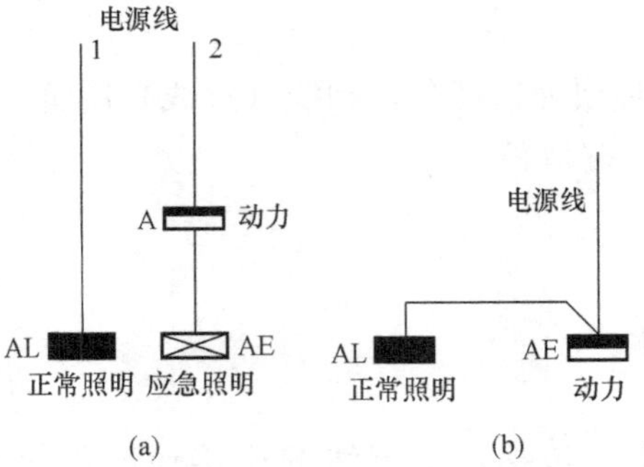

图 9-31 外部电源供电

（a）正常照明共用一路电源；

（b）动力、应急照明共用另一路电源

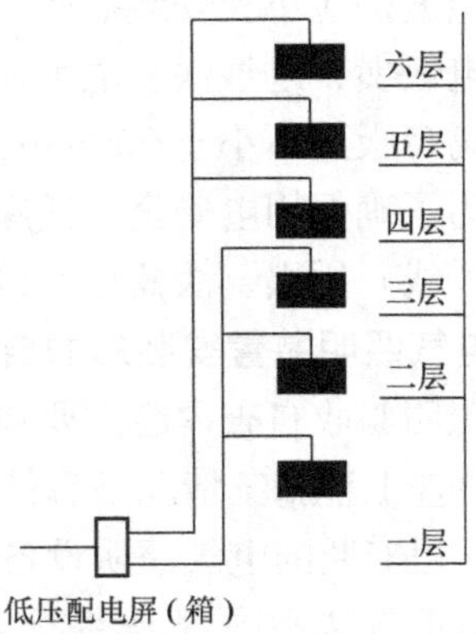

图 9-32 多层建筑供电

三、电压选择

（1）照明网络一般采用 380/220V 三相四线制中性点直接接地系统，一般场所选用灯用电压为 220V。一般照明用的白炽灯电压等级主要有 220、110、36、24、12V 等；荧光灯的适用网络电压为 110、220V。光源的电压是指对光源供电的网络电压，不是指灯泡（灯管）两端的电压降。供电电压必须符合标准的网络电压等级和光源的电压等级。当供电电压不符合光源电压等级要求时，可采取降压措施。

（2）需要采用直流应急照明电源时，其电压可根据容量大小、使用要求确定。

（3）对下列特殊场所应使用安全电压照明器：

除需要满足照明电源特殊场所要求的 1)～4）条外，还要保证工作照明亮度的稳定，以免伤害工作人员的视力。光源的端电压偏移的允许值一般不低于额定电压的±5%；在视觉要求较高的屋内场所，电压偏移允许为额定电压的+5%、-2.5%；对于远离变电所的小面积一般工作场所，难以满足上述要求时，电压偏移值允许为额定电压的+5%、-10%；应急照明、道路照明、警卫照明或额定电压为 12～36V 的照明，电压偏移允许为额定电压的+5%、-10%。为此，若不能满足要求，必要时可采取稳压措施。

此外，照明供电电压的选择还与动力网络的供电电压有关。

四、照明线路的保护

1. 照明线路的保护计算

导线流过很大电流时，会使导线温升过高，其导线绝缘层会迅速老化并缩短使用寿命，还可能引起火灾。引起线路过电流的主要原因是短路或过负荷，短路大多由线路的绝缘破坏引起，过负荷则主要是照明负荷的增加而引起的。

照明线路的保护一般分为短路保护和过负荷保护。照明电路中需要电气保护的是灯泡、灯座、开关及其连接导线。这些元件连接在照明支路上，通常不对每个器件进行单独保护，而采用照明支路的保护装置兼作它们的短路保护。

(1) 民用建筑的许多小型用电设备（0.25kW 及以下的电感性负荷或 1kW 及以下的电阻性负荷），一般都通过插头连接在照明电插座支路上。若小型用电设备自身具有保护装置，则照明电插座支路的保护作为小型用电设备的后备保护；若自身无保护装置，需要依靠照明电插座支路的保护装置作小型用电设备的保护。所以照明电插座支路的保护装置，必须考虑能够保护那些自身不具备电气保护的用电设备的短路。因此，在住宅中照明与插座混合的支路或单独的插座回路，其保护装置的额定电流一般不宜大于 6A；在其他民用建筑中的照明电插座支路不宜大于 10A，以保护那些用电设备不致因短路而烧毁或引起火灾。当插座支路的额定电流较大时，也可采取每个插座处设保护装置。如选用带熔丝管的暗插座，熔丝管的额定电流可根据可能接用设备的容量选取，一般不宜大于 5A。

(2) 照明支路（包括照明电插座支路）可采用熔断器或低压断路器作保护装置。低压断路器应选用塑壳或照明用开关，其保护较完善，但整定电流不可调，对于负荷无变化的重要场所，宜选用该型开关。

1) 当照明支路采用熔断器保护时，其熔体额定电流应满足式（9-1）要求，即

$$I_{RN} \geqslant K_m I_{calc.c} \tag{9-1}$$

式中 I_{RN}——熔断器熔体额定电流，A；

K_m——照明线路熔体选择系数，白炽灯、荧光灯、卤钨灯、金属卤化物灯取 1.0，高压汞灯、钠灯取 1.5；

$I_{calc.c}$——照明支路负载的总计算电流，A。

2) 当照明支路采用低压断路器保护时，其长延时和瞬时过流脱扣器的整定电流应满足式（9-2）要求，即

$$\begin{aligned} I_{OP1} &\geqslant K_{K1} I_{calc.c} \\ I_{OP2} &\geqslant K_{K2} I_{calc.c} \end{aligned} \tag{9-2}$$

式中 I_{OP1}——低压断路器长延时脱扣器整定电流，A；

I_{OP2}——低压断路器瞬时脱扣器整定电流，A；

K_{K1}——长延时脱扣器（热脱扣器）的可靠系数，白炽灯、荧光灯、卤钨灯、高压钠灯取 1.0，高压汞灯取 1.1；

K_{K2}——瞬时脱扣器的可靠系数，取 6.0。

2. 导线允许载流量与保护装置整定电流的配合

为了使导线在保护装置未切除过负荷电流或短路电流以前不致有不容许的温升，导线的截面积必须与保护装置整定电流值有一定的配合。其配合原则如下：

(1) 具有短路保护装置的线路中，导线的允许载流量与保护装置的整定电流应满足下列关系：

1) 采用熔断器作短路保护时，熔体的额定电流不应大于电缆或穿管绝缘导线允许载流量 2.5 倍。当线路末端发生单相接地短路时，短路电流不应小于熔断器额定电流的 4 倍。

2）采用低压断路器作短路保护时，长延时过流脱扣器的整定电流一般不大于绝缘电线或电缆允许载流量的1.1倍。当线路末端发生单相接地短路时，短路电流不应小于低压断路器瞬时或短延时过电流脱扣器整定电流的1.5倍。达不到此值时，其短路电流应满足长延时过流脱扣器在15s内动作。

（2）具有过负荷保护的线路中，导线的允许载流量与保护装置的整定电流应满足下列关系：

1）采用熔断器作过负荷保护，绝缘电线或电缆的允许载流量不应小于熔断器熔体额定电流的1.25倍。

2）采用低压断路器作过负荷保护时，绝缘电线或电缆的允许载流量不应小于低压断路器长延时过流脱扣器整定电流的1.25倍。

低压断路器脱扣器整定电流和熔体额定电流的选择还应保证整个保护装置动作的选择性。从开始于电源的馈电线到接至照明器的分支线，当存在几段保护时，近负荷侧线段保护装置的动作电流应比近电源侧线段保护装置的动作电流小，应根据保护的段数，合理确定级差配合。

在屋内照明线路的分支线上，熔断器和低压断路器的整定电流一般应不大于20A。

小 结

1. 电气照明安装是内线安装的主要工作之一，掌握照明方式、光电参数及基本计算公式，照明质量等有关基本概念是电气照明安装质量的重要保证。主要光电参数有光通量、照度、光效、发光强度、色温、色表、亮度、显色性、电特性、电寿命等。为保证照明质量，应采取限制直接眩光和限制反射眩光措施等；合理选择和使用“中国绿色照明工程”计划推广的高效照明器具，实施绿色照明工程。

2. 照明的光源可分为热辐射光源和气体放电光源两大类。从总配电箱到分配电箱的干线有放射式、树干式和混合式三种供电方式，典型的低压配电方式有分区树干式（混合式）和大树干式。照明电路一般配置要求单相交流220V的两线制、三相四线制380/220V或带保护线PE的三相五线制供电。从配电箱引出的接用照明器的线路，照明电路开关、照明器安装原则是：“相线进开关，零线进灯头；配线中间不断头；控制多灯，开关容量要足够”。

3. 光源要根据使用场所的环境条件和光源的特征进行综合选用，照明灯具的选择有按配光特性选择灯具，也有按环境条件选择灯具。安装的一般要求：①按图施工，不得随意更改；②加强管理，文明施工；③装置固定牢固、可靠；④灯具不得直接安装在可燃构件上等。

4. 安装插座的注意事项是：①插座的安装位置距地面高度，明装时一般应不小于1.3m；②一般是安装距地面高度≥200mm；③住宅空调明装单相插座（250V、16A）；④微波炉应单独安装插座；⑤灶台插座距离台板面≥200mm。

5. 照明线路的保护一般分为短路保护和过负荷保护。照明电源选择、导线允许载流量等要与保护装置整定电流相配合。

6. 电气照明工程结束必须进行严格的自查，对线路进行必要的性能测试和通电试验。

习 题

9-1 照明方式和种类是如何划分的？

9-2 叙述照明光源的主要光电参数的含义。

9-3 如何限制光源的直接眩光和反射眩光？

9-4 什么是绿色照明工程？其推广使用的是哪些照明灯具？

9-5 照明电光源是怎样分类的？如何提高气体放电灯的功率因数？

9-6 为什么要淘汰白炽灯？

9-7 叙述日光灯的结构、原理及安装注意事项。

9-8 叙述金属卤化物灯、高压汞灯、高压钠灯、低压钠灯、氙灯的结构、原理及安装主要注意事项。

9-9 灯座、灯罩有什么作用？如何选用灯座？

9-10 如何选择照明器？

9-11 什么叫灯具的距高比？如何计算灯距？

9-12 如何防止灯具超重坠落？

9-13 嵌入顶棚的装饰灯具安装应符合哪些要求？

9-14 为保证灯具安装牢固、用电安全，其应符合哪些要求？

9-15 如何选择照明用开关、插座？

9-16 灯开关安装前应作哪些检查？跷板或指甲式开关安装有哪些要求？

9-17 插座安装前应作哪些检查？其安装有哪些要求？

9-18 特殊场所照明电压如何选择？

9-19 照明配电有哪几种方式？各有什么特点？

9-20 导线允许载流量与保护装置整定值如何配合？

第十章

内 线 安 装 工 程

第一节 内线安装概述

一、内线安装工作的基本内容

(1) 根据设计图样、有关的施工工艺及验收规程进行内线工程施工，包括安装照明和低压动力线路、电动机及其控制设施、配电所低压馈电屏（箱）等设备。

(2) 准确优化选用合格的设备、导线和电缆截面、保护装置的额定电流及整定值。

(3) 测定绝缘性能，调试设备运行参数。

(4) 完善竣工图样，正确填写施工记录和施工总结。

二、保证内线施工安全生产的技术措施

(1) 在施工现场做好接地装置，在已运行的设备上施工，应执行停电、验电、挂地线制度。

(2) 在施工现场的用电设备应采用剩余电流动作保护、接地、接零等措施进行防护，以防止剩余电流造成危害。

(3) 必须使用符合标准的安全用具。

三、制订和编制电气安装工程施工计划前的准备工作

1. 制订和编制电气安装工程施工计划前应掌握的基本资料

(1) 与电气设备安装有关的全部施工图。

(2) 电气安装的竣工期限。

(3) 施工预算。

(4) 配合在该工程上的人数及机械设备、材料及水电供应情况。

(5) 了解有关内线安装协作单位的意见。

2. 建筑电气工程图的基本要求

一份完整详细的建筑电气工程图样，必须满足以下基本要求：

(1) 根据图纸可编制施工方案，进行施工和安装。

(2) 根据图纸可编制工程预算。

(3) 根据图纸可安排设备、材料详细规格和数量的订货。

(4) 根据图纸可制作非标准设备。

3. 电气工程施工前的培训

电气工程施工前应对相关人员进行系统的培训，以保证施工过程的安全及质量。培训的主要内容包括：

(1) 工程任务概况。

(2) 工程进度和施工部署。

(3) 施工技术措施和关键技术问题。

(4) 保证工程质量的措施。

(5) 保证安全生产的措施和关键性的安全操作。

（6）新技术、新工艺、新材料和新设备的应用知识等。

四、内线安装工程的预决算

1. 电气安装工程决算审计的主要内容

（1）审查竣工验收手续是否完备，竣工图、表格、费用签证单是否齐全，有无计划外工程项目和扩大基建规模的情况。

（2）审查应收付款、结余器材、结余资金的保管及处理情况，有无不按规定上交或转移挪用等问题。

（3）审查实际投资的计算是否正确，有无不应列入建设总成本的开支。

（4）审查实际投资与先前概、预算是否基本一致。

（5）从工程质量、投资金额、施工周期和投资回收年限等方面分析投资效果。

2. 对工程预算进行审核时应注意的问题

（1）审核预算是否正确。

（2）工程量是否真实。

（3）套用定额是否正确。

（4）材料价格是否合理。

（5）各项费用及计划利润计算是否符合国家规定，尤其要重点检查重项、漏项、小数点位置等方面。

第二节　室内配线工程安装

一、室内配线的施工步骤

客户内线工程中工程量最大的是室内配线，配线方式无论是明配线还是暗配线，其工程施工工序基本一致。主要工序如下：

（1）定位。按施工要求，在建筑物上确定出照明灯具、插座、配电装置、启动和控制设备等的实际位置，并注上记号。

（2）划线。在导线沿建筑物敷设的路径上，划出线路走向色线，并确定绝缘支持件固定点、穿墙孔、穿楼板孔的位置，并注明记号。

（3）凿孔与预埋。按上述标注位置凿孔并预埋紧固件。

（4）安装绝缘支持件、线夹或线管等固定导线的元件。

（5）按施工工艺要求敷设导线。

（6）完成导线间连接、分支和封端，处理线头绝缘。

（7）完成开关、插座、灯具及用电设备的连接。

（8）检查线路安装质量。检查线路外观质量，有无断路、短路，测试直流电阻和绝缘电阻是否符合要求。

（9）通电试验，全面验收。

二、预埋件的施工

预埋件的施工直接影响到电气施工的质量，同时也影响到建筑物的土建结构及装饰要求。在预埋工作中，对于承重构件（如梁、柱、承重墙）一般不允许大面积钻凿，以免破坏构件或引起漏水、渗水。

1. 木榫的安装

木榫应选用较干的松木（杂木太硬，杉木太软），未干透的木棒在干缩后会发生松动而脱落。木榫应削成稍带斜度的方柱体，如图 10-1 所示，木榫的长度应以木螺钉拧进木榫不超过一半为宜。

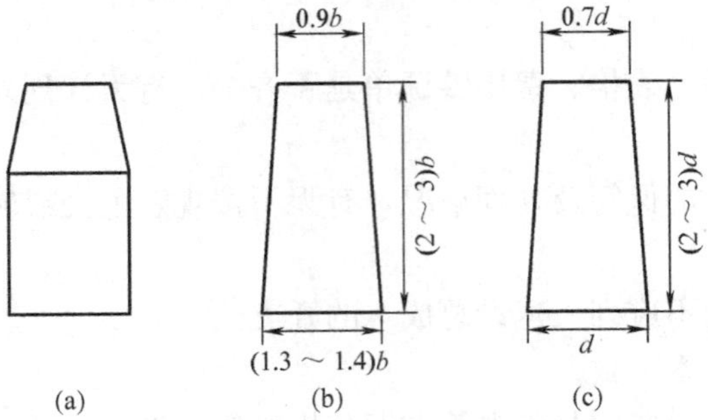

图 10-1　木榫的形状

(a) 错误的木榫；(b) 配方形孔洞；(c) 配圆形孔洞

b—方形洞边长；d—圆形洞直径

2. 膨胀螺栓的安装

常用的膨胀螺栓有塑料、橡皮和金属螺栓等几种，其外形及配合如图 10-2 所示。

膨胀螺栓是紧固在建筑构件内的，其钻孔大小应与膨胀螺栓的规格相符合。常用膨胀螺栓固定荷载和钻孔规格见表 10-1。

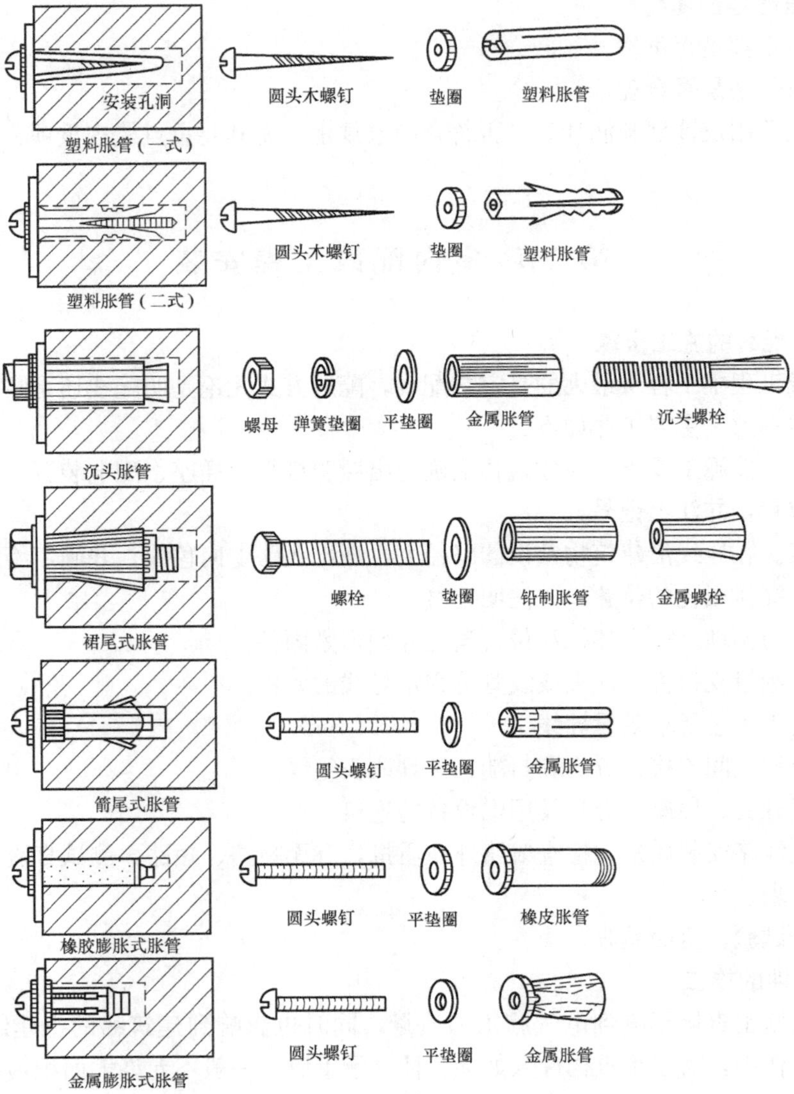

图 10-2　各种膨胀螺栓配合示意图

表 10－1　膨胀螺栓钻孔规格表

胀管类别	规格（mm）						承装荷载允许拉力（×9.8N）	承装荷载允许剪力（×9.8N）
	胀管		螺钉或沉头螺栓		钻孔			
	外径	长度	直径	长度	直径	深度		
塑料胀管	6.0	30.0	3.5	按需要选取	7.0	35	11	7
	7.0	40.0	3.5		8.0	45.0	13	8
	8.0	45.0	4.0		9.0	50.0	15	10
	9.0	50.0	4.0		10.0	55.0	18	12
	10.0	60.0	5.0		11.0	65.0	20	14
沉头式胀管	10.0	35.0	6.0	按需要选取	10.5	40.0	240	160
	12.0	45.0	8.0		12.5	50.0	440	300
	14.0	55.0	10.0		14.5	60.0	700	470
	18.0	65.0	12.0		19.0	70.0	1030	690
	20.0	90.0	16.0		23.0	100	1940	1300

3. 角钢支架的埋设

（1）角钢支架的分类及埋设时间。要将绝缘子固定在建筑物上，电器安装上多用角钢支架支承。角钢支架有一形和Ⅱ形两种。其中，一形多用于安装线路中间的绝缘子；Ⅱ形多用于安装线路转角和终端的绝缘子。根据支架不同的用途和受力方向，应采用相应的掰角方向和埋设方法，如图 10－3～图 10－5 所示。直架埋设 3～7 天后，方可进行配线安装。

（2）孔洞的位置和凿法。支架孔洞的位置应尽量选择在砖缝处，并应符合配线路径和支架间距的要求。孔洞开凿时不要凿砖缝两边砖块，要凿角钢内档的砖块，外档的砖块应尽量保持原样，如图 10－6 所示。

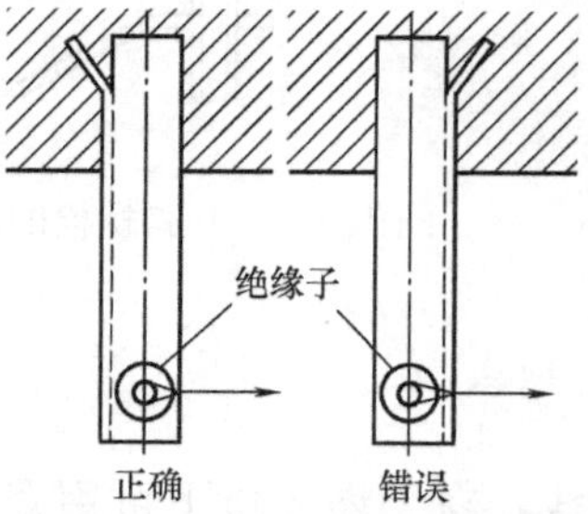

图 10－3　终端一字形角钢掰脚和支架埋设法

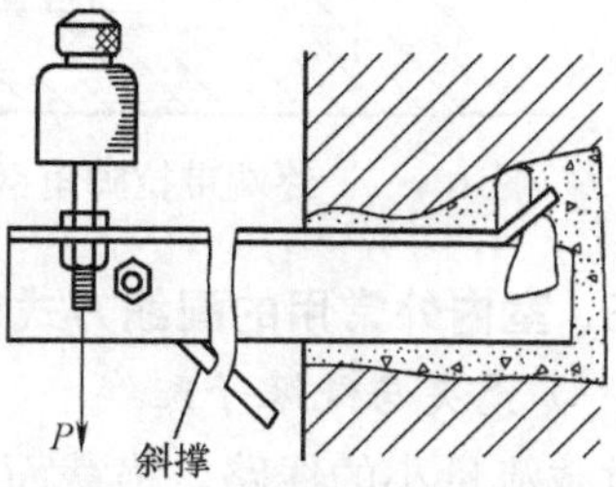

图 10－4　中间角钢支架埋设法

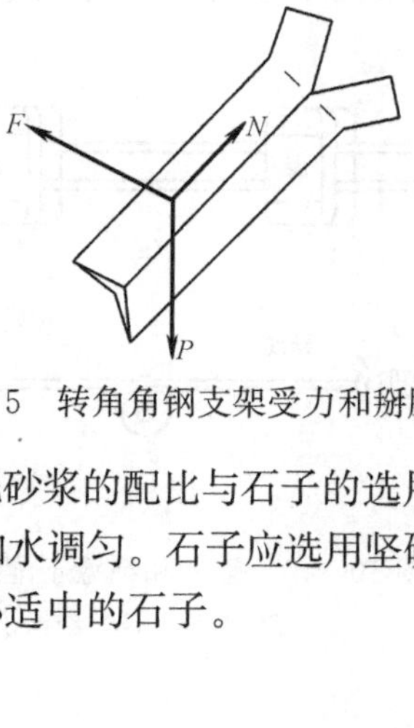

图 10－5　转角角钢支架受力和掰脚方向

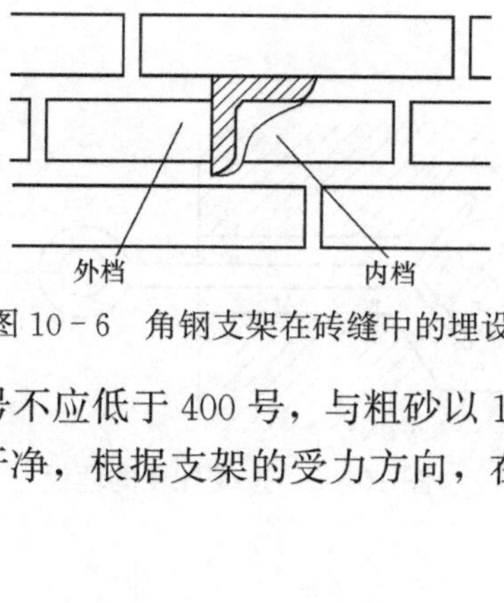

图 10－6　角钢支架在砖缝中的埋设

（3）水泥砂浆的配比与石子的选用。使用的水泥标号不应低于 400 号，与粗砂以 1∶2～1∶3 的比例加水调匀。石子应选用坚硬的青石子并清洗干净，根据支架的受力方向，在适当位置填入大小适中的石子。

(4) 角钢支架埋设步骤。孔洞凿好后，先将支架放入孔内，检查孔洞各处尺寸和深度是否符合要求；然后清除孔内粉尘，用水将内壁和底部打湿；再用条形泥板把水泥砂浆灌入孔底，并调整好支架的水平与垂直度，最后将砂浆捣实。

(5) 角钢支架的支承件及埋设方法。当角钢支架间距过大、悬臂较长或导线截面较粗时，为了加强角钢支承力，可在角钢支架下方加装斜撑。对于终端和转角支架，可在支架侧面加装拉脚（或撑脚），如图 10-7 所示。拉脚一般用圆钢制作，两头做耳环，分别固定在支架和墙壁上。也可采用扁钢制作，在扁钢两端分别钻孔，用螺栓将两端固定。

4. 开脚螺栓与拉线耳环的埋设

开脚螺栓和拉线耳环都要受到向外拉力。在砖墙上埋设时，应尽量沿着砖缝凿孔。墙孔要开凿成长方形，长边略大于开脚螺栓或拉线耳环尾部张开的最大宽度，短边口部要窄，内部掏宽，其宽度应使开脚螺栓能在孔内旋转为宜。埋设时，先清理墙孔并浸湿，加入少量水泥砂浆，将环尾部从墙孔的长边进入，再将开脚螺栓或拉线耳旋转 90°，如图 10-8、图 10-9 所示，并在张角内塞上石子，灌满水泥砂浆。

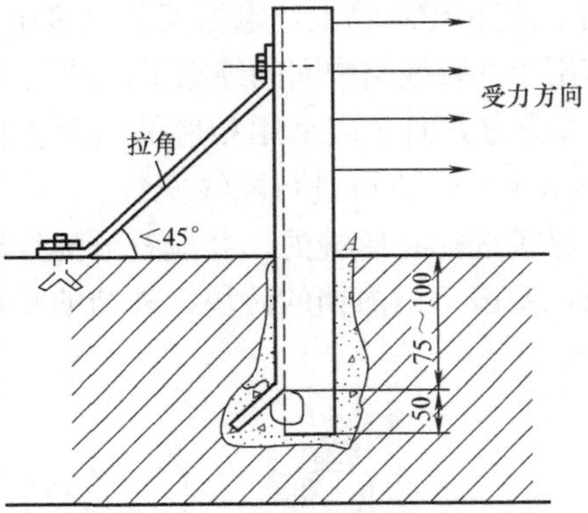

图 10-7 终端带拉脚角钢支架埋设法

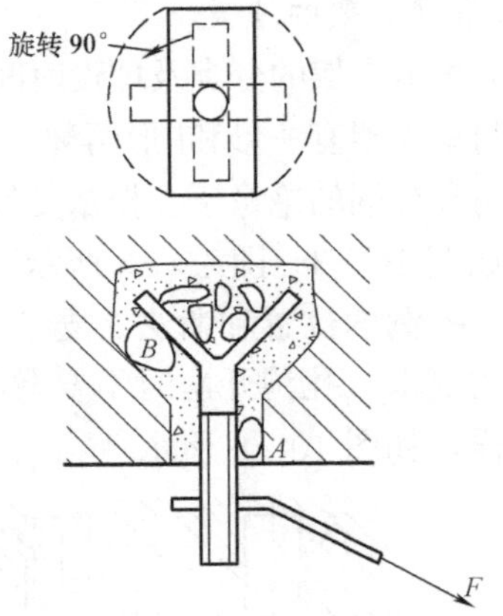

图 10-8 开脚螺栓的埋设

三、室内外常用的配线方式

(一) 瓷夹与绝缘子配线

对载流量小的线路，横截面在 $10mm^2$ 以下的导线，在干燥环境下可用瓷夹配线，如图 10-10 (a) 所示。这种配线方式工艺简单，成本低廉，但不够美观，通常用于对线路美观

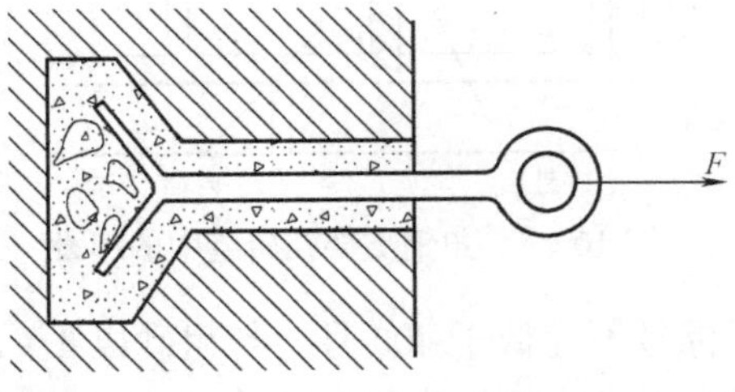

图 10-9 拉线耳环的埋设

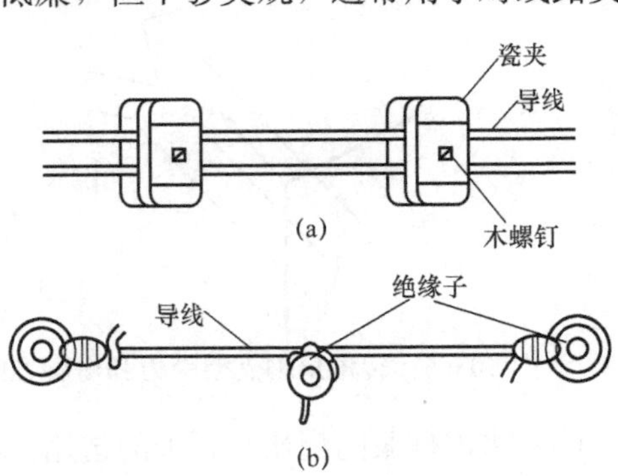

图 10-10 瓷夹和绝缘子配线示意图

(a) 瓷夹配线；(b) 绝缘子配线

程度要求不高的场合。如果线路载流量大，对机械强度要求较高，环境又比较潮湿的场合，可用绝缘子配线，如图 10－10（b）所示。这种配线方式既适用于室内，又适用于室外。常用的绝缘子有鼓形、针式、蝶式等类别。

1. 瓷夹与绝缘子配线技术要求

（1）安装前按照施工图划线、定位，并在线路和设备的固定点凿孔，预埋紧固件。在确定线路的固定点和导线之间的距离时，可参照表 10－2。

表 10－2　室内导线固定点之间和绝缘导线之间的距离

配线方式	导线截面积（mm^2）	固定点间最大允许距离（mm）	导线间最小允许距离（mm）
瓷夹、塑料夹	1～2.5	600	
	4～10	800	
绝缘子	1～2.5	2000	70
	4～10	2500	70
	16～25	3000	100
	35～70	6000	150
	95～120	6000	150

（2）在木结构上安装瓷夹和鼓形绝缘子，可用木螺钉直接固定。固定瓷夹的木螺钉长度为瓷夹高度的 2 倍。固定鼓形绝缘子的木螺钉规格，与绝缘子规格之间的配套关系见表 10－3。在木结构上固定针式绝缘子时，只能选用铁脚加工有尖脚螺纹的。

表 10－3　固定鼓形绝缘子的木螺钉规格

导线截面积（mm^2）	绝缘子规格	木螺钉规格		
		号数	直径（mm）	长度（mm）
10 以下	G－20	12	5.59	70
16～50	G—35	13	5.59	80
75 以上	G—38～G—50	14	6.30	90

（3）在砖墙和混凝土结构建筑物上，可预埋木榫、膨胀螺栓、缠有铁丝的木螺钉，以固定瓷夹和鼓形绝缘子。若要安装针式、蝶式绝缘子，必须预埋角钢支架。

瓷夹和鼓形绝缘子在混凝土结构和钢结构上固定，如果预埋紧固件困难，可采用环氧树脂粘结工艺，用强力粘合剂将它们粘结在建筑物上。粘结前，先将粘结面洗净晾干，将粘合剂均匀地涂抹在瓷夹或绝缘子底部（注意粘合剂不要涂得太厚），随即将其粘在建筑物的粘合点上，养护 2～3 天，待粘合剂固化后即可使用。

2. 瓷夹与绝缘子配线工艺

（1）放线。敷设导线前，应首先将成圈的导线沿着敷设线路放出。线径较大，线路较长时，可用放线架放线。操作时，将成圈导线套在放线架上，从内线圈抽出线头，沿导线敷设路径放开，为线路敷设作好准备。如果线路较短，线径又不太粗，可用手工放线。手工放线时，顺着导线盘绕方向，一人转动线盘，一人牵着线头从线盘外圈放线，如图 10－11（a）所示。也可按图 10－11（b）所示从线盘内圈放线，这种方法

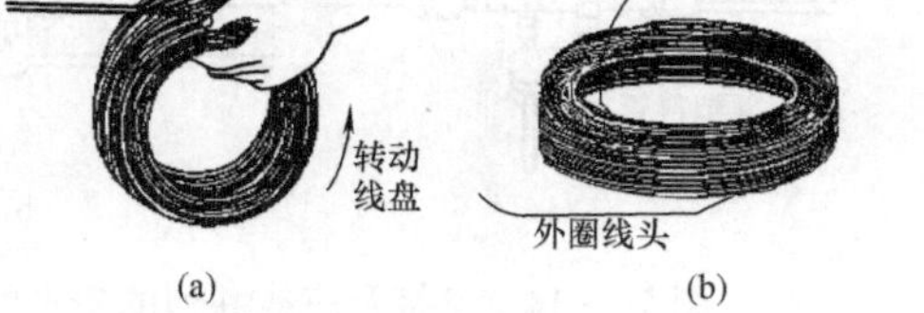

图 10－11　放线方式
（a）从外圈放线；（b）从内圈放线

目前在单芯导线放线中应用较普遍，但不适用护套线放线。放线时应尽量避免产生急弯和打结，否则会伤及导线绝缘层，严重时会伤及线芯。

（2）敷设导线。敷设导线时，应从瓷夹或绝缘子的一端开始，将导线一端紧固在终端瓷夹或绝缘子上，调直导线再进行敷设。对小截面导线的调直，先将导线拉紧，用螺钉旋具刀柄在导线弯曲部分来回捋动几次，使导线挺直，如图 10－12 所示。对于截面较大的导线，手工调直有困难时，可用滑轮调直。若还有个别地方弯曲，可用木榔头轻轻敲直。然后将导线拉直、拉紧，紧固在瓷夹或绝缘子上。注意固定点间的距离和线间距离应均匀。其中，线间距离的允许偏差水平线路不大于 10mm，竖直线路不大于 5mm。

敷线应保持横平竖直。在转角处应成直角但不得转急弯，应留有一小段圆弧，以免折伤线芯，不同平面转角与同平面转角一样，转角两边要用瓷夹固定，如图 10－13 所示。

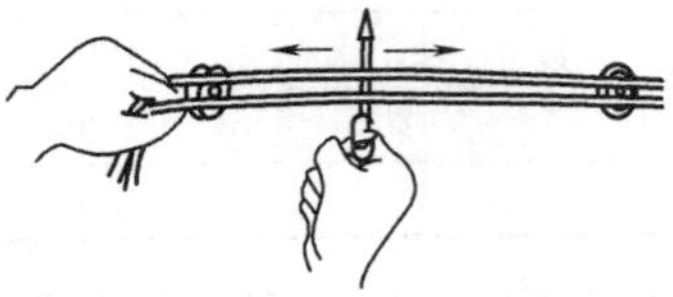

图 10－12 调直导线方法

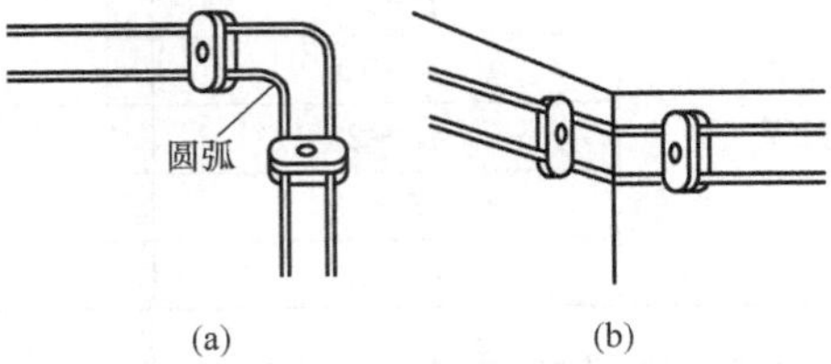

图 10－13 转角处敷设工艺

(a) 同平面转角；(b) 不同平面转角

导线的分支处及与开关、插座、灯具及其他电器的连接处，为了加强机械强度，要装 3 副瓷夹，并在被跨过的这根导线上加套瓷管或硬塑料管。瓷管的一端要靠住瓷夹，另一端靠住另一支路导线的连接处，不得把导线接头压在瓷夹内。若是三线并列，可用三孔瓷夹固定。如果三孔瓷夹，也可用两副双孔瓷夹交错固定，如图 10－14 所示。

如果两条电气线路互相交叉，或电气线路与水管、热力管和其他金属构件交叉布置，应将靠近建筑物的导线各自套上绝缘套管，并将两端用瓷夹或绝缘子固定，如图 10－15 所示。导线与热力管交叉时，除导线要加绝缘套管外，导线距热力管保温层距离不小于 20mm。

导线在梁上或柱上敷设时，必须加瓷夹或绝缘子，以保证导线与建筑物之间的最小安全距离符合要求。导线在绝缘子上固定时，应用绑线绑扎。导线的截面积越大，绑线的直径也相应增大。其绑线直径的选择见表 10－4。导线在绝缘子上的绑扎常用三种方法：导线截面积，在 $6mm^2$ 以下或中间绝缘子上固定，用单花绑扎法，如图 10－16 所示；导线截面在 $6mm^2$ 以上或受力的绝缘子，用双花绑扎法，如图 10－17 所示；终端绝缘子用回头绑扎法，如图 10－18 所示。其中，回头绑扎法的公圈数、单圈数与导线截面积的关系见表 10－5。

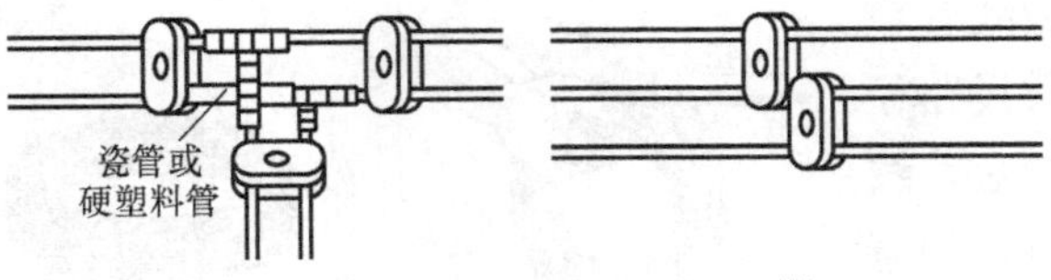

图 10－14 T 接及三线并列的瓷夹的固定

(a) T 接；(b) 三线并列

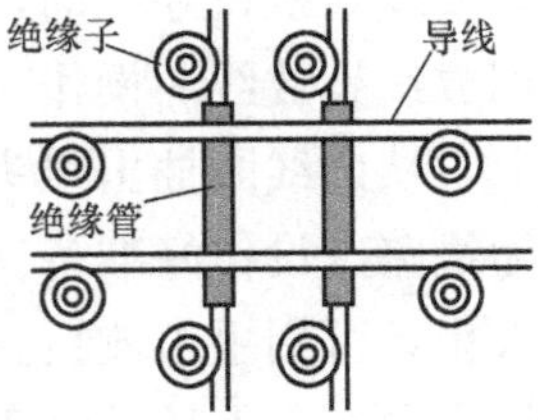

图 10－15 导线交叉处敷设

表 10-4 绑线直径选择表

导线截面积（mm²）	绑线直径	
	铝绑线	铜绑线
<10	2.0	1.0
10～35	2.0	1.4
50～70	2.6	2.0
≥95	3.0	2.6

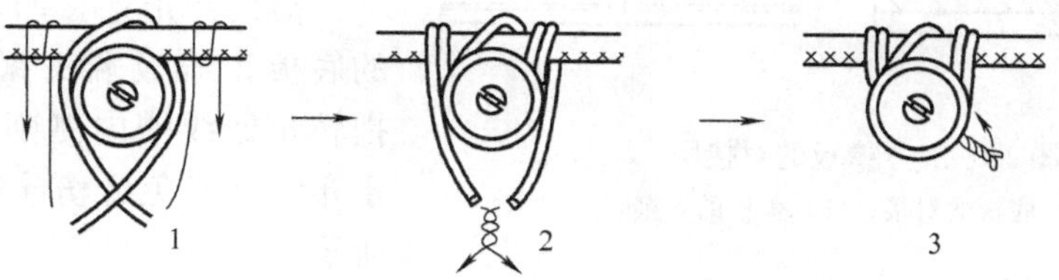

图 10-16 单花绑扎法

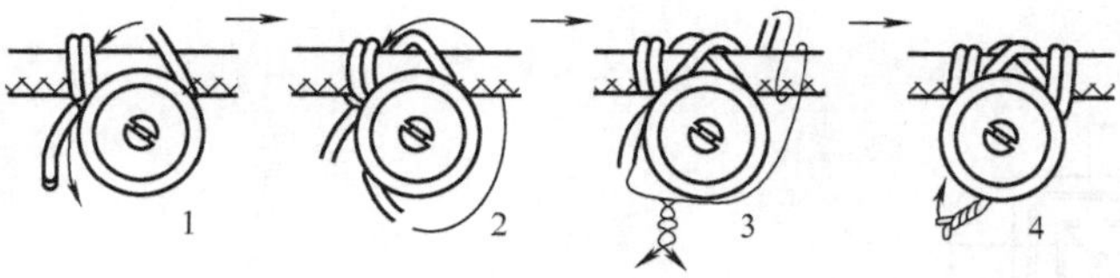

图 10-17 双花绑扎法

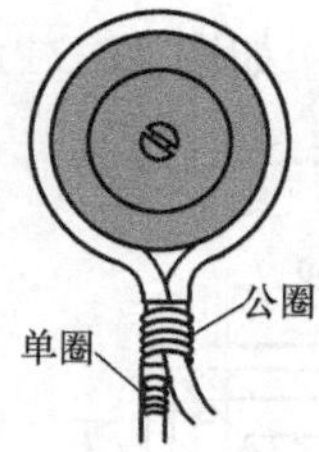

图 10-18 回头绑扎法

表 10-5 导线终端回头绑扎公圈数与单圈数

导线截面积（mm²）	1.5～2.5	4～25	35～70	95～120
公圈数	8	12	16	20
单圈数	5	5	5	5

（二）槽板配线

常用的槽板配线有木槽板和塑料槽板两种，线槽有两线和三线之分，其外形如图 10-19 所示。木槽板和塑料槽板的安装方法相同，但塑料槽板敷设时的环境温度不应低于-15℃。

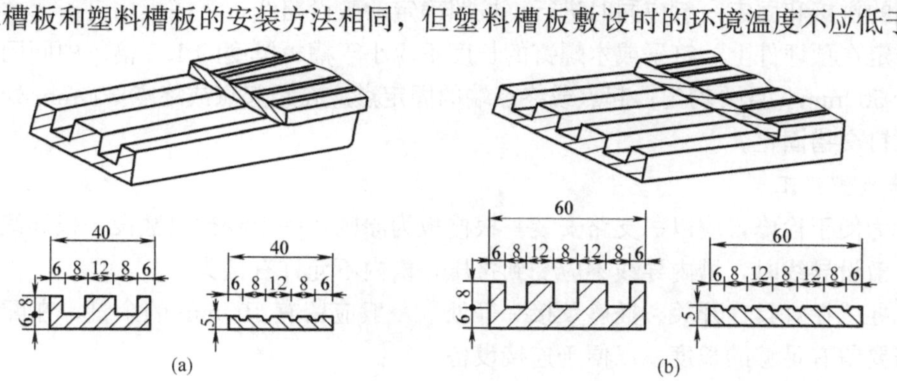

图 10-19 槽板外形图

（a）二线槽板；（b）三线槽板

为使线路安装整齐、美观，槽板应紧贴在建筑物的表面，并尽量沿房屋的线脚、墙角、横梁等敷设，要与建筑物的线条平行或垂直。

1. 槽板配线技术要求

槽板对接时，底板和盖板均应锯成45°的斜口进行连接，如图10-20所示。拼接要紧密，底板的线槽要对齐、对正，底板与盖板的接口应错开，错开的距离不应小于20mm。

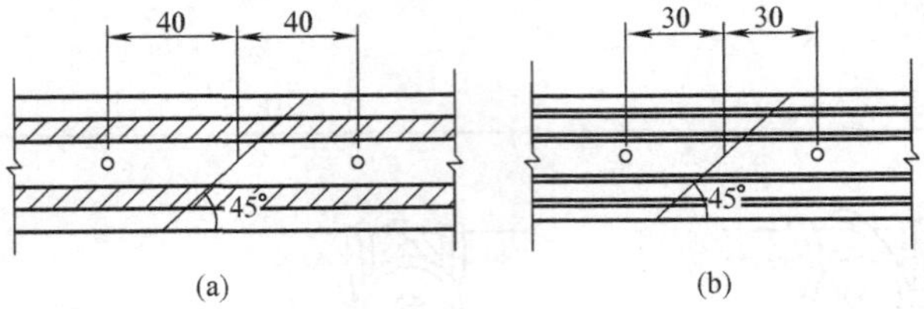

图10-20 槽板的对接图
(a) 底板的对接；(b) 盖板的对接

槽板转角连接时，仍把两块槽板的底板和盖板端头锯成45°断口，并把转角处线槽内侧削成圆弧形，以利于布线并避免碰伤导线，如图10-21所示。

分支拼接时，在支路槽板的端头，两侧各锯掉腰长等于槽板宽度1/2的等腰直角三角形，留下夹角为90°的接头。干线槽板则在宽度的1/2处，锯一个与支路槽板尖头配合的90°凹角，如图10-22所示，并在拼接点上把底板的筋用锯子锯掉铲平，使导线在线槽中能顺畅通过。

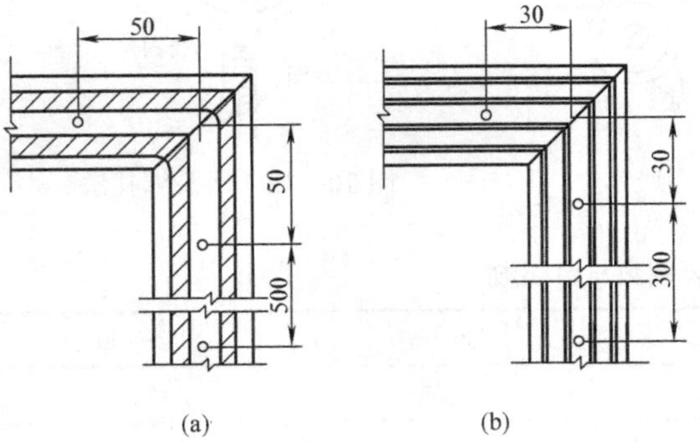

图10-21 槽板转角连接图
(a) 底板转角；(b) 盖板转角

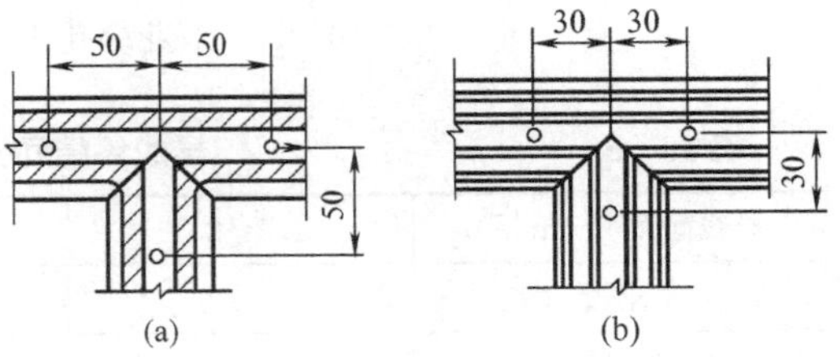

图10-22 槽板分支T形拼接图
(a) 底板拼接；(b) 盖板拼接

槽板的拼接和固定一般应同时进行。按照确定的敷设路线，将槽板用钉子、木螺钉或膨胀螺钉固定在预埋件上。钉子或木螺钉的长度不应小于槽板厚度的1.5倍。中间固定点间距不应大于500mm，且要均匀；起点或终点端的固定点应在距起点或终点300mm处。三线槽板应用双钉交错固定。

2. 槽板配线工艺

(1) 为便于检修，应以一支路安装一根槽板为原则，一个线槽只敷设一根导线。

(2) 敷设导线时，槽内导线不应受到挤压，槽内不允许有接头。

(3) 导线在灯具、开关、插座及接头等处，一般应留有100mm的余量，在配电箱处则按实际需要留有足够的长度，以便于连接设备。

(4) 槽板配线不宜直接与电器连接，应通过木台类的底座再与电器相连。

(5) 固定盖板应与敷设导线同时进行，边敷线边将盖板固定在底板上。固定用的木螺钉或铁钉要垂直，防止偏斜而碰触导线。盖板固定点间距不应大于 300mm，端部盖板固定点间距宜取 30～40mm，进入木台盖板的固定点如图 10－23 所示。

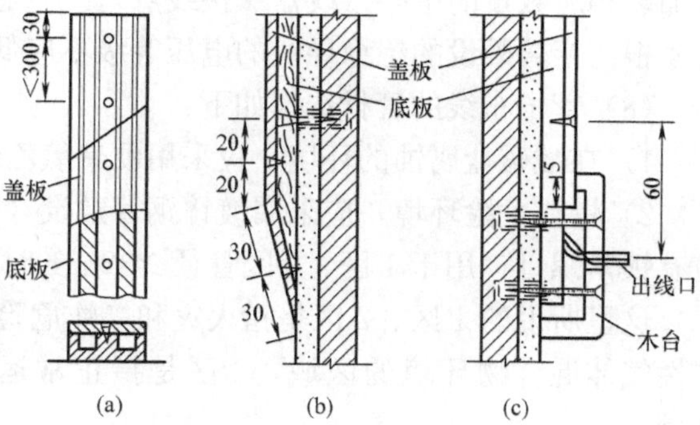

图 10－23　盖板的固定

(a) 盖板固定点间距；(b) 端部盖板固定点间距；(c) 进入木台盖板的固定点

（三）线管配线

1. 线管配线技术要求

（1）明管配线，钢管壁厚不小于 1.0mm；潮湿场所的明管及埋在混凝土内的暗管，钢管壁厚不小于 2.5mm。钢管应经防锈处理。明敷于潮湿环境或直接埋于素土内的金属管布线，应采用焊接钢管（以下简称钢管）。明敷或暗敷于干燥环境的金属管布线，可采用管壁厚度不小于 1.5 mm 的电线钢管（以下简称电线管）。

（2）塑料管配线，应使用阻燃型材质。明管壁厚不小于 2.0mm，暗管壁厚不小于 3.0mm。在易爆易燃场所，不允许明敷塑料管。

当线管超过下列长度时，线管的中间应装设分线盒或拉线盒，否则应选用大一级的管子：

1）线管全长超过 45m 且无弯头时。

2）线管全长超过 30m，有一个弯头。

3）线管全长超过 20m，有两个弯头。

4）线管全长超过 12m，有三个弯头。

（3）管内导线（包括绝缘层）截面积总和不应超过管内有效面积的 40%，最小管内径不小于 15mm。电线在管内不得有接头，接头应置于接线盒内。需做防火防爆处理的线路，除照明外，不得有中间接头。如必须有接头，接头采用钎焊、熔焊或压接连接并置于防爆型接线盒内。

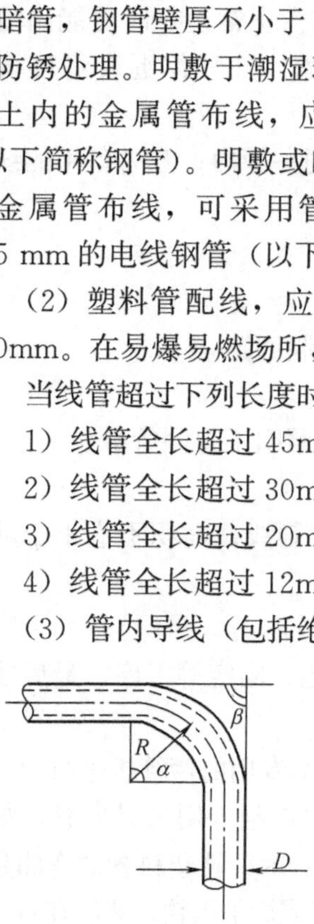

图 10－24　管子弯曲角要求

（4）管子的弯曲半径。明管的弯曲半径 R 不宜小于管子外径 D 的 6 倍；暗管弯曲半径 R 不宜小于管子外径 D 的 10 倍；管子的弯曲，外夹角 β 不小于 90°，内夹角 α 不大于 90°，如图 10－24 所示。这样做便于弯管、施工穿线和日常维修。

（5）钢管与钢管间或钢管与接线盒间，应采用丝扣（螺纹）连接，硬塑料管之间采用套接或插接。钢管系统的所有连接点必须紧密可靠，使管路在结构和电气上均连成整体。

（6）明管敷设采用管卡固定，沿水平或垂直方向敷设时，其固定点间最大间距不应大于表 10－6 中所列数值。配线管路与各种管道平行、交叉时的最小允许距离应符合规程规定。

表 10－6　　管线明敷时固定点间最大间距　　m

管子类别	管径（公称管径，mm）				
	15～20	25～32	38～40	50～51	63～100
钢管	1.5	2	2	2.5	3.5
电线管	1	1.5	2	2	2
硬塑料管	1	1.5	1.5	2	2

注　钢管的公称管径指内径，电线管和硬塑料管径指外径。

(7) 为便于穿电线及维修，当配线管路较长或有转弯时，应按规程规定的长度和弯曲处数加装相应数量的中间接线盒（接线点）。当利用灯盒作接线盒时，引入灯盒的配管不宜超过4根。穿管敷设的绝缘导线的电压等级不应低于500V。

(8) 管子布线的管材选择如下：

1) 在酸碱盐腐蚀的环境，应采用硬聚氯乙烯管敷设。

2) 爆炸危险环境，应采用镀锌钢管敷设（管子连接螺纹啮合不少于5扣，用于1区时应有锁紧螺母；用于1区、2区管径≥32mm时，不少于6扣）。

这里所说的1区、2区是指火灾和爆炸危险环境等级。1区是指正常运行时可能出现爆炸性气体混合物环境的区域，2区是指正常运行时不可能出现爆炸性气体混合物环境的区域。

(9) 不同回路、不同电压、不同电流的各类导线，不得穿入同一管内；互为备用的线路不得共管。但下述情况除外：

1) 一台电机的所有回路（包括操作回路）。

2) 同一设备或同一流水作业线设备的电力回路。

3) 无防干扰要求的各种用电设备的信号回路、测量回路和控制回路。

4) 同一照明花灯的几个回路。

5) 同类照明的几个回路，但不应超过8根，工作照明和事故照明不得同管敷设。

6) 标称电压在50V以下的回路。

(10) 控制线和动力线共管时，当线路较长或弯头较多时，控制线截面积不应小于动力线截面积的10%。管线埋地时不宜穿过设备基础。

2. 管道配线工艺

线管选定后，通常经过下料、弯管、锯管、套丝、连接、接地、固定等工序，最后才能穿导线。

(1) 弯管。线管在下料前，应确定弯曲部位和弯曲度数。钢管由专用的弯管机进行冷弯或热弯，也可用自制专用工具弯管，如图10-25 (a) 所示。硬塑料管的弯曲是先将管子用喷灯或炉子烘软，然后在自制的模具上弯曲成形。PVC管可塞入弹簧后冷弯。管子热弯需灌沙子时，应将沙子烘干且灌得密实，管口用木塞封住，否则管子易弯瘪，如图10-25 (b) 所示。弯曲有焊缝的钢管时，焊缝应置于弯曲的侧面。

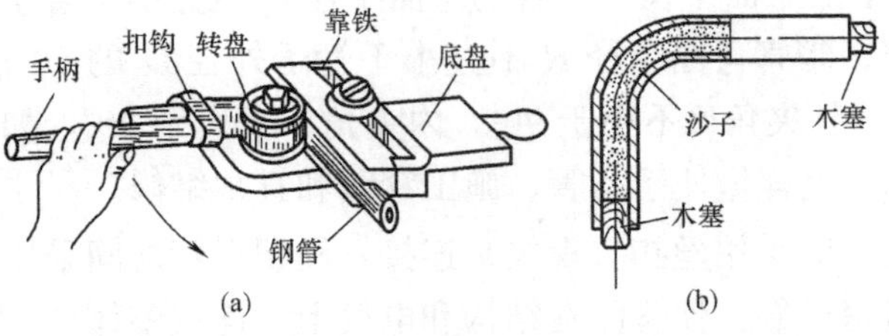

图10-25 钢管弯曲

(a) 简易弯管工具及使用；(b) 钢管灌沙弯曲

(2) 线管连接。

1) 钢管与钢管连接。连接时，将钢管套出外螺纹，用束节连接；钢管与接线盒间，用管螺母接紧。为防止钢管系统受雷电等外因感应产生的电位不同而在管路中断处产生电位差，形成电火花酿成火灾，通常在接线盒、钢管接头处加焊跨接地线（等电位线）。钢管在适当地点按施工图进行接地保护。钢管连接处需要密封时，则采用套接管套住后焊接。钢管明管敷线如图10-26所示。

2) 硬塑料管的连接。硬塑料管通常采用插接与套接。

插接时，外管端削出内倒角，内管端削出外倒角，如图 10－27（a）所示。用汽油或酒精把管子插接段擦拭干净，然后将外接管插接段放在电炉或喷灯上加热至 145℃左右，管子呈柔软状态后，将内接管插入部分涂上一层黏合剂后迅速插入外接管，立即用湿布冷却，使管子恢复原来的硬度，如图 10－27（b）所示。

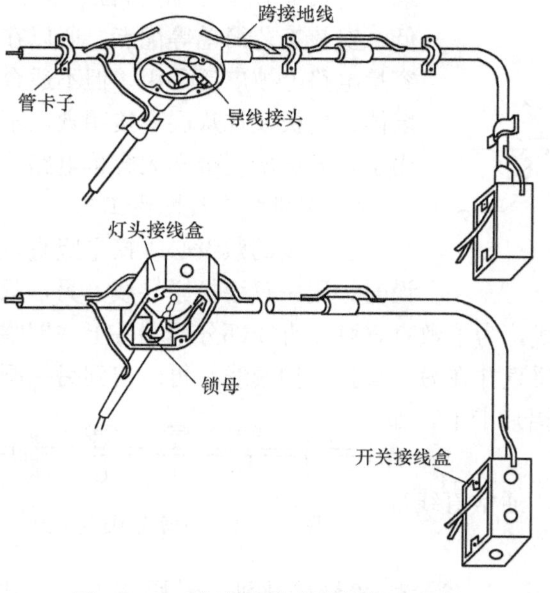

图 10－26 钢管明管敷设局部示意图

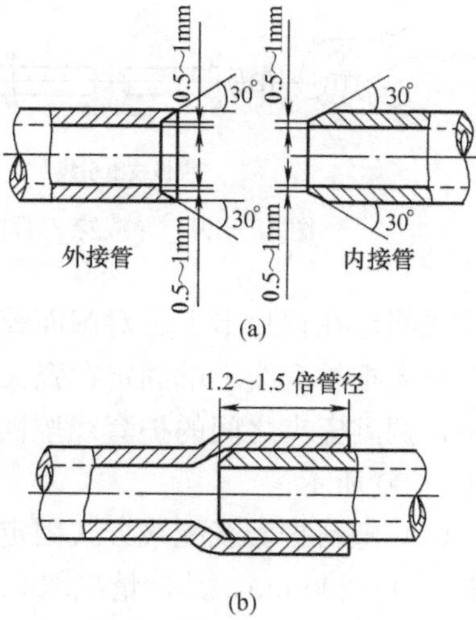

图 10－27 硬塑管的插入连接

（a）管口倒角；（b）插入连接

套接是用等径或不等径的塑料套接管，敷胶粘剂后，同时将两管插入对接。等径管连接前，将同径硬塑料管加热扩大成套管，然后把需连接的两管插接段内、外倒角，用汽油或酒精擦拭干净涂上粘合剂，插入套管中；加热套管，使其软化并冷却，套管收缩变硬即完成连接，如图 10－28 所示。

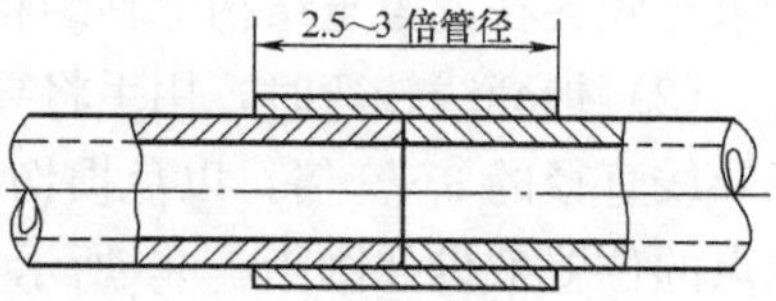

图 10－28 硬塑管的套接连接

（3）线管敷设。

1）线管在墙内暗敷时，一般在土建砌砖时预埋，特殊处可在墙上留槽或开槽后敷设。线管在混凝土内暗敷时，将线管绑扎在钢筋上。

2）在轻型钢材龙骨吊顶内敷设管线时，严禁用电、气焊切割轻型钢材龙骨，应采用夹件将线管固定在龙骨上。必要时，可用手电钻钻孔后以螺栓连接。

3）线管通过建筑物伸缩沉降缝时，要相应做好管线的伸缩沉降措施。一般垂直走向时不用波纹管，水平走向时可酌情使用波纹管。

（4）管内穿线。管路穿导线前，要清除内部杂物，将管口毛刺锉去，然后用细钢丝将导线束从管子一端引入，另一端抽出。若管路较长或弯曲处较多，应将引线钢丝端制成钩状，然后从两端穿入，两丝相遇钩在一起后，用一根引线钩出另一根引线。剖去两端导线绝缘层，在线头两端标上同一根的记号，然后将各导线绑在引线弯钩上并用胶布缠好。导线穿入线管前，在管口应先套上护圈，并撒些滑石粉，然后由一个人将导线理成平行束并往线管内送，另一人在另一端慢慢拉出引线，如图 10－29 所示。

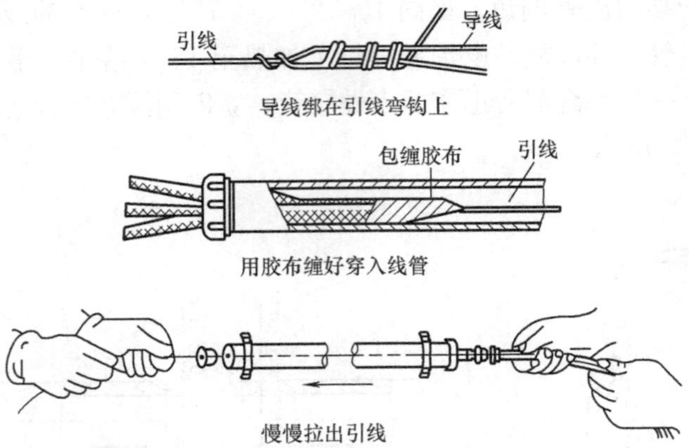

图 10-29 导线穿入管内的方法

（四）塑料护套线配线

1. 塑料护套线配线技术要求

在两根塑料绝缘线外再加套一层公用塑料护套层，就构成塑料护套线。它具有防潮、耐腐蚀、造价较低、安装工艺简单等优点，所以在小容量电路上被广泛采用。但不适合在墙体、楼板及抹灰层直接明敷，不适用于露天场所明敷和大容量电路。

2. 塑料护套线配线工艺

护套线的敷设必须横平竖直，敷设时，用一只手拉紧导线，另一只手将导线圈定在铝片卡上。对截面较大的护套线，为了敷直，可在直线部分两端各上一副临时瓷夹，先把护套线一端固定在瓷夹中，然后捋直并在另一端拉紧护套线，再固定到另一副瓷夹中，两副瓷夹之间的护套线按档距固定在铝片卡上，如图 10-30 所示。

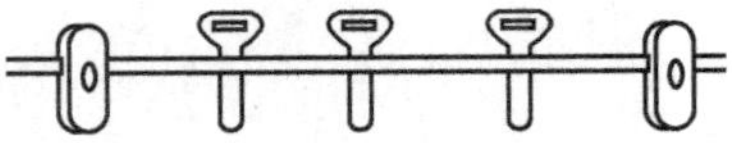

图 10-30 护套线敷设示意

（1）塑料护套线配线方式固定点间距离，通常直线部分取 150～200mm，其他情况取 50～100mm。

（2）铝片卡又名钢筋扎头，其规格分为 0、1、2、3、4 号等几种，号码越大，长度越长。护套线线径大的或敷线根数多的，宜选用号数较大的。在木结构上，可沿线路在固定点直接用钉子将铝片卡钉牢。在砖结构上，应每隔 4～5 档将铝片卡钉牢在预埋的木榫上，中间的铝片卡，可用小铁钉钉在粉刷层内。但在转角、分支、进木台和进电器处，应预埋木榫。若线路在混凝土结构或预制板上敷设，可用环氧树脂或其他合适的粘合剂粘合，其工艺要求与瓷夹在混凝土结构上粘结相同。

（3）护套线转弯时，用手将导线捋平直后，弯曲成形，再嵌入铝片卡，折弯半径不得小于导线直径的 3～6 倍，以免损伤导线。如果中间有接头、分支，应加装接线盒。护套线支承点的位置敷设如图 10-31 所示。

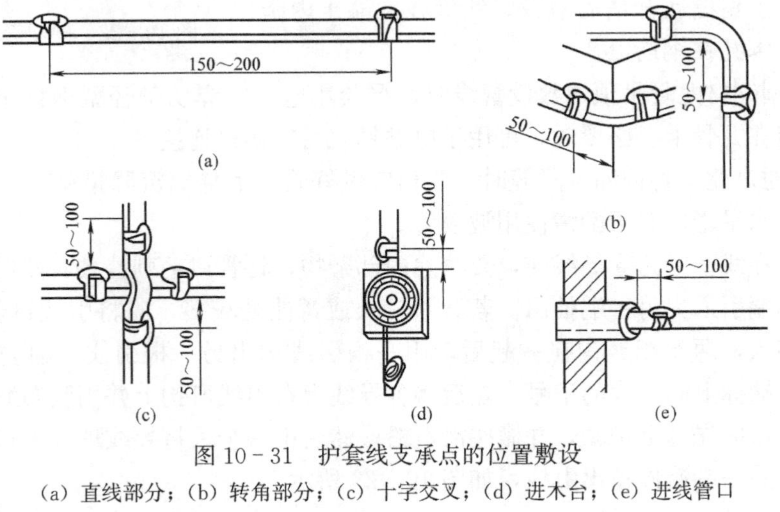

图 10-31 护套线支承点的位置敷设

（a）直线部分；（b）转角部分；（c）十字交叉；（d）进木台；（e）进线管口

（4）护套线敷设的注意事项。

1）护套线截面积的选择。室内钢芯线不小于 0.5mm^2，铝芯线不小于 1.5mm^2；室外铜芯线不小于 1.0mm^2，铝芯线不小于 2.5mm^2。

2）护套线进入接线盒或电器时，护套层必须随之进入。

3）护套线的保护。护套线与接地体、不发热管道接近或交叉时，应加强绝缘保护；在容易受机械损伤的部位，应用钢管保护。护套线可在空心楼板内敷设，不用其他保护措施，但楼板孔内不应有积水和损伤导线的杂物。

第三节　低压配电电器的选择与安装

低压配电设备的选择条件主要有三点，即正常工作条件、短路电流条件、使用环境条件。低压电气设备和设施的安装及运行，均应符合 DL499 的要求。

一、刀开关的选择与安装

1. 刀开关的选择

刀开关主要根据电力回路的负荷电流进行选择，刀开关的额定电流应当等于所控制的各支路负荷的额定电流的总和。如果回路中有电动机，则应按电动机的启动电流来计算。此外，还要根据回路可能出现的短路电流，按表 10－7 三相异步电动机熔丝选择参考表选取接近的额定电流值及动稳定性能的刀开关。

表 10－7　三相异步电动机熔丝选择参考表

电动机额定功率（kW）	熔丝额定电流（A）	电动机额定功率（kW）	熔丝额定电流（A）
1～1.1	3	11	25
1.5	5	15	40
1.7	6	18.5	50
2.2	7	22	60
2.8～3.0	8	30	75
4	10	37	100
5.5	15	45	130
7.0～7.5	20	55	150

刀开关的结构形式要根据所在线路或在成套配电装置中的安装位置及用途来确定。中央手柄式的单投和双投刀开关主要用于不切断带负荷的电路，只作隔离开关用；侧面操作手柄式刀开关主要用于动力箱；中央正面杠杆操动机构式刀开关主要用于正面操作后面维修的开关柜中，操动机构装在开关柜的正前方；侧正面操动机构式刀开关，主要用于正面两侧操作前面维修的开关柜中，操动机构通常在柜的两侧安装；装有灭弧室的刀开关可以切断不大于额定电流的负荷。其他系列刀开关一般只作隔离开关使用。

2. 刀开关的安装与运行注意事项

（1）刀开关应垂直安装在开关板或条架上，使触头夹座位于上方，以避免在分断位置由于刀架松动或闸刀脱落而造成误合闸（特别是中央手柄式）。

（2）按产品使用说明书中规定的分断负荷能力使用，分断严重的过载将会引起持续燃弧，甚至造成相间短路，损坏开关。

(3) 没有灭弧罩的开关不应分断带电流的负荷，只能作隔离开关用。

(4) 操作前，应核对现场刀开关的名称、编号和分合位置。

(5) 当分断电路时，应首先拉开能切合负荷的开关或断路器，后拉开刀开关（隔离开关），合闸时的顺序与分断相反，先合上刀开关，后合上能切合负荷的开关或断路器。

(6) 合刀开关时，当刀开关动触头接近静触头时，应快速将刀开关合入，但当刀开关触头接近合闸终点时，不得有冲击。合闸时要保证三相同步，各相触头接触良好。若有一相接触不良，就可能造成电动机缺相运行而损坏。

(7) 拉刀开关时，当动触头快要离开静触头时，应快速断开，然后操作至终点。

(8) 操作时如发现疑问或发生异常故障，均应停止操作；待问题查清、处理后，方可继续操作。

(9) 操作完毕后，应进行全面检查。合闸后，应检查三相接触是否良好，连动操作手柄是否制动良好；拉闸后，应检查三相动、静触头是否断开，动触头与静触头之间的空气距离是否合格，连动操作手柄是否制动良好。

二、低压熔断器的选择与安装

1. 低压熔断器的选择原则

(1) 熔断器的保护特性必须与被保护对象的过载特性有良好的配合。

(2) 熔断器的额定电压应与电路电压相符。

(3) 熔断器的极限分断能力应不小于被保护电路可能出现的最大短路冲击电流有效值。

(4) 各级熔断器必须相互配合，一般前一级熔体额定电流比后一级的大 2～3 倍。

(5) 熔体额定电流不得大于熔断器额定电流。

(6) 根据使用场所选用合适的熔断器形式。

2. 熔体的选择与配合

在农村低压电网中，熔断器是最主要的保护元件，对各种低压用电设备作短路故障和过载保护用。在熔丝选择时，不仅应符合被保护设备短路或过载保护的要求，还存在着上下级保护互相配合的问题。所以，只有熔丝选择正确并配合适当，才能既起到保护作用，又不致使故障的范围扩大。变压器高、低压侧熔断器及开关，各干线和分路处熔断器及开关的选择和配合应按下列原则进行：

(1) 配电变压器高压侧熔丝按高压侧额定电流的 2～2.5 倍选择，100kVA 以下的配电变压器按 1.5～2 倍选择，最小不能低于 3A。

(2) 配电变压器低压侧熔丝按低压侧额定电流稍大一些选择。

(3) 配电变压器低压侧总开关和熔断器的额定电流及额定电压不应小于工作电流及工作电压。

(4) 配电变压器低压侧如采用手动开关，其分断电流能力不应小于变压器低压侧额定电流的 1.5 倍。

(5) 配电变压器低压侧如采用低压断路器和熔断器配合，分断电流的能力应大于变压器低压侧出口处的短路电流值。

(6) 配电变压器低压侧熔断器熔丝和低压断路器脱扣器应按下述要求互相配合，即熔断器若作为过载保护装置时，熔丝额定电流应等于变压器的额定电流，脱扣器的额定电流不应小于变压器的额定电流，瞬时脱扣器的整定电流值一般为额定电流的 6～10 倍，过载保护脱扣器的整定电流值一般等于变压器的额定电流值。

（7）分支线开关的额定电流和分断电流，不应小于分路的最大工作电流。

（8）分路开关脱扣器的整定电流值和熔断器熔丝的额定电流，应按分路负荷电流选择，其值应小于总开关脱扣器的整定电流或熔断器熔丝的额定电流。

（9）分路开关脱扣器时间整定值应比总开关脱扣器时间整定值小 0.5～0.7s，分路熔丝与总熔丝应相差 1～2 级。

（10）照明线路熔丝的选择。

1）配线支路熔丝的额定电流应大于或等于实际的最大负荷电流，但应小于该支路导线的最小安全电流。

2）照明电路总熔丝的选择公式为

$$\text{总熔丝的额定电流 } I=(0.9\sim1)\times\text{电能表的基本电流}\quad(\text{A})$$

因为总熔断器一般装在电能表的出线处，所以熔丝的额定电流不应大于单相电能表的基本电流，但必须大于电路中全部用电器（电灯、家用电器）的总工作电流。

（11）动力线路熔丝的选择。

1）对于 380V 电动机，可按“每千瓦 2 安”估算其额定电流。

2）单台电动机熔丝的选择公式为

$$\text{熔丝的额定电流 } I\geqslant(1.5\sim2.5)I_N\quad(\text{A})$$

1.5～2.5 是考虑电动机启动的系数，一般降压启动的可取 1.5；全压启动可取 2～2.5；对于频繁启动或全压重载启动，启动困难的可取 3，但不应超过 3。

3）多台电动机熔丝选择的公式为

$$\text{总熔丝的额定电流 } I\geqslant(1.5\sim2.5)I_{max}+I_1+I_2+\cdots\quad(\text{A})$$

式中：I_{max}为容量最大一台电动机的额定电流；I_1、I_2…为其余各台电动机额定电流。对电动机数量多的，式中“+”号后面还要乘一个需用系数。

三相 380V 异步电动机熔丝选择，可从表 10-7 中直接查得。

3. 熔断器的安装与维护

（1）安装熔体时，必须保证接触良好，并应经常检查。如果接触不良使接触部位的过热传至熔体，使熔体温度升高，就会造成误动作。有时因接触不良产生火花，也会干扰弱电装置。

（2）熔断器及熔体均需安装可靠，否则相当于一相开路，使电动机缺相运行而烧毁。

（3）拆换熔断器时，要检查新熔体的规格和形状是否与被更换的熔体一致。

（4）安装熔体时，熔体不能有机械损伤，否则相当于截面积变小，电阻增加，保护特性变差。

（5）检查熔体发现氧化腐蚀或损伤时，应及时更换新熔体。一般应保存必要的备件。

（6）熔断器周围介质温度应与被保护对象的周围介质温度基本一致，若相差太大，也会使熔断器发生误动。

三、低压断路器的选用与维护

1. 低压断路器的选用

（1）低压断路器选用的一般原则。

1）低压断路器的额定电压不小于被控网路的额定电压。

2）低压断路器的额定电流不小于被控网路的计算负荷电流。

3）脱扣器额定电流不小于网路计算电流。

4）极限通断能力不小于被控网路中最大短路电流。

5）要求：网络末端单相对地短路电流与低压断路器瞬时（或短延时）脱扣整定电流的比值≥1.25。

6）欠压脱扣器额定电压等于网路额定电压。

（2）配电用低压断路器的选用原则。

1）长延时动作电流整定值等于0.8～1.0倍导线容许电流值。

2）3倍长延时动作电流整定值的可返回时间≥网路中最大启动电流电动机的启动时间。

3）短延时动作电流整定值≥1.1×（网路计算负荷电流+1.35×电动机的启动电流倍数×最大一台电动机额定电流）。

4）短延时的延时时间按被保护对象的热稳定校核。

5）如无短延时，瞬时电流整定值≥1.1×[网路计算负荷电流+（1.7～2）×电动机的启动电流倍数×最大一台电动机的额定电流]；如有短延时，则瞬时电流整定值≥1.1倍下级开关进线端计算短路电流值。

（3）电动机保护用低压断路器的选用原则。

1）长延时电流整定值等于电动机额定电流。

2）6倍长延时电流整定值的可返回时间≥电动机实际启动时间。

3）笼型异步电动机瞬时电流整定值等于8～15倍脱扣器额定电流；绕线型电动机瞬时电流整定值等于3～6倍脱扣器额定电流。

（4）照明用低压断路器的选用原则。

1）长延时动作电流整定值≤网路计算负荷电流。

2）瞬时电流整定值等于6倍网路计算负荷电流（对纯钨丝灯组成的电路可为8倍）。

2. 保护特性的配合要求

（1）长延时特性低于被保护对象（架空线路、电缆、电动机、变压器等）的允许过负荷特性。

（2）短延时脱扣器与一次侧过流继电器的配合级差为0.4、0.7s，由不同保护继电器的特性而定。

（3）过流脱扣器保护特性低于一次侧熔断器的熔化特性。

（4）上级低压断路器和下级低压断路器的保护特性不得相交。

（5）上级低压断路器短延时整定电流值≥1.2倍下级低压断路器的短延时或瞬时（若下级无短延时）整定电流值。

（6）1.1倍下级低压断路器进线端的短路电流值≤上级低压断路器瞬时整定电流值≤低压断路器的延时通断能力。

（7）具有短路延时的低压断路器若带欠压脱扣器，则必须是延时的，其延时时间≥短路延时的时间。

3. 低压断路器的维护注意事项

（1）低压断路器在安装前，应先检查脱扣器的额定电流是否与被保护线路或电动机等的额定电流相符，核实有关参数后再安装。

（2）使用前认真清除灰尘，擦净极面防锈油脂，检查各固定螺钉是否有松脱现象。若有松脱，需拧紧。

（3）低压断路器的脱扣器整定电流及其他选择特性参数一般均在出厂前调好，不宜轻易变动，以免误动作。

（4）操动机构在使用一定次数后（如机械寿命的20%次），在其转动机构部分均应添加润滑油，以保持机构动作灵活。

（5）在进行定期检修时（每半年至少一次），应清除低压断路器上的灰尘及油污等，以保证具有良好的绝缘。

（6）低压断路器经较长期使用或分断一次短路电流后，应清除灭弧室内壁和栅片上的烟尘及金属颗粒。

（7）在控制设备中若长期不用，再投入使用前应清除灰尘并作绝缘测量。若发现灭弧装置吸潮应进行干燥处理，待合乎要求后方能使用。

（8）低压断路器在使用一定次数后，若发现触头表面粗糙或粘有金属熔化后产生的颗粒应仔细清理，以确保接触良好。

（9）定期检查各脱扣器的电流整定值和延时时限，特别是半导体式脱扣器，应定期用试验按钮检查其动作情况。

四、交流接触器的安装及使用注意事项

（1）接触器应安装在倾斜度不超过5°的垂直面上；若有散热孔，则应将散热孔的一面朝上方安装，以利散热，并按规定留有适当的飞弧空间，以免飞弧烧坏相邻电器。

（2）安装和接线时，注意不要将零件失落或掉入接触器内部。安装孔的螺钉应装有弹簧垫圈和平垫圈，并拧紧螺钉以防振动松脱。

（3）接触器在使用中，应定期清扫触头，以保持接触面清洁，但不允许涂油。触头表面因电弧作用形成的金属小颗粒应及时清除。

（4）带灭弧罩的交流接触器不允许不带灭弧罩或带破损的灭弧罩运行，以免发生电弧短路故障。

五、低压配电成套设备选用原则

与选择元件相比，成套设备的选用有一定的灵活性，要兼顾的因素也较多，主要有线路方案、额定电流和短路电流、安装条件、元件装配和配线方式、外壳和防护等级等。

1. 常用低压成套配电设备种类

我国配电设备产品原有四个主要大类，即固定式低压配电屏（柜）、抽屉低压开关柜、XL类低压动力配电箱和XM类低压照明配电箱。现随着技术的不断进步和使用要求的提高，特别是低压电器元件的改进，产品的种类也在不断演变。

2. 变电所、配电室常用配电设备

（1）PGL型。PGL系列低压配电屏（柜）是1981年由天津传动设计研究院组织全国统一设计的，取代原BSL类低压配电屏，现正被其他新型产品逐渐淘汰。其主要技术参数为：额定绝缘电压为500V；额定工作电压为380V；屏架由钢板和角钢焊接而成，离墙安装，双面维护；屏高2200mm，深600mm，宽度有400、600、800、1000mm四种。

（2）GGD型。主要技术参数为：额定绝缘电压为500V；额定工作电压为380V；构架用冷轧型材局部焊接而成，内部有数模冲孔安装条，产品的通用性高；断路器选用DW、DZ、ME等系列低压断路器；屏高2200mm，深600、800mm，宽度有600、800、1000、1200mm四种。

(3) BFC型。BFC类低压开关柜又称配电中心，采用闭封式结构，离墙安装，元件装配方式有固定式、抽屉式和手车式。选用主要电器元件有HD型刀开关，HR型熔断器式刀开关，ME、DW、DZ型断路器，RT0、RL1型熔断器。

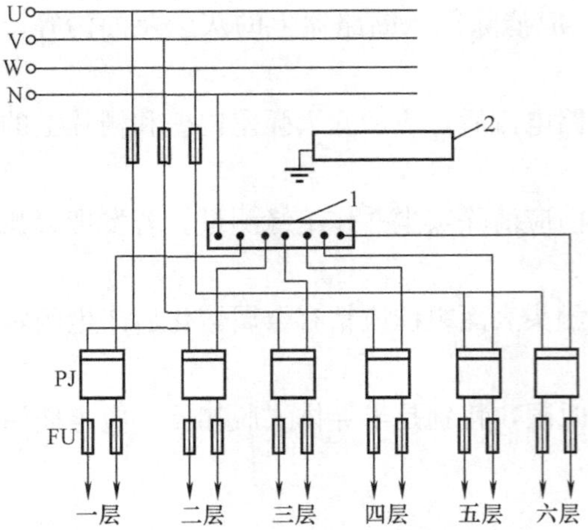

图10-32　集表箱接线系统图

1—零排母线；2—PE母线

六、计量配电箱（板）的安装方法

为防止从电能表上窃电，同时便于抄表及维修工作，通常采取电能表分片集中装箱、一户一表的安装方法。住宅楼客户，电表箱置于一层或二层过道墙壁上。由于电能表较多，为避免中性线断线或接触不良故障，中性线分支点应专设零排母线，如图10-32所示，零排母线也要做好绝缘防护。集中装表时，在确保安全的前提下，应尽量减少迂回走线。一般采用相线分开、中性线共用的走线方案，即电源相线并联接入各表，而各表中性线串联后引出箱外直至各户分支点，串联部分的导线双绞后接入表孔，切不可剪断。各户总开关、过电流保护装置及漏电末级保护可在各户电能表出线后装接。

第四节　电力电缆配线工程

电力电缆的敷设方式有敷设于沟道、隧道内、支架上、竖井中，穿入管道内，直接埋设于地下等。在实际使用时，有可能一条电缆线路需要采用几种敷设方式。室内电缆的配线方式，一般采用沿墙及建筑构件明敷设、沿电缆桥架敷设、采用钢索配线、穿金属管埋地暗敷设及在电缆沟内敷设等方式。

一、电缆敷设的一般要求

(1) 电缆敷设前，必须检查电缆表面有无损伤，绝缘是否良好。低压电缆（1kV）用1000V绝缘电阻表测试绝缘电阻，合格后方可使用。

(2) 在三相四线制低压网络中应采用四芯电缆，不应采用三芯电缆加一根单芯电缆或导线、电缆金属护套作中性线。

(3) 电缆敷设的弯曲半径与电缆外径的比值，不应小于表10-8的规定，以保证不损伤电缆和投运后的安全运行。

表10-8　　电缆弯曲半径与电缆外径比值

电缆护套类型		电力电缆		其他多芯电缆
		单芯	多芯	
金属护套	铅	25	15	15
	铝	30	30	30
	纹铝套和纹钢套	20	20	20
非金属护套		20	15	无铠装10，有铠装15

注　1. 表中未说明者，包括铠装和无铠装电缆。

2. 电力电缆中包括油浸纸绝缘电缆（不滴流电缆在内）和橡胶绝缘电缆，其他电缆指控制信号电缆等。

（4）垂直或沿陡坡敷设的电缆，在最高与最低点之间的最大允许高差规定见表10－9。

（5）厂房内电缆沿支持物敷设时，其固定点间距离不应大于表10－10的规定。

表10－9　电缆最大允许高差　m

电压等级		铅护套	铝护套
3kV及以下	铠装	25	25
	无铠装	20	25
干绝缘统铅包		100	—

表10－10　电缆支持点间的最大距离　m

电缆类型 / 敷设方式	塑料护套、铅包、铝包、钢带铠装		钢丝铠装电缆
	电力电缆	控制电缆	
水平敷设	1.0	0.8	3.0
垂直敷设	1.5	1.0	6.0

（6）环境温度低于0℃时，敷设电缆应预先提高周围温度，或对电缆通电流进行加热。

（7）电缆在室内电缆沟及竖井内明敷设时，不应采用黄麻或其他易延燃的外保护层。

（8）电缆终端头、接头、拐弯处、夹层内、竖井的两端，人井内、进出建筑物等地段，应装设标志牌。标志牌上应注明线路编号。

（9）电缆排列应整齐，不宜交叉，并应加以固定。

（10）电缆进出电缆沟、竖井、建筑物、盘（柜）及穿入管子时，其出入口应封闭。

（11）电缆的接头宜在进户外，电缆的长度在电缆头处或地沟及隧道中留有一定余量。

（12）电缆的保护钢管、金属电缆头、金属屏蔽层（或金属套）、铠装层应按规定接地。

（13）埋设地下各种电缆，均应在回填土前进行隐蔽工程验收，并绘制竣工图，标明具体坐标、部位与走向，以供维修管理之用。

二、电力电缆敷设方法

1. 直接埋地敷设

这种方法是沿已选定的线路挖掘电缆沟，然后把电缆埋在里面。电缆根数较少、敷设距离较长时，多采用此法。

将电缆直接埋在地下，不需要其他结构设施，施工简单、造价低，土建材料也省。同时，埋在地下，电缆散热也好。但挖掘土方量大，尤其冬季挖冻土较为困难，而且电缆还可能受土中酸碱物质的腐蚀等。具体施工方法如图10－33所示。

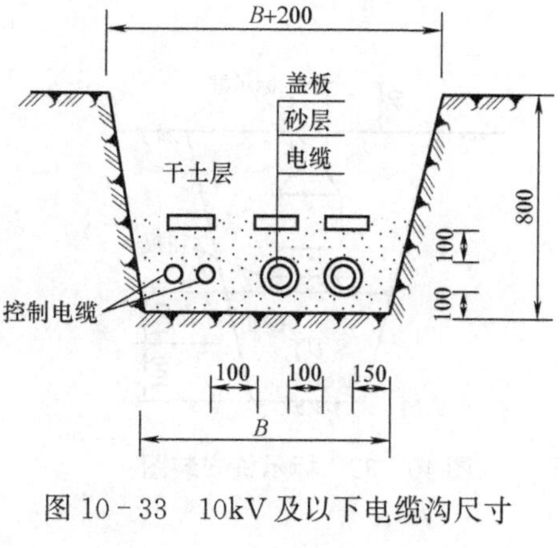

图10－33　10kV及以下电缆沟尺寸

施工时应注意：

（1）挖电缆沟时，如遇垃圾等有腐蚀性杂物，必须清除换土。

(2) 沟底必须铲平夯实，电缆周围砂层须均匀密实。

(3) 盖板采用预制钢筋混凝土板连接覆盖，如电缆数量较少，也可用砖代替。

(4) 电缆与电缆交叉、与管道（非热力管道）交叉、与沟道交叉、穿越公路、过墙等均作保护管。保护管的长度应超出交叉点前后 1m，其净距离不应小于 250mm。上述要求如图 10-34 所示。保护管的内径不得小于电缆外径的 1.5 倍。

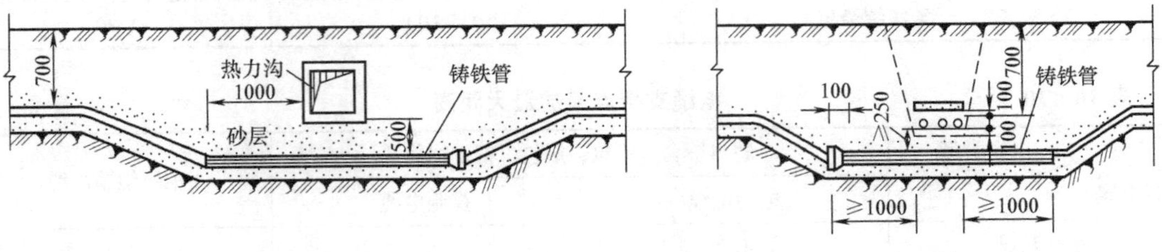

图 10-34 电缆与电缆管道交叉做法图

(a) 电缆与热力管沟交叉做法图；(b) 电缆与电缆交叉敷设做法图

(5) 电缆与建筑物平行距离应大于 1m；与电杆接近时应大于 0.6m；与排水沟距离应大于 1m；与管道平行距离应大于 1m；与热力管道应大于 2m；与树木接近时应大于 1.5m。

严禁将电缆平行敷设在各种管道的上方或下方。

(6) 在无永久性建筑物时，应埋设标桩，接头与转角处也应埋设电缆标桩，如图 10-35 所示。

(7) 绘制竣工图。

2. 电缆沟（隧道）中敷设电缆工程

在电缆沟（隧道）中敷设电缆适用于电缆根数较多、且敷设距离不长的场合，特别适合做室内地下配线。

(1) 电缆沟内电缆架设的情况如图 10-36 所示。支架的地脚螺栓应在电缆沟搭模时预先埋好，以免损坏防水层。沟内不应浸水和有油污。支架应刷防腐油漆。

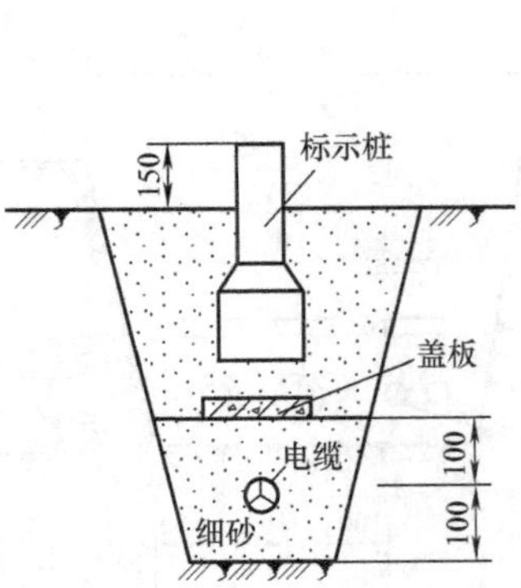

图 10-35 标示桩安装图

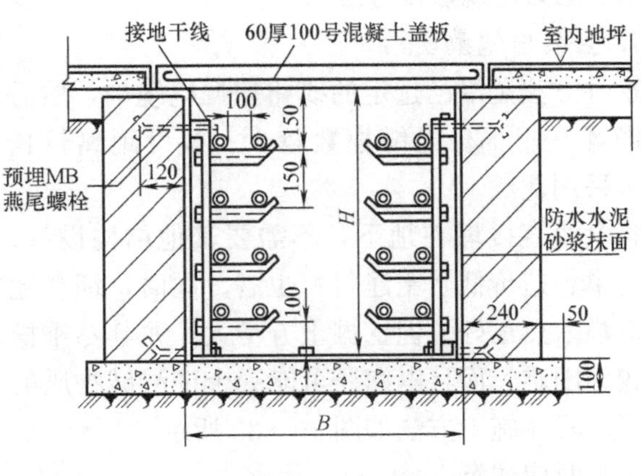

图 10-36 电缆沟内电缆支架敷设电缆剖面

（2）电缆沟两侧安装支架时，控制电缆与1kV及以上的电力电缆，应尽可能在两面分开敷设。电缆沟单面支架时，电力电缆应在控制电缆的上方，并且用石棉水泥板隔开。

（3）电缆沟及隧道中敷设的电缆，应在引出端、终端以及中间接头和走向有变化处挂标示牌，注明电缆规格、型号、回路及用途，以便维修。当电缆进入室内沟道时，应将防腐麻层剥去（穿管保护除外），以防着火。

3. 挂架敷设

用挂架沿墙敷设电缆的做法如图10－37所示，每个挂架间的距离为1m。

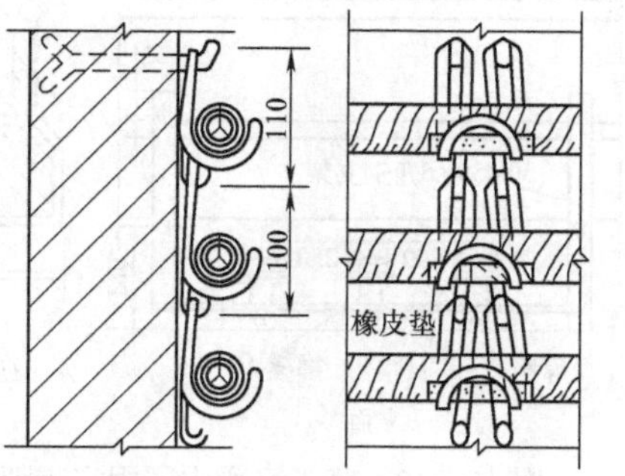

图10－37　圆钢挂架沿墙敷设示意图

第五节　典型建筑物配线工程

一、裸母线配电干线

1. 适用场合

金属加工车间、机械装配车间按照环境特性分类，属一般性房屋，即干燥房屋，没有着火及爆炸危险，灰尘较少，没有侵蚀性蒸汽或气体，也不是炽热的房屋。因此，这类车间的低压配电干线可以采用裸母线明配方式。裸母线一般采用硬铝母线安装。

安装母线的所有金属部件均应镀锌，夹板与母线接触处应除掉母线表面氧化层，并涂上工业凡士林油。

2. 施工方法

明装母线的敷设工作，是利用水平仪及铅锤安好构架，将绝缘子紧固在构架上；然后将矫直好的母线紧固在绝缘子上，用焊接或用螺栓将它的接头连接起来，并刷上相色漆。

母线沿墙敷设安装时，支架间距不应大于3m，垂直安装，要求每隔2m做一个固定支架。绝缘子采用XW－01型电车绝缘子。

屋面梁的间距较大时，母线应做中间拉紧装置（见图10－38）；到端头应做母线终端拉紧装置（见图10－39）。拉紧装置的连接板宽度为母线宽加55mm，母线规格由工程设计决定。

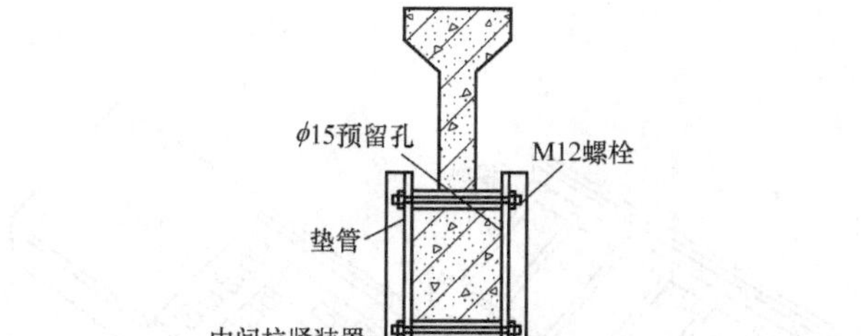

图10－38　中间拉紧装置

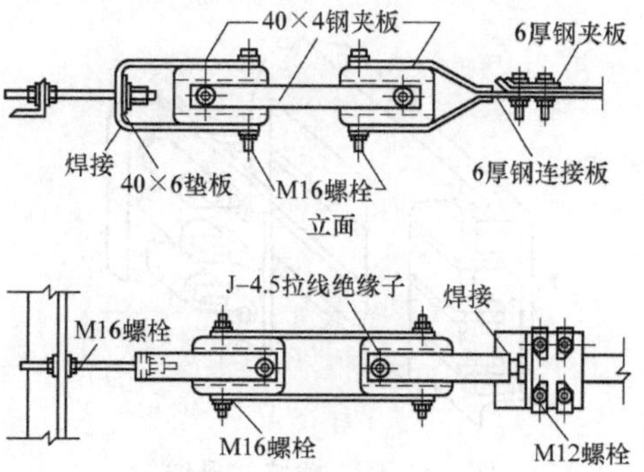

图10－39　终端拉紧装置

母线的敷设可以跨工字形屋面梁（见图10－40）或通过屋面梁洞（见图10－41）或跨钢屋架、跨桁架等，根据房屋结构决定。

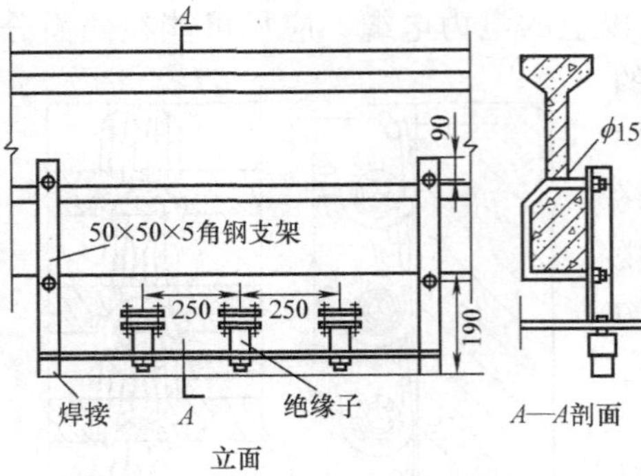

图 10-40 跨工字梁中间固定支架做法

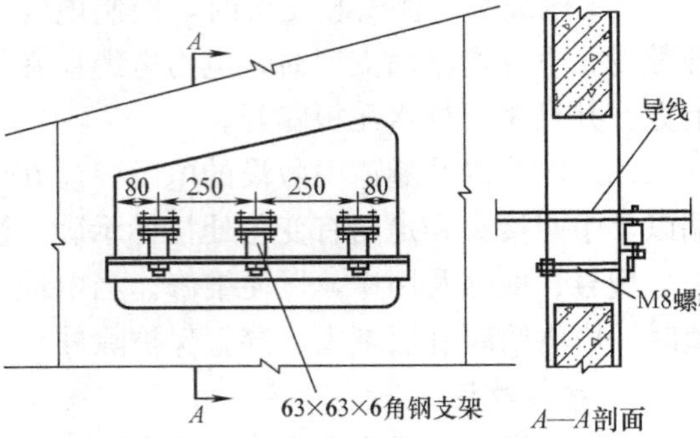

图 10-41 通过屋面梁洞中间固定支架做法

二、插接式母线配线工程

1. 适用范围

以树干式结构为主的变压器——干线式，即将变电所变压器二次侧裸母线直接引入车间，虽然经济效果较高，但只能应用于一般环境厂房。如车间机床很多，又是均匀地沿线路分布时，支干线采用插接式母线配电方式比用配电箱供电经济合理。

2. 插接式母线配线的优越性

插接式母线输电能力可达 250～600A；插接式母线上装设带有熔断器的分线盒，当分线盒合上时，支线接至母线，打开时支线与电源脱离，因而接入或切除某一用电设备时，并不影响其他设备工作。插接式母线如图 10-42 所示。

3. 插接式母线的安装方法

插接式母线沿柱或墙吊挂，或利用支架敷设，高度为 2.5～3.5m，以不影响车间内运输为原则。

三、电缆桥架敷设工程

1. 电缆桥架

电缆桥架是架设电缆、管缆的一种装置。通过电缆桥架把电缆、管缆从配电室（或控制室）送到用电设备，特别适合于全塑电缆的敷设。电缆桥架一般由立柱、托臂和梯架（或托盘、电缆槽）组成，如图 10-43 所示。立柱间距一般为 2m，桥架荷载为 125kg/m。

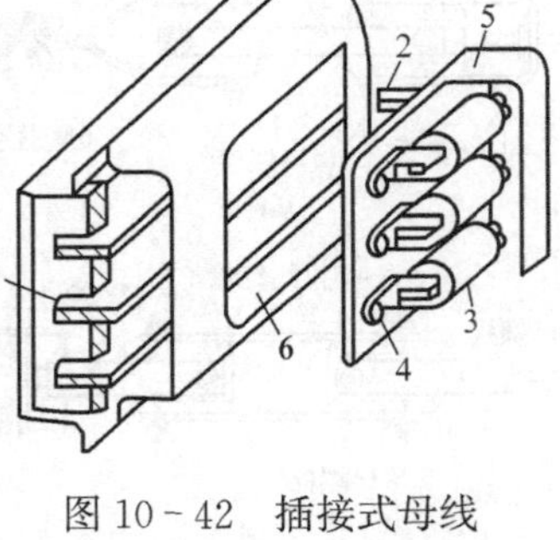

图 10-42 插接式母线

1—母线；2—插接线；3—熔断器；4—支线用电端子；5—装插接线与熔断器的箱子；6—插接母线上用以接线的小孔

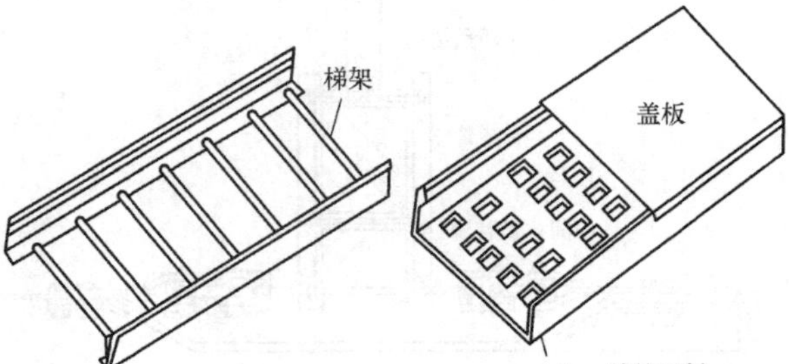

图 10-43 电缆桥架梯架和托盘

电缆桥架的形式多种多样，有梯架、托盘、组合式托盘、电缆槽等。现在电缆桥架的所有零部件都做成标准定型件，由专业化厂生产。这些标准定型件运到现场即可组合安装。

2. 电缆桥架适用范围

电缆桥架适用于化工、炼油、冶金、军工、机械、轻工、纺织等各个工业企业的厂区及车间敷设电缆。特别是对于像石油化工、钢铁等大型联合企业，更显优越。电缆桥架不仅可以用于敷设动力电缆和控制电缆，也可以用于敷设自动控制系统的控制电缆；不仅适用于室内，而且适用于室外。电缆桥架的各个零部件是镀锌的，可以用于轻腐蚀的环境中，在防爆环境中也可以应用。

随着经济的发展，各个工矿企业中用电设备的增多，用电量的增大，电缆用量既多又集中。采用电缆桥架，即空中走线的方式，由原来的焊接工艺发展到现场组装方式，具有走向灵活、施工简单、整齐美观、安全可靠的优点。

3. 电缆桥架的敷设方法

电缆桥架的立面图如图 10 - 44 所示。电缆桥架常用膨胀螺栓固定，该方法施工简单、方便、省工、准确，省去了在土建施工中预埋件的工作。用膨胀螺栓可以把电缆桥架的立柱、底座、引出管的底座及托臂等部件固定在混凝土构件上或砖墙上。电缆桥架敷设时所需的机具有滑轮、滚柱及牵引头等。

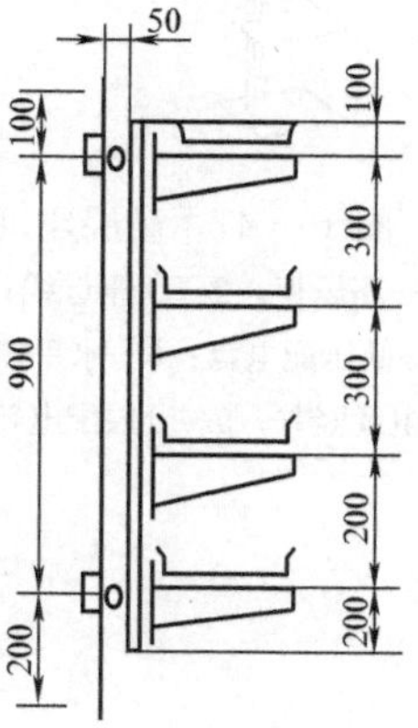

图 10 - 44　电缆桥架的立面图

电缆托盘平面布置如图 10 - 45 所示。电缆在托盘上敷设是单层布置，用塑料卡带将电缆固定在托盘上。大型电缆可用铁皮卡子固定，如图 10 - 46 所示。

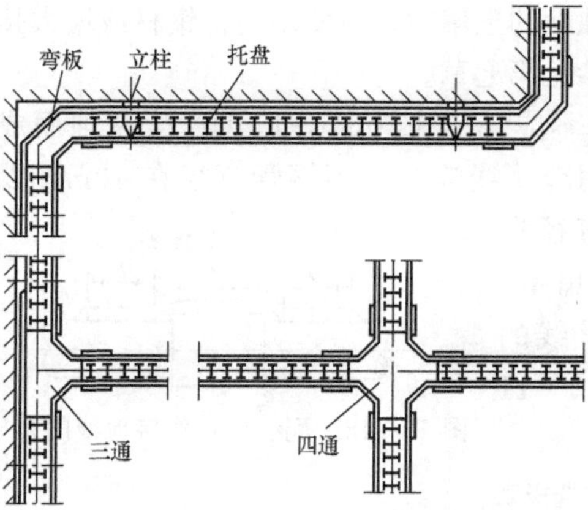

图 10 - 45　电缆托盘平面布置图

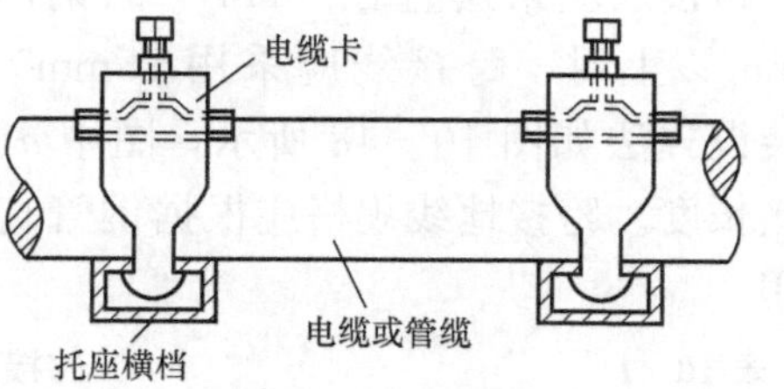

图 10 - 46　铁皮卡子固定电缆图

四、电缆竖井配电方式

高层建筑的内线工程都有完整的施工图纸，必须严格遵照执行。高层建筑的用电负荷很大，但目前国内大部分高层建筑的变压器都设置在底层或地下室，因此，低压干线可采用电缆竖井和母线槽配电方式，如图 10 - 47 所示。将组装的母线或成套的母线槽沿着建筑结构上专门用于装置设备和电缆、母线的水平夹层、垂直竖井安装敷设；负荷较小时，则敷设大截面电缆。

高层建筑配线时，每层都有相应的配电盘、配电箱。由每层配电盘、箱向各处配线

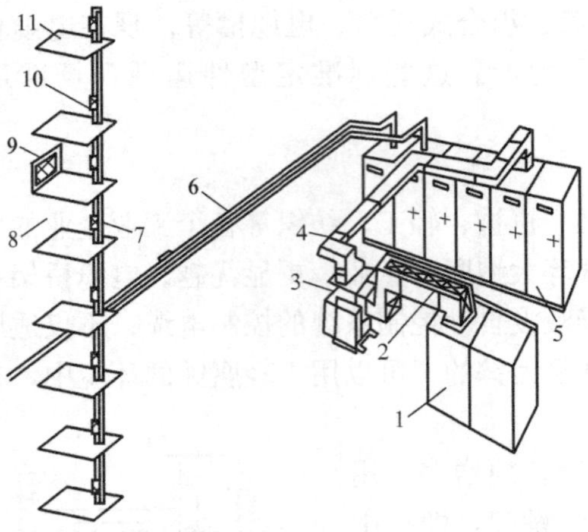

图 10-47　高层建筑馈电式母线槽配电示意图

1—高压柜；2—高压母线；3—变压器；4—配电室母线槽；5—低压配电盘；6—水平馈电母线槽；7—垂直馈电母线槽；8—电缆竖井；9—分层配电箱；10—分支接线箱；11—各层地坪

时，低压电缆一般采用聚氯乙烯或聚乙烯电缆，大多采用铜芯电缆，以满足没有接头腐蚀的要求，而且能承受压力、弯曲，还具有不易燃烧的特性。现在的高层建筑通常不设单独的电缆夹层，电缆都沿每层活动天花板上面的电缆沟道敷设，施工和检修都十分方便。

照明线路、小容量设备的支线电路则较多采用线管配线，一般都是暗配。为了更加安全可靠，在大型高层建筑中优先选用镀锌钢管等镀锌电线管，管内大多穿铜芯电线。所有照明装置和动力电气设备的施工安装，尤应注意安全可靠、讲究美观与协调。

第六节　接地装置安装工程

一、接地体、接地线的选用

接地装置的接地体应尽量选用自然接地体，以便节约钢材和减少施工费用。人工接地体应尽量选用钢材，一般常用角钢与钢管。在有腐蚀性的土壤中，应使用镀锌钢材或增大接地体尺寸。关于接地体和接地线选用的详细要求可参见第七章。

当采用配线用的钢管作为接地线时，其壁厚不应小于 1.5mm，以免产生锈蚀而成为不连续的导体。同时，在管接头与接线盒处应用跨接线连接。当钢管直径在 40mm 以下时，跨接线应采用直径 6mm 的圆钢；当钢管直径在 50mm 以上时，跨接线应采用 25mm×4mm 的扁钢，其装设方法如图 10-48 所示，图中 a、b 为跨接线的焊接长度。跨接地线规格应根据钢管直径按表 10-11 选用。

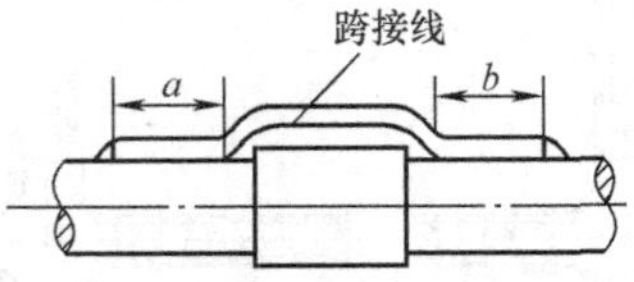

图 10-48　配线钢管作接地线的连接

表 10-11　　**跨接地线规格的选择表**

公称直径（mm）		跨接线（mm）		
薄壁钢管	厚壁钢管	圆钢	扁钢	焊接长度
≤32	≤25	ϕ6		36
40	32	ϕ8		48
50	40～50	ϕ10		60
—	70～80	ϕ12 以上	25×4	60

当采用电力电缆的铅包皮或铝包皮作接地线时，应有两根。如只有一根电缆时，可与电缆平行敷设一根直径为 8mm 的圆钢或 4mm×12mm 的扁钢作为辅助接地线，该辅助接地线

两端应与电缆外皮相连。施工时，接地线卡箍内部垫以厚 2mm 的铅带，电缆钢铠与接地线卡箍相接触的部分应刮净。其安装方法如图 10 - 49 所示。

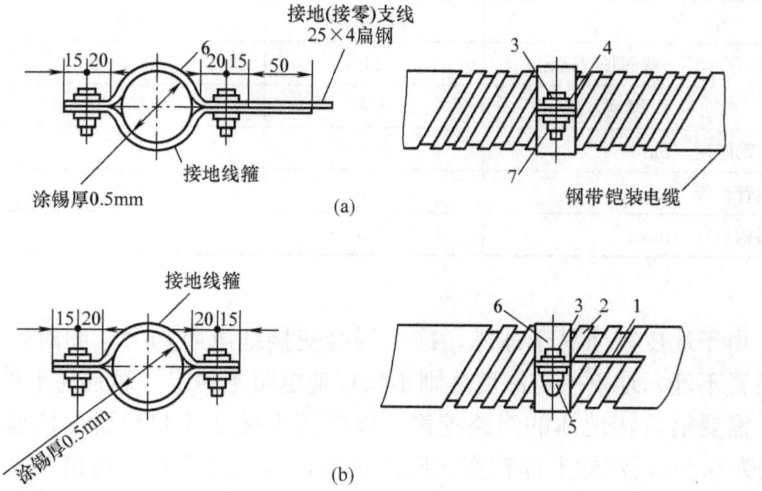

图 10 - 49　利用电缆包皮作接地线的敷设方法

（a）从电缆垂直方向引出；（b）从电缆平行方向引出

1—4mm² 裸铜接地线；2—ϕ1.5 铜接头；3—M8×30 螺栓；

4—M8 垫翻；5—M8 螺母；6—25×4 镀锌扁钢接地箍；7—M8 弹簧垫圈

二、接地体的加工和安装

1. 接地体的加工

如果接地体选用钢管，则钢管打入地下的一端应加工成一定的形状；若接地极打入土壤中，则钢管应切成斜面，形成扁尖形，如图 10 - 50（a）所示；如土质很硬，可将管端加工成锥形，如图 10 - 50（b）所示；若土质特别坚硬，则接地体还应加装管头，如图 10 - 50（c）所示。管头在接地体打入土中后不能再取出，所以管头数量应与接地体数量一致。

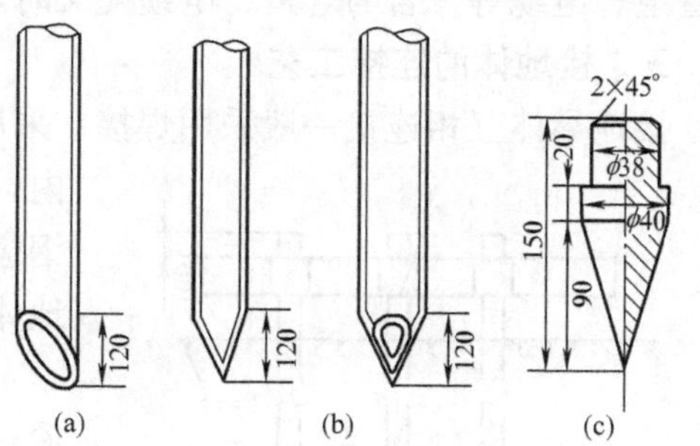

图 10 - 50　接地钢管的加工

（a）钢管切成斜面状；（b）钢管加工成圆锥状；（c）管头

如果接地体选用角钢，则角钢的一端也应加工成尖头形状，如图 10 - 51 所示。

为了防止将接地钢管或角钢打劈，可用圆钢加工成护管帽套入管端，或用一短角钢焊在接地角钢的一端，如图 10 - 52 所示。图中 B 为管壁厚度。

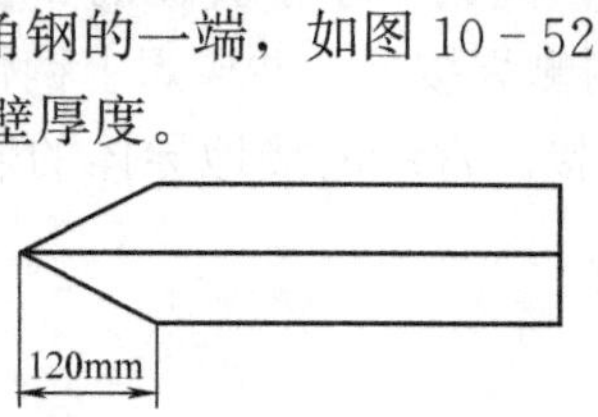

图 10 - 51　接地角钢的加工

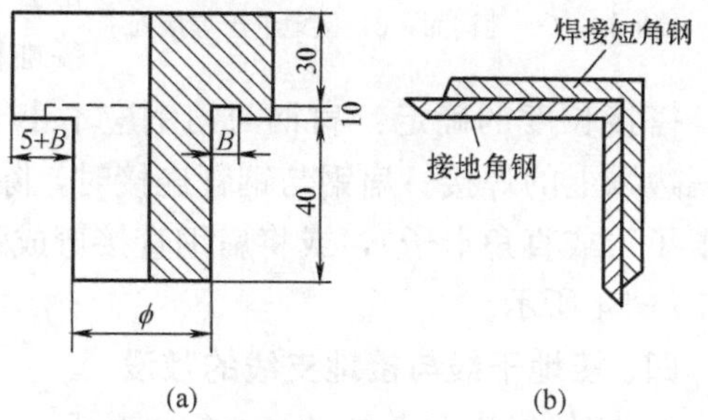

图 10 - 52　接地钢管和角钢的加固方法

（a）臂帽；（b）焊接短角钢

钢接地体和接地线的最小尺寸见表 10－12。

表 10－12　钢接地体和接地线的最小尺寸

名　称		建筑物内	建筑物外	地　下
扁钢	截面积（mm^2）	24	48	48
	厚度（mm）	3.8	4.8	4.0
角钢厚度（mm）		2.0	2.5	4.0
钢管壁厚（mm）		2.5	2.5	3.5
圆钢直径（mm）		5.0	6.0	6.0

2. 挖沟

在冬季，由于地皮表面易于冰冻，冻土层会使接地电阻加大。同时，地皮表面常被挖动，若接地装置不埋入地下一定深度，则不仅接地电阻不稳定，而且易于被破坏。所以装设接地体之前，需要沿着接地体的线路挖沟，以便打入接地体和敷设连接地线。通常沟深为 0.8～1m，宽为 0.5m，沟的上部较宽，底部较窄，沟底如有石子应清除。挖沟时，若附近有建筑物，则沟的中心线应离开建筑物 2m 以上。

3. 安装接地体

挖好沟以后，要立即将接地体打入土中。施工时，一人扶着接地体，一人用大锤敲打接地体的端部。当接地体深入土中一部分以后，可以不用人扶持而继续打入。敲打时，要使接地体与地面保持垂直，当接地体端部露出沟底 150～200mm 时（沟深为 0.8～1m）就可以停止敲打，使接地体最高点离施工完毕后的地面有 600mm 以上的距离。

每根接地体之间的距离按设计要求而定，一般不小于 5m，安装的接地体应避开其他地下管道、电缆等。若与管道、电缆交叉时，相距应不小于 300～500mm。

三、接地体的连接工艺

接地导体互相连接一般采用焊接。采用扁钢焊接时，首先将扁钢调直，然后将其置于沟内，并与接地体依次用焊接的方法连接。焊接时，扁钢应侧放而不可平放，以免散流电阻很小，扁钢距接地体最高点约 100mm，如图 10－53 所示。

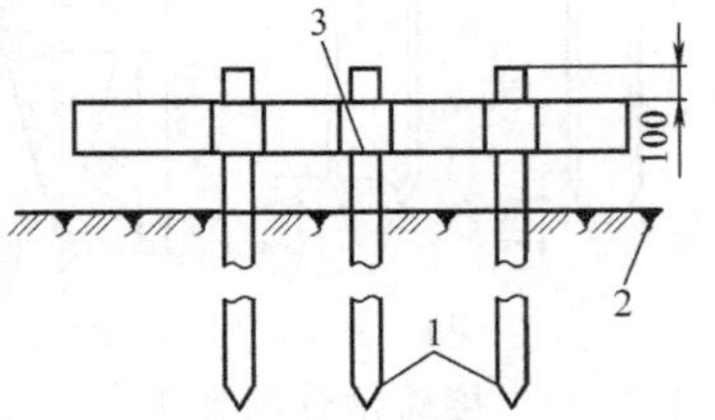

图 10－53　接地线的安装

1—接地体；2—地沟面；3—接地卡子焊接处

扁钢与接地体焊好后，经过检查认为接地体埋深、焊接质量均符合要求时，即可填沟平土。填沟的泥土中不应有石头、建筑碎料及垃圾等，因为这些杂物会增加接地电阻。回填土应分层夯实。为使土壤与接地体接触紧密，最好在每层土上浇一些水。

搭接长度的确定：扁钢与角钢应不小于宽度的 2 倍；圆钢不小于直径的 6 倍，而且应有三边以上的焊接。扁钢与钢管连接时，除应在其接触两侧焊接外，并应焊上钢带弯成的弧形卡子（或直角卡子），或将扁钢直接弯成弧形与钢管焊接。常用的接地导体的连接方式如图 10－54 所示。

四、接地干线与接地支线的敷设

1. 室外接地干线与接地支线的敷设

室外接地干线与接地支线一般敷设在沟内。敷设前应按设计要求挖沟，沟深不得小于

0.5m，然后埋入扁钢。由于接地干线与接地支线不起接地散流作用，所以埋设时，不一定要侧放。接地干线与接地体及接地支线均采用焊接。回填的土层要夯实，但不需打夯。接地干线与接地支线末端应露出地面0.5m，以便接引地线。

2．室内接地干线与接地支线的敷设

室内的接地线一般多为明敷，但部分设备的接地支线也常经过地面或混凝土层。明敷的接地线一般是敷设在墙上、母线架上或电缆的沟架上。敷设方法如下：

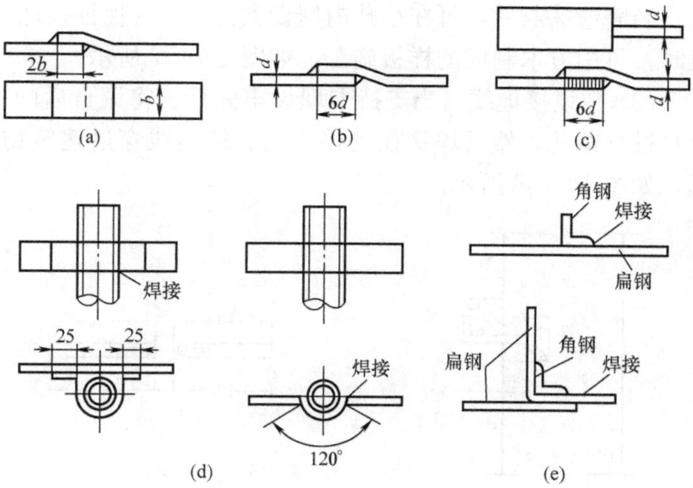

图10－54　接地导体的连接

(a) 扁铜的连接；(b) 圆钢的连接；(c) 圆钢与扁钢的连接；(d) 扁钢与铜管的连接；(e) 扁钢与角钢的连接

(1) 要加设保护套和预留孔。接地扁钢沿墙敷设时，有时要穿过楼板或墙壁，为了保护接地线并便于检查，可在穿墙的一段加设保护套或预留孔。

安装保护套时，应先将保护套埋设好，保护套可用厚1mm以上铁皮做成方形或圆形套管，其大小应使接地线穿过其中时，每边有6mm的空隙。预留孔的大小应比敷设的接地线厚度与宽度各大6mm。预留孔距墙壁表面应有15～20mm的距离，以使敷设的接地线整齐美观，如图10－55所示。

(2) 预埋支持卡。明敷在墙上的接地线应分段固定，固定方法是在墙上埋设支持卡，再将扁钢固定在支持卡上，如图10－56所示。

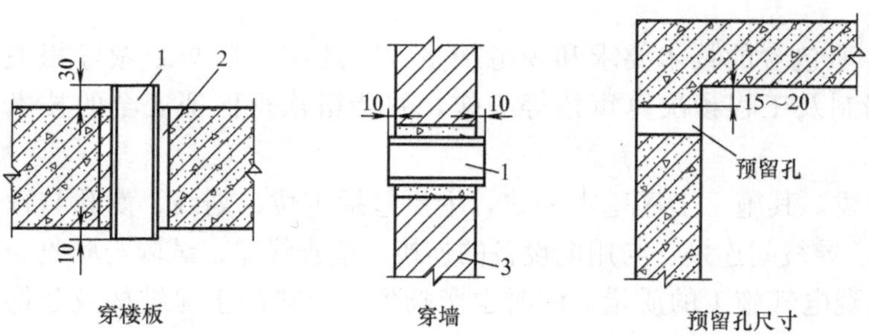

图10－55　保护套安装与预留孔尺寸图

1—套；2—板；3—砖墙

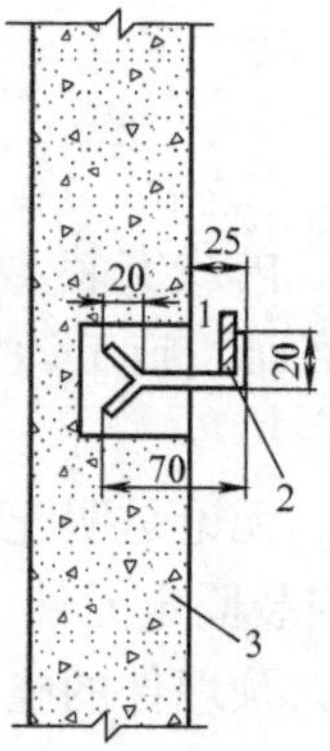

图10－56　接地线的支持卡

1—接地线；2—支持件；3—墙壁

为使支持卡埋设整齐，应在墙壁灌水泥时，埋入一方木或预留小孔（砖墙也可以在砌砖时，直接将支持卡埋入墙中）。小孔的深度与宽度均为50mm，孔之间的距离一般为1～1.5m，转弯部分为1m。在预留方孔时，要拉线或划线，以使小孔整齐一致。

当墙壁抹灰后，可在小孔内埋设支持卡。为保证接地线全长与墙壁保持相同的距离，埋设时，可用方木制成的样板施工，如图 10-57 所示。

(3) 敷设接地线。当支持卡埋设牢固后，将调直后的扁钢放在支持卡内，经过墙壁时，要穿过预留孔，然后焊接在支持卡上。接地线穿过建筑物的伸缩缝时，应将接地线做成弧形，如图 10-58 所示。

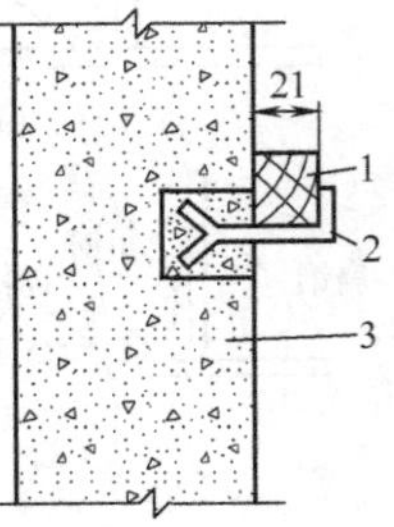

图 10-57　接地线支持卡的埋设

1—方木样板；2—支持件；3—墙壁

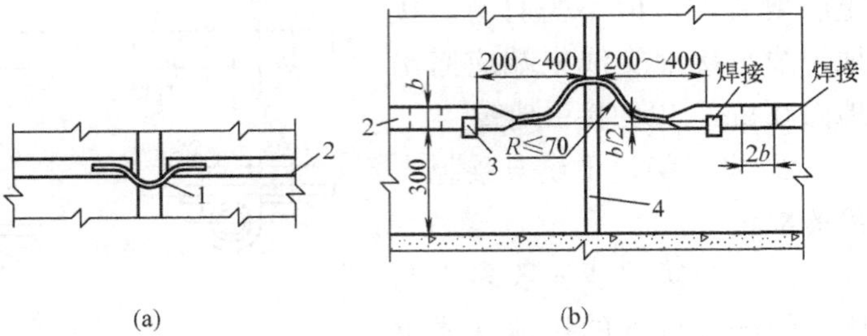

图 10-58　接地线经过伸缩缝补偿装置

(a) 圆钢与扁钢搭焊；(b) 扁铁与扁铁搭焊

1—圆钢；2—接地干线；3—支板；4—沉降缝

穿过混凝土接到电气设备的接地支线，应在土建施工时敷设好。敷设时，一端放在电气设备处，另一端放在距离最近的接地干线上，两端都应露出混凝土地面。接地线中部可焊在钢筋上加以固定。所有电气设备都应单独埋设接地线，不可将电气设备串联接地。

当采用建筑物内钢管、钢筋、吊车轨道等自然物作接地导体时，连接处应保证有可靠的接触，全长不能中断。

接地线与电气设备的连接可以用焊接和螺栓连接两种方法，但无论用哪种方法，都必须保证连接牢固、可靠。需要移动的设备宜采用螺栓连接。在有振动的地方，要有防松措施，如弹簧垫圈。不需要移动的设备可采用焊接。

接地体接地电阻测量的具体方法参见第七章。

小　　结

1. 内线安装工程细而杂，所包含的技术要求和规范很多，因此施工前必须做好相关人员培训、施工计划及图样编制及工程预决算审核等工作，并严格执行保证安全的技术措施。

2. 无论是明配线还是暗配线，其施工工序基本一致，主要包括定位、划线、凿孔与预埋、安装固定元件、敷设导线、导线间连接、与用电设备的连接、检查线路、试验与验收。

3. 预埋件的施工直接影响到电气施工的质量，同时也影响到建筑物的土建结构及装饰要求。

4. 室内外常用的配线方式主要有瓷夹与绝缘子配线、槽板配线、线管配线及塑料护套线配线等几种形式。

5. 低压电器的选择条件主要有三点，即正常工作条件、短路电流条件、使用环境条件。所以对刀开关、低压熔断器、低压断路器及低压配电成套设备等，必须根据特征条件正确选择和安装。

6. 电力电缆的敷设方式，一般有敷设于沟道、隧道内、支架上、竖井中，穿入管道内，直接埋设于地下等。不同的敷设方式要参照不同的要求，在实际使用时，有可能一条电缆线路需要采用几种敷设方式。室内电缆的配线方式，一般采用沿墙及建筑构件明敷设、沿电缆桥架敷设、采用钢索配线、穿金属管埋地暗敷设及在电缆沟内敷设等。

7. 接地装置的接地体应尽量选用自然接地体，以便节约钢材和减少施工费用。人工接地体应尽量选用钢材，一般常用角钢与钢管。在有腐蚀性的土壤中，应使用镀锌钢材或增大接地体尺寸。接地导体互相连接一般采用焊接。接地线与电气设备的连接可以用焊接和螺栓连接两种方法。室内的接地线一般多为明敷，但部分设备的接地支线也常经过地面或混凝土层。明敷的接地线一般是敷设在墙上、母线架上或电缆的沟架上。要加设保护套、预留孔和预埋支持卡敷设接地线。

习　　题

10-1　内线安装工作的基本内容有哪些？

10-2　内线施工安全生产的技术措施主要包括哪些内容？

10-3　电气工程施工前的培训主要包括哪些内容？

10-4　建筑电气工程图应满足哪些要求？

10-5　制订和编制电气安装工程施工计划前应掌握哪些资料？

10-6　对工程预算进行审核时要注意什么？

10-7　室内配线的施工步骤有哪些？

10-8　预埋件的施工有哪几个环节？举例分析。

10-9　瓷夹与绝缘子配线的技术要求有哪些？

10-10　瓷夹与绝缘子配线工艺如何？

10-11　简述槽板配线的技术要求和配线工艺。

10-12　简述线管配线技术要求。

10-13　管子布线的管材如何选择？

10-14　简述管道配线工艺。

10-15　简述塑料护套线配线技术要求和配线工艺。

10-16　低压电器的选择条件有哪些？

10-17　刀开关的安装与运行注意事项有哪些？

10-18　简述低压熔断器的选择原则。

10-19　熔断器熔体的选择与配合有哪些要求？熔断器的安装与维护事项有哪些？

10-20　低压断路器的选用原则有哪些？其保护特性的配合要求如何？

10-21　常用低压成套配电设备种类有哪些？

10-22　电缆敷设的一般要求有哪些？

10-23　电力电缆的敷设方式有哪些？敷设时各有什么要求？施工时应注意哪些问题？

10-24　直接埋地电缆施工中应注意什么事项？

10-25　什么是插接式母线配线工程？插接式母线配线方式有什么优越性？

10-26　什么是电缆桥架安装工程？电缆架桥配线适用于什么场合？

10-27 什么是电缆竖井配电方式？适用于什么场合？

10-28 什么是电力电缆配线工程？电力电缆敷设方法有几种？各适用于什么场合？

10-29 接地体的加工和安装有什么具体要求？

10-30 分析说明接地体的连接工艺。

10-31 室内接地干线与接地支线如何敷设？

第十一章

内线安装工程的验收

第一节 概 述

在施工单位内线安装工程结束后，应及时通知供电部门及当地各职能部门进行验收。通过竣工验收，施工任务即可宣告完成，可以交付建设单位使用。

一、相关的技术规程

1. 设计技术规程规范

设计技术规程规范 GB 50054—1995《低压配电设计规范》、GB 50053—1994《10kV 及以下变电所设计规范》、GB 50217—1994《电力工程电缆设计规范》、GB 50055—1993《通用用电设备配电设计规范》、GB 50034—1992《工业企业照明设计标准》、GB J133—1990《民用建筑照明设计标准》和 JGJ/T 16—1992《民用建筑电气设计规范》等设计规范。

2. 电气工程施工验收规范

电气工程施工验收规范主要包括 GB 50150—1991《电气装置安装工程电气设备交接试验标准》、GB 50303—2002《建筑电气工程施工质量验收规范》、GB 50310—2002《电梯工程施工质量验收规范》、GBJ 147—1990《电气装置安装工程高压电器施工及验收规范》、GBJ 148—1990《电气装置安装工程电力变压器、油浸电抗器、互感器施工及验收规范》、GBJ 149—1990《电气装置安装工程母线装置施工及验收规范》、GB 50168—1992《电气装置安装工程电缆线路施工及验收规范》、GB 50169—1992《电气装置安装工程接地装置施工及验收规范》、GB 50170—1992《电气装置安装工程旋转电机施工及验收规范》、GB 50171—1992《电气装置安装工程盘、柜及二次回路接线施工及验收规范》、GB 50254—1996《电气装置安装工程低压电器施工及验收规范》、GB 50173—1992《电气装置安装工程 35kV 及以下架空电力线路施工及验收规范》等。

3. 其他规则

(1)《供电营业规则》。

(2) 安全工作规程，如《电业安全工作规程》、DL 477—2001《农村低压电力技术规程》和 DL 493—2001《农村安全用电规程》等。

(3) 其他专业技术规程，如防爆、防火的专业规程等。

二、内线安装工程试验

电气工程在安装结束后，在报竣工验收和投入运行前，应进行各种电气试验，作为报验的主要资料之一，并由电业验收部门进行检查。

内线安装工程的试验项目应包括：

(1) 电气设备接地电阻的测试。包括低压配电屏、配电箱和电动机等的保护接地、三相四线制供电线路中的中性点重复接地、防雷保护接地等。

(2) 电气设备绝缘电阻的测试。包括电缆、母排等装置的相对相、相对地的绝缘电阻试验。

(3) 电容器绝缘电阻、交流耐压、实际电容量（与铭牌电容量相比较）的测试。

(4) 装有漏电保护器线路中的漏电保护装置动作试验。

(5) 低压断路器在额定电流及故障电流下动作特性试验。

(6) 穿管布线正确性测试。

进行电气试验的目的，是为了确定电气设备及材料在安装及运输过程中绝缘是否受损，铭牌及说明书提供的原有指标是否达到，检验安装是否满足要求。因此，在现场验收中，仅用观察设备外观手法进行检查是远远不够的，设备绝缘好坏、接地电阻能否满足要求等，这些情况用肉眼是看不出的。进行电气试验，可以检查设备的健康情况，许多设备的内部缺陷也可通过电气试验来发现。因此，试验的结果合格与否直接决定了设备能否投入运行，试验合格可以在很大程度上保证电气设备的运行安全。试验应抓住重点项目，假如个别项目标准未能达到要求，则应请电业部门验收人员共同判断。认定重点项目及其他项目符合要求，不存在严重缺陷时，允许投入运行，但要经过主管单位领导批准，并在运行中加强监视和维护。

三、开、竣工报告

开始施工前，施工单位应先向国家或地方政府主管建设部门申报开工，在经过批准并取得施工执照后方可动工。开工报告（亦称开工申请书）应按规定格式填写，其主要内容包括：批准建设工程的依据，工程项目，工程内容，工程地址，工程概算投资额，资金来源，建设单位，施工单位，预计开、竣工日期，以及主要材料设备订货情况等。

当工程按计划和设计要求建成后，由施工、安装单位与建设单位及各有关职能部门办理验收、移交手续，开出竣工报告。竣工报告应按规定格式填写，内容包括：工程名称，完成的工程内容，工程的效果，对施工安装工程的质量评价及验收意见，开、竣工日期，批准概算，竣工决算（包括竣工已平整清理，下水道是否通畅，房顶防水隔热层是否已敷好，墙壁是否已粉刷完毕）等。待土建工程完备后，再进行电气设备的安装。

四、电气安装工程的中间检查

在电气安装工程的施工过程中，应对安全和质量加强检查。具体检查项目包括：

(1) 检查安装工程与设计是否相符。

(2) 检查有关设备技术资料是否齐备。

(3) 查看完工后无法直接观察或造成返工量大的工程。

(4) 查看双电源、自发电的机械连锁和电气连锁装置是否具备并符合要求。

(5) 查看电气设备的安全距离、通道宽度等是否符合要求。

在中间检查过程中如发现因施工实际困难或其他原因必须修改原设计时，应另行协商，并经设计、施工、建设单位及地方电业职能管理部门四方共同协商同意，由设计单位重新出具文字说明或图纸资料，方可更改。不允许任何单位单方面地任意更改设计。

五、竣工验收

电气设备在经过中间检查，已全部安装、调试结束后，在送电之前，必须对整个工程进行一次全面质量检查，这项工作称为竣工验收。

在进行正式验收之前，一般施工单位应先进行自检。通过自检及时发现问题并进行处理，确认工程已全部结束，自检合格后，可填写电气工程竣工报验单送交电业部门。由电业部门派人根据竣工报验单及申请书进行验收。

验收项目可分技术档案资料和工程本身质量的检查两方面。

1. 客户及施工单位应提供的技术资料

(1) 施工中经各方协商，设计单位修改设计的图纸及补充计算结果。

(2) 主要电气设备及材料的技术说明书、出厂检验报告及合格证、安装图纸等技术资料。

(3) 设备安装调试记录及各项测试记录，包括接地电阻、绝缘电阻测试记录、隐蔽工程施工记录、开关调试记录、低压电容器试验报告等。

(4) 交接试验记录，包括各种电气设备的试验记录，应项目齐全，数据准确，结论明确，试验人员与单位印章齐全。

(5) 有些客户还应配备有关操作、运行规程、安全用具和消防用具，并提供所配备的值班人员名单。

2. 对电气工程进行检查

在有关资料已全部具备后，即可进行现场检查。对内线安装工程的检查，主要是看其装置是否符合规程规定和试验标准。检查的内容一般包括：

(1) 进户装置。包括进户点、进户绝缘子、进户线等。

(2) 配电装置及计量装置。包括总熔丝、开关大小、电能表位置、配电箱安装位置等。

(3) 电线电缆的规格选择是否正确。

(4) 各分路灯头、插座数量是否符合要求。检查插座、灯头接线的正确性。

(5) 根据工作场所的危险情况，如场所的高温、潮湿、多尘等情况；有无爆炸、火灾及化学腐蚀危险等；确认设备选择及安装是否符合要求。

(6) 防止触电的基本保安措施。

(7) 用电设备。

检查的标准是按有关电气装置规程，如查出有不符合规程要求的情况，验收人员应及时指出并开出电气装置缺陷及整改通知单，其格式见表 11－1。

表 11－1　　电气装置缺陷整改通知单

户名：

电气缺陷及整改意见	客户意见
	签章　　年　月　日

通知人　　　　年　月　日　　　　复查人　　　　年　月　日

该表格一式三份，一份交客户保存，一份交用电监察主管部门，一份存查。施工单位及客户应根据整改要求，确认各自负责的内容，分别整改返工。整改结束后，及时通知用电监察人员复查。复查结束，确认工程已具备送电条件，则在电气装置竣工报验单上填写“合格，可送电”，交下道业务部门办理送电手续。此时低压内线工程的竣工验收可以结束，等待送电。在送电后，有关设备出厂资料退回客户，其余资料及检测记录由电业部门归存。

第二节　内线安装工程验收

一、电气照明工程验收

1. 电气照明施工工程验收时应提交的技术资料和文件

内线安装工程结束后，电气照明施工工程应提交如下技术资料和文件：

(1) 竣工图。

(2) 更改设计的证明文件。

(3) 产品的说明书、合格证等技术文件。

(4) 安装技术记录。

(5) 试验记录，包括灯具程序控制记录和大型、重型灯具的固定及悬吊装置的过载试验记录。

2. 电气照明装置工程验收

电气照明装置工程在验收时应重点检查以下项目：

(1) 并列安装的相同型号的灯具、开关、插座及照明，配电箱（板）的中心轴线、垂直偏差、距地面高度。

(2) 暗装开关、插座的面板、盒（箱）周边的间隙，交流、直流及不同电压等级电源插座的安装。

(3) 大型灯具的固定，吊扇、壁扇的防松、防振措施。

(4) 照明配电箱（板）的安装和回路编号。

(5) 回路绝缘电阻测试和灯具试亮及灯具控制性能。

(6) 接地或接零。

二、低压配线工程的验收

(一) 低压配线工程在验收时的检查项目

(1) 各种规定的距离。

(2) 各种支持件的固定。

(3) 配管的弯曲半径，盒（箱）的装设位置。

(4) 明配线路的允许偏差值。

(5) 导线的连接和绝缘电阻。

(6) 非带电金属部分的接地或接零。

(7) 黑色金属附件的防腐情况。

(8) 施工中造成的孔、洞、沟、槽的修补情况。

(二) 配线工程质量检验的具体项目

各种配线方式的检验项目有所不同，可按国家和地区的施工电气规范要求进行检验。现将有关检验项目作简要的介绍。除特别要求必须通电检查外，其余检验项目均需停电检查。

1. 钢管明敷配线

(1) 钢管的检查。

1) 检查钢管及支架安装排列是否平直、整齐和牢固。管口是否光滑、有无护圈，连接是否紧密。

2）钢管间距和支架的固定点间距是否超差，允许偏差见表11－2。

表11－2　钢管明敷时的允许偏差　mm

项　目		允许偏差	检查工具
固定点的间距		50	内线卡钳、拉线、吊线和拉尺
同规格钢管间距		5	
在任意的2m段内	钢管水平度	3	
	钢管垂直度	3	

3）检查钢管弯曲半径是否符合标准，表面及弯曲处是否有显著折皱不平或弯扁现象。

（2）盒（箱）的检查。检查接线盒、开关盒（箱）、灯头盒是否平正、牢固，与钢管连接是否紧密。

（3）接头和管内穿线的检查。管内所穿导线绝缘是否擦伤；导线的接头因在接线盒或开关盒等内，可用手捏或剥开包扎层等方法抽查主接头连接和包扎情况。

（4）钢管接地和防腐检查。检查钢管接地线连接是否接牢（压牢或焊牢）、有效；钢管连接处的搭接线是否做了，是否焊牢；钢管是否涂过防腐漆。

2．瓷夹板和瓷柱（绝缘子）配线

（1）瓷夹板、瓷柱（绝缘子）及支架的检查。检查瓷夹板、瓷柱安装是否平正、牢固，间距、高度是否均匀一致，并应清洁、完整。

（2）导线的检查。导线是否有扭绞、曲结和绝缘层破损等缺陷。观察导线敷设是否平直、整齐，绑扎是否牢靠。在穿过梁、墙、楼板和跨越线路处有无保护管。

（3）线路中心线和线间距离检查。检查线路中心线和线间距离是否超差，允许偏差见表11－3。

表11－3　瓷夹板和瓷柱（绝缘子）配线的允许偏差　mm

项　目		允许偏差	
		水平线路	垂直线路
瓷夹板配线线路的中心线		5	5
瓷柱（绝缘子）配线	线路的中心线	10	5
	线间距离	10	5

（4）导线接头的检查。检查方法与钢管配线方式类似。

3．塑料护套线配线

（1）导线的检查。观察导线有无扭绞、曲结和绝缘层破损等缺陷。对接和分支处是否在接线盒或器具内处理。穿过梁、墙、楼板和跨越线路时是否装保护管。线路固定点间距、水平度、垂直度是否超差，允许偏差见表11－4。

表11－4　塑料护套线配线的允许偏差　mm

项　目	允许偏差	项　目	允许偏差
固定点间距	5	垂直度	5
水平度	5		

（2）导线接头的检查。检查方法可参考钢管配线检查方式。

4. 电气器具及照明配电箱（盘）

对各类型式的电气器具（如灯具、开关、插座、电扇、电铃、电钟及干式变压器等）和照明配电箱（盘）进行抽查，抽查数为10%，但不能少于3套；不足3套的，应全部检查。

（1）电气器具及支架的检查。检查是否牢固和是否安装在木台、梁等中心位置。

（2）灯具、开关以及插座的检查。检查是否平正、高度一致（灯具位置允许偏差为5mm），标高是否正确及牢固。螺旋灯头中心接头和开关是否接在相线上。暗装开关、插座座盖是否贴紧墙面，其垂直度偏差不大于1.5%，相邻高低差不能大于2mm。相线应进单相插座右桩头，拨动式开关上下所显示的分合情况是否一致。

（3）电扇、电铃和干式变压器的检查。检查是否平正、牢固。风扇风叶不应松动，转动要灵活。

（4）照明配电箱的检查。查箱体是否平正、位置正确、部件齐全。暗敷配电箱的箱盖是否紧贴墙面。垂直度的允许偏差不大于1.5%。

（5）接线的检查。检查接线是否牢固、芯线是否损伤。

（6）接地、油漆和防腐检查。电气器具和配电箱接地线（接零系统为接零线）安装是否牢靠、有效，是否与接地干线（或接地体）直接连接（中间不准有接头或串接），接地线与相线及中性线是否能明显区分，并从外观检查油漆及防腐情况。

5. 绝缘性能的测试和线路通电试验

略。

三、内线工程的交接

1. 质量评定的等级

经全面检验后，即可评定工程的质量。工程质量一般分优良、合格、不合格三个等级。

优良：指工程中的关键项目和其余一般项目的50%及其以上项目符合设计要求及规范要求，外观美观，不需要再进行加固补强及整改，即可使用。

合格：指优良项目虽不足50%，但能按设计要求使用，部分不符合规范的方面经整改后基本上能符合要求，外观一般。

不合格：指工程不能使用或不符合规范。

2. 移交及装表接电

工程验收达到“合格”以上等级标准，各方即可在验收报告上签字，办理移交手续。经电力调度同意后，就可以给用电户装表接电。接电前，电能计量运行部门应再次根据变压器容量核对表用互感器的变比和极性是否正确，以避免计量错误；检查人员应对用电户全部电气设备再作一次外观检查，通知客户拆除一切临时电源，对二次回路进行联动试验。当计量用表计安装完毕后，即可与调度部门取得联系，对用电户送电；送电后，应检查电能表运转是否正常，相序是否正确，并立即抄录电能表底数，作为计费起端的依据。

第三节　电能计量装置接电前检查

为保证新装后的电能计量装置能准确、可靠运行，必须对其进行严格的无电检查。通过检查及时发现电能计量装置接线错误、电能计量器具故障、电能计量器具配置不合理等问题，以提高电能计量装置的可靠性，减少计量差错，维护供电企业和客户的经济利益。合格的电能计量装置必须满足以下要求：

(1) 电能表和互感器的误差合格。

(2) 互感器的极性、组别及变比、电能表倍率正确。

(3) 电能表铭牌与实际的电压、电流、频率相对应。

(4) 根据电路的实际情况合理选择电能表接线方式。

(5) 二次回路的负荷应不超过电流互感器或电压互感器的额定值。

(6) 电压互感器二次回路电压降应满足要求。

(7) 电能表接线正确。

一、无电检查

1. 检查内容

(1) 核查电流互感器和电压互感器装置是否牢固，安全距离是否足够，各处触头是否旋紧，接触面是否紧密。

(2) 核对电流互感器和电压互感器铭牌、参数、极性以及一、二次线是否正确；是否与标准图样符合。

(3) 核查电流互感器和电压互感器的二次侧、外壳等有否接地。

(4) 核对电能表接线是否正确，桩头螺钉是否旋紧（用手拉一拉），线头是否有碰壳现象。

(5) 核对已记录的有功、无功、最大需量表倍率、起始读数是否抄错。

(6) 互感器一、二次线桩头是否旋紧，应用绝缘布包好，以防触碰松动造成危险。

(7) 核查接线盒内桩头螺钉是否旋紧，有否滑牙，短路小片是否并紧，连接是否可靠。

(8) 核查电压熔丝插头是否松动，玻璃熔丝两端弹簧铜皮夹头的弹性及接触面是否完好。

(9) 核查所有封印是否完好，是否有遗漏。

(10) 核查是否有工具、物件等遗留在设备上。

(11) 核对二次回路导通情况及端子标志是否一致。具体核对方法如下：

1) 从互感器二次端子到端子箱再到电能表接线盒之间的连线端子上，都应有专门的标志，例如从电流互感器来的导线端头标以“1TAU”，其中1表示编号，TA表示电流互感器，U表示U相，这种标志同样标明在绘制的二次接线图上，以便查找。

2) 端子连接的检查方法可采用电力线路的定相方法，工程上常用万用表或干电池做成的电灯进行导通试验，如图11-1所示。将电源一端的接线端子都断开，端子分别逐个接地，在另一端依次试验，试验可由两人进行。如果距离远，可用电话联系。检查完毕后应恢复正常接线，然后等送电运行时，再进行带电检查。

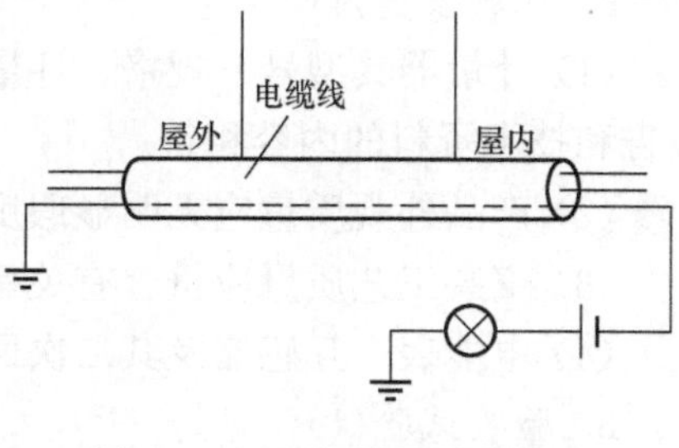

图11-1　电灯导通试验核对接线端子示意图

停电检查时，应认真、细致，按标准接线图纸逐项核对，这是一种可靠的检查方法。一般在新装或更换互感器后，在送电投入运行前，认真进行停电检查是可以防止错误接线的。

2. 电能计量装置二次回路的检查

对电能计量装置二次回路应进行如下检查：

(1) 互感器的准确度等级检查。

(2) 总负载检查。要求二次所接总负载不超过互感器规定准确度等级时的额定负载值。

(3) 二次连接仪表检查。互感器二次接入电能表后，不应再接入与计量无关的设备。对于考核供电量的非计费计量装置，可接入指示仪表，但不准接入继电器。

(4) 二次导线颜色及截面积检查。应采用不同颜色单芯铜质绝缘导线，导线中间不应有接头，并有明显的标志。导线截面积符合规定。

(5) 绝缘检查。二次回路每根导线之间应有良好的绝缘，所有导线对地也应有良好的绝缘，导线间和导线对地的绝缘电阻应符合有关规程的规定。二次回路应当进行1000V电压绝缘耐压试验（允许采用2500V绝缘电阻表进行绝缘耐压试验），在断开二次回路接地点后，测其绝缘电阻不应低于1MΩ。

(6) 二次接线盒检查。电能计量二次回路应用专用二次接线盒进行过渡连接；在二次回路工作时（更换表计、实际负荷下校验电能表的误差、进行二次接线的检查等），应将接线盒可靠接地，并将电流互感器二次短路，电压互感器二次开路。

(7) 接地检查。电能计量装置应接地的部位包括：

1) 电流互感器二次“—”极的端子。

2) 电压互感器Vv接线时二次测V相端子、电压互感器Yy接线时中性线端子。

3) 互感器的金属外壳。

4) 装设电能表的金属盘面。

二、电能计量装置的验收和试验

1. 验收的技术资料

(1) 电能计量装置的计量方式原理接线图，一、二次接线图，设计和施工变更资料。

(2) 电能表和电流、电压互感器的安装和使用说明书，出厂检验报告，计量检定机构的检定证书或测试报告。

(3) 二次回路导线或电缆的型号、规格及长度。

(4) 高压电气设备的接地及绝缘试验报告。

(5) 施工过程中需要说明的其他资料。

2. 现场核查内容

(1) 计量器具型号、规格、计量法定标志、生产厂、出厂编号应与计量检定证书、测试报告和技术资料的内容相符。

(2) 产品外观质量应无明显瑕疵和受损。

(3) 安装工艺质量应符合有关标准要求。

(4) 电能表、互感器及其二次回路接线情况应和竣工图一致。

3. 验收试验

(1) 电能表。电能表安装前应在试验室进行检定，电能表应满足国家电网公司《三相电子式多功能电能表订货及验收技术标准》要求。

(2) 电压互感器。电磁式电压互感器可在试验室或现场进行误差测试；电容式电压互感器应在现场进行误差测试。电压互感器在额定负荷和实际负荷时的误差都应合格。

(3) 电流互感器。电流互感器可在试验室或现场进行误差测试。电流互感器在额定负荷时和实际负荷时的误差都应合格。

(4) 二次回路。应在现场检查电压、电流互感器二次回路接线是否正确；二次回路中间触点、试验接线盒的接触情况。

4. 验收结果的处理

(1) 投产前的试验必须合格方能投产；投产后的试验如有不合格的，必须在1个月内进行整改。

(2) 经验收合格的电能计量装置应由验收人员及时实施封印，并由运行人员或客户对铅封的完好签字认可。封印的位置为互感器二次回路的各接线端子、电能表接线端子、计量柜(箱) 门等。

(3) 经验收合格的电能计量装置应由验收人员填写验收报告，注明“计量装置验收合格”或者“计量装置验收不合格”及整改意见，整改后再行验收。

(4) 验收不合格的电能计量装置禁止投入使用，更改后再进行验收，直至合格。

(5) 验收报告及验收资料应及时归档，以便于管理。

有关电能计量装置的带电检查可参考第三章。

第四节　低压电器的常见故障分析

一、电动机的常见故障分析

1. 常见故障形式及原因

电动机由定子和转子组成，是把电能转化为机械能的电气设备。因其转子的旋转特征，导致发生故障的几率较高。电动机常见故障现象主要有过热、短路和断路等。

(1) 过热。电动机过热的主要原因有：

1) 电源方面的原因：①电源电压高，铁芯磁通密度随电压增大，铁耗增大，将引起铁芯过热；②电源电压低，电动机带负载运行时，将引起转子和定子电流增加，因而绕组铜耗增加，使定子、转子绕组过热；③电网电压不对称，如一相断路造成电动机单相运行，其余二相绕组将因过电流而过热。

2) 电动机本身的原因：①绕组一相断路造成三相电流不平衡，引起绕组额外发热，使电动机过热；②绕组中有短路故障，短路电流比正常电流大很多，铜耗增大，绕组过热；③绕组为星形连接的电动机错接成三角形，将引起定子电流增加，甚至达到几倍额定电流，这样大的电流很快引起电动机烧毁；④电动机机械故障，转动不灵活，有卡住、卡死现象。

3) 负载方面的原因：①电动机长期过负载运行，形成小马拉大车现象；②电动机的机械负载时高时低工作不正常；③电动机的机械负载有卡阻现象，造成过负载。

4) 通风散热不好。如通风通道堵塞或风扇损坏。

(2) 短路。绕组短路的形式有绕组匝间短路、极相组间短路、相间短路。

绕组短路故障的主要原因：①电动机电流过大；②电源电压过高，造成绝缘损坏；③重新嵌线时碰伤绝缘；④电机严重受潮；⑤定子绕组的线圈组之间的连线焊接不良，或绝缘破坏、绝缘老化脆裂等。

另一种短路的情况是定子绕组接地（俗称“碰壳”），其原因主要有：①电动机长期不使用，周围环境潮湿；②电动机长期过负载运行，使绝缘老化而击穿；③有害气体侵蚀，使绕组的绝缘性能降低，绝缘电阻下降；④金属异物掉进绕组内部，损坏绝缘，机械损伤使绕组的导体与铁芯、机壳接通；⑤电动机重绕定子绕组时，绝缘损伤，导线与铁芯相碰等。

绕组接地后，电动机外壳带电，容易造成人身触电事故。因此，绕组接地故障必须及时检查处理。

(3) 定子绕组断路。异步电动机绕组断路故障多发生在绕组的端部、各绕组元件的接线头或电动机引出线端等处附近。故障原因主要是绕组受外力的作用而断裂、接线头焊接不良而松脱、绕组短路或电流过大使绕组过热而烧断。

2. 减少电动机故障的措施

为减少电动机故障的发生，保证电动机的安全稳定运行，应从以下环节入手：

(1) 加强运行监控。在运行时，值班工作人员可以通过仪表和感觉器官监视其运行情况，以便及早发现问题，减少或避免故障的发生。监视内容包括：①监视温度、电流、电源电压及异常的振动、响声和气味；②检查传动装置；③注意轴承的工作情况；④注意绕线式电动机电刷与集电环之间出现的火花。

(2) 加强保护。采用的措施有：①采用熔断器或低压断路器进行短路保护；②采用低压断路器、磁力启动器、自耦降压补偿器等，加强欠压、失压保护；③利用电流继电器、热继电器等进行过载、断相运行保护。

(3) 加强试验。电动机新装或运行中应定期进行如下试验：①测量绝缘电阻及吸收比以判断绝缘状况；②测量绕组的直流电阻以发现定子绕组焊接头的隐患，防止焊接头开焊事故；③绕组的交流耐压试验也可判断绝缘状况；④空载试验以测定电机工作过程的电能损耗；⑤短路试验以确定电动机短路电压大小；⑥测定定、转子之间的气隙距离，以分析其对电动机工作效率的影响。

二、漏电保护装置的误动和拒动

1. 误动

误动是指线路或设备未发生预期的触电或漏电时漏电保护装置产生的动作。误动的原因主要来自两方面：①由漏电保护装置本身的原因引起的；②由线路原因而引起的。

由漏电保护装置本身引起误动的主要原因是质量问题。如装置在设计上存在缺陷，选用元件质量不良，装配质量差，屏蔽不良等，均会降低保护器的稳定性和平衡性，使可靠性下降，从而导致误动作。

(1) 接线错误。例如：保护装置后方的零线与其他零线连接或接地，或保护装置的后方的相线与其他支路的同相相线连接，或负载跨接在保护装置的电源侧和负载侧，则接通负载时，都可能造成保护装置的误动作；在三相四线制电路中，照明和动力合用的线路，错误地选用三极漏电保护器，单相负载的零线直接接在保护器电源侧等，也会造成保护装置的误动作。

(2) 供电线路发生雷电过电压，很大的充电电流会引起漏电保护器误动作（再次投入使用即可）；冲击过电压迅速分断低压感性负载时，可能产生高达 20 倍额定电压的冲击过电压，冲击过电压将产生较大的不平衡冲击泄漏电流，从而导致保护装置误动作。

(3) 附加磁场如果保护装置屏蔽不好，或附近装有流经大电流的导体，或装有磁性元件或较大的导磁体，这些电器开合时，会产生电磁干扰，均可能在零序电流互感器铁芯中产生附加磁通，因而导致保护装置的误动作。为此，应避免在漏电保护器附近使用大功率的电器。

(4) 大型设备在启动时，启动的堵转电流很大。如果漏电保护装置内的零序电流互感器的平衡特性不好，则在大型设备启动的大电流作用下，零序电流互感器一次绕组的漏磁可造成保护装置误动作。

(5) 不同步合闸时，先于其他相合闸的一相可能产生足够大的泄漏电流，从而使保护装置误动作。

(6) 工作零线的绝缘电阻过低，绝缘恶化保护装置后方一相或两相对地绝缘破坏，或对地绝缘不对称，都将产生不平衡的泄漏电流，从而引发保护装置的误动作。

(7) 过载和短路的影响。当漏电保护器兼有过流保护、短路保护时，常因过流、短路保护脱扣器的电流调整不当而引起漏电保护器误动作。为此，应重新调整过流保护装置的动作电流，使其与工作电流相配匹。

(8) 用电设备外壳的接地线与工作零线相连，引起误动作。这时应将接地线与工作零线断开。

此外，偏离使用条件，如环境温度、相对湿度、机械振动等超过保护装置的设计条件时，都可造成保护装置误动作。

2. 拒动

拒动是指线路或设备已发生预期的触电或漏电而漏电保护装置却不产生预期的动作。拒动较误动少见，然而拒动造成的危险性比误动大。造成拒动的主要原因有：

(1) 接线错误，错将保护线也接入漏电保护装置，从而导致拒动作。

(2) 动作电流选择不当，额定动作电流选择过大或整定过大，从而造成保护装置的拒动。

(3) 线路绝缘阻抗降低或线路太长，由于部分电击电流不沿配电网工作接地或保护装置前方的绝缘阻抗而沿保护装置后方的绝缘阻抗流经零序电流互感器返回电源，从而导致保护装置拒动。

此外，产品质量低劣，例如零序电流互感器二次线圈断线、脱扣元件粘连等各种各样的漏电保护装置内部故障、缺陷，均可造成保护装置的拒动。

三、低压电缆在运行中常见故障分析

电缆在运行中常见的故障有机械损伤，铅包疲劳、龟裂、胀裂，户外终端头浸水爆炸，大截面积电缆中间接头爆炸等。

(1) 机械损伤。此类事故约占总事故的50%，一般由市政建设管理不严、施工不善、直埋电缆埋设深度不够等造成。

(2) 铅包疲劳、龟裂、胀裂。此类事故约占总事故的10%，一般是电缆安装条件不良、制造厂铅的配方质量不高、压铅机停机加料以及运行不妥、电缆长期过负荷以及电缆散热不利等引起。这类故障一般常发生在电缆中间接头和终端头附近一段电缆上或排列密集和管中敷设的场合，以及振动较大的地区。

(3) 户外电缆头浸水爆炸。主要发生在10kV及以下的线路上。这类终端头由于设计不周、施工不良和运行维护不善，也可能由于呼吸作用造成终端头凝结水结聚在电缆头内，最终导致绝缘受潮击穿，引起爆炸。曾发生过电缆锯开后未及时封头，致使整盘电缆报废事故。这类故障约占事故总数的25%，且目前生产的户外终端还不能令人满意。

(4) 大截面积电缆中间接头爆炸。此类事故约占5%，引起这类故障的原因有以下几种：

1）设计不当，采用紫铜皮匣的接头材料不够完善。

2）过负荷引起接头匣内绝缘胶膨胀而胀裂壳体。

3）导体连接不良。

4）封铅漏水。

(5) 其他原因。如电缆运行年限久，负荷重，使电缆绝缘老化，或绝缘干涸等原因造成绝缘击穿。

四、低压断路器常见故障分析

低压断路器是一种比较复杂的低压电器，它集控制、保护于一身，除正常选用外，尚需要妥善维修。低压断路器的常见故障及其排除方法见表11-5。

表11-5　低压断路器的常见故障及其排除方法

常见故障	可能原因	排除方法
触头不能闭合	1. 失压脱扣器无电压或线圈损坏 2. 储能弹簧变形 3. 反作用弹簧力过大 4. 机构不能复位再扣	1. 检查施加电压或更换线圈 2. 更换储能弹簧 3. 重新调整 4. 调整再扣接触面到规定值
自由脱扣器不能使开关分断	1. 反力弹簧变小 2. 储能弹簧弹力变小 3. 机构卡阻	1. 调整或更换反力弹簧 2. 调整或更换储能弹簧 3. 消除卡阻因素
失压脱扣器不能使开关分断	1. 线圈短路 2. 电源电压太低 3. 再扣接触面太大 4. 螺钉松动	1. 更换线圈 2. 检查电源过低的原因 3. 重新调整 4. 拧紧螺钉
失压脱扣器噪声	1. 反力弹簧力太大 2. 铁芯工作面有油污 3. 短路环损坏	1. 调整弹簧力 2. 消除油污 3. 更换短路环、衔铁或铁芯
带负荷启动时开关立即分断	过流脱扣器瞬动整定值太小	重调整定弹簧
带负载一定时间后自行分断	1. 过流脱扣器长延时整定值不对 2. 热元件整定值不对	重新调整或更换
开关温升过高	1. 触头压力过小 2. 触头表面过分磨损或接触不良 3. 两个导电零件连接螺钉松动	1. 调整或更换压力弹簧 2. 更换触头或修整接触面 3. 重新拧紧

五、接触器常见故障分析

接触器使用寿命的长短，不仅取决于产品本身的技术性能，还与使用维护是否符合要求有很大关系。运行部门应制定有关制度，对运行中的接触器进行定期维护保养，以延长使用寿命和确保安全。

交流接触器的常见故障及其排除方法见表11-6。

表 11－6　接触器的常见故障及其排除方法

常见故障	可能原因	排除方法
噪声太大	1. 铁芯端面不好，接触不良，有灰尘、油垢或生锈 2. 短路环损坏、断裂，使铁芯产生跳动 3. 电压太低，电磁吸力不够 4. 活动部分发生卡阻	1. 去除灰尘、油垢或锈蚀 2. 更换短路环 3. 提高电压 4. 修理排除卡阻故障
触头过热	1. 系统电压过高或过低 2. 用电设备超负荷 3. 接触器触头容量不够 4. 触头间接触电阻增大 5. 故障运行	1. 调整或控制电压 2. 控制用电负荷 3. 更换接触器 4. 检查原因，清除触头表面污垢或修磨触头，或更换压力弹簧或更换新触头 5. 检查故障电路
触头磨损	电弧或电火花高温造成电磨损或触头闭合撞击滑动造成机械磨损	当铜触头磨损至原厚度 2/3 或银（银基合金）触头磨损至原厚度 3/4 时，或超行程不符合规定时都应更换新触头
触头熔焊	1. 操作频率过高或选用不当 2. 负载侧短路 3. 触头弹簧压力过小 4. 触头表面有金属颗粒突起或异物 5. 吸合过程中触头停滞在似接触非接触的位置上	1. 降低操作频率或更换合适型号 2. 排除短路故障、更换触头 3. 调整触头弹簧压力 4. 清理触头表面 5. 消除停滞因素
触头断相	1. 触头烧缺 2. 压力弹簧片失效 3. 连接螺钉松脱	1. 更换触头 2. 更换压力弹簧片 3. 拧紧松脱螺丝
衔铁吸不上	1. 线圈引出线连接处松动或脱落 2. 线圈断股或烧坏 3. 电源电压过低（无振动和噪声） 4. 活动部分卡涩（伴随振动和噪声）	立即断开电源，并： 1. 检查并重新连接 2. 更换线圈或整个接触器 3. 调整电源电压 4. 检查修复
衔铁不释放	1. 触头弹簧压力过小 2. 触头熔焊 3. 机械可动部分卡涩 4. 转轴锈涩或歪斜 5. 反力弹簧损坏 6. 铁芯端面有污垢 7. E 型铁芯的剩磁增大	立即断开电源，并： 1. 调整触头弹簧压力 2. 更换触头 3. 检查并调整 4. 检查并调整修复 5. 更换反力弹簧 6. 清理恢复 7. 调整相关元件，如调整铁芯中柱接触面间间隙等
相间短路	1. 可逆转换接触器联锁失灵或误动作，致使两台接触器同时投入运行而造成相间短路 2. 接触器正反转换接时间短而燃弧时间又长，换接过程中发生弧光短路 3. 尘埃堆积、潮湿、过热使绝缘损坏 4. 绝缘件或灭弧室损坏或破碎	1. 检查联锁保护 2. 在控制电路中加入中间环节或更换动作时间长的接触器 3. 缩短维护周期 4. 更换损坏件

六、白炽灯的常见故障

白炽灯的常见故障及其排除方法见表 11－7。

表 11-7 白炽灯的常见故障及其排除方法

常见故障	可能原因	排除方法
灯泡不亮	1. 灯座或开关接线松动或接触不良 2. 灯丝烧断 3. 熔丝熔断或小型断路器脱扣 4. 线路断路	1. 检修接线或更换灯座、开关 2. 更换灯泡 3. 更换熔丝或重新合一下断路器 4. 修复线路
灯泡强烈发光后瞬时或短时烧坏	1. 灯丝局部短路（钨丝有搭丝，使电阻减小，电流增大） 2. 灯泡额定电压低于电源电压	1. 更换灯泡 2. 换用额定电压与电源电压相符的灯泡
灯光时亮时暗或时亮时灭	1. 灯座或开关接触不良，导线接线松动或表面氧化 2. 电源电压忽高忽低或由于附近有大容量负载经常启动引起 3. 熔丝接触不良 4. 灯丝烧断但受振后忽接忽离	1. 修复松动的触头或接线、清除导线的氧化层后重新接线，清除触头表面的氧化层 2. 增加电源容量 3. 检查熔断器并修复或重新安装 4. 更换灯泡
开关合上后熔丝烧断	1. 灯座或接线盒连接处两线头相碰 2. 熔丝太细 3. 线路短路 4. 负载过大，即用电量超过熔丝容量 5. 用电器发生短路 6. 胶木灯座两触点间胶木烧毁，造成短路 7. 螺口灯座内中心铜片螺旋铜圈相蹭，造成短路	1. 重新接好线头 2. 正确选择熔丝规格 3. 检查导线是否老化或损坏，并修复 4. 减轻负载或更换熔断器 5. 检查用电器并修复 6. 更换灯座 7. 检查灯座并扳准中心铜片
灯光暗红	1. 灯座、开关接触不良，或导线连接处接触电阻增加 2. 灯座、开关或导线对地严重漏电 3. 线路导线太长太细，压降过大 4. 电源电压过低 5. 灯泡内钨丝挥发后，积聚在玻璃壳内使表面透光度减低，同时由于钨丝挥发后变细，电阻增大，电流减小，光通量减小	1. 修复接触不良的触头，重新连接导线接头 2. 更换灯座、开关或导线 3. 缩短线路长度，或更换截面积较大导线 4. 调整电源电压 5. 正常现象，不必修复

七、碘钨灯照明常见故障

碘钨灯除出现类似白炽灯的故障外，还有可能发生如表 11-8 所列故障。

表 11-8 碘钨灯的其他常见故障及其排除方法

常见故障	可能原因	排除方法
灯脚密封处松动	灯管过热，经反复热胀冷缩后，灯脚松动	调换灯脚
灯管使用寿命短	灯管没按水平位置安装	应重新安装，使其水平度$<4°$
灯管灯丝断裂	临时场所使用的振动	尽量避免振动

八、荧光灯的常见故障

荧光灯的常见故障及排除方法见表 11-9。

表 11-9　荧光灯的常见故障及排除方法

常见故障	可能原因	排除方法
灯管不能发光	1. 灯座触点接触不良，或电路接线松动 2. 启辉器损坏，或与启辉器座接触不良 3. 灯管漏气、镇流器线圈或管内灯丝断裂或脱落 4. 无电源 5. 电源电压过低 6. 新装荧光灯接线错误	1. 重新安装灯管，或重新接好导线 2. 先旋动启辉器，看是否发亮，再检查线头是否脱落，排除后仍不发亮，应更换启辉器 3. 用万用表低电阻挡检查线圈和灯丝是否断路；20W 及以下灯管一端断丝，将该端的两个灯脚短路后，仍可使用 4. 验明是否停电，或熔丝熔断 5. 不必修理 6. 检查线路
灯管两端发亮，中间不亮	1. 启辉器接触不良、内部小电容击穿、启辉器座线头脱落 2. 启辉器氖泡内动、静触片不能分开	1. 按上列方法 2 检查；小电容击穿，可将其剪去后继续使用 2. 取下启辉器，用两把螺钉旋具的金属头分别触及底座两块铜片，然后将两根金属杆相碰立即分开
启辉困难（灯管两端不断跳亮，中间不亮）	1. 启辉器规格与灯管不配套 2. 电源电压过低或线路电压降过大 3. 镇流器配用规格不合适（启辉电流小）或接头松动 4. 灯管老化 5. 环境温度过低 6. 接线错误或灯座灯脚松动	1. 更换启辉器 2. 调整电源电压，使电压保持在额定值或加粗导线 3. 更换镇流器或加固接头 4. 更换灯管 5. 可用热毛巾在灯管上来回烫熨（但要注意安全，灯架和灯座不可触及和受潮） 6. 检查电路和修理灯座
灯光闪烁或管内有螺旋形滚动光带	1. 启辉器或镇流器连接不良 2. 镇流器不配套，工作电流过大或接线松动 3. 新灯管暂时现象 4. 灯管质量不好	1. 接好连接点 2. 更换镇流器或加固接线 3. 开用几次或对调灯管两端，或使用一段时间后，会自然消失 4. 更换灯管
灯管光度减低或色彩转差	1. 灯管陈旧 2. 灯管上积垢太多 3. 电源电压过低或线路电压降过大 4. 环境温度过低或冷风直吹灯管	1. 更换灯管 2. 清除灯管积垢 3. 调整电源电压或加粗导线 4. 加防护罩或避开冷风
灯管两端发黑	1. 灯管老化 2. 启辉不良 3. 电源电压过高 4. 镇流器不配套 5. 灯管内汞（水银）凝结是细灯管常见现象	1. 更换灯管 2. 排除启辉系统故障 3. 调整电源电压 4. 更换镇流器 5. 灯管工作后即能蒸发或将灯管旋转 180°
镇流器声音异常或电磁声	1. 镇流器质量较差或铁芯叠片松动 2. 内部短路（伴随过热现象）或镇流器过载 3. 镇流器受热过度 4. 电源电压过高 5. 启辉器不好引起镇流器启辉时辉光杂音 6. 镇流器有微弱声音，但影响不大	1. 紧固铁芯或更换镇流器 2. 更换线圈或更换整个镇流器 3. 检查受热原因 4. 调整电源电压 5. 更换启辉器 6. 是正常现象，可用橡皮垫衬，以减小振动

续表

常见故障	可能原因	排除方法
镇流器过热或冒烟	1. 电源电压过高或容量过低 2. 镇流器内部线圈短路 3. 灯管闪烁时间长或使用时间长	1. 调低电源电压或换用容量较大的镇流器 2. 更换镇流器 3. 检查闪烁原因或减少连续使用的时间
灯管寿命过低或发光后立即熄灭	1. 镇流器不配套或质量较差或镇流器内部线圈短路，致使灯管电压过高 2. 开关次数过多 3. 电源电压过高 4. 接线错误，导致灯丝烧毁 5. 受到振动，将灯丝振断	1. 更换或修理镇流器 2. 减少不必要的开关次数 3. 调整电源电压 4. 检查线路，改正接线 5. 调换安装位置或更换灯管

九、高压汞灯的常见故障

高压汞灯的常见故障及其排除方法见表 11－10。

表 11－10 高压汞灯的常见故障及其排除方法

常见故障	可能原因	排除方法
不能启辉	1. 电源电压过低 2. 镇流器不配套 3. 灯泡内部构件损坏 4. 开关触头接触不良或接线松动	1. 调整电源电压 2. 更换镇流器 3. 更换灯泡 4. 检修开关，重新接好导线
突然熄灭	1. 电压下降 2. 灯泡损坏 3. 线路断线	1. 调整电源电压 2. 更换灯泡 3. 检修线路
开而不亮	1. 停电 2. 熔丝烧断 3. 线路断线或连接导线脱落 4. 镇流器、灯泡烧坏 5. 开关触头接触不好 6. 灯座中心弹簧片未弹起	1. 等待恢复供电 2. 更换熔丝或熔断器 3. 检查线路或连接好导线 4. 更换镇流器、灯泡 5. 检查并修复开关触头 6. 检查并扳起灯座中心弹簧片
忽亮忽灭	1. 电源电压波动在启辉电压临界值上 2. 灯座接触不良，灯泡螺口松动或接线松动	1. 调整电源电压 2. 检修灯座，重新安装灯泡，接好松动的线头
只亮灯芯	灯泡玻璃外壳破碎或漏气	更换灯泡

小 结

1. 为保证内线施工安全生产，除要做好技术措施外，施工前必须对相关人员进行培训，掌握相关资料，制订和编制电气安装工程施工计划，包括符合规定的建筑电气工程图，并对工程预算进行严格审核。

2. 电气照明施工工程验收时应提交相关技术资料和文件，电气照明装置工程验收时应有针对性地检查相关项目。对低压配线工程，应从钢管明敷配线、瓷夹板和瓷柱（绝缘子）配线、塑料护套线配线、电气器具及照明配电箱（盘）及绝缘性能的测试和线路通电试验等方面加强交接验收。

3. 为保证新装后的电能计量装置能准确、可靠运行，必须对其进行严格的一次、二次无电检查。通过检查及时发现电能计量装置接线错误、电能计量器具故障、电能计量器具配置不合理等问题，提高电能计量装置的可靠性，减少计量差错，维护供电企业和客户的经济利益。

4. 对电能计量装置应验收相关技术资料，做好现场核查和试验，并对验收结果进行规范处理。

5. 电动机常见故障现象主要有过热、短路和断路等。

6. 漏电保护装置的误动和拒动，误动的原因主要来自两方面：①由漏电保护装置本身的原因引起的；②由线路原因而引起的。造成拒动的主要原因有接线错误、动作电流选择不当及线路绝缘阻抗降低或线路太长等。

7. 电缆在运行中常见的故障有机械损伤，铅包疲劳、龟裂、胀裂，户外终端头浸水爆炸，大截面积电缆中间接头爆炸等。

8. 低压断路器是一种集控制、保护于一身的低压电器，常见故障有触头不能闭合、自由脱扣器不能使开关分断、失压脱扣器不能使开关分断、失压脱扣器噪声、带负荷启动时开关立即分断、带负荷一定时间后自行分断及开关温升过高。

9. 接触器使用寿命的长短，不仅取决于产品本身的技术性能，而且与使用维护是否符合要求有很大关系。对运行中的接触器应进行定期维护保养，以延长其使用寿命和确保安全。当出现噪声变大等故障时，应做到及时和正确判断，根据具体原因排除故障。

10. 碘钨灯、荧光灯及高压汞灯等照明器具，常见故障形式多样，应根据具体故障现场进行综合判断，正确排除。

习　　题

11-1　内线安装工作的基本内容有哪些？

11-2　内线施工安全生产的技术措施主要包括哪些内容？

11-3　电气工程施工前的培训主要有哪些内容？

11-4　建筑电气工程图应满足哪些要求？

11-5　制订和编制电气安装工程施工计划前应掌握哪些资料？

11-6　对工程预算进行审核时要注意什么？

11-7　内线安装工程的试验项目包括哪些？

11-8　电气安装工程的中间检查主要有哪些内容？

11-9　电气照明施工工程交接验收时应提交哪些技术资料和文件？

11-10　电气照明装置工程交接验收时应检查哪些项目？

11-11　低压配线工程交接验收时，应对哪些项目进行检查？

11-12　怎样对新装电能计量装置进行无电检查？

11-13　怎样用万用表或干电池做成的电灯导通试验检查连接端子？

11-14　电能计量装置验收的技术资料有哪些？怎样进行现场核查和试验？

11-15　电动机的常见故障现象主要有哪些？举例分析说明。

11－16 分析减少电动机故障的具体措施。

11－17 电缆在运行中常见的故障有哪些？

11－18 漏电保护器的误动原因有哪些？为什么漏电保护器有时会拒动？

11－19 分析说明低压断路器的常见故障及其排除方法。

11－20 分析说明接触器的常见故障及其排除方法。

11－21 分析说明荧光灯的常见故障及其排除方法。

11－22 分析说明碘钨灯的常见故障及其排除方法。

11－23 分析说明高压汞灯的常见故障及其排除方法。

附录 A 电气技术常用文字符号表

表 A-1 常用基本文字符号表

设备、装置和元器件种类	名称	基本文字符号		IEC
		单字母	双字母	
发生器发电机电源	发生器	G	GS	=
	同步发电机	G	GS	=
	异步发电机	G	GA	
	蓄电池	G	GB	=
	旋转式或固定式变频机	G	GF	=
变压器	电力变压器	T	TM	=
	控制电路电源用变压器	T	TC	=
	电流互感器	T	TA	=
	电压互感器	T	TV	=
	磁稳压器	T	TS	=
电动机	电动机	M		=
	同步电动机	M	MS	=
信号器件	声响指示器	H	HA	=
	光指示器	H	HL	=
	指示灯	H	HL	=
继电器接触器	接触器、中间继电器	K	KM	=
	电流继电器	K	KA	=
	电压继电器	K	KV	=
	时间继电器	K	KT	=
电感器电抗器	感应线圈、电抗器	L		=
电容器	电容器	C		=
电阻器	电阻器、变阻器	R		=
	电位器	R	RP	=
变换器	变流器、整流器、逆变器	U		=
滤波器	滤波器	Z		=
传输通道	导线、电缆、母线	W		=
组件	电桥	A	AB	
测量设备试验设备	指示器件、积算测量器件、信号发生器	P		=
	电流表	P	PA	=
	(脉冲) 计数器	P	PC	=
	电能表	P	PJ	=

续表

设备、装置和元器件种类	名　称	基本文字符号		IEC
		单字母	双字母	
测量设备试验设备	时钟、操作时间表	P	PT	=
	电压表	P	PV	=
	记录仪器	P	PS	=
电力线路的开关器件	断路器	Q	QF	=
	隔离开关	Q	QS	=
	电动机保护开关	Q	QM	=
控制、记忆、信号电路的开关器件选择器	控制开关	S	SA	=
	选择开关	S	SA	=
	按钮开关	S	SB	=
	拨号接触器、连接级	S		=
端子 插头 插座	连接插头和插座	X		=
	接线柱	X		=
	电缆封端和接头	X		=
	焊接端子板	X		=
	连接片	X	XB	=
	测试插孔	X	XJ	=
	插头	X	XP	=
	插座	X	XS	=
	端子板	X	XT	=
保护器件	避雷器	F		=
	具有瞬时动作的限流保护器件	F	FA	=
	具有延时动作的限流保护器件	F	FR	=
	具有延时和瞬时动作的限流保护器件	F	FS	=
	熔断器	F	FU	=
	限压保护器件	F	FV	=
电器操作的机械器件	气阀	Y		=
	电动阀	Y	YM	=
	电磁阀	Y	YV	=
	电磁铁	Y	YA	=
	电磁制动器	Y	YB	=
	电磁离合器	Y	YC	=
其他元器件	发热器件	E	EH	=
	照明灯	E	EL	=
	空调调节器	E	EV	=

注　凡文字符号与IEC相一致，即标示“=”。

表 A-2 **常用辅助文字符号表**

名　称	文字符号	名　称	文字符号
电流	A	接地	E
交流	AC	中性线	N
直流	DC	保护接地	PE
控制	C	保护接地与中性线共用	PEN
延时、差动、数字	D	不接地保护	PU
自动	A、AUT	右	R
加速	ACC	左	L
附加	ADD	输入	IN
辅助	AUX	输出	OUT
异步	ASY	制动	B，BRK
同步	SYN	复位	R，RST
黑	BK	运转	RUN
蓝	BL	启动	ST
绿	GN	停止	STP
红	RD	断开	OFF
白	WH	闭合	ON
黄	YE	备用	RES
电压	V	增	INC
速度	V	减	DEC
正、向前	FW	降	D
反	R	高	H
向后	BW	中	M
顺时针	CW	低	L
逆时针	CCW	感应	IND
主	M	限制	L
温度	T	闭锁	LA
时间	T	手动	M、MAN
信号	S	可调	ADJ
压力	P	反馈	FB
保护	P	紧急	EM

附录B 电气电路常用图形符号表

表B-1 **常 用 符 号 要 素**

图形符号	说 明	图形符号	说 明
～ ～50Hz ～100，…，600kHz 3N～ 50Hz380/220V 3N～50Hz/TN-S	交流 频率或频率范围以及电压的数值应标注在符号右边，系统类型应标注在符号左边 示例：交流，50Hz 示例：交流，频率范围 100～600kHz 示例：交流，三相带中性线，50Hz，380V（中性线与相线之间为220V）。3N可用3+N代替 示例：交流、三相、50Hz、具有一个直接接地点且中性线与保护导线全部分开的系统	—    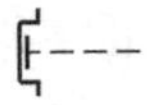  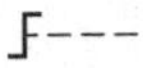  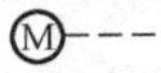 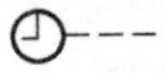 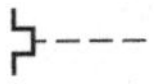	负极 热效应 电磁效应 一般情况下手动控制 受限制的手动控制 拉拔操作 旋转操作 推动操作 电动机操作 电钟操作 热执行器操作（如热断电器、热过电流保护）
—	直流		接地一般符号 注：如表示接地状况或作用不够明显，可补充说明
～	低频（工频或亚音频）		
≈	中频（音频）		
≋	高频（超音频、载频或射频）		
$\overline{\sim}$	交直流		无噪声接地（抗干扰接地）
	具有交流分量的整流电流 注：当需要与稳定直流相区别时使用		
N	中性（中性线）		
PE	保护线		保护接地
PEN	保护中性线		
M	中间线		
+	正极	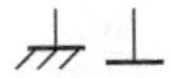	接机壳或接底板

表B-2 **配电箱（屏）的图形符号**

图形符号	说 明	图形符号	说 明
	屏、台、箱、柜一般符号		电源自动切换箱（屏）
	动力或动力—照明配电箱 注：需要时符号内可标示电流种类符号	 	多种电源配电箱（屏） 事故照明配电箱（屏）
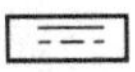	直流配电盘（屏）		照明配电箱（屏） 注：需要时允许涂红
	交流配电盘（屏）		落地交接箱

续表

图形符号	说　明
	壁龛交接箱
	自动空气断路器箱
	带熔断器的刀开关箱
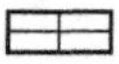	组合开关箱
	信号板、信号箱（屏）

图形符号	说　明
	配电中心
	刀开关箱
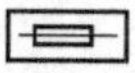	熔断器箱
	电阻箱

表 B－3　常用导线及连接器件图形符号

图形符号	说　明
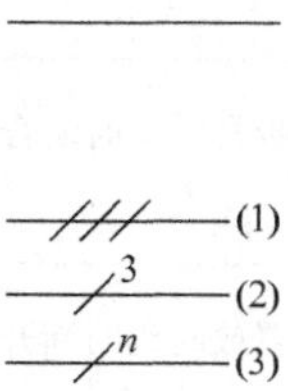	导线、电缆、线路、传输通道一般符号； 导线根数，当用单线表示一组导线时，若需示出导线数，可用加小短斜线或画一条短斜线加数字表示 例：（1）表示 3 根；（2）表示 3 根；（3）表示 n 根
	柔软导线
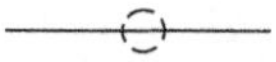	屏蔽导线
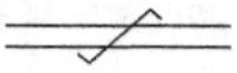	绞合导线（示出二股）
	电缆中的导线（示出三股） 注：若几根导线组成一根电缆（或绞合在一起或在一个屏蔽内）但在图上代表它们的线条彼此又不接近，可用下面的方法表示
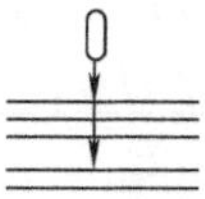	示例：5 根导线中箭头所指的 2 根导线在一根电缆中
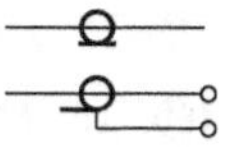	同轴对、同轴电缆 注：若只部分是同轴结构，切线仅画在同轴的这一边 示例：同轴对连接到端子
	屏蔽同轴电缆、屏蔽同轴对
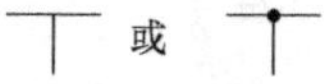	导线的连接
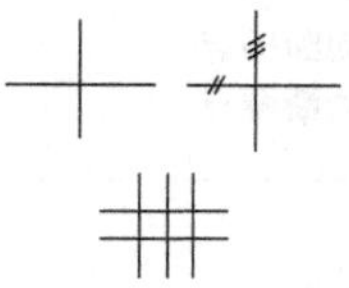	导线的不连接（跨越） 示例：单线表示法 示例：多线表示法
ø	可拆卸的端子

图形符号	说　明
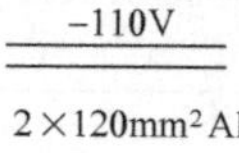	示例：直流电路，110V，两根铝导线，导线截面积为 $120mm^2$
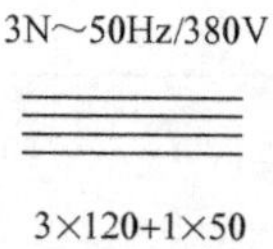	示例：三相交流电路，50Hz，380V，三根导线截面积均为 $120mm^2$，中性线截面积为 $50mm^2$
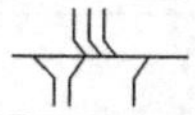	导线或电缆的分支和合并
	不需要示出电缆芯数的电缆终端头
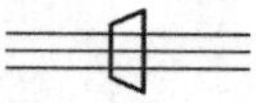	电缆密封终端头（示出带三根单芯电缆）
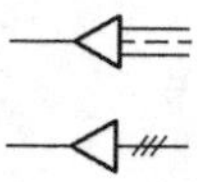	电缆密封终端头（示出带一根三芯电缆）多线表示 单线表示
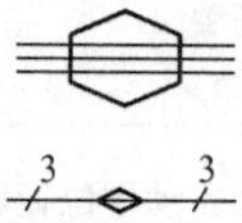	电缆直通接线盒（示出带三根导线）多线表示 单线表示
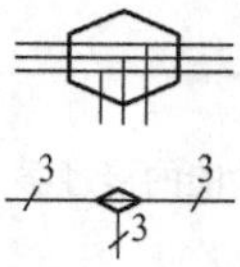	电缆连接盒，电缆分线盒（示出带三根导线 T 形连接）多线表示 单线表示
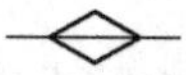	电缆中间接线盒
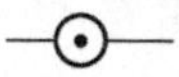	电缆直通套管

连接器件

优选型	其他型	
		插座（内孔的）或插座的一个极
		插头（凸头的）或插头的一个极
	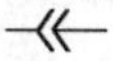	插头和插座（凸头和内孔的）

表 B-4　　**常用开关电器、触点的图形符号**

图形符号	说　明	图形符号	说　明
	断路器	 或 	动合（常开）触点 或表示开关一般符号
	隔离开关		动断（常闭）触点
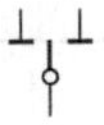	具有中间断开位置的双向隔离开关		先断后合的转换触点
	负荷开关（负荷隔离开关）		中间断开的双向触点
	具有自动释放的负荷开关	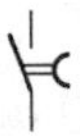 或 	当操作器件被吸合时延时闭合的动合触点
	熔断器一般符号	 或 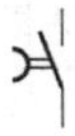	当操作器件被释放时延时断开的动合触点
	跌开式熔断器	 或 	当操作器件被吸合时延时断开的动断触点
	熔断器式开关		吸合时延时闭合和释放时延时断开的动合触点
	熔断器式隔离开关		手动开关的一般符号
	熔断器式负荷开关	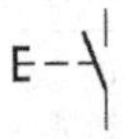	按钮开关（不闭锁）
	接触器触点（在非动作位置触点断开）	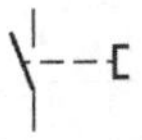	拉拔开关（不闭锁）
	具有自动释放功能的接触器	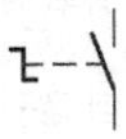	旋钮开关、旋转开关（闭锁）
	具有自动释放功能的负荷开关		位置开关，动合触点 限制开关，动合触点
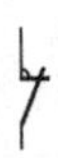	接触器（在非动作位置触点闭合）		位置开关，动断触点 限制开关，动断触点
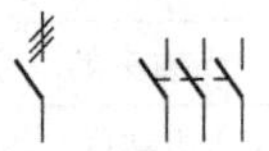	多极开关一般符号 单线表示　多线表示	 或 	开关（机械式）

表 B-5　常用测量仪表、信号器件的图形符号

图形符号	说　明	图形符号	说　明
	指示仪表 *必须按照规定予以代替	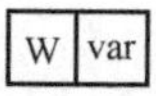	组合式记录功率表和无功功率表
	记录仪表 *必须按照规定予以代替	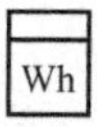	电能表
	积算仪表、电能表 *必须按照规定予以代替	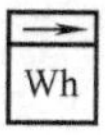	电能表（仅测量单向传输方向）
	电压表	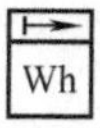	电能表（测量从母线流出的电能）
	无功电流表		电能表（测量流向母线的电能）
	无功功率表		电铃
	功率因数表	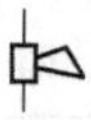	电喇叭
	相位表		电警笛 报警器
	频率表		蜂鸣器
	检流计		电钟
	记录式功率表		电风扇

表 B-6　照明开关的图形符号

图形符号	说　明	图形符号	说　明
	开关一般符号		双极开关
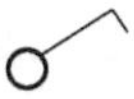	单极开关		暗装（双极）
	暗装	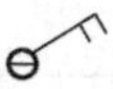	密闭（防水）（双极）
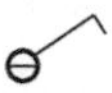	密闭（防水）		防爆（双极）
	防爆		三极开关

续表

图形符号	说　明	图形符号	说　明
	暗装（三极）	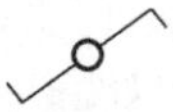	双控开关（单极三线）
	密闭（防水）（三极）		具有指示灯的开关
	防爆（三极）		多拉开关（如用于不同照度）
	单极拉线开关	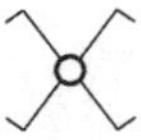	中间开关
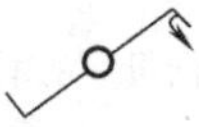	单极双控拉线开关		限时装置
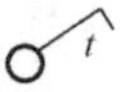	单极限时开关		定时开关

表B-7　　照明灯的图形符号

图形符号	说　明	图形符号	说　明
	灯或信号灯的一般符号		广照型灯（配照型灯）
	投光灯一般符号		深照型灯
	荧光灯一般符号		矿山灯
	三管荧光灯		安全灯
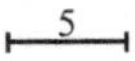	五管荧光灯		局部照明灯
	防爆荧光灯		防水防尘灯
	隔爆灯		花灯
	天棚灯	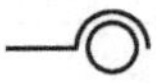	弯灯
	球形灯	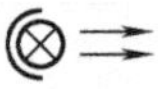	聚光灯
	壁灯		泛光灯

表B-8　**插座的图形符号**

图形符号	说　明
	单相插座
	暗装
	密闭（防水）
	防爆
	带接地插孔的三相插座
	暗装
	密闭（防水）
	防爆
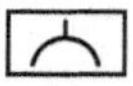	插座箱（板）
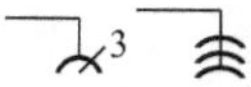	多个插座（示出三个）
	带保护接点插座，带接地插孔的单相插座
	暗装
	密闭（防水）
	防爆
	具有护板的插座
	具有单极开关的插座
	具有联锁开关的插座
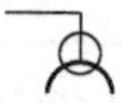	具有隔离变压器的插座（如电动剃刀用的插座）
	带熔断器的插座

表B-9　**常用线路、电杆的图形符号**

图形符号	说　明
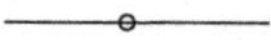	架空线路
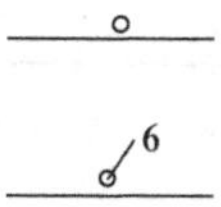	管道线路 注：管孔数量、截面尺寸或其他特性（如排列形式）可标注在管道线路的上方。示例：6孔管道的线路
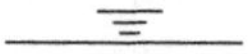	地下线路
	水下（海底）线路
	电信线路上交流供电
	电信线路上直流供电
	事故照明线
	50V及其以下电力及照明线路
	控制及信号线路（电力及照明用）
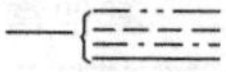	用单线表示的多种线路
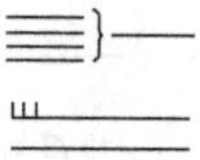	用单线表示的多回路线路（或电缆管束）
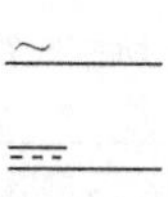	母线一般符号 交流母线 直流母线
	装在支柱上的封闭式母线

续表

图形符号	说　明
	装在吊钩上的封闭式母线
	滑触线
	中性线
	保护线
	保护中性线
	具有保护线和中性线的三相配线
	电缆预留
	向上配线
	向下配线
	垂直通过配线
	电杆的一般符号（单杆、中间杆） 注：可加注文字符号表示：A—杆材或所属部门；B—杆长；C—杆号
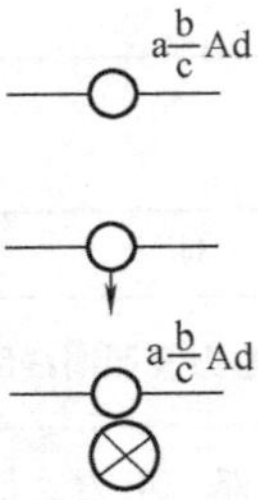	带照明灯的电杆 （1）一般画法：a—编号；c—杆高；b—杆型；d—容量；A—连接相序 （2）需要示出灯具的投照方向时 （3）需要时允许加画灯具本身图形

图形符号	说　明
	引上杆（小黑点表示电缆）
	活动电杆
	单接腿杆（单接杆）
	电信电杆上装设避雷线
	双接腿杆（品接杆）
	带撑杆的电杆
	带撑位杆的电杆
	装设单担的电杆
	装设双担的电杆
	装设双十字担的电杆
	装设单十字担的电杆
	电缆蛇形敷设

表 B-10　其他常用电气图形符号

图形符号		说　明
规划（设计）的	运行的	
		发电站（厂）一般符号
		变电所、配电所一般符号
		电机一般符号，符号内的*必须用具体的字母代替

图形符号		说　明
规划（设计）的	运行的	
		直流发电机
		直流电动机
		交流发电机

续表

图形符号		说明
规划（设计）的	运行的	
		交流电动机
		三相笼型异步电动机
		三相线绕转子异步电动机
		双绕组变压器
		三绕组变压器
 或 		电流互感器
		电抗器
		火花间隙
		避雷器
		热继电器的驱动器件

图形符号		说明
规划（设计）的	运行的	
		在墙上的照明引出线（示出配线方向为向左）
		三角形连接的三相绕组
		星形连接的三相绕组
		中性点引出的星形连接的三相绕组
		接地一般符号
		故障
		等电位
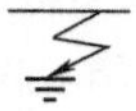		导线对地绝缘击穿
 或 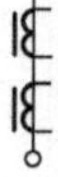		具有两个铁芯和两个二次绕组的电流互感器

附录C 常用负荷的需要系数及功率因数

表C-1 **照明负荷需要系数表**

建筑类别	需要系数 K_x	说　明
住宅楼	0.4～0.7	
科研楼	0.8～0.9	
单身宿舍	0.6～0.7	
办公楼	0.7～0.8	
教学楼	0.8～0.9	
商 店	0.85～0.95	
餐 厅	0.8～0.9	
社会旅馆	0.75～0.85	
旅游宾馆	0.35～0.45	
门诊楼	0.6～0.7	
病房楼	0.5～0.6	
影 院	0.7～0.8	
剧 场	0.6～0.7	
体育馆	0.65～0.75	
托儿所	0.55～0.65	单元式住宅，每户两室， 6～8个插座户装电能表 标准单间，2个灯，1～2个插座 标准单间，1～2灯，2～3个插座 标准单间，2个灯，2～3个插座 标准教室6～8个灯，1～2个插座 有举办展销会可能时： 标准客房，1灯，2～3个插座 附有对外餐厅时： 标准客房，8～10盏灯、5～6组
展览馆	0.7～0.8	
博物馆	0.8～0.9	
图书馆、阅览室	0.8	
实验室、变电室	0.7～0.8	
小车间	1.0	
由几个大跨度组成的车间	0.95	
由很多房间组成的车间	0.85	
公用设施	0.9	
试验室，办公楼及其他生活设施	0.8	
仓库	0.6	
外部照明	1.0	
车库	1.0	
生产厂房及办公室、试验室照明	0.8～1	
宿舍（生活区）照明	0.6～0.8	
事故照明	1	
屋内配电装置	0.3	
屋外配电装置	0.3	
辅助生产建筑物	0.3～0.6	
道路及警卫照明	1.0	
其他露天照明	0.8	

表 C-2 部分非工业用电负荷的需要系数及功率因数值

负荷名称	需要系数 K_x	功率因数 $\cos\varphi$
电梯	0.18～0.2	DC0.4/AC0.8
洗衣机房	0.65～0.75	0.75～0.8
厨房	0.5～0.7	0.4～0.75
实验室	0.2～0.4	0.2～0.5
医院	0.4～0.5	0.5～0.6
窗式空调器	0.7～0.8	0.8～0.85
锅炉房	0.65～0.75	0.75
冷冻机	0.65～0.75	0.75～0.8
水泵	0.7～0.8	0.8～0.85
风机	0.75～0.85	0.8
影 院	0.7～0.8	0.8～0.85
剧 院	0.6～0.7	0.75
体育馆	0.65～0.75	0.75～0.8

表 C-3 部分工业用电负荷的需要系数及功率因数值

负荷名称	需要系数 K_x	功率因数 $\cos\varphi$
实验室用的小型电热设备（电阻炉、干燥箱等）	0.7	1
低频感应电炉①	0.65	0.7
高频感应电炉②	0.8	0.87
电弧锅炉	0.9	0.87
点焊机、缝焊机	0.35	0.6
对焊机、铆焊加热机	0.35	0.7
自动弧焊变压器	0.5	0.4
单头手动弧焊变压器	0.35	0.35
多头手动弧焊变压器	0.7～0.9	0.35
单头弧焊电动发电机组	0.35	0.6
多头弧焊电动发电机组	0.7～0.9	0.75

① 低频感应电炉不带功率因数补偿装置时，功率因数 $\cos\varphi=0.35$；

② 高频感应电炉不带功率因数补偿装置时，功率因数 $\cos\varphi=0.1$。

表 C-4 住宅用电负荷需要系数表

按单相配电计算时所连接的基本户数	按三相配电计算时所连接的基本户数	需要系数 K_x	
		通用值	推荐值
3	9	1	1
4	12	0.95	0.95
6	18	0.75	0.80
8	24	0.66	0.70

续表

按单相配电计算时所连接的基本户数	按三相配电计算时所连接的基本户数	需要系数 K_x	
		通用值	推荐值
10	30	0.58	0.65
12	36	0.50	0.60
14	42	0.48	0.55
16	48	0.47	0.55
18	54	0.45	0.50
21	63	0.43	0.50
24	72	0.41	0.45
25～100	75～100	0.40	0.45
125～200	375～600	0.33	0.35
260～300	780～900	0.26	0.30

注 1. 表中通用值系数为目前采用的住宅需要系数值，推荐值是为计算方便而提出的。

2. 住宅的公用照明及公用电力负荷的需要系数，一般可按0.8选取。

表C-5 各类工厂的需要系数及功率因数值

工厂类别	需要系数 K_x	功率因数 $\cos\varphi$
锅炉制造厂	0.27	0.73
汽轮机制造厂	0.38	0.88
柴油机制造厂	0.32	0.74
重型机械制造厂	0.35	0.79
机床制造厂	0.2	—
重型机床制造厂	0.32	0.79
工具制造厂	0.34	—
仪器仪表制造厂	0.37	0.81
滚珠轴承制造厂	0.28	—
量具刃具制造厂	0.26	—
电机制造厂	0.33	—
石油机械制造厂	0.45	0.78
电线电缆制造厂	0.35	0.73
电器开关制造厂	0.35	0.75
阀门制造厂	0.38	—
铸管厂	0.5	0.78
橡胶厂	0.5	0.72
通用机械厂	0.4	—

表C-6 **二项式法计算系数**

用电设备类别	需要系数	N	二项式系数		cosφ	tanφ
			b	c		
热加工车间用于大批生产和流水作业的机床电动机	0.3～0.4	5	0.26	0.5	0.65	1.17
金属冷加工车间用于大批生产的机床电动机	0.2～0.25	5	0.14	0.5	0.50	1.73
金属冷加工车间用于大批生产的机床电动机，但为小批和单件生产	0.14～0.2	5	0.14	0.4	0.50	1.73
通风机、水泵、空气压缩机及电动发电机组	0.75～0.85	5	0.65	0.25	0.80	0.75
连续运输和翻砂车间内造砂用机械非联动的用电设备	0.6～0.7	5	0.4	0.4	0.75	0.88
锅炉房、修理车间、装配车间和机房内的吊车（ε=25%）	0.1～0.15	3	0.06	0.2	0.5	1.73
翻砂铸造车间的吊车（ε=25%）	0.15～0.3	3	0.09	0.3	0.5	1.73
自动连续装料的电阻炉设备	0.6～0.8	2	0.7	0.3	0.95	0.33
非自动连续装料的电阻炉设备	0.6～0.7	1	0.5	0.5	0.95	0.33

参 考 文 献

[1] 国家电网公司. Q/GDW 347—2009 电能计量装置通用设计. 北京：中国电力出版社，2009.
[2] 国家电网公司. Q/GDW 354—2009 智能电能表功能规范. 北京：中国电力出版社，2009.
[3] 电力行业职业技能鉴定指导中心. 装表接电. 2 版. 北京：中国电力出版社，2008.
[4] 电力行业职业技能鉴定指导中心. 内线安装. 2 版. 北京：中国电力出版社，2008.
[5] 洪雪燕，等. 安全用电. 2 版. 北京：中国电力出版社，2008.
[6] 李景村. 防治窃电使用技术. 2 版. 北京：中国水利水电出版社，2009.
[7] 闫和平. 低压配电线路与电气安全技术技术问答. 北京：机械工业出版社，2007.
[8] 张炜. 供用电设备. 2 版. 北京：中国电力出版社，2006.
[9] 王富勇，等. 一种高压隔离开关触头在线磨光装置. 高压电器，2009，45 (6)：148 - 152.
[10] 林放，郑雅琴. 装表接电与内线安装. 北京：中国水利水电出版社，2004.
[11] 吴安岚. 电能计量基础及新技术. 北京：中国水利水电出版社，2004 .
[12] 孙方汉. 电能计量装置及其正误接线. 北京：中国水利水电出版社，2004.
[13] 国家电力公司发输电运营部. DL/T 448—2000 电能计量装置技术管理规程. 北京：中国电力出版社，2001.
[14] 汪永华. 电工技能实训. 北京：机械工业出版社，2006.
[15] 刘震，佘伯山. 室内配线与照明. 北京：中国电力出版社，2004.
[16] 陆文华. 建筑电气识图教材. 上海：上海科学技术出版社，2006.
[17] 中国电力企业家协会供电分会. 内线安装工. 北京：中国电力出版社，1999.